感測器應用與線路分析

盧明智　編著

全華圖書股份有限公司

序 言

　　機電整合乃自動化必備。然其中有關電的部份，包含了電腦介面之應用與感測線路之設計。於目前的環境中，電腦教學已經相當完善，且應用技術也相當成熟。卻是感測線路之設計，好像還缺少有系統的學習途徑。

　　於多年感測教學中，發現若教元件特性與系統說明時，大部份的學生依然無法自行分析及設計一個感測應用線路。總是照圖抄，抄完也不知其所以然。幾經思索，感觸良多。才著手整理" 感測應用與線路分析"乙書。希望藉此幫助學生學習及提供老師另一項教學的參考。同時可輔助" 專題製作"之進行。

　　這本書前後以三年多的時間，由資料搜集、分類整理、零件購買、線路設計、實驗製作、分析調校逐項完成。然感測器種類之多，設計方式各有不同，致疏漏之處在所難免，尚請見諒。

　　書中的前五章，應屬" 勞心的作品"。從感測器漫談出發，把物理量的變化整理成以電流、電壓、電阻為主的電氣量，然後進入轉換電路的分類與分析。以期這些方法能讓學生知道怎樣去設計感測器的轉換電路與應用線路。

　　第六章以後，可以說是" 勞力的作品"。從元件特性說明、相關曲線的解釋、線路分析、設計演繹、到製作後的調校，一項一項寫下去，使線路中的每一個零件，甚至每一個電阻、電容……等等的功用，都想要讓學生能懂。並讓每一個線路，都成爲獨立文稿，讓老師能就單一線路做整體的說明與分析。

期盼我們所教的學生能達到，給一個感測元件及其特性資料時，他能由" 勞心作品"所學到的方法，去完成" 勞力作品"的執行與實現。那是你我長期深埋於底……" 小小的心願"。

盧明智　于來富天廈

編輯部序

　　「系統編輯」是我們的編輯方針,我們所提供給您的,絕不只是一本書,而是關於這門學問的所有知識,它們由淺入深,循序漸進。

　　本書的重點為將感測元件依物理量所造成的電氣變化加以分類,進而以系統化的方式敘述各元件之轉換電路的分析與設計。讀者可從中學習到將線路做完整的分析、除錯及修改。適合大專電子科「感測與轉換器」課程用書及產業界自動化感測應用設計之參考資料。

　　同時,為了使您能有系統且循序漸進研習相關方面的叢書,我們以流程圖方式,列出各有關圖書的閱讀順序,以減少您研習此門學問的摸索時間,並能對這門學問有完整的知識。若您在這方面有任何問題,歡迎來函連繫,我們將竭誠為您服務。

相關叢書介紹

書號：0502602
書名：電子實習與專題製作－感測器
　　　應用篇(第三版)
編著：盧明智.許陳鑑
18K/496 頁/480 元

書號：0276201
書名：感測器原理與應用實習
　　　(第二版)
編著：鐘國家.侯安桑.廖忠興
16K/384 頁/450 元

書號：0207401
書名：感測器(修訂版)
編著：陳瑞和
16K/528 頁/420 元

書號：0253477
書名：感測與量度工程(第八版)
　　　(精裝本)
編著：楊善國
20K/272 頁/350 元

書號：06323037
書名：LabVIEW 與感測電路應用
　　　(第四版)
　　　(附多媒體、範例光碟)
編著：陳瓊興
16K/440 頁/600 元

書號：06329016
書名：物聯網技術理論與實作
　　　(第二版)(附實驗學習手冊)
編著：鄭福炯
16K/416 頁/540 元

書號：06361007
書名：快速建立物聯網架構
　　　與智慧資料擷取應用
　　　(附範例光碟)
編著：蔡明忠.林均翰
　　　研華股份有限公司
16K/320 頁/520 元

◎上列書價若有變動，請
　以最新定價為準。

流程圖

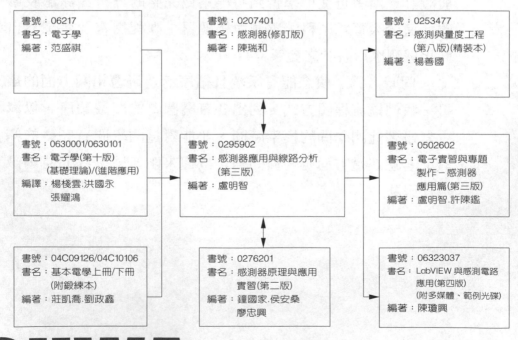

目　錄

第 18 章　音波感測及其應用線路分析 18-1

第 19 章　各種 ON-OFF 感測開關 19-1

第0章

感測器漫談

　　能把物理量變化轉換成電氣量變化的零件，我們都可以稱之爲感測器。例如把溫度高低轉換成電阻大小的 Pt100，轉換成電流大小的 AD590 及轉換成電壓大小的 LM35，我們都稱之爲溫度感測器。只是 Pt100 叫做白金測溫電阻，AD590 叫做溫度感測 IC，LM35 稱之爲半導體溫度感測器。

　　而目前的感測器幾乎取代了人類的視覺、嗅覺、觸覺、聽覺……。舉凡工業自動化、生活自動化……等，所有與自動化有關的產業，都避免不了和感測器發生密切的關係。並且可由各種不同的感測器完成相同的工作。家中常見的冰箱、冷氣都可以做溫度調節，只因它們都使用溫度感測器，做爲溫度的量測，又如影印機中，紙張沒有了，或卡紙，或碳粉不夠，都將使影印機無法工作，這些紙張之有無，卡紙現象，碳粉不足都是由不同的感測器來偵測。所以今日的各種產品，想不用感測器都很困難了。

0-1　物理量對電氣量的轉換

　　此地我們所說的物理量，指的是如：溫度、壓力、重量、長度、角度、濕度……。在使用感測器時，除了瞭解該感測器的原理和特性外，最重要的是如何把物理量的變化轉換成電氣量的變化。一般所指的電氣量爲：電阻、電流、電壓、電容……。下面我們將以一個簡單的實例，來說明感測器是把物理量的變化轉換成電氣量的變化。我們再以電氣量的大小，代表其物理量的大小。

　　圖 0-1：光電開關中有一穩定的光源（紅外線，可見光或雷射光），當發射的光源被物體遮擋的時候，光源經物體反射回來，在光電開關內部有一光電二極體或光電晶體，將接收到反射回來的光源，就代表有物體存在。當光電二極體或光電晶體接收到反射光的時候，會改

變其電流的大小，由此電流的變化，便告知我們是否有物體存在。

瓶的計數（擴散反射型）　　　　通過物體的檢出（透過型）

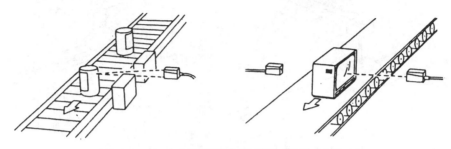

圖 0-1　由光電感測器偵測物體的有無

　　圖 0-2：係使用近接開關以偵測物體的有無，近接開關概分為電容式或電磁式。當物體靠近時，將改變其間的電容量或磁場強度，再轉換電壓的大小，以通知我們是否有物體靠近或存在。

位置・通過確認　　　　　　Taping 部品的有無檢出

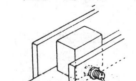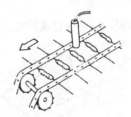

圖 0-2　由近接開關偵測物體的有無

　　圖 0-3：由空氣壓縮機送出一定量的氣體，經噴氣口吹向另一邊的進氣口。當沒有物體遮擋的時候，壓力開關將承受氣體直接衝入時較大的壓力。而當有物體時，氣體將被擋住，則壓力開關所承受的壓力較小。我們就可以從壓力的大小，判斷是否有物體存在。壓力感測器，一般是以電阻的大小代表壓力的變化。

基板的吸著確認　　　　　　　　晶片的吸著確認

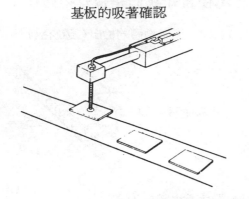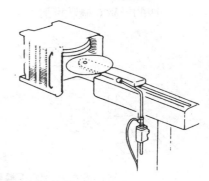

圖 0-3　由壓力開偵測物體的有無

　　圖 0-4：是以超音波的方式，來判斷物體的有無。當沒有物體時，接收端將收到發射端所送出來的超音波。而當有物體遮擋的時候，接收端收不到原有的超音波信號，則我們就能由接收端是否有收到超音波信號，代表物體的有無。

透明薄膜和透明玻璃的檢出　　　　透明瓶的通過檢出

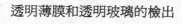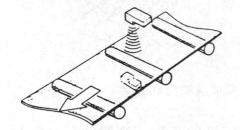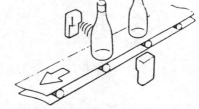

圖 0-4　由超音波感測器偵測物體的有無

　　從圖 0-1～圖 0-4 的方式，都能用以偵測物體的有無。但卻是使用完全不同的感測器。然而不管使用那一種感測器，最後都必須以電氣量的大小告訴我們是否有物體存在。所以感測器主要是用以把物理量的變化轉換成電氣量的變化。

練習：

1. 除了圖 0-1～圖 0-4 所使用的感測器外，您尚可使用那些感測器，以偵測物體之有無？
2. 影印機中，可能使用那些感測元件？
3. 家中的電氣產品，使用了那些功能的感測器？
4. 汽車上可能使用到那些感測器？

0-2　三大電氣量

　　因物理量的變化而造成電氣量的改變，是感測器最基本的原理。而最常用的電氣量是：電阻、電流、電壓。也就是說當物理量（溫度、壓力、濕度……）改變的時候，感測器可能以電阻、電流、電壓代表物理量（溫度、壓力、濕度……）的大小。若以溫度感測器為例，我們可以分別使用感溫電阻 Pt100，感溫 IC AD590 及感溫半導體 LM35，去測量溫度的高低。但三種感測器，卻以三種不同的電氣量（電阻、電流、電壓）代表溫度的大小。

　　Pt100：

$$R(T) = R(0) + \alpha T，\quad R(0)：0℃ 時的電阻值。$$

$$\alpha：溫度係數，單位為 \Omega/℃$$

　　表示不同的溫度時，Pt100 會有不同的電阻值，反過來說，就是不同的電阻值代表不同的溫度。

　　AD590：

$$I(T) = I(0) + \beta T，\quad I(0)：0℃ 時的電流。$$

$$\beta：溫度係數，單位為 \mu A/℃$$

　　表示溫度不同時，流過 AD590 的電流也不相同。簡言之，用不同的電流代表不同的溫度。

LM35：

$$V(T) = V(0) + \gamma T，V(0)：0°C 時的端電壓。$$

$$\gamma：溫度係數，單位為 mV/°C$$

　　表示不同的溫度時，LM35 的端電壓也會不同，即不同的電壓值代表不同的溫度。

　　從上述的分析，便能很清楚地了解到同一種物理量的偵測或量測，可以使用各種不同的感測器，以完成同一件工作或同一個目的。雖然尚有其他的電氣量如：電荷、電容、頻率……等單位，被使用於感測器上，但經分析得知百分之八九十以上的感測器，將隨物理量的改變而改變其電阻、電流或電壓。下一章我們將探討，怎樣把物理量變化轉換成有用的電氣數據，用以代表物理量的大小。

練習：

1. 依所知，舉出 3 種是屬於電阻變化的感測器？
2. 依所知，舉出 3 種是屬於電流變化的感測器？
3. 依所知，舉出 3 種是屬於電壓變化的感測器？
4. 舉出屬於電容變化或頻率變化的感測器？
5. 請搜集 Pt100 的資料並找到 $\alpha = ?$
6. 請搜集 AD590 的資料並找到 $\beta = ?$
7. 請搜集 LM35 的資料並找到 $\gamma = ?$

0-3 使用感測器之心理準備

　　在自動化的過程中，感測器扮演著關鍵的角色。適當的使用能減少機械或系統的事故，達到安全防護及提高生產品質的可靠性與安全性，且能確保高效率的運作。理論上，生產系統使用愈多的感測器，理應增加製造上的彈性。但事實上，卻會降低系統運作的可靠度。所以在使用感測器時，除必須了解其動作原理與性能外，更需注意其信號處理的方式與規格，也要遵循下列各項使用要則：

1.　使用適量的感測器

性能安定的感測器亦非百分之百可靠。舉凡信號處理電路，電源的穩定性，雜訊干擾等問題，都可能引起感測器錯誤的判斷，而造成機械或系統的當機與故障。所以並非感測器用的愈多愈好。而是在最適當的位置，設置適當的感測器。

2.　安全防護不可少

感測器經常使用於機械系統中當安全防護的守護神，對感測器而言，更需要額外的安全防護。比如防酸，防腐蝕，防潮、防震……都必須做適當的處理，以免因外界環境的不當而造成感測器錯誤動作導致系統故障。

3.　選用構造簡單，易於更換的感測器

往往最精密的感測器並非最容易使用與保養的產品。在一定精度的規格下，選用構造簡單，易於更換的感測器。將使得非技術人員也能依步驟直接更換，使能達到及時搶修，減少生產線停擺的時間。

4.　定期保養與校正的重要性

因工作環境的不同，感測器受污染或干擾的情況將有所差異。但能做定期保養及校正，將能延長其壽命並提高其準確率以克服因長期使用所造成的漂移 (drift)。保養與校正是不可或缺的重要步驟，絕對不能忽略。

良心的建議：

當使用感測器時，必須有：它不是百分之百可靠的心理準備。如此我們才會於電路設計時，致力使電路更穩定，減少溫度漂移造成影響及提高雜訊免疫力下功夫，使感測器系統更穩定，更安定。

0-4　感測器選購之參考意見

於選用感測器之前，我們必須知道所要偵測或量測的物理量是什麼？即量測的對象是誰？接著必須考慮所使用的環境狀況如何？然後依所需的精度配合使用場所的條件，訂出所需的產品與規格。最後再由價格的考慮及廠商所能提供的售後服務以決定使用那一家公司，那一種型號的感測器，茲整理各要項如下：

1.　量測的對象

　(1)　測什麼？

　(2)　量測的範圍為多少？

　(3)　精確度要求有多高？

　(4)　量測的時間要多快？

　(5)　輸入信號要求到什麼程度？

　(6)　電源系統要直流或交流？

2.　使用場所

　(1)　安裝在什麼樣的工作環境中？

　(2)　環境的情況（溫度、濕度、振動、粉塵、酸鹼……）如何？

　(3)　直接量測或間接量測？（接觸型或非接觸型）

　(4)　最後驅動的負載是什麼？

　(5)　指示或顯示部份有何要求？

3.　開出需求與規格

　(1)　精確度的要求是多少？

　(2)　線性度的要求如何？

⑶　安定性要求多穩定？（漂移量必須小到何種程度）

⑷　反應時間要多快？

⑸　反應誤差容許量是多少？

⑹　是 ON-OFF，類比或數位式？

⑺　基本驅動能力有多少？

4.　決定採購，要求售後服務

⑴　價格高低與性能要折衷考慮。

⑵　交貨期能多快？

⑶　保證期限有多久？

⑷　技術資料與咨詢服務能提供多少？

⑸　售後服務的方式及校正的次數如何？

⑹　合作開發可行性之研究。

練習：

1. 一台影印機中，那些地方會用到感測器？

2. 家中的各項設施和產品，用的是那些感測器？

3. 汽車可能用到那些感測器？

第1章

物理量變化的轉換 －電流與電壓

　　我們已經知道感測器的主要目的是把物理量的變化轉換成電氣量的變化。然後以適當的電路處理，最後以電氣量的大小代表物理量的大小。並以該電氣量去做各種自動化的應用。而我們習慣把各種物理量的變化轉換成電壓的大小。乃因為電壓的測量只要電錶直接跨接最為方便。再則把電壓直接送到 A/D C 做數位值轉換也是最常用的方法。所以往後各章節的感測器，不管它是電阻變化，電流變化或電壓變化，我們都將設法使其輸出得到適當的電壓。

　　若以溫度量測為例，用以偵測溫度大小的感測器可能為電阻變化的白金感溫電阻 (Pt100)，電流變化的感溫 IC AD590 或電壓變化的感溫半導體 LM35，甚致會造成頻率變化的感溫石英晶體。但不論它是那一種電氣量的變化，最後我們希望能以電壓的大小當做輸出。其方塊圖如圖 1-1。

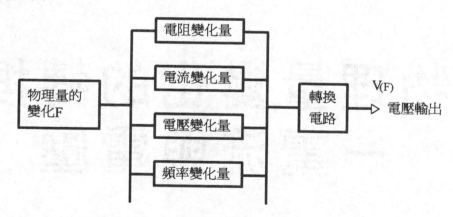

圖 1-1　物理量的變化轉換成電壓輸出

　　所以我們必須知道怎樣把物理量對電阻、電流、電壓、頻率……等的變化量轉換成電壓輸出。本章將逐一探討怎樣把各種物理量的變化轉換成電壓輸出。而該輸出電壓必須送到指示電路以指示所量測物理量的大小。所以除了物理量對電壓的轉換電路外，尚需要良好的放大電路與指示電路,才算完成整個感測電路的設計。而在做物理量對電壓的轉換時,經常使用定電壓源或定電流源。因而在感測系統完整的架構中,尚需包含一組參考電源。即完整感測電路應如圖 1-2 所示。

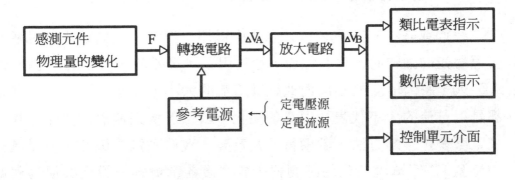

圖 1-2　感測電路之系統架構

各方塊說明如下:

1. 感測器

代表物理量的變化,如溫度、壓力、光……等的變化量。

2. 轉換電路

用以把物理量的變化轉換成電壓值輸出。即把 $R(F)$,$I(F)$…… 的變化量轉換成輸出電壓 ΔV_A。

3. 放大器

把輸出電壓 ΔV_A 做適當的放大,以符合指示器輸入規格的要求,才能達到全範圍 (Full Scale) 正確的指示。

4. 指示器與控制單元

可使用指針式電錶或把 ΔV_B 經由 A/D C(類比－數位) 轉換成數字顯示。當然也可以依 ΔV_B 的大小做各種自動化控制。

5.　參考電源

　　可能是定電壓源或定電流源，用以使感測器之物理量變化與轉換電路輸出維持穩定且線性的關係。

1-1　電流變化的轉換

　　我們或許在其它電子電路課本中得知，光電二極體或光電晶體，受照射光的強弱而改變其電流大小的現象，又如前章所提到的感溫 IC AD590，將因溫度的不同而改變其電流的大小。尚有許許多多感測器都是以電流的大小代表物理量的變化。所以怎樣把電流的變化量轉換成電壓變化量的方法，就顯得非常重要。致於光電二極體、光電晶體、感溫 IC 等電流變化的感測器，於往後各章會逐一說明其原理與應用分析。

1-1-1　壓降法

　　圖 1-3 中，V_{ref} 代表穩定的參考電壓，$I(F)$ 代表物理量改變而改變其電流的感測器，R_L 代表 $I(F)$ 的負載，同時使 V_{ref}、$I(F)$ 及 R_L 構成完整的廻路。

　　當電流流過電阻的時候，會在該電阻上產生壓降是不爭的事實，所以

$$V(F) = I(F) \times R_L \cdots\cdots 電流轉換成電壓的基本原理$$

　　若物理量的變化與 $I(F)$ 是呈線性關係時，只要選用溫度係數非常小，不隨溫度而改變其阻值的精密電阻 R_L，就能在 R_L 上得到與物理量變化呈線性關係的輸出電壓 $V_{(F)}$。其關係如圖 1-3。

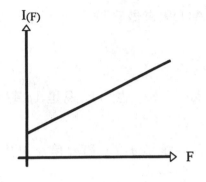

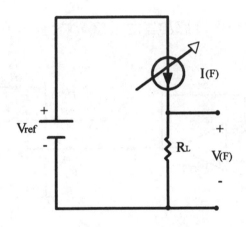

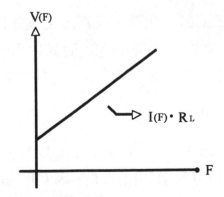

圖 1-3　$I(F)$ 轉換成 $F(V)$ 之壓降法

　　我們將以感溫 IC AD59 來做實例，說明電流轉換成電壓的方法及該注意的事項。

　　AD590 的重要參數如下：

1. 電流溫度係數 $\beta = 1\mu A/°K$，也可以說是 $1\mu A/°C$。
2. 0°C 時其電流 $I(0) = 273.2\mu A$

所以我們可以把 AD590 的電流 $I(T)$ 和溫度 T 的關係式寫成：

$$I(T) = I(0) + \beta T = 273.2\mu A + 1\mu A/°C \times T(°C)$$

圖 1-4 是 AD590 當做溫度感測器的電路，特逐一說明各元件的功用於下：

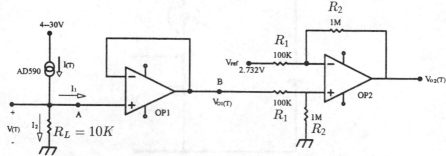

圖 1-4　壓降法之電流對電壓轉換實例 (AD590)

　　AD590 經常是三支腳的包裝，而實際上它是兩端點的感測元件。可使用的工作電壓相當廣， 4V～ 30V。而其中 R_L 就是 AD590 的負載。使用精密電阻，目前 $R_L = 10K\Omega$ ，則 A 點的電壓 $V(T)$ 為：

$$V(T) = I_2 \times 10K$$

而不是 $I(T) \times 10K$。因 $I(T) = I_1 + I_2$，所以我們必須想辦法使 $I_2 = I(T)$。此時 OP1 的功用就顯現出來了。因 OP1 是一個電壓隨耦器，有非常高的輸入阻抗，其偏壓電流可小到 nA 甚至 PA。相當於 $I_1 \approx 0$，

所以 $I_2 = I(T)$，則 $V(T)$ 就能表示成

$$V(T) = I(T) \times 10K\Omega$$

$$= [I(0) + \beta T] \times 10K\Omega$$

而　　$\beta \times 10K\Omega = 1\mu A/℃ \times 10K\Omega = 10mV/℃$

$$\therefore V(T) = 2.732V + 10mV/℃ \times T(℃)$$

又 OP1 是電壓隨耦器，其放大率為一倍，所以 $V_{01}(T) = V(T)$

$$V(T+1) - V(T) = V_{01}(T+1) - V_{01}(T) = 10mV$$

也就是說溫度每增加 1℃ ; $V(T)$ 和 $V_{01}(T)$ 都會增加 10mV。簡言之 $V(T)$ 和 $V_{01}(T)$ 的電壓溫度係數為 10mV/℃。此時已經把電流的變化轉換成電壓的形式輸出了。**也就是說，因物理量改變而造成電流變化的感測器只要讓它的電流流過適當的電阻，便能在該電阻上產生壓降，然後以該電壓代表物理量的大小。**

若我們想測的溫度範圍為 0℃ ～ 100℃，希望 0℃ 時指示為 0(電錶的指針不動)，100℃ 時指針做滿刻度偏轉。則此時 $V(T)$ 或 $V_{01}(T)$ 都無法使用。因 0℃ 時

$$V(0) = V_{01}(0) = [I(0) + \beta \times 0] \times 10K$$

$$= 273.2\mu A \times 10K\Omega = 2.732V$$

而不是 0V。所以我們在 $V_{01}(T)$ 之後加了一級差值放大器，則 $V_{02}(T)$ 為：

$$V_{02}(T) = \frac{R_2}{R_1}\{V_{01}(T) - V_{ref}\} \text{，設} V_{ref} = 2.732V \text{，則} V_{02}(T) \text{為}$$

$$V_{02}(T) = \frac{1M}{100K}\{[2.732V + 10mV/℃ \times T(℃)] - 2.732V\}$$

$$= 10 \times 10mV/℃ \times T(℃)$$

$$= 100mV/℃ \times T(℃)$$

當 T=0℃ 時, $V_{02}(0) = 0V$, T=100℃ 時, $V_{02}(100) = 10000mV = 10V$ 表示溫度每增加 1℃, $V_{02}(T)$ 會增加 100mV。即 $V_{02}(T)$ 的溫度係數為 100mV/℃, 且 0℃ 時 $V_{02}(0) = 0V$, 使電錶指針不會偏轉。

歸納電流轉換成電壓的壓降法, 可得如下之要點。

1. 讓感測器之電流全部流到負載 R_L。所以其轉換電路必須有極高 的輸入阻抗, 以減少負載效應。

2. 使用差值放大器, 使得待測物理量的下限 (如 0℃), 能得到 0V 的輸出。同時差值放大器也兼具放大的功能。

至於 R_L 應如何選擇與設置, OP Amp 怎樣挑, 差值放大怎樣調 整以及指示電路怎樣安排, 將於往後各章逐一分析說明。

練習:

1. 若用 AD590 偵測 − 50℃ ～ + 50℃, 希望 − 50℃ 時輸出電壓為 0V, + 50℃ 時希望輸出電壓為 5V, 電路應該如何設計?

2. 圖 1-5(a) 光電二極體是逆向或順向操作?

3. 圖 1-5(a) 當入射光源轉強時, v_o 如何變化?

4. 圖 1-5(b) 當入射光源轉強時, v_o 如何變化?

5. 圖 1-5(c) 當入射光源轉強時, v_o 如何變化?

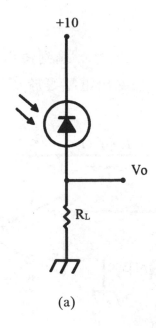

(a)

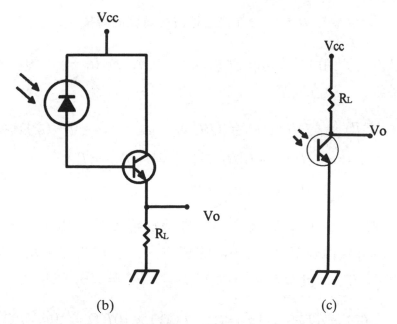

(b)　　　　　　　(c)

圖 1-5　光電元件也是電流變化的感測器

1-1-2   分流法

利用 OP Amp 虛接地的特性，達到使用一個 OP Amp 就能調整到待測物理量的下限時，使輸出電壓等於 0V 的一種電流對電壓的轉換方法。如圖 1-6 所示。

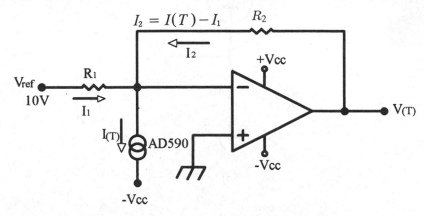

圖 1-6   分流法之電流對電壓的轉換

圖 1-6 乃利用 OP Amp 虛接地 $v_- = v_+$ 及 $R_i = \infty$ 的特性，達到輸出電壓

$$V(T) = I_2 R_2 + v_- = I_2 R_2 \ , \ \because v_- = v_+ = 0V \ (虛接地的關係)$$
$$= [I(T) - I_1]R_2 \ , \ I(T) = I(0) + \alpha T$$
$$= [I(0) + \alpha T - I_1]R_2$$

若調整 R_1 或 V_{ref} 的調整，使得待測溫度的下限 T_A 時，讓 $I_1 = I(T_A)$，則可以得到 $V(T_A) = 0V$ 的要求。以目前電路所給的數據分析時，設 $T_A = 0℃$，且調整 R_1，使得 $I_1 = \dfrac{V_{ref}}{R_1} = I(0)$，則

$$V(T) = \alpha T R_2 = 1\mu A/℃ \times T(℃) \times 10K\Omega = 10mV/℃ \times T(℃)$$

所以 $0°C$ 時，$V(0) = 0V$，$10°C$ 時 $V(10) = 100mV$，$100°C$ 時 $V(100) = 1000mV$。即 $V(T)$ 的電壓溫度係數爲 $10mV/°C$。以分流法處理電流對電壓轉換的好處爲：

1. 由 R_1 調整歸零，使待測溫度（或其他物理量）的下限，能得到 $0V$ 的輸出電壓。

2. 可直接由 R_2 調整待測溫度的上限。

例如測 $0°C \sim 100°C$ 時：

1. 當溫度爲 $0°C$ 時，若輸出電壓 $V(T) = V(0) \neq 0V$ 時，可調 R_1 修正之，使 $0°C$ 時的 $V(0) = 0V$。

2. 當溫度爲 $100°C$ 時，輸出電壓理應 $V(100) = 10mV/°C \times 100°C = 1000mV$，若輸出電壓 $V(100) \neq 1000mV$，則能由 R_2 的調整修正之。

如此一來該分流法，至少做了兩點修正將使誤差量更小。至於詳細的應用分析及設計，請參考後面之 IC 型溫度感測單元 (AD590)。

練習：

1. 找到隨物理量而改變其電流的感測器 3 種，並整理其相關資料，以利來日所需。

2. 若待測溫度爲 $-50°C \sim +50°C$ 時，想使 $-50°C$ 時 $V(-50) = 0V$，$+50°C$ 時，$V(+50) = 2V$，則分流法之電路應如何設計？

1-2 電壓變化的轉換

許多因物理量改變而造成電壓變化的感測器，如光電池（太陽能電池），依光度的大小而產生不同的電壓輸出。而熱電偶是一種溫度感測器，將因溫度的不同產生不同的端電壓。又有一種叫霍爾感測器，將因磁場強度的不同，而得到不同的輸出電壓。這些感測器本身對物理量的變化，都已經以電壓的形式輸出，故對電壓變化的感測器，將不必使用特殊的轉換電路。而這些感測器所能提供的輸出電壓或電壓的變化量都非常小。

例如：K 型熱電偶，溫度量測的範圍由 $-200°C \sim 1200°C$ 所得到的輸出電壓從 $-5.891mV \sim 48.828mV$，若假設溫度的變化與端電壓呈線性關係，則其電壓溫度係數可表示成：

$$K \text{ 型熱電偶之溫度係數} = \frac{48.828mV - (-5.981mV)}{1200°C - (-200°C)}$$
$$= 0.039mV/°C$$

表示溫度每變化 $1°C$，熱電偶的輸出電壓只改變 $0.039mV = 39\mu V$。這麼小的變化量很容易受到雜訊的干擾，或相關電路或零件的不穩定，亦將造成極大的誤差。想處理這麼小的電壓變化量，必須更加慎重。相當於我們必須把 $39\mu V$ 的電壓加以放大，且於放大的過程不能產生額外的誤差。

幾乎所有物理量的變化，最終都被轉換成電壓輸出，則各種電壓放大器都有可能被使用於感測電路之中。本單元將著重於放大器的特性說明和使用技巧。有關光電池，熱電偶及霍爾感測器將於後面各章逐一說明其動作原理及應用分析。對處理如熱電偶那麼小的輸出信號，目前都已經有專屬特殊 IC 可供使用，將於相關的各章節，另做詳細說明。圖 1-7 是電壓變化的感測器與放大器組合的方塊圖。說明因 $V(F)$ 很小，且其輸出能量也很小，為避免產生負載效應，我們希望有一個輸入阻抗 $R_i = \infty$ 的理想電壓放大器可供使用。

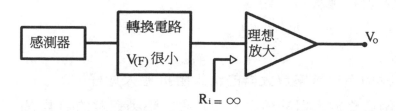

圖 1-7　電壓變化的感測器還是要再放大

1-2-1　理想的電壓放大器

因幾乎所有感測器的轉換電路，最終是以電壓的形式輸出，所以我們只針對電壓放大器加以討論。首先我們必須先了解理想的電壓放大器應該具備那些條件。

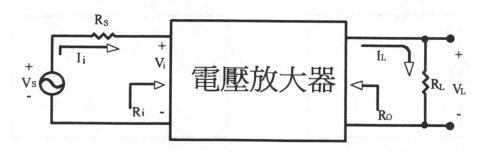

圖 1-8　電壓放大器的方塊圖

從圖 1-8 我們可以直覺地看到，若 I_i 非常大時，則 I_i 在信號源的內阻 R_s 上將有 $I_i \times R_s$ 的壓降。則真正被加到電壓放大器輸入的信號只有 v_i，而不是信號源所提供的 v_s。

$$v_i = v_s - I_i R_s \qquad \therefore v_i < v_s$$

因此我們希望 I_i 非常小，最好是：$I_i = 0$。則 $I_i \times R_s \approx 0$ 將使得 $v_i \approx v_s$，如此便能把信號源所提供的 v_s 全部被電壓放大器放大。放大器的輸入阻抗應該被定義爲：

$$R_i \equiv \frac{v_i}{I_i} \approx \frac{v_i}{0} = \infty$$

這表示我們希望電壓放大器的輸入阻抗愈大愈好。

　　一個電壓放大器的輸出，勢必會去驅動適當的負載 R_L，就會有電流 I_L 流過 R_L，則 R_L 產生 $I_L^2 \times R_L$ 的熱功率損耗，R_L 會發熱。但此時你若摸電壓放大器，卻也感覺到該電壓放大器也會發熱，則相當於電壓放大器的輸出部份也存在某一輸出阻抗 R_O，因而有 $I_L^2 \times R_O$ 的熱功率損耗，才會使電壓放大器也一併有發熱的現象。所以我們可以把電壓放大器的數學模式等效電路，繪成如圖 1-9 的模式。

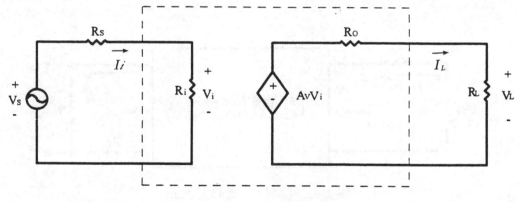

圖 1-9 電壓放大器的等效電路

　　以功率損耗的觀點來說，若 $R_O = 0$，則電壓放大器本身所損耗的功率 $I_L^2 \times R_O = 0$。即電壓放大器本身不損耗功率，而把所有輸出的功率都去驅動負載，使負載能夠得到最大的功率。所以我們說理想電壓放大器的輸出阻抗 $R_O = 0$。

　　再者我們希望電壓放大器能有任意的放大率，最好其電壓放大率 $A_v = \infty$（ 同相放大 ）或 $A_v = -\infty$（ 反相放大 ）。如果以頻率的觀點來看放大器的特性，我們希望該放大器可以放大直流信號 $(f=0)$，也能放大頻率很高的信號 $(f=\infty)$。簡言之，一個理想的電壓放大器，其頻寬應該為無限大 $(BW=\infty)$。綜合上述分析可以歸納出：

理想電壓放大器的特性為：

1. $R_i=\infty$。輸入阻抗極高。($10M\Omega$ 以上)
2. $R_O=0$。輸出阻抗極小。($10m\Omega$ 以下)
3. $/A_v/=\infty$。放大率極大。(10^5 以上)
4. $BW=\infty$。頻寬極廣。(數 MHz 以上)

　　目前特性較好的運算放大器 (Operational Amplifier) 具備了高輸入阻抗 $(10^9\Omega)$ ，低輸出阻抗 $(10m\Omega)$，放大率 A_v 極大 (10^6)。這些特性正是理想電壓放大器所必備的條件。而在感測電路中所處理的信號，並非很高的頻率。一般感測電路所要求的頻寬很少超出 1MHz。而目前達到 10MHz 以上的 OP Amp 已經很多。所以在感測應用領域裡，我們把 OP Amp 看成是理想的電壓放大器。往後各章感測器電路，大都配合 OP Amp 一起使用。所以我們將仔細地探討 OP Amp 的使用方法及其應用線路分析。

1-3 OP Amp 的七種放大器

　　目前我們看到 OP Amp 兩個字，都直覺地把它當做是 IC 型的運算放大器。有關 OP Amp 的基本特性及其使用方法，請參閱拙著 [(OP Amp 應用＋實驗模擬) 一書。全華圖書公司出版]。於本節我們將探討把 OP Amp 拿來做成各種類型的放大器。 OP Amp 所組成的放大器，常見的有：反相放大器，非反相放大器、電壓隨耦器、差值放大器、儀器放大器、橋氏放大器……等型態。

　　當把 OP Amp 接成各式放大器組態的時候，都有一個共通的現

象，那就是：每一種組態的放大電路，都有一個電阻（或一條線）從
輸出接回輸入的 "－" 端。請你先比對一下圖 1-10～圖 1-17 的接線情
況，從圖中是否有回授電阻存在，就能判斷，你所看到有關 OP Amp
的電路，是不是具有放大作用。

1-3-1　反相放大器

　　圖 1-10 是由 OP Amp 所組成的反相放大器。其放大率為 $(-\dfrac{R_f}{R_1})$
代表該反相放大器輸出和輸入信號是互為反相。即其波形的相位差
180°。

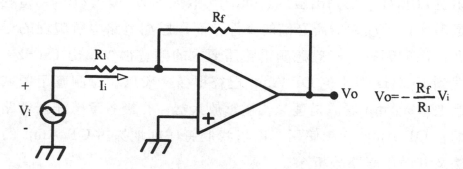

圖 1-10　反相放大器

$$V_o = -\frac{R_f}{R_1} V_i$$

　　反相放大器的輸入阻抗 $R_i = \dfrac{V_i}{I_i} = R_1$。若想得到一個輸入阻抗為
1MΩ，放大率為 － 100 倍的反相放大器時，必須選用 R_f =100MΩ 的
電阻。如此一來將使得流過 R_f(100MΩ) 的電流非常小，造成 OP Amp
很容易受到雜訊的干擾，或受 OP Amp 本身各種參數的影響。再則
100MΩ 的電阻幾乎是絕緣狀態，也不容易得到。所以想得到輸入阻抗
很高，放大率很大的反相放大器，是不確實際的設計。因放大率要大
，則 R_1 必須小，又 R_1 太小將使得輸入阻抗變小，卻違背電壓放大器
要有 $R_i = \infty$ 的條件。

練習：

1. 放大率較大的反相放大器為什麼輸入阻抗較小？

2. 圖 1-11 是一個具有 1MΩ 輸入阻抗的反相放大器，試求其放大率為多少？

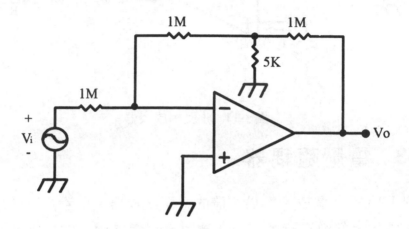

圖 1-11　具高輸入阻抗之反相放大器

1-3-2　非反相放大器

　　圖 1-12 是一個非反相放大器。其放大率為 $(1 + \dfrac{R_f}{R_1})$，表示輸出和輸入同相，沒有相位差。

　　又 v_i 是加在 "+" 端，所以其輸入阻抗 R_i 非常大。若選用 FET 輸入型的 OP Amp 其 R_1 可高到數拾 MΩ。所以一般希望減低負載效應。需要高輸入阻抗的場合，都使用非反相放大器。但非反相放大器的輸入電壓同時又代表共模信號，為避免不必要的誤差。一般都選用 CMRR 較大的 OP Amp 來使用。

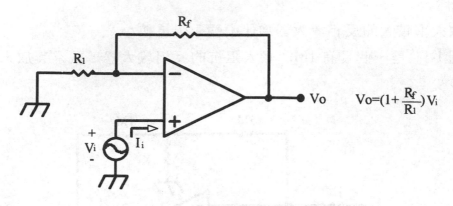

圖 1-12　非反相放大器

$$Vo=(1+\frac{R_f}{R_1})V_i$$

1-3-3　電壓隨耦器

　　圖 1-13 是一個放大率爲一倍的電壓隨耦器。乍看之下，它不能把輸入信號放大好像沒有用。而在實際應用電路中，它卻被使用得相當多。因它具有極高的輸入阻抗 (R_i)，和極小的輸出阻抗 (R_O)。電壓隨耦器同時兼具阻抗隔離的效果與電流放大的作用。又因 $A_v = 1$，使得電壓隨耦器具有最大的頻寬。

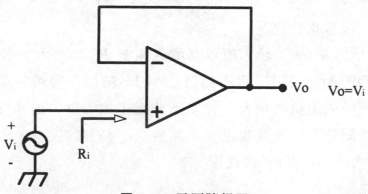

$$Vo=V_i$$

圖 1-13　電壓隨耦器

練習：

1. 參閱全華圖書 (2470) 號，"OP Amp 應用＋實驗模擬"，把各種放大器的詳細說明整理在一起。

2. 共模信號，CMRR 各指的是什麼？

3. 對同一個 OP Amp 而言，為什麼電壓增益 $A_v = 1$ 時，具有最大的頻寬。（即放大率愈大，可使用的頻率範圍愈小）。

1-3-4　差值放大器

顧名思義，差值放大器就是放大兩端輸入電壓 v_2 和 v_1 的差值部份。即 $v_0 = \dfrac{R_2}{R_1}(v_2 - v_1)$。若 $R_1 = R_2$，則 $v_0 = v_2 - v_1$ 而變成了減法器。它的輸入阻抗 $R_i = 2R_1$。比起 OP Amp 理想輸入阻抗 $R_i = \infty$ 小很多。但它卻有一項不錯的優點。因是兩信號的差值，所以能同時抵消共模雜訊的干擾。

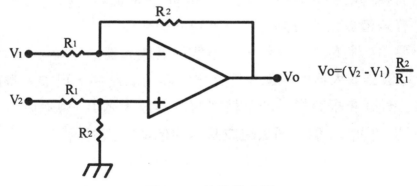

圖 1-14　差值放大器

當然改變差值放大器的放大率時，就顯得非常不方便，為了保有抵消共模雜訊的優點，R_1 和 R_2 應保持一定的比例。所以想改變增益時，必須同時調整兩個 R_1 或兩個 R_2。不能只用一個電阻調整增益，是差值放大器的另一缺點。我們可以藉由，增加輸入阻抗及設法由一個電阻調整增益，以改善差值放大器的缺點。這一改善，就使差值放大器，變成了儀器放大器。

1-3-5　儀器放大器

儀器放大器是綜合非反相放大器的優點，以得到極高的輸入阻抗，同時擁有差值放大器的優點，可以抵消共模雜訊。其輸出電壓 v_o 的表示式為：

$$v_o = (1 + \frac{2R_2}{R_1})(\frac{R_4}{R_3})(v_2 - v_1)$$

所以它可以不用改變 R_3 和 R_4 的比例，以保持差值電路的平衡。而只要改變 R_1 的大小，就能達到調整增益的目的。

歸納儀器放大器的優點如下：

1.　具有極高的輸入阻抗，（因 v_2 和 v_1 都是加到同相放大）。
2.　具有差值放大的優點，能夠抵消共模雜訊。
3.　只要用一個電阻，就能控制整個儀器放大器的增益。

所以儀器放大器的組態在感測器的應用線路中，已被大量的使用。目前已有許多廠商提供非常精密的儀器放大器 IC 供你使用，可以不必用 OP Amp 一個一個去組成基本的儀器放大器。

練習：

1. 由 NS 公司資料手冊中找出兩種儀器放大器。
2. 由 AD 公司資料手冊中找出兩種儀器放大器。
3. 尋找該產品之代理公司，並詢問價格為多少？

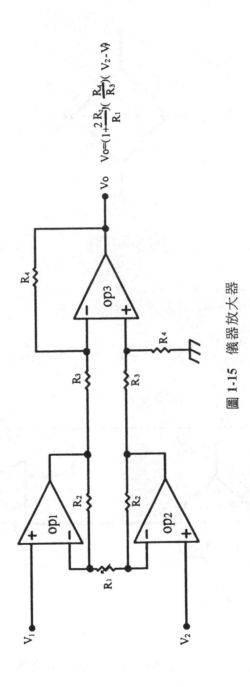

圖 1-15　儀器放大器

$$V_O = (1 + \frac{2R_2}{R_1})(\frac{R_4}{R_3})(V_2 - V_1)$$

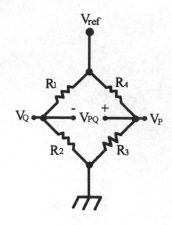

(a) 電阻電橋

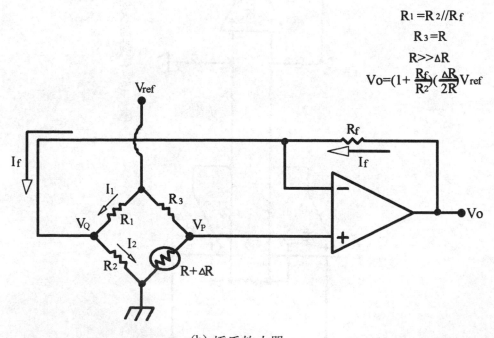

$$R_1 = R_2 // R_f$$
$$R_3 = R$$
$$R >> \Delta R$$
$$V_O = (1 + \frac{R_f}{R_2})(\frac{\Delta R}{2R})V_{ref}$$

(b) 橋氏放大器

圖 1-16 電阻電橋與橋氏放大器

1-3-6　橋氏放大器

　　圖 1-16(a) 是一個定電壓驅動的電阻電橋,當 $R_1 \times R_3 = R_2 \times R_4$ 時 $v_P = v_Q$,使得 $v_{PQ} = 0V$。但若 $R_1 \times R_3 \neq R_2 \times R_4$ 時,$v_{PQ} \neq 0$。是我們常見的電阻電橋。而圖 1-16(b) 因也使用了一個電阻電橋配合 OP Amp 組成一種用以偵測電阻微量的變化。我們就暫稱之爲橋氏放大器。它和圖 (a) 最大的不同,在於因 OP Amp 虛接地的存在,使得 v_P 永遠等於 v_Q,不因 ΔR 的改變而改變 v_P 和 v_Q 相等的關係。卻是其輸出電壓 v_O,將反應 ΔR 的變化量。茲分析如下:

$$v_o = I_f \times R_f + v_-,\ \text{而}\ v_- = v_+ = v_P = v_Q$$

$$v_P = \frac{R + \Delta R}{R_3 + (R + \Delta R)} \times V_{ref},\ I_f = I_2 - I_1 = \frac{v_Q}{R_2} - \frac{V_{ref} - v_Q}{R_1}$$

解上述之方程式會得到在 $R_1 = R_2 // R_f$ 時,v_o 爲

$$
\begin{aligned}
v_o &= (1 + \frac{R_f}{R_2})(2v_P - V_{ref}) \\
&= (1 + \frac{R_f}{R_2})(\frac{2(R + \Delta R)}{R_3 + R + \Delta R} \times V_{ref} - V_{ref})
\end{aligned}
$$

若 $R_3 = R$,則 v_o 爲

$$v_o = \left(1 + \frac{R_f}{R_2}\right)\left(\frac{\Delta R}{2R + \Delta R}\right)V_{ref}$$

若 $R \gg \Delta R$,則 v_o 爲

$$v_o = \left(1 + \frac{R_f}{R_2}\right)\left(\frac{\Delta R}{2R}\right)V_{ref}$$

　　以放大器的角度來看 v_o 時,相當於橋氏放大器把 V_{ref} 放大 $(1 + \frac{R_f}{R_2})(\frac{\Delta R}{2R})$ 倍。但若從另一個觀點來分析時,當電阻變化量 ΔR 不同時,會得到不同的輸出電壓 v_o。反過來說,即不同的 v_o 值代表不同

的 ΔR。所以橋氏放大器主要是用來把電阻的變化量轉換成電壓輸出的轉換電路。即 v_o 與 ΔR 呈線性關係。

　　若電阻的變化量不是很小時，將因物理量的增加而使得 ΔR 變大，導致 R 無法大大於 ΔR 時，不能把分母的 ΔR 忽略，則

$$v_o = \left(1 + \frac{R_f}{R_2}\right)\left(\frac{\Delta R}{2R + \Delta R}\right)V_{ref} \cdots\cdots v_o與\Delta R爲非線性關係$$

將產生許多非線性誤差，而影響了量測的準確性。此時我們願意再次的強調，橋氏放大器主要是用以偵測電阻微小的變化量。我們將於電阻變化的轉換單元中，另做分析。

練習：

1. 圖 1-61(b) 中，若把 R_3 和 $(R + \Delta R)$ 的位置對調，而其它的條件不變，$(R_1 = R_2 // R_f)$，$(R_3 = R)$ 時，$v_o = ?$
2. 圖 1-16(b) 中，若 $R_f = 180K$，$R_2 = 20K$，$R_1 = R_2 // R_f$，$R_3 = R = 200\Omega$，$\Delta R = 10m\Omega/g$，$V_{ref} = 10V$，當物理量由 0g～5000g 時，v_o 的範圍是多少？
3. 那些感測器可能使用橋氏放大器做爲電阻對電壓的轉換電路？

1-3-7　有源電橋組態

　　和前面所談的橋氏放大器，最大的不同，在於有源電橋除具有一般電阻電橋的特性外，最主要是有源電橋可以在同一個電路上做歸零調整與滿刻度調整，茲分析如下：

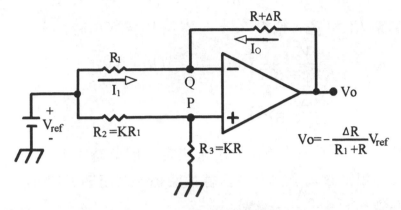

(a) $+V_{ref}$ 的有源電橋

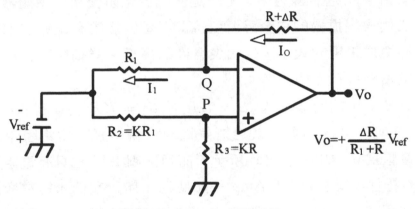

(b) $-V_{ref}$ 的有源電橋

圖 1-17　有源電橋

若我們以圖 1-17(a) 來做分析，因有 $(R + \Delta R)$ 的電阻從輸出接回 "－" 端，則圖 1-17 的電路具有負回授，就有虛接地的現象存在。

$$v_o = I_o(R + \Delta R) + v_Q = -I_1(R + \Delta R) + v_P$$

而 $I_1 = \dfrac{V_{ref} - v_Q}{R_1}$, $v_Q = v_P = \dfrac{R_3}{R_2 + R_3}V_{ref}$

解上述方程式，可以得到

$$v_o = \frac{V_{ref}}{R_2 + R_3}\left[R_3 - \frac{R_2}{R_1}(R + \Delta R)\right]$$

若調整 R_1 和 R_3，使得 $R_2 = KR_1$，$R_3 = KR$ 時

$$v_o = \frac{V_{ref}}{KR_1 + KR}\left[KR - \frac{KR_1}{R_1}(R + \Delta R)\right]$$

$$= -\frac{\Delta R}{R_1 + R} \times V_{ref}$$

其結果為 v_o 的大小將由 ΔR 來決定。因此時，R_1，R_2，V_{ref} 都是固定值。相當於 v_o 與 ΔR 是呈線性關係。若用圖 1-17(b) 使用 $-V_{ref}$ 時，將得到 $v_o = +\dfrac{\Delta R}{R_1 + R} \times V_{ref}$。

所以圖 1-17 之有源電橋，主要是使用於電阻變化的感測器電路中。例如我們曾經提過的白金感溫阻抗 Pt100 就能由有源電橋把電阻的變化量轉換成電壓的大小，以代表溫度的高低。詳細線路分析，將於電阻對電壓轉換單元中說明之。

在 $\Delta R = 0$ 的時候，因 $R_2 = KR_1$，$R_3 = KR$ 將使得 $R_1 \times R_3 = R_2 \times R$ 且 $v_o = 0$。有如一般惠斯登電阻電橋一樣，當電阻平衡時，其輸出電壓為 0。如圖 1-16(a) 所示。而目前圖 1-17 也具有電阻平衡時 $v_o = o$ 的特性，又配合 OP Amp 一起使用，所以我們才給它取一個名稱叫：有源電橋。容後再說明 R_3 可用以做歸零調整，R_1 可用以做滿刻度調整。

練習：

1. 請分析圖 1-17(b)，$-V_{ref}$ 的有源電橋，並證明 $v_o = +\dfrac{\Delta R}{R_1 + R}V_{ref}$

2. 圖 1-17(a)，若 $V_{ref} = 5V$，$R_1 = 30K$，$R_2 = 90K$，$R = 300\Omega$ 則 R_3 為多少歐姆，將使得 $v_o = 0V$？

1-4　運算放大器的選用

　　使用在感測電路中的 OP Amp 必須選用較理想者，如高輸入阻抗、低輸出阻抗、CMRR 較大者，及轉動率 SR 較大。這些條件在一般 OP Amp 都能達到我們的要求。進一步須考慮所選用的 OP Amp 應該具有低偏壓電流、低抵補電壓。而最重要的是溫度所造成的漂移量必需愈小愈好。因溫度所造成的漂移絕對存在，除了保持操作環境的溫度不要變化太大以外，就只能選用漂移量較小的 OP Amp 以確保電路的正確性。或增加溫度補償線路。

　　我們搜集了一些常被用在感測電路的 OP Amp 供你參考，或從手冊中所列的資料，找尋低抵補、低漂移、低雜訊的 OP Amp，來使用在你的感測電路中。

表 1-1　AD 公司低偏壓電流之 OP Amp

OPERATIONAL AMPLIFIERS

LOW CURRENT NOISE
LOW INPUT BIAS CURRENT
($I_N \leq 10$ fA/√Hz @ 1 kHz, $I_{BIAS} \leq 100$ pA)

LOW POWER
AD548
AD795
OP-80
AD648 (Dual)
AD796 (Dual)

Faster
(Slew Rate ≥ 8 V/μs)

OP-282 (Dual)
OP-482 (Quad)

LOW VOLTAGE NOISE
AD645
AD795
AD796 (Dual)

Lower Voltage Noise
AD743

Faster
AD745

FAST
AD711
AD712 (Dual)
OP-249 (Dual)
AD713 (Quad)

Faster
AD744
OP-42
OP-44
AD746 (Dual)

PRECISION
AD548
AD795
AD820
AD648 (Dual)
AD796 (Dual)
AD822 (Dual)

ELECTROMETER

Low Power
OP-80

General Purpose
AD515A
AD545A
AD546

Lowest I_{BIAS}
60 fA Max
AD549

表 1-2　NS 公司低偏壓電流之 OP Amp

≤ 5 pA	≤ 20 pA	≤ 50 pA	≤ 100 pA	≤ 200 pA	≤ 500 pA	≤ 1 nA
$T_A = 25°C$						
LH0022	LMC668	LH0032A	LH0032	LF401A	LH4101	LH4104
LH0022C	LMC660	LF155A/156A	LF155/156	LF401	LH0032C	
LH0042		LF157A	LF157	LF400A	LH0086	
LH0042C		LF355A/356A	LF255/256	LF400	LH0086C	
LH0052		LF357A	LF257	TL081		
LH0052C		LF441A	LF355B/356B	LH0032AC		
LH0062		LF442A	LF357B	LF351		
		LF444A	LF441	LF411A/411		
		LM11	LF442	LF355/356		
			LF444	LF357		
			LM11C	LF147/347B/347		
			LH0062C	LF353		
				LF412A/412		
				LF13741		
				LM11CL		

Note: Datasheet should be referred to for conditions and more detailed information.

表 1-3　AD 公司低電壓雜訊之 OP Amp

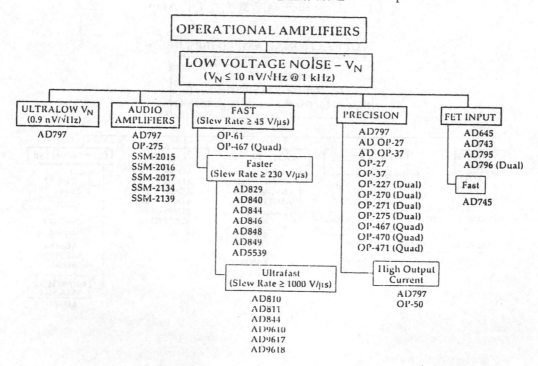

表 1-4　AD 公司之快速 OP Amp

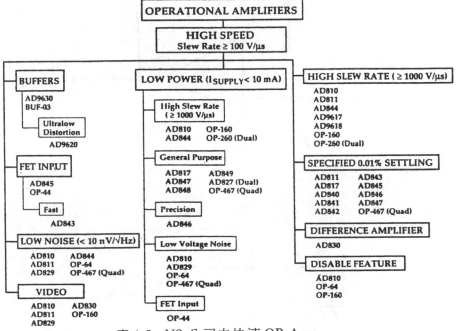

表 1-5　NS 公司之快速 OP Amp

Part #	Slew Rate V/μs (Typ)	GBW MHz (Typ)	V_{OS} mV (Max)	I_S mA (Max) (Note 2)	Notes
GBW ≥ 4 MHz, T_A = 25°C					
LH0024	500	70	8	15	
LH0032	500	70	15	22	FET Input
LM6361	300	50	20	6.8	
LM6364	300	175	9	6.8	Min Gain of 5
LM6365	300	725	7	6.8	Min Gain of 25
LH4101	250	40	15	40	Medium Power JFET
LF400	70	16	2.5	12	Fast Settling JFET
LF401	70	16	0.5	12	Precision Fast Settling JFET
LH0003	70	30	3	3	
LH0062	70	15	15	12	FET Input
LM318	70	15	10	10	
LF357	50	20	10	10	Min Gain of 5, JFET
LH4104	40	16	10	25	Medium Power Fast Settling JFET
LM359	30	30	*	22	Dual Current Mode (Norton) Amp
LF411	15	4	2	3.4	JFET
LF412	15	4	3	6.8	Dual JFET
LF347	13	4	10	11	Quad JFET
LF351	13	4	10	3.4	JFET
LF353	13	4	10	6.8	Dual JFET
LF356	12	4.5	10	10	JFET
LM833	7	15	5	8	Dual Low Noise

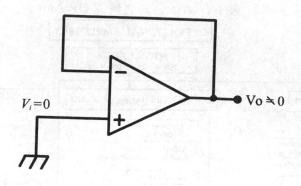

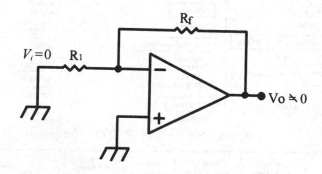

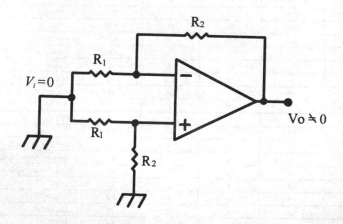

圖 **1-18**　OP Amp 的抵補現象

1-5　OP Amp 的抵補調整

　　由於製程中少許的偏差，導致於 OP Amp 輸入級有不對稱的差異存在，使得其輸入出現抵補的現象。其狀況爲，當 $v_i = 0$ 時，理應 $v_o = 0$，但實際上卻是 $v_o \neq 0$。如圖 1-18 所示，$v_i = 0$，而 $v_o \neq 0$ 的抵補現象。

　　OP Amp 被當做放大器使用時，幾乎都有抵補現象存在，且放大率愈大，影響也愈大，將造成不可預估的誤差。我們必須設法消除因抵補現象所造成的困擾。而抵補調整之作用，其目的乃在 $v_i = 0$ 時，調整適當的電路使 $v_o = 0$。其方法約可分爲兩大類。其一爲內部調整，其二爲外部調整。當 OP Amp 內部已設計好補償電路時，只要接上規定的可變電阻，用以改部 IC 內部補償電路的參數，而達到 $v_i = 0$ 時，$v_o = 0$ 即所謂內部抵補調整。

1.　內部抵補調整

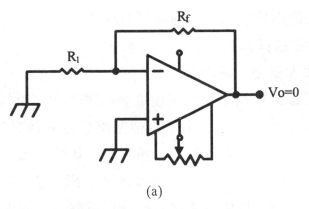

(a)

圖 1-19　內部抵補調整的實例

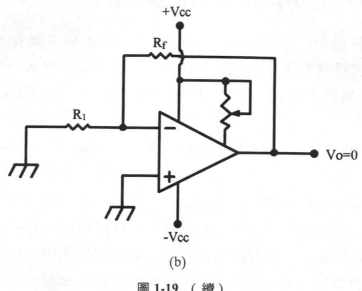

(b)

圖 1-19 （續）

2.　外部抵補調整

　　當所使用的 OP Amp 沒有預留抵補調整之補償電路時，必須於 OP Amp 放大電路外加處理抵補問題的零件，即所謂外部抵補調整。僅提供如下數種抵補調整的方法供你參考。

⑴　反相放大器之抵補調整

　　　　因輸入抵補電壓的極性是無法預估的，所以使用 $\pm V_{CC}$ 做調整。以得到一個和輸入抵補電壓極性相反的電壓 V_P，藉此抵消輸入抵補電壓的影響，達到 $v_i = 0$ 時，$v_o = 0$ 的目的。電路中可變電阻用以得到正電壓或負電壓。R_5 是一個限流電阻，不能太小，以免可變電阻被調到頂點時而燒毀。而輸入抵補電壓一般都非常小，所以 V_P 也不用太大。故 R_4 的電阻值大都使用數拾 Ω～數百 Ω。R_3 用以減少偏壓電流對電路的影響，其阻值為 $R_3 = R_1 // R_2$。

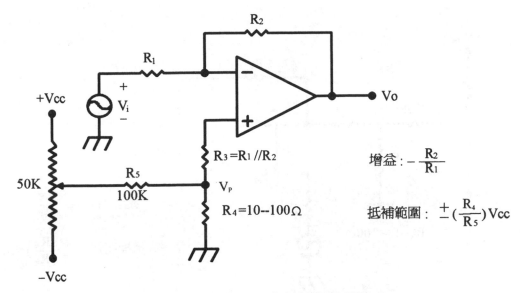

圖 1-20　反相放大器之抵補調整電路

(2)　非反相放大器之抵補調整

　　圖 1-21 中各電阻的功用和圖 1-20 一樣，然在做抵補調整的時候，必須注意當加入抵補調整的零件 R_4 和 R_5 後，是否對該電路的放大率造成影響。以免做了抵補反而增加放大誤差。

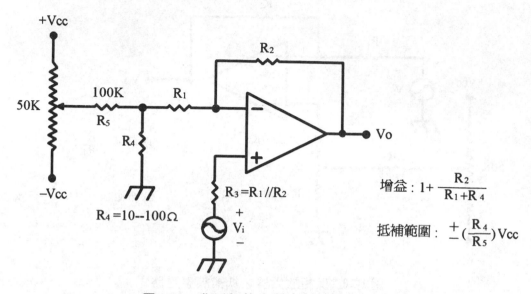

增益：$1 + \dfrac{R_2}{R_1 + R_4}$

抵補範圍：$\pm (\dfrac{R_4}{R_5}) Vcc$

圖 1-21　非反相放大器之抵補調整電路

(3)　電壓隨耦器之抵補調整

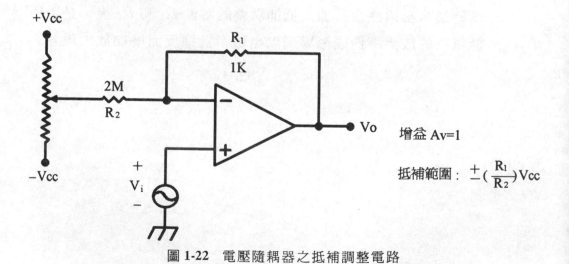

增益 $Av=1$

抵補範圍：$\pm (\dfrac{R_1}{R_2}) Vcc$

圖 1-22　電壓隨耦器之抵補調整電路

(4)　差值放大之抵補調整

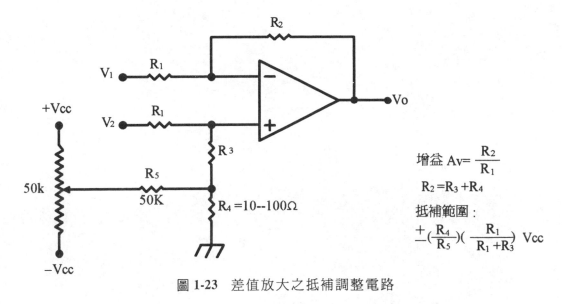

圖 **1-23**　差值放大之抵補調整電路

※抵補調整時，測量 v_o 的電壓必須使用 mV 的刻度。

練習：

1. 若圖 1-20 或圖 1-21，當調整 50K 可變電阻時，在 $v_i = 0$ 的情況下，一直無法使 $v_o = 0$。即 v_o 一直保持正電壓或一直保持負電壓，就是調不到 $v_o = 0$。應該怎麼處理才能使 $v_i = 0$，$v_o = 0$。

2. 圖 1-15 儀器放大器，若需要做抵補調整，其抵補調整之電路應該如何設計？

3. 用打火機對你的 OP Amp 略微加熱，看看 v_o 的變化。你將體會到溫度是電路最大的致命傷。

第2章

電壓比較器

2-1　電壓比較器的必要性

　　我們已經了解到感測系統中的轉換電路，主要目的是把物理量的變化轉換成電壓大小。例如圖 1-4 使用 AD590 做為溫度感測器，其輸出電壓 $V_{02}(T)$ 隨溫度的大小而改變。若我們利用這個電路去設計一個溫度警報器。當溫度高於 30℃ 時，則發出警報聲。而 30℃ 時，圖 1-4 的輸出電壓 $V_{02}(T)$ 為 100mV/℃ × 30℃ ＝ 3V。當 $V_{02}(T)$ 輸出電壓大於 3V 時，表示溫度已超過 30℃，必須讓警報器動作，此時我們就需要一個電壓比較器，用以判斷圖 1-4，$V_{02}(T)$ 是否大於 3V 即構成了圖 2-1 的溫度警報系統。

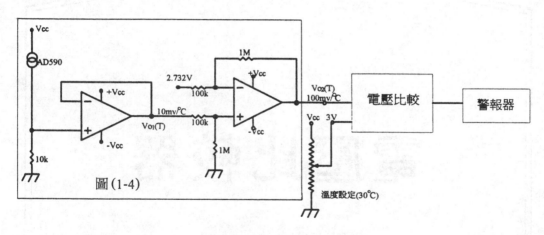

圖 2-1　溫度警報系統

　　我們可以把 OP Amp 拿來做電壓比較器，然目前各 IC 製造工廠，均把用作電壓放大與用作電壓比較的線性 IC，區分為：

1.　運算放大器 (Operational Amplifier)：它是當作電壓放大的線性 IC。

2.　電壓比較器 (Voltage Comparator)：它是當作電壓比較的線性 IC。

　　兩者的符號都一樣，理應可以相互取代。但取代使用時，其特性將變得較差。所以於電路設計的時候，要放大信號就用 Operational Amplifier 的線性 IC，要做電壓比較的時候，則選用 Voltage Comparator 的線性 IC。

2-2　電壓比較器的基本原理

　　電壓比較器的符號和 OP Amp 的符號一樣，其等效電路亦如 OP Amp 的等效電路，以圖 2-2 代表之。

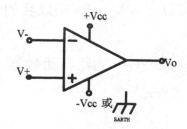

(a) 比較器符號

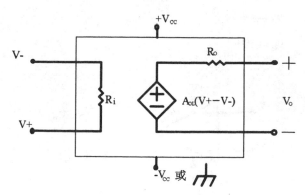

(b) 比較器等效電路

圖 2-2　電壓比較器的符號與等效電路

　　從圖 2-2(b) 得知 $v_o \approx A_{OL}(v_+ - v_-)$，一般 A_{OL} 都非常大。以電壓

比較器 IC：LM311 爲例，其 $A_{OL} = 200V/mV = 2 \times 10^5 (V/V)$。而電壓比較器的理想輸出電壓 v_o 的最大值爲 V_{CC}。

$$v_{o(max)} = V_{CC} = A_{OL}(v_+ - v_-) = 2 \times 10^5 (v_+ - v_-), \quad 得到$$

$$v_+ - v_- = \frac{V_{CC}}{2 \times 10^5}，若 V_{CC} = 15V 時$$

$$v_+ - v_- = \frac{15V}{2 \times 10^5} = 7.5 \times 10^{-5}V = 0.000075V = 75\mu V$$

上述分析即說明了，當 v_+ 比 v_- 大 0.000075V，就能使 $v_o = V_{CC}$。反過來，若 v_+ 比 v_- 小了 0.000075V，就能使 $v_o = -V_{CC}$。而 0.000075V 這麼小的電壓，幾乎可以看成是 0V。所以我們可以把電壓比較器的使用歸納爲下列結果：

1. 使用雙電源 $+V_{CC}$ 和 $-V_{CC}$ 的電壓比較器：圖 2-3(a)

   (1)　$v_+ > v_-,\ v_o = +V_{CC}$

   (2)　$v_+ < v_-,\ v_o = -V_{CC}$

2. 使用單電源 V_{CC} 和 0V 的電壓比較器：圖 2-3(b)

   (1)　$v_+ > v_-,\ v_o = +V_{CC}$

   (2)　$v_+ < v_-,\ v_o = 0V$

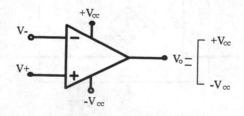

(a) 雙電源操作

圖 2-3　不同電源操作時的電壓比較器

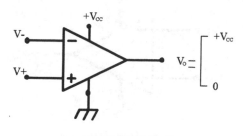

(b) 單電源操作

圖 2-3　（續）

　　從上述的說明與分析，我們於此對電壓比較器做一次概括性的總結：

電壓比較器的基本原理，乃在比較 v_+ 和 v_- 的大小，以決定 v_o 的狀態。

2-3　基本比較器的使用

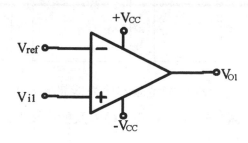

(a) 同相基本比較器

圖 2-4　基本比較器的類型

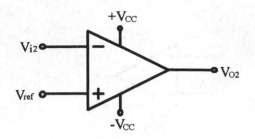

(b) 反相基本比較器

圖 2-4　（續）

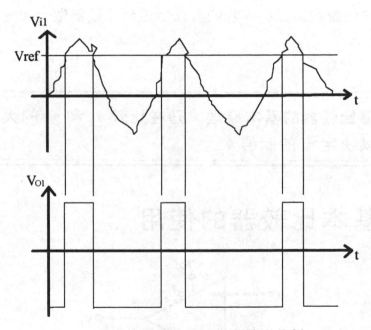

(a) 同相型基本比較器波形分析

圖 2-5　各比較器的輸入及輸出波形分析

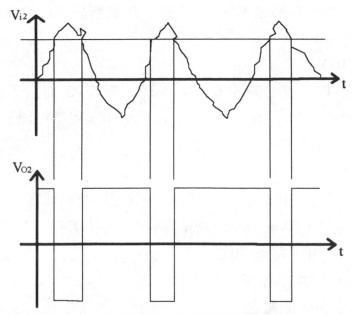

(b) 反相型基本比較器波形分析

圖 2-5 （續）

　　此時我們就能把圖 2-1 溫度警報系統完整的電路設計出來。如圖 2-6 所示。

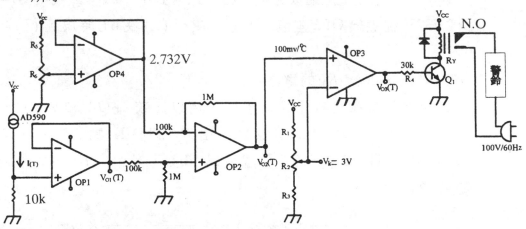

圖 2-6　溫度警報系統之完整電路

當我們把 K 點的電壓調到 3V 時，代表所設定的溫度為 30℃，分析動作情形如下：

1.　T < 30℃：

當溫度 T < 30℃ 時，$v_{02}(T) < 3V$。對 OP3 而言，$v_- = 3V$ 則 $v_- > v_{02}(T)$ 即 $v_- > v_+$，$v_{03} = 0V$（因 OP3 用單電源），Q_1 OFF，繼電器 RY OFF，警鈴不動作。

2.　T > 30℃：

當溫度 T > 30℃ 時，$v_{02}(T) > 3V$。對 OP3 而言，$v_- = 3V$ 則 $v_- < v_{02}(T)$ 即 $v_- < v_+$，$v_{03} = V_{CC}$，Q_1 ON，RY ON，警鈴動作，表示溫度超過 30℃。

電路中各零件的功用如下：

1.　OP1 和 OP2 的電路

為圖 2-1 溫度對電壓的轉換電路，使得 $v_{02}(T)$ 的電壓溫度係數為 $100mV/℃$，則 $v_{02}(T) = 100mV/℃ \times T(℃)$。

2.　OP4 和 R_5，R_6 的電路

由 R_5 和 R_6 可變電阻構成分壓電路，以得到 2.732V，然後由 OP4 把 2.732V 提供給 OP2 差值放大器，使 $v_{02}(T)$ 在 0℃ 時為 $v_{02}(T) = 0V$。

3.　OP3 和 R_1，R_2，R_3 的電路

OP3 是選用電壓比較器的線性 IC，用以比較 $v_{02}(T)$ 和 V_K 的大小。R_1，R_2，R_3 也是分壓器，由 R_2 調整 K 點的電壓，使 $V_K = 3V$，用以代表所設定的溫度為 30℃。其中，R_2 可用來調整 V_K 的範圍為：

$$\frac{R_3}{R_1 + R_2 + R_3} \times V_{CC} < V_K < \frac{R_2 + R_3}{R_1 + R_2 + R_3} \times V_{CC}$$

若 $R_1 = 150K$，$R_2 = 30K$，$R_3 = 20K$ 時，V_K 的範圍爲 $1.5V < V_K < 3.75V$ 表示所能設定的溫度範圍爲 15℃～37.5℃。

4. 　Q_1，R_4，D_1，RY 的電路

R_4 當作 Q_1 的 R_B (偏壓電阻)。用以限制流入 Q_1 基極電流 I_{B1}，以免因 I_{B1} 太大而使 Q_1 過度飽和，造成反應速度變慢。Q_1 當作控制開關。當 $v_{03} = V_{CC}$ 時，$I_{B1} = \dfrac{V_{CC} - V_{BE}}{R_4}$，將使 Q_1 ON，則繼電路 RY 動作，把 N.O 接點吸下來，使得警報器動作。

D_1 是用以保護電晶體 Q_1，以免因繼電器的線圈產生太大的反電動勢，而把 Q_1 擊穿。

練習：

1. 圖 2-6 中，OP4 主要的功用爲何？
2. 圖 2-6 中，說明 D_1 怎麼達到保護 Q_1 的情形？
3. 若 V_K 調在 2.5V 時，代表什麼意義？

2-4　磁滯比較器的使用

基本比較器用做定點的比較，雖然非常方便。但在電子電路中，經常會受到許多外來的干擾，將造成基本比較器產生錯誤的輸出，如圖 2-7 所示。

欲克服雜訊的干擾，可以使用下面將要討論的磁滯比較器，概分爲反相型及非反相磁滯比較器。

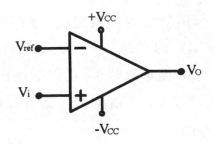

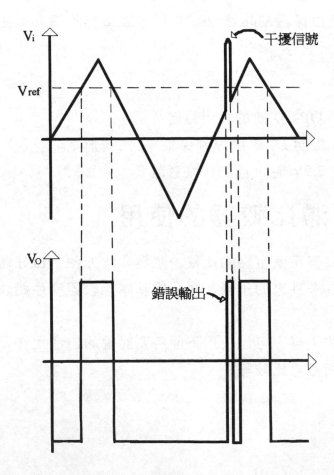

圖 2-7   基本比較器易受雜訊干擾

2-4-1　反相型磁滯比較器

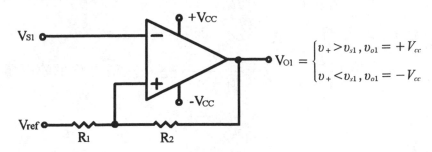

$$V_{O1} = \begin{cases} v_+ > v_{s1}, v_{o1} = +V_{cc} \\ v_+ < v_{s1}, v_{o1} = -V_{cc} \end{cases}$$

(a) 反相型磁滯比較器

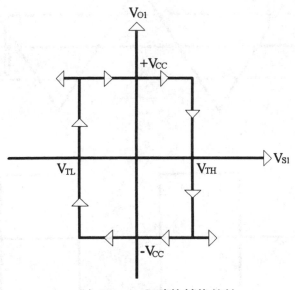

(b) $V_{ref} = 0$ 時的轉換特性

圖 2-8　反相型磁滯比較器及其轉換特性

依重疊定理分析，圖 2-8(a)OP Amp"＋"端的電壓 v_+ 時：

$$v_+ = \frac{R_2}{R_1 + R_2} V_{ref} + \frac{R_1}{R_1 + R_2} v_{01}$$

(1) 當 $v_{s1} < v_+$ 時，$v_{01} = V_{CC}$，則 v_+ 為：

$$v_+ = \frac{R_2}{R_1 + R_2}v_{ref} + \frac{R_1}{R_1 + R_2}V_{CC} \cdots\cdots 稱之為高臨界電壓 \ V_{TH}$$

(2) 當 $v_{s1} > v_+$ 時，$v_0 = -V_{CC}$，則 v_+ 為：

$$v_+ = \frac{R_2}{R_1 + R_2}v_{ref} - \frac{R_1}{R_1 + R_2}V_{CC} \cdots\cdots 稱之為低臨界電壓 \ V_{TL}$$

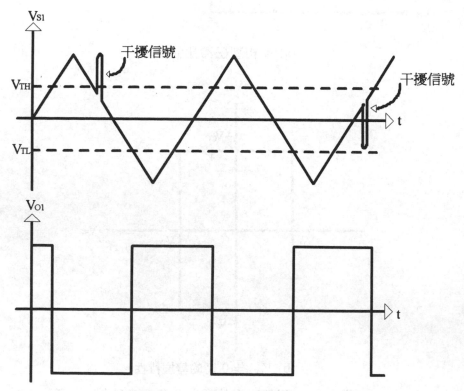

圖 2-9 反相型磁滯比較器之波形圖

分析設電路的動作情形如下：

(1) $v_{s1} < V_{TL}$ 時

$v_{s1} < V_{TL}$，表示 $v_+ > v_- \rightarrow v_{01} = V_{CC} \rightarrow v_+ = V_{TH} \rightarrow v_+$ 一

定大於 v_-。除非 v_{s1} 要上升到 $v_{s1} > V_{TH}$，才能使 $v_o = -V_{CC}$。

(2)　$v_{s1} > V_{TH}$ 時

$v_{s1} > V_{TH}$，表示 $v_+ < v_- \to v_{01} = -V_{CC} \to v_+ = V_{TL} \to v_+$ 一定小於 v_-。除非 v_{s1} 要下降到 $v_{s1} < V_{TL}$，才能使 $v_o = +V_{CC}$。

我們可以用一句簡便的口訣，表示磁滯比較器的特性：

大的 (v_{s1} 要比大的 ($v_+ = V_{TH}$) 還大，小的 (v_{s1}) 要比小的 ($v_+ = V_{TL}$) 還小，才能改變其輸出狀態。

若有雜訊位於 V_{TL} 和 V_{TH} 之間時，因不能滿足 (大比大的還大，小比小的還小) 的要求，使得這些雜訊不會對輸出造成任何的改變。所以我們說，磁滯比較器，具有抑制雜訊干擾的能力。若把 v_{s1} 和 v_{01} 的關係圖繪出來時，將如圖 2-8(b) 所示。

圖 2-8(b) 的特性曲線圖，就像磁性材料的 (B-H) 磁滯曲線，又 ($v_{s1} > V_{TH}$, $v_{01} = -V_{CC}$)，($v_{s1} < V_{TL}$, $v_{01} = +V_{CC}$)。所以我們才會把這種電路稱之為反相型磁滯比較器。

當我們改變 R_1，R_2 的大小或調整 V_{ref} 的大小時，將改變 V_{TH} 和 V_{TL} 的電壓值，則可得到以下各種情況的特性曲線。

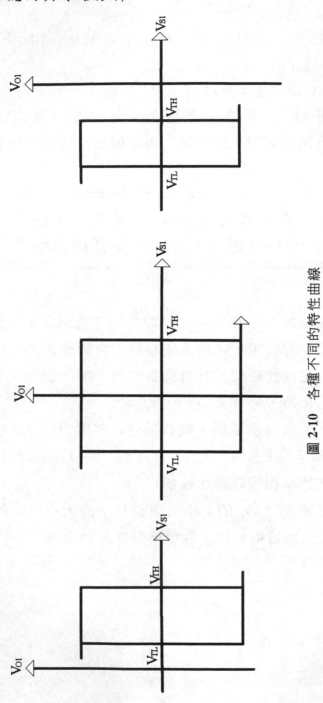

圖 2-10　各種不同的特性曲線

實例

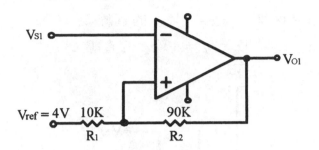

圖 **2-11**　反相型磁滯比較器實例

請繪出圖 2-11 的轉換特性曲線：$V_{TH} = ?$，$V_{TL} = ?$，令 $\pm V_{CC} = \pm 10V$。

──解析──

$$V_{TH} = \frac{R_2}{R_1 + R_2}V_{ref} + \frac{R_1}{R_1 + R_2}V_{CC}$$

$$= \frac{90K}{10K + 90K} \times 4V + \frac{10K}{10K + 90K} \times 10V = 4.6V$$

$$V_{TL} = \frac{R_2}{R_1 + R_2}V_{ref} - \frac{R_1}{R_1 + R_2}V_{CC}$$

$$= \frac{90K}{10K + 90K} \times 4V - \frac{10K}{10K + 90K} \times 10V = 2.6V$$

若 $v_{s1} = \infty$，則一定是 $v_- > v_+ \rightarrow v_{01} = -V_{CC}$。表示 $v_{s1} > V_{TH}$ 時，$v_{01} = -V_{CC}$

若 $v_{s1} = -\infty$，則一定是 $v_- < v_+ \rightarrow v_{01} = +V_{CC}$。表示 $v_{s1} < V_{TL}$ 時，$v_{01} = +V_{CC}$

所以我們可以把劃 $(v_{s1} - v_{01})$ 特性曲線的步驟整理如下：

(1) 求出 V_{TH}，V_{TL} 並在 V_{TH}，V_{TL} 的位繪出垂直線。

(2) 繪出 $v_{s1} = \infty$ 時，$v_o = -V_{CC}$ 的直線 L_1。

(3) 繪出 $v_{s1} = -\infty$ 時，$v_o = +V_{CC}$ 的直線 L_2。

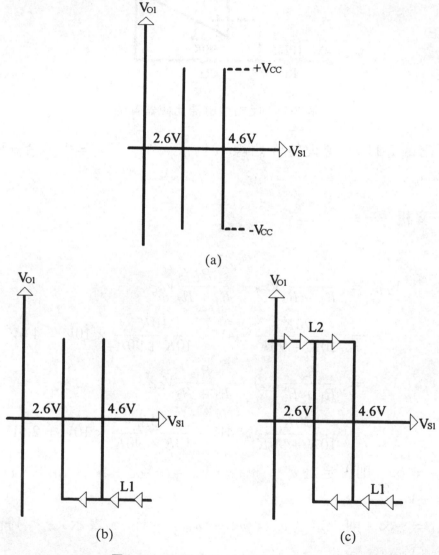

圖 2-12 繪轉換特性曲線的步驟

2-4-2 非反相型磁滯比較器

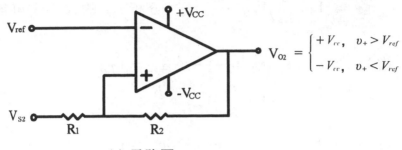

$$V_{O2} = \begin{cases} +V_{cc}, & v_+ > V_{ref} \\ -V_{cc}, & v_+ < V_{ref} \end{cases}$$

(a) 電路圖

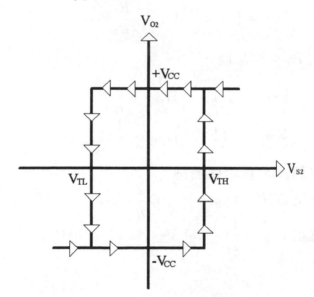

(b) $V_{ref} = 0$ 時的特性曲線

圖 2-13 非反相型磁滯比較器

　　請你先比較一下圖 2-8(b) 和圖 2-13(b)，你就能很快了解何謂反相型及非反相型。依重整定理分析圖 2-13(a)，其 v_+ 為

$$v_+ = \frac{R_2}{R_1 + R_2} V_{s2} + \frac{R_1}{R_1 + R_2} v_{02} \quad \text{，代 } v_+ = V_{ref} \text{，求得 } v_{s2}$$

其中 v_{02} 的狀態是由 v_+ 和 V_{ref} 的大小來決定，則 $v_+ = V_{ref}$ 表示變化的臨界點。則在 $v_+ = V_{ref}$ 時，可解得 v_{s2} 為：

$v_{s2} = \left(1 + \dfrac{R_1}{R_2}\right)V_{ref} - \dfrac{R_1}{R_2}v_{02}$，分析 v_{s2} 的大小，可得 V_{TH} 和 V_{TL}。

⑴   當 $V_{ref} > v_+$ 時，$v_{02} = -V_{CC}$，$v_{s2} = V_{TH}$

$$V_{TH} = \left(1 + \frac{R_1}{R_2}\right)V_{ref} + \frac{R_1}{R_2}V_{CC}$$

⑵   當 $V_{ref} < v_+$ 時，$v_{02} = +V_{CC}$，$v_{s2} = V_{TL}$

$$V_{TL} = \left(1 + \frac{R_1}{R_2}\right)V_{ref} - \frac{R_1}{R_2}V_{CC}$$

若選用 $R_2 = nR_1$ 時，

$$V_{TH} = \left(1 + \frac{1}{n}\right)V_{ref} + \frac{1}{n}V_{CC}$$

$$V_{TL} = \left(1 + \frac{1}{n}\right)V_{ref} - \frac{1}{n}V_{CC}$$

於此我們再定義兩個名詞：

磁滯電壓 $\Delta H = V_{TH} - V_{TL} = \dfrac{2}{n}V_{CC}$

中點電壓 $V_{CT} = \dfrac{1}{2}(V_{TH} + V_{TL}) = \left(1 + \dfrac{1}{n}\right)V_{ref}$

實例

圖 2-14 是一個自動溫度調節系統。其溫控條件為：當溫度高於 26℃ 時，冷氣機運轉，使溫度下降，一直降到 24℃ 以下時，冷氣機自動停止。此時溫度會從 24℃ 慢慢變高，且必須再次上升到 26℃ 才使冷氣機運轉。

請問電路中 OP3 的 V_{ref}，R_1，R_2 應如何設定？

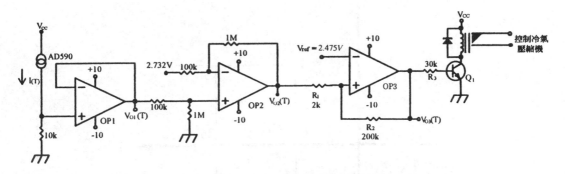

圖 2-14　自動溫度調節系統

——解析——

對 $v_{02}(T)$ 而言：

　　26℃ 時：$v_{02}(26) = 100mV/℃ \times 26℃ = 2.6V$

　　24℃ 時：$v_{02}(24) = 100mV/℃ \times 24℃ = 2.4V$

即 2.4V～ 2.6V 代表 24℃～ 26℃。而 2.5V 則是中點電壓代表 25℃。相當於是說溫度的設定值為 25℃，其誤差範圍為 ±1℃。對電路而言 $V_{CT} = 2.5V$，$\Delta H = 2.6V - 2.4V = 0.2V$，而 $\pm\frac{1}{2}\Delta H = \pm0.1V$ 就代表誤差範圍相對應的電壓。若 $\pm V_{CC} = \pm10V$，

$$\Delta H = \frac{2}{n}V_{CC} = \frac{20}{n} = 0.2V,\ \text{所以}\ n = 100$$

$$V_{CT} = \left(1 + \frac{1}{n}\right)V_{ref} = 2.5V,\ \text{所以}\ V_{ref} = 2.475V$$

當 $R_1 = 2K\Omega$ 時，$R_2 = nR_1 = 200K\Omega$。其特性如圖 2-15 所示。

　　如此的設計就能達到溫度由大變小時，冷氣機會在 24℃ 以下才停止。而當溫度由小變大時，必須大到 26℃ 以上才會再次啟動冷氣機。

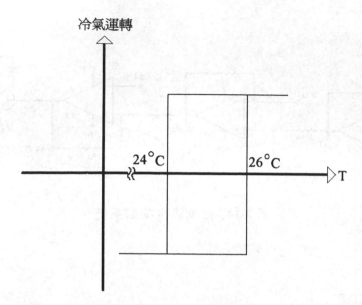

(a) 冷氣運轉狀況及 OP3 的特性曲線

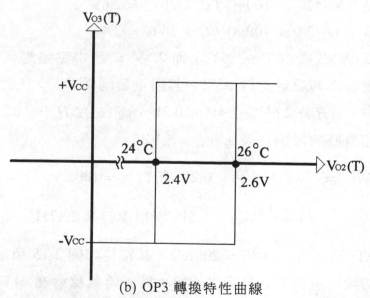

(b) OP3 轉換特性曲線

圖 **2-15** 冷氣運轉狀況及 OP3 的特性曲線

練習：

1. 使用圖 2-8 的電路設計一個 $\Delta H = 0.4V$，$V_{CT} = 2V$ 的反相型磁滯比較器 ($\pm V_{CC} = \pm 10V$)，則 V_{ref}，R_1，R_2 應該如何安排？

2. 把 3 sin wt 的正弦波當作上題的輸入信號 v_{s1}，請把 v_{s1} 和 v_{01} 的波形繪出來。

3. 圖 2-8 若 $V_{ref} = 0V$，$R_1 = R_2 = 100K$，$\pm V_{CC} = \pm 10V$，則其 V_{TH}，V_{TL}，V_{CT}，ΔH 各是多少？若 $v_{s1} = 6\sin$ wt 時，v_{01} 的波形如何？

4. 使用圖 2-13 設計一個 $\Delta H = 0.4V$，$V_{CT} = 3V$ 的非反相型磁滯比較器，在 $\pm V_{CC} = \pm 10V$ 時，其 V_{ref}，R_1，R_2 應該如何安排？

2-5　窗型比較器

除了基本比較器和磁滯比較器以外，常被我們使用的比較器電路，還有一種叫窗型比較器。它能由如下各種電路組成。

2-5-1　零位窗型比較器

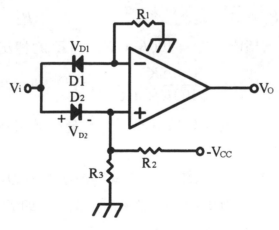

圖 **2-16**　窗型比較器

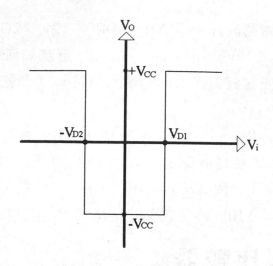

圖 2-17 轉換特性曲線

零位窗型比較器之設計要點，乃在 $v_i = 0$ 的時候，先令 "+" 端或 "−" 端保持某一微小的正電壓或負電壓。圖 2-16 是以 v_+ 保持一個微小的負電壓為其設計要點。

$$v_+ = \frac{R_3}{R_2 + R_3} \times (-V_{CC}) = -\beta V_{CC}, \quad \beta = \frac{R_3}{R_2 + R_3}, \quad 且\, R_2 \gg R_3$$

例如在 $\pm V_{CC} = \pm 15V$，$R_2 = 100K$，$R_3 = 1K$ 的情況下，v_+ 為

$$v_+ = -\beta V_{CC} = -\frac{1K}{100K + 1K} \times 15V = -0.0746V$$

則在 $v_i = 0$，$v_i > 0$，$v_i < 0$ 的情況下，其分析結果為：

(1)　$v_i = 0$ 時：

因 $v_- = 0V$，D_1 **OFF**。$v_+ = -0.074V$，D_2 **OFF**。又 $(v_- = 0V) > (v_+ = -0.0746V)$，故 $v_o = -V_{CC}$。即 D_1 **OFF**，D_2 **OFF** 時，$v_o = -V_{CC}$

(2)　$v_i > 0$ 時：

因 $v_- = 0V$，D_1 在 $v_i > 0$ 的情況下，D_1 被施加逆向電壓，致使 $v_i > 0$ 時，D_1 永遠 OFF。

當 $v_i > (V_{D2} + v_+) \approx V_{D2}$，表示輸入電壓 v_i 大到使 D_2 有順向偏壓 V_{D2} 以上時，D_2 就會 ON，使得 $v_+ = v_i - V_{D2} > 0$，則 $v_+ > v_-$，$v_o = +V_{CC}$，可整理如下的結果：

$$v_i > V_{D2}, \quad D_1\text{OFF}, \quad D_2\text{ON}, \quad v_o = +V_{CC}$$

$$V_{D2} > v_i > 0, \quad D_1\text{OFF}, \quad D_2\text{OFF}, \quad v_o = -V_{CC}$$

(3)　$v_i < 0$ 時：

因 $v_- = 0V$，在 $v_- - v_i > V_{D1}$，即 $-v_i > V_{D1}$，相當於 $v_i < -V_{D1}$ 時，將使 D_1 ON，而此時因 $v_i < 0$，D_2 一定 OFF。又 $(v_+ = -0.0746V) > (v_- = -V_{D1} = -0.7)$，即 $v_+ > v_-$，$v_o = +V_{CC}$，可整理出如下的結果：

$$v_i > -V_{D1}, \quad D_1\text{ON}, \quad D_2\text{OFF}, \quad v_+ > v_-, \quad v_o = +V_{CC}$$

$$-V_{D1} < v_i < 0, \quad D_1\text{OFF}, \quad D_2\text{OFF}, \quad v_+ < v_-, \quad v_o = -V_{CC}$$

歸納(1)，(2)，(3)三項分析的結果，可以得到

$$v_i < -V_{D1}, \quad v_o = +V_{CC}$$

$$-V_{D1} < v_i < V_{D2}, \quad v_o = -V_{CC}$$

$$v_i > V_{D2}, \quad v_o = +V_{CC}$$

把這些結果繪成轉換特性曲線時，即如圖 2-17 所示。若窗型比較器的輸入電壓 v_i 代表重量感測器的電壓信號。V_{D2} 就可以代表太重。而若

$v_i < -V_{D1}$，則可以表示重量太輕。如此一來窗型比較器就可以用在重量選別機中，把重量相近者歸成同一級。

2-5-2 非零位窗型比較器

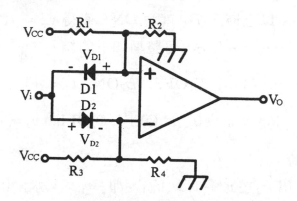

圖 2-18 非零位窗型比較器

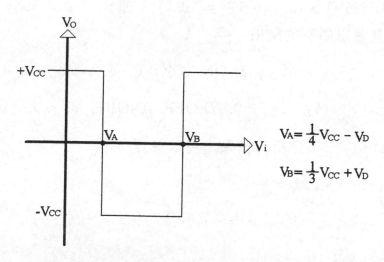

$$V_A = \frac{1}{4}V_{CC} - V_D$$

$$V_B = \frac{1}{3}V_{CC} + V_D$$

圖 2-19 轉換特性曲線

圖 2-18 非零位窗型比較器設計之要點，乃在 v_+ 和 v_- 先設定某一固定的電壓，達到比較電壓移位的目的。茲直接分析該電路之原理如

下：

(1)　D_1，D_2 都 OFF 時：

$$v_+ = \frac{R_2}{R_1 + R_2}V_{CC}, \quad v_- = \frac{R_4}{R_3 + R_4}V_{CC}$$

若我們選用 $R_1 = 2R_2$，$R_3 = 3R_4$，則

$$v_+ = \frac{R_2}{R_2 + 2R_2}V_{CC} = \frac{1}{3}V_{CC}, \quad v_- = \frac{R_4}{R_4 + 3R_4}V_{CC} = \frac{1}{4}V_{CC}$$

此時 $v_+ > v_-$，使得 $v_o = +V_{CC}$

(2)　D_1，D_2 都 ON 時：

　　若 $v_+ > v_{D1} + v_{D2} + v_-$ 時，D_1，D_2 都 ON，也是 $v_+ > v_-$，$v_o = +V_{CC}$。

(3)　D_1 OFF，D_2 ON 時：

　　若 D_1 OFF，則 v_+ 保持在 $v_+ = \frac{1}{3}V_{CC}$。當 D_2 ON 時，$v_- = v_i - V_{D2}$。此時將有兩種情形。

①　$v_+ > v_-$ 時，表示 $\frac{1}{3}V_{CC} > v_i - V_{D2}$，即 $v_i < \frac{1}{3}V_{CC} + V_{D2}$，$v_o = +V_{CC}$。

②　$v_+ < v_-$ 時，表示 $\frac{1}{3}V_{CC} < v_i - V_{D2}$，即 $v_i > \frac{1}{3}V_{CC} + V_{D2}$，$v_o = -V_{CC}$。

(4)　D_1 ON，D_2 OFF 時：

　　若 D_2 OFF，則 v_- 保持在 $v_- = \frac{1}{4}V_{CC}$。當 D_1 ON 時，$v_+ = V_{D1} + v_i$，此時也有兩種情形：

①　$v_+ > v_-$ 時，表示 $V_{D1} + v_i > \frac{1}{4}V_{CC}$，即 $v_i > \frac{1}{4}V_{CC} - V_{D1}$，$v_o = +V_{CC}$。

②　$v_+ < v_-$ 時，表示 $V_{D1} + v_i < \frac{1}{4}V_{CC}$，即 $v_i < \frac{1}{4}V_{CC} + V_{D1}$，$v_o = -V_{CC}$。

綜合(3)，(4)兩項分析發現，使 $v_o = +V_{CC}$ 的輸入電壓 v_i 有兩種，使 $v_o = -V_{CC}$ 的 v_i 也有兩種。分別是

① 　$v_i < \dfrac{1}{3}V_{CC} + V_{D2}$ ，$v_o = +V_{CC}$

② 　$v_i > \dfrac{1}{4}V_{CC} - V_{D1}$ ，$v_o = +V_{CC}$

③ 　$v_i > \dfrac{1}{3}V_{CC} + V_{D2}$ ，$v_o = -V_{CC}$

④ 　$v_i < \dfrac{1}{4}V_{CC} - V_{D1}$ ，$v_o = -V_{CC}$

又 $(\dfrac{1}{3}V_{CC} + V_{D2}) > (\dfrac{1}{4}V_{CC} - V_{D1})$，則其結果為

$$v_i > \frac{1}{3}V_{CC} + V_{D2} , \ v_o = -V_{CC}$$

$$\frac{1}{4}V_{CC} - V_{D1} < v_i < \frac{1}{3}V_{CC} + V_{D2} , \ v_o = +V_{CC}$$

$$v_i < \frac{1}{3}V_{CC} - V_{D1} , \ v_o = -V_{CC}$$

若令 $\dfrac{1}{4}V_{CC} - V_{D1} = V_A$ ，$\dfrac{1}{3}V_{CC} + V_{D2} = V_B$，其轉換特性曲線將如圖 2-20 所示。此時已不是以 $v_i = 0$(零位) 為中心的窗型比較器了。所以我們稱圖 2-18 為非零位之窗型比較器。

　　有時候在應用系統中，我們想改變窗型比較器的上限或下限時，若使用圖 2-18 的方法，將顯得比較不方便。但若使用目前圖 2-20 所示的雙 OP 窗型比較器時，只要調整可變電阻，就能重新設定上限 V_B 和下限 V_A。因為有這種直接的設定而不必另外計算的方便性，使得雙 OP 窗型比較器也被廣泛的使用。

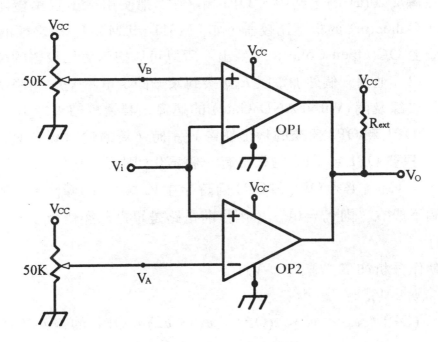

(a) 雙 OP 之窗型比較器

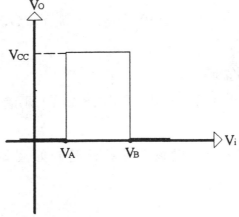

(b) 轉換特性曲線

圖 2-20　雙 OP Amp 之窗型比較器

　　在圖 2-20(a) 的電路中，OP1 和 OP2 都使用輸出爲集極開路型 (Open Collector) 的電壓比較器，如 LM311，LM339……之類的 IC。因爲屬於 OC(Open Collector) 輸出，所以可以把兩個比較器的輸出端接在一起，並用一個外加電阻 R_{ext} 接到某一固定電壓 V_{DD}，將使新的輸出形成線及閘 (Wired-AND Gate) 的運算，其運算結果爲：

(1)　OP1 和 OP2 原來的輸出都爲 V_{CC} 時，新的輸出 $v_o = V_{CC}$。

(2)　只要 OP1 或 OP2 的輸出有一個爲 0，則 $v_o = 0V$。

即要 $v_o = V_{CC}$，必須 OP1 和 OP2 同時存在 $V_+ > V_-$ 的條件。只要其中有一個不成立，則 $v_o = 0V$。（因目前電路是單電源操作所以 $v_o = V_{CC}$ 或 0V）。

　　動作分析如下：若 $V_B > V_A$

(1)　$v_i > V_B$ 時

(OP1：$v_+ < v_-$)，(OP2：$v_+ > v_-$)，OP1 的條件不成立，$v_o = 0V$

(2)　$v_i < V_A$ 時

(OP1：$v_+ > v_-$)，(OP2：$v_+ < v_-$)，OP2 的條件不成立，$v_o = 0V$

(3)　$V_A < v_i < V_B$ 時

(OP1：$v_+ > v_-$)，(OP2：$v_+ > v_-$)，兩者條件都成立，$v_o = V_{CC}$

把(1)，(2)，(3)的結果繪成轉換特性曲線時將如圖 2-20(b) 所示。

練習：

1. 若 $V_A = 1.5V$，$V_B = 3V$，$\pm V_{CC} = \pm 12V$，$V_{D1} = V_{D2} = 0.7V$，則圖 2-18 中的 R_1，R_2 和 R_3，R_4 應該如何安排？

2. 若 $V_A = 3V$，$V_B = 5V$，$V_{DD} = 12V$，請依圖 2-20(a) 設計其實用電路。

第3章

物理量變化的轉換
一電阻

　　許多感測元件，當物理量，如溫度，光，磁場強度，壓力……等
改變的時候，將造成其本身電阻的改變，例如：

熱敏電阻：溫度改變時，其本身的電阻值也隨之改變。

光敏電阻：光的強弱或波長長短，會改變其內部電阻值。

磁　　阻：依磁場強度的大小而改變其本身電阻值的大小。

應變計　：壓力或重量的不同，使其材質變形，造成電阻變化的感測
　　　　　元件。

　　當有許許多多的感測器，是以物理量改變而改變其本身電阻的原
理而製成。其應用範圍之廣，已非電壓或電流變化的感測元件所能
及。因此我們必須把電阻的變化量轉換成電壓的大小，以代表該物理
量的大小。

　　例如某一熱敏電阻，溫度在 T_1 和 T_2 的時候，它的電阻值分別為
$R(T_1)$ 及 $R(T_2)$ ，我們將設法把 $R(T_1)$ 各 $R(T_2)$ 轉換成 $V(T_1)$ 和 $V(T_2)$
用以代表 T_1 和 T_2。

$$T_1 \longrightarrow 造成\ R(T_1) \longrightarrow 轉換\ V(T_1) \longrightarrow 代表\ T_1$$
$$T_2 \longrightarrow 造成\ R(T_2) \longrightarrow 轉換\ V(T_2) \longrightarrow 代表\ T_2$$

所以如何把電阻的變化量轉換成電壓的變化量，就變成一項非常重要
的工作。轉換的方式概分為五大類：

(1)　分壓法。

(2)　電阻電橋法。

(3)　定電流法。

(4)　有源電橋法。

(5)　頻率改變法。

其中(1)，(2)可使用定電壓驅動，又(2)，(3)可使用定電流驅動，(4)亦為
定電壓驅動。茲分析各種方法於後：

3-1　分壓法

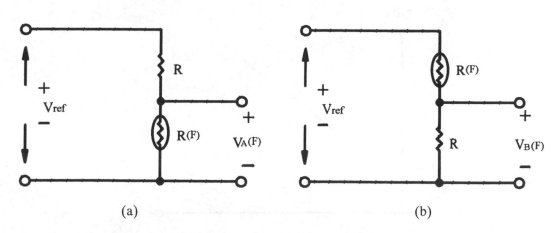

圖 3-1　分壓法電路示意圖

圖 3-1 中各符號的功能為：

$R(F)$　：　受物理量而改變其阻值的感測元件。

$V(F)$　：　由$R(F)$的大小所轉換而來的電壓值。

V_{ref}　：　穩定的定電壓源。使分壓法為定電壓驅動。

R　：　分壓及限制電流之分壓電阻。

圖 3-1 中 $V_A(F)$ 和 $V_B(F)$ 的大小為

$$V_A(F) = \frac{R(F)}{R + R(F)}V_{ref}, \quad V_B(F) = \frac{R}{R + R(F)}V_{ref}$$

　　若假定原來物理量 F 和電阻值 $R(F)$ 是呈線性關係。則我們希望轉換後的 $V(F)$ 和物理量 F 也呈線性關係。即如圖 3-2 所示。

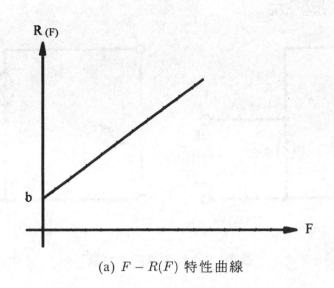

(a) $F - R(F)$ 特性曲線

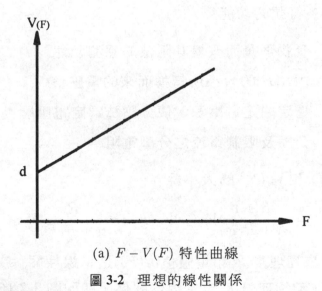

(a) $F - V(F)$ 特性曲線

圖 3-2　理想的線性關係

在理想的線性關係中，可以把 $R(F)$ 及 $V(F)$ 表示為：

$$R(F) = mF + b, \ V(F) = kF + d, \ m, k：斜率$$

若以圖 3-1(a) 來分析時：

$$V_A(F) \times [R + R(F)] = R(F) \times V_{ref}$$

$$(kF + d)(R + mF + b) = (mF + b) \times V_{ref}，將得到$$

$$mkF^2 + (kR + kb + md - mV_{ref})F + (dR + db - bV_{ref}) = 0$$

它是二次方程式，其結果將不是線性關係。也就是說分壓法將造成非線性的誤差。

　　以感溫電阻 $R(T)$ 來做實例說明。假設目前有一個感溫電阻，其溫度係數爲 20Ω/℃，在 0℃ 時的電阻 $R(0) = 200Ω$，且電阻變化與溫度呈線性關係，即

$$R(T) = \alpha T + R(0), \ \ \alpha = 20Ω/℃, \ \ R(0) = 200Ω$$

$R(T)$ 與 T 是爲線性關係，相當於 $y = mx + b$。若 $V_{ref} = 10.000V$，且 R 分別選用 1KΩ 和 10KΩ。經逐點計數 $V_A(T) = \dfrac{R(T)}{R + R(T)} \times V_{ref}$ ，得表 3-1。其中 $\Delta V_A(T)$ 代表 $V_A(T + 5) - V_A(T) = \Delta V_A(T)$。

　　把表 3-1 的數據繪於圖 3-3(b)，很清楚地看到以分壓法做爲電阻對電壓的轉換方法時，都有非線性的情況發生。而分壓電阻 R 愈小時 $(R = 1KΩ)$，明顯地看到非線性的情況愈嚴重，但對溫度的靈敏度卻較大，如圖 3-3(b) 中 $R = 1KΩ$ 的曲線。當使用較大的分壓電阻時 $(R = 10KΩ)$，非線性誤差較小，但所得到的輸出電壓 $V_A(T)$ 卻小得多，即 R 愈大時，對溫度的靈敏度愈小。但在某一特定區間，依然有近似線性的特性存在。所以分壓法經常使用於定點的比較，不適合做全範圍的量測使用。

表 3-1　R 的大小影響線性和靈敏度

R = 1K				R = 10K			
T (°C)	R(T) (R)	V$_A$(T) (V)	△V$_A$(T) (V)	T (°C)	R(T) (R)	V$_A$(T) (V)	△V$_A$(T) (V)
0	200	1.67	0.64	0	200	0.19	0.1
5	300	2.31	0.55	5	300	0.29	0.09
10	400	2.86	0.47	10	400	0.38	0.09
15	500	3.33	0.42	15	500	0.47	0.09
20	600	3.75	0.36	20	600	0.56	0.09
25	700	4.11	0.33	25	700	0.65	0.09
30	800	4.44	0.29	30	800	0.74	0.08
35	900	4.73	0.27	35	900	0.82	0.09
40	1000	5.00	0.23	40	1000	0.91	0.08
45	1100	5.23		45	1100	0.99	

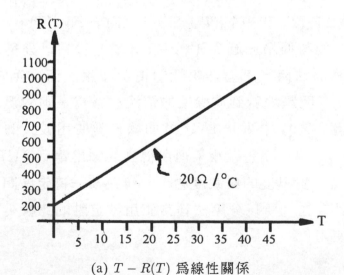

(a) $T - R(T)$ 爲線性關係

圖 3-3　$T - R(T)$ 及 $T - V(T)$ 之特性曲線

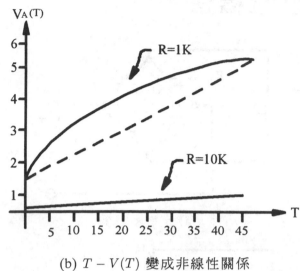

(b) $T - V(T)$ 變成非線性關係

圖 3-3　（續）

　　當用分壓法做為電阻對電壓的轉換時，必須在非線性誤差和靈敏度之間做適當的取捨，真所謂天下沒有白吃的午餐。為了改善非線性誤差的影響，將於本章最後討論如何做非線性的補償。而目前分壓法，可以歸納如下的特性。

1.　分壓法是一種把電阻轉換成電壓之最簡便方法。

2.　分壓法一定會引起非線性誤差，只是程度上的不同。

3.　其中 R 愈小，靈敏度愈高，但其線性誤差也愈大。

4.　R 愈大，雖然靈敏度較小，卻是使線性誤差變小。

3-2 電阻電橋法

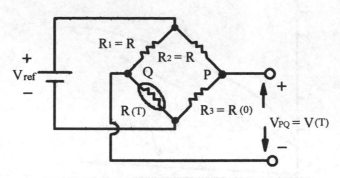

(a) 定電壓電橋

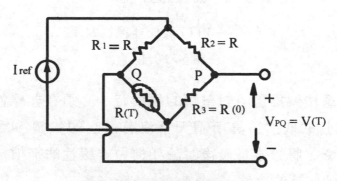

(b) 定電流電橋

圖 3-4 電阻電橋之驅動法

　　電阻電橋，正式一點的名稱應該叫做惠斯登電阻電橋。由電橋平衡的觀點來看 $V(T)$ 時，在平衡的情況下，對角線電阻的乘積相等。即 $R_1 \times R_3 = R_2 \times R(T)$，且使得 $V_P = V_Q$，相當於 $V(T) = V_P - V_Q = 0V$。

$$V(T) = V_P - V_Q$$

$$= \frac{R_3}{R_2 + R_3} V_{ref} - \frac{R(T)}{R_1 + R(T)} V_{ref}$$

$$= \frac{R_3(R_1 + R(T)) - R(T)(R_2 + R_3)}{(R_2 + R_3)(R_1 + R(T))} \times V_{ref}$$

若 $R_1 = R_2 = R,\ R_3 = R(0),$ 則

$$V(T) = \frac{(R(0) - R(T))R}{(R + R(0))(R + R(T))} \times V_{ref}$$

而 $R(T) = R(0) + \alpha T,$ 則

$$V(T) = \frac{[R(0) - (R(0) + \alpha T)]R}{[R + R(0)][R + R(0) + \alpha T]} \times V_{ref}$$

$$V(T) = \frac{-\alpha T R}{[R + R(0)][R + R(0) + \alpha T]} \times V_{ref}$$

從上述分析看到，最後 $V(T)$ 的公式中，在分母部份有 αT 這一項，將使得電阻電橋的轉換結果，也造成非線性的誤差。所以想得到線性度很好的量測系統，除了 $R(T)$ 本身要具備良好的線性關係外，於感測電路中亦必須加入適當的非線性補償，以克服因電阻電橋所造成的非線性誤差，故非線性誤差乃電阻電橋的一項缺點。

若 $R + R(0) \gg \alpha T$ 時，$V(T)$ 將變成

$$V(T) = \frac{-\alpha T R}{[R + R(0)]^2} \times V_{ref}$$

將只剩下分子部分有 T 的變數，使得 $V(T)$ 和 T 呈線性關係。即當 α 很小的時候，表示物理量所造成電阻的變化量非常小。（如應變計，受壓力時，其電阻的變化量，以 $m\Omega$ 計）。使用電阻電橋做為微小電阻變化量的轉換電路時，可得到不錯的線性關係。所以一般壓力計所使用的感測元件，其電路均使用電阻電橋的方法（相關之詳細應用說明，請參考壓力單元）。

若再選用 $R \gg R(0)$ 時，$V(T)$ 將變成

$$V(T) = -(\alpha T) \times v_{ref} \times \frac{1}{R}$$

此時 $V(T)$ 完全成正比於溫度 T 是很好的線性關係。故整理電阻電橋法的使用注意事項如下：

1. 電阻變化之感測元件 $R(T)$ 的線性度要好。若原來 $R(T)$ 本身的線性並不理想時，就必須先做非線性的修正。（方法如 3-6 節）。

2. R_1 的阻值愈大，其非線性誤差愈小。但 R 若太大，將使流經 $R(T)$ 的電流非常小，則易受雜訊干擾。

3. R_3 可選用等於待測溫度下限時的 $R(T)$。目前 R_3 是用 $R(0)$ 的阻值。則在 $0°C$ 時，將使 $V(0) = 0V$。使電錶不偏轉時的溫度，即代表待測溫度的下限。此乃所謂的歸零調整。將是電阻電橋法的一項優點。可用小阻值的精密可變電阻調整之。

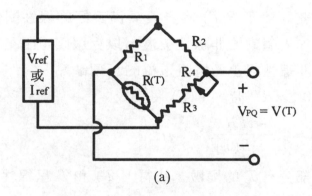

(a)

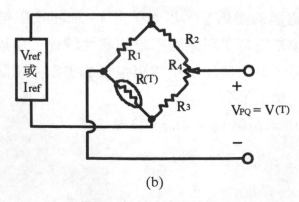

(b)

圖 3-5　歸零調整的方法

4. 電阻電橋的輸出電壓 $V(T)$，幾乎都被送到差值放大去處理。則能達到放大作用又同時抵消共模雜訊的干擾。

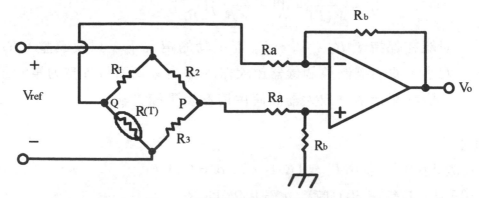

圖 3-6　電阻電橋與差值放大

　　然在第二章中已談到差值放大有兩項缺點，其一為：輸入阻抗 $R_i = 2R_a$，似嫌太小。其二為：想改變放大率時，必須同時調整兩個電阻，相當不方便。將以儀器放大器克服差值放大器的兩項缺點。

5. 儀器放大器是電阻電橋最佳拍檔。

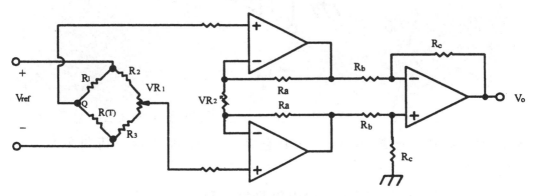

圖 3-7　儀器放大器與電阻電橋

儀器放大器中 OP1 和 OP2 提供高輸入阻抗，OP3 負責完成差值

放大的作用，其放大率爲

$$A_v = \frac{v_o}{V(T)} = \left(1 + \frac{2R_a}{VR_2}\right)\left(\frac{R_c}{R_b}\right)$$

則能在保持，R_a，R_b，R_c 都不動的情況下，只要調整 VR_2 的大小，便能控制整個儀器放大器的增益。我們將於壓力單元說明應變計配合儀器放大器的使用情形及調校方法。

練習：

1. 在圖 3-6 中，若 $R(T) = 1K\Omega + \alpha T$, $\alpha = 0.1\Omega/℃$，$V_{ref} = 10.00V$, $R = 10K\Omega$，若想使 30℃ 時，$v_o = 0V$，則 $R_3 = ?$

2.

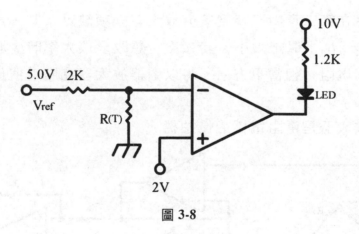

圖 3-8

$R(T) = 500\Omega + 5\Omega/℃ \times T℃$，試問溫度多少時 LED 會亮？

3. 在圖 3-6 中，若 $R_b = 100R_a$，其它條件如 1. 題所示。請問在 50℃，$v_o = ?$

4. 請設計一組定電壓源，其輸出電壓爲 6.5V。

5. 請把圖 3-4(b) 中的定電流 I_{ref}，以實際電路表示之，並令 $I_{ref} = 2mA$。

3-3　定電流法㈠：負載接地型

　　定電流法達到電阻對電壓轉換的原理，乃以一個極穩定的定電流 I_{ref}，使其流過電阻變化的感測器 $R(T)$，則於 $R(T)$ 上所產生的壓降 $V(T)$，就代表物理量的大小。 $V(T)$ 為

$$V(T) = I_{ref} \times R(T) = I_{ref} \times (R(0) + \alpha T)$$

則 T 和 $V(T)$ 將是一條直線方程式。理論上，定電流法可以得到很好的直線性。但想得到一個負載接地型且極穩定的定電流源並不容易，所以負載接地型之定電流轉換，反而較少被使用。電路中 $R(T)$ 有一端被接地，所以稱之為接地型。

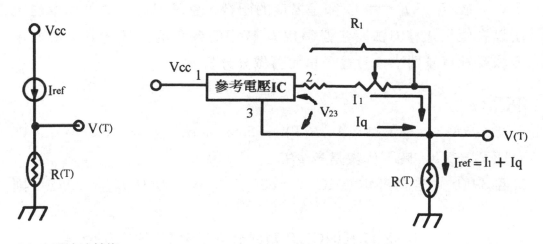

(a) 定電流法轉換　　　　　(b) 定電流法之參考電路

圖 3-9　負載接地型定電流法

　　在某些使用負載接地型定電流法的場合中，大都使用如圖 3-9(b) 所示的參考電路。以參考電壓輸出的穩定性，配合精密電阻，達到定

電流的效果。圖 (b) 流經 $R(T)$ 的電流 I_{ref} 為：

$$I_{ref} = I_1 + I_q = \frac{V_{23}}{R_1} + I_q$$

其中

V_{23}：該參考電壓 IC 的輸出，例如 AD581 的 $V_{23} = 10.000V \pm 7.5mV$

R_1：精密電阻，用以設定 I_1 的大小，而達到定電流 I_{ref} 的目的。

I_q：I_q 仍參考電壓 IC 靜態工作電流。一般 I_q 都很小。

若 $I_1 \gg I_q$，則

$$I_{ref} \approx I_1 = \frac{V_{23}}{R_1}, \quad V(T) = R(T)\frac{V_{23}}{R_1} = (R(0) + \alpha T) \times \frac{V_{23}}{R_1}$$

例如：當 $I_1 = 2mA$ 時，就 AD581 而言，其 $I_q = 50\mu A$，則 $I_1 = 40I_q$。可以看成 $I_1 \gg I_q$。然 I_q 卻是溫度的函數，會隨溫度的高低而改變。所以在使用這種方法時，必須找 I_q 較小的參考電壓 IC。其詳細使用方法及計算原則待參考電源單元再做分分析。

練習：

1. 圖 3-9(a)，$I_{ref} = 2mA$, $R(T) = 500\Omega + \alpha T$, $\alpha = 10\Omega/°C$ 時，則 $V(T) = 2.5V$ 時，代表是多少°C？

2. 圖 3-9(b)，若參考電壓 IC 為 7805，$R_1 = 1.2K\Omega$, $I_q = 20\mu A$，則 $I_{ref} = ?$

3. 試搜集 AD581 及 TL1004C-2.5 兩種參考電壓 IC 的電氣資料以供自己使使。

3-4　定電流法㈡：負載浮接型

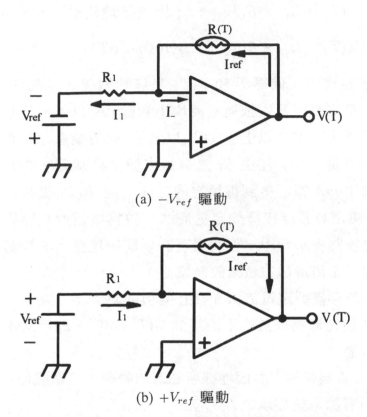

(a) $-V_{ref}$ 驅動

(b) $+V_{ref}$ 驅動

圖 3-10　負載浮接型定電流法

　　圖 3-10(a)，(b) 稱為負載浮接型定電流法之電阻對電壓的轉換電路。因其中 $R(T)$ 並沒有真正的接地端，所以才把它稱做負載浮接型。若使用 OP Amp 的輸入阻抗夠大的話，$I_{(-)} \approx 0$，則

$$I_{ref} = I_1 + I_{(-)} = I_1 = \frac{V_{ref}}{R_1} \cdots\cdots I_1 \gg I_{(-)}$$

當 V_{ref} 是穩定的電壓源，R_1 是溫度係數很小的固定電阻，則 I_1 就是極穩定的定電流了。其轉換原理，乃讓定電流 I_{ref} 流過 $R(T)$，將於

OP Amp 輸出得到 $V(T)$ 的電壓。

$$V(T) = I_{ref} \times R(T) + v_-，因虛接地使得 v_- = v_+ = 0V，則$$

$$V(T) = I_{ref} \times R(T) = I_{ref}(R(0) + \alpha T)$$

因 I_{ref} 是定電流，使得 T 和 $V(T)$ 呈線性關係。目前的 OP Amp 已能得到偏壓電流或輸入抵補電流均小到數 nA 以下，相當於其共模輸入阻抗可達數百 MΩ 以上。 (10^8 以上)，使得負載浮接型的定電流能做得相當準確，並且能由 R_1 直接很方便地控制 I_{ref} 的大小。 I_{ref} 從 $100\mu A$ 到 $10mA$ 都能得到很穩定的工作，則 $R(T)$ 從數拾歐姆到數百 KΩ 都能使用負載浮接型的定電流法，做為電阻對電壓的轉換電路。所以在往後許多單元中，你將發現許多隨物理量而改變其本身電阻的感測元件，常用這種方法來設計電路。

但負載浮接型定電流法卻存在兩項缺點：

1.　無法使待測物理量的下限得到 $V(T) = 0V$，即電路本身無法做歸零調整。

2.　因 v_+ 直接接地，將因地線所感應的雜訊，而造成偵測上的誤差。可用有源電橋加以改善。

3-5　有源電橋法

很清楚地看到圖 3-11 和 3-10 最大的差別是在 OP Amp 的 "＋" 端。對有源電橋而言， "＋" 端並不是直接接地，而是由 R_2 和 R_3 分到一個電壓加於 "＋" 端。則克服接地雜訊的干擾。同時可由 R_3 做歸零調整，可由 R_1 做滿刻度調整。且此時 OP Amp 為差值放大的組態，能同時抵消共模雜訊的干擾。由此可見，有源電橋乃負載浮接型的改良電路。茲分析其動作原理如下：

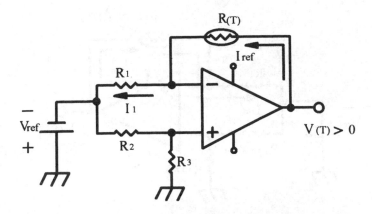

(a) $-V_{ref}$ 驅動之有源電橋

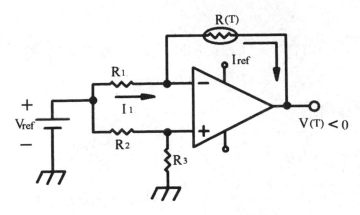

(b) $+V_{ref}$ 驅動之有源電橋

圖 3-11　有源電橋法之轉換電路

1. 歸零調整的方法

　　若待測溫度的下限為 T_L，我們希望 T_L 時的輸出電壓 $V(T_L) = 0V$。則可選用 $R_2 = KR_1$，$R_3 = KR(T_L)$，就能達到 $V(T_L) = 0$ 的目的。也就是說能經 R_3 的調整來做歸零的工作。經由 R_1 可做滿刻度的調整（上限），將於下一部份說明之。

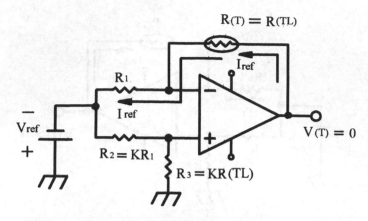

圖 3-12 有源電橋的歸零

$$V(T) = I_{ref} \times R(T) + v_- \text{，當 } T = T_L \text{ 時}$$

$$V(T_L) = I_{ref} \times R(T_L) + v_+ \text{，}$$

$$\text{因虛接地 } v_- = v_+ = -\frac{R_3}{R_2 + R_3}V_{ref}$$

$$I_{ref} = \frac{v_- - (-V_{ref})}{R_1} = \frac{v_+ + V_{ref}}{R_1}$$

$$= \frac{1}{R_1}(-\frac{R_3}{R_2 + R_3}V_{ref} + V_{ref})$$

$$= \frac{1}{R_1}(\frac{R_2}{R_2 + R_3})V_{ref}$$

$$V(T_L) = \frac{1}{R_1}(\frac{R_2}{R_2 + R_3})V_{ref} \times R(T_L) - \frac{R_3}{R_2 + R_3}V_{ref},$$

$$\text{在 } R_2 = KR_1 \text{的情況下}$$

$$V(T_L) = \frac{KR(T_L)}{R_2 + R_3}V_{ref} - \frac{R_3}{R_2 + R_3}V_{ref}$$

若 $R_3 = KR(T_L)$，則 $V(T_L) = 0V$。所以可以在待測溫度的下限

(T_L) 時，調整 R_3，使 $R_3 = KR(T_L)$，就能得到 $V(T_L) = 0V$。此乃歸零也。

2.　滿刻度調整

若溫度於 $T_L + T$ 時，$R(T_L + T) = R(T_L) + \alpha T$，其輸出電壓

$$
\begin{aligned}
V(T_L + T) &= \frac{KR(T_L + T)}{R_2 + R_3}V_{ref} - \frac{KR(T_L)}{R_2 + R_3}V_{ref} \\
&= \frac{K}{R_2 + R_3}[R(T_L) + \alpha T]V_{ref} - \frac{KR(T_L)}{R_2 + R_3}V_{ref} \\
&= \frac{K}{R_2 + R_3}V_{ref} \times \alpha T,
\end{aligned}
$$

$R_2 = KR_1,\ R_3 = KR(T_L)$, 則

$$
V(T_L + T) = \frac{V_{ref}}{R_1 + R(T_L)} \times \alpha T,
$$

$R_1,\ R(T_L),\ V_{ref},\ \alpha$ 都是固定值，則

$$
V(T_L + T) = \beta T,\ \beta = \frac{\alpha V_{ref}}{R_1 + R(T_L)}
$$

意思是說，在 T_L 以後，溫度每增加 1℃，$V(T)$ 就增加 β 伏特。從 β 的表示式可以看到改變 R_1 的大小，將得到不同的 β 值。所以可經由 R_1 控制待測溫度上限的 $V(T)$，這是一個經常使用的方法，我們將以實例說明之。

實例：

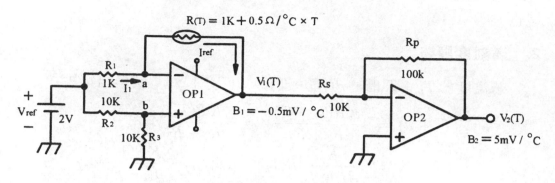

圖 3-13 有源電橋法，溫度對電壓的轉換

分析圖 3-13，得知 OP2 和 OP1 的功能為：

OP2：為反相放大器，$V_2(T) = -\dfrac{R_P}{R_S} \times V_1(T) = -10V_1(T)$

OP1：為有源電橋，使用 $+V_{ref} = 2V$ 驅動。而

$\qquad V_1(T) = -I_{ref}R(T) + v_a$，必須求得 I_{ref} 及 v_a 才能得知 $V_1(T)$

若 OP1 的輸入阻抗足夠大，則 $I_{ref} = I_1$。因虛接地，使 $v_a = v_b$

$$I_1 = \frac{V_{ref} - v_a}{R_1},$$

$$v_a = v_b = \frac{R_3}{R_2 + R_3}V_{ref} = \frac{10K}{10K + 10K} \times 2V = 1V$$

$I_1 = \dfrac{2V - 1V}{1K} = 1mA = I_{ref}$，代入 $V_1(T)$ 的公式，則 $V_1(T)$ 為

$$\begin{aligned}
V_1(T) &= -1mA \times [1K + 0.5\Omega/℃ \times T(℃)] + 1V \\
&= -0.5mV/℃ \times T(℃)
\end{aligned}$$

表示溫度每增加 1℃ 時，$V_1(T)$ 會下降 0.5mV。重新注意電路中各電阻

的安排，將可發現

$$R_2 = 10R_1, \ R_3 = 10R(0), \ 則 \ 0℃ 時 \ V_1(0) = 0V$$

表示我們所談過相關 R_1，R_2，R_3，$R(T_L)$ 的關係式並沒有錯誤。當

$$R_2 = KR_1, \ R_3 = KR(T_L)時，將使 T_L℃ 時 V_1(T_L) = 0V。$$

而 OP2 的放大率為 $-\dfrac{R_P}{R_S} = -10$ 倍，則 $V_2(T) = -10V_1(T)$，則

$$
\begin{aligned}
V_1(0) &= -0.5mV/℃ \times 0℃ = 0V \\
V_2(0) &= V_1(0) \times (-10) = 0V \\
V_1(100) &= -0.5mV/℃ \times 100℃ = -50mV \\
V_2(100) &= V_1(100) \times (-10) = +500mV
\end{aligned}
$$

總結為：

$$
\begin{aligned}
V_2(T) &= V_1(T) \times (-10) = (-0.5mV/℃) \times T(℃) \times (-10) \\
&= 5mV/℃ \times T(℃)
\end{aligned}
$$

表示溫度每增加 1℃ 時，$V_1(T)$ 下降 0.5mV，經反相放大後，$V_2(T)$ 反而增加 5mV。即 $V_2(T)$ 的電壓溫度係數為 5mV/℃。

　　若用 V_{ref} 的極性反過來時，如圖 3-14，將使 I_{ref} 和 I_1 的電流方向反轉。則 OP2 就必須使用非反相放大器，以確保 $V_2(T) = 5mV/℃ \times T(℃)$。

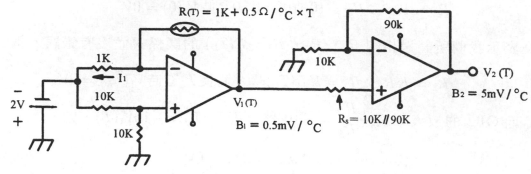

圖 3-14　有源電橋用 $-V_{ref}$

練習：

1. 有一感溫電阻 CB200，其特性為 0℃時的電阻 $R(0) = 200\Omega$。。溫度
係數為 4200ppm/℃：($4200 \times 10^{-6} \times 200\Omega$/℃ 的意思)。請用
(1)定電流法──負載接地型
(2)定電流法──負載浮接型
(3)有源電橋法
設計成 0℃～100℃的電子溫度計。使 0℃及 100℃時的輸出電壓分別
為 0V 及 5V。

2. 試歸納各種電阻對電壓轉換方法的特性。

──解析──

1.　分壓法
會產生非線性誤差適於固定的溫度範圍使用。

2.　電阻電橋法
也會產生非線性誤差，適用於電阻變化量非常小的感測器。可由
電橋平衡的情況，得到待測物理量下限的輸出電壓為 0V。
電阻電橋的驅動方法，如圖 3-15 和圖 3-16 所示。

3.　定電流（負載接地型）

　　理論上，定電流法可以得到非常好的線性關係，但負載接地型的定電流不易製作，反而較少使用。但在精確度要求不高的情況下，亦不失爲省錢又方便的方法。

4.　定電流（負載浮接型）

　　它利用 OP Amp 虛接地而得到定電流，故具有很好的線性，是經常被使用的方法。但在待測物理量下限時，所得到的輸出電壓不爲 0V。想使 $V(0) = 0V$ 時，必須再做差值處理。

5.　有源電橋法

　　它兼具定電流法的優點，同時又能以電阻做歸零及滿刻度調整。也是常被使用的方法。

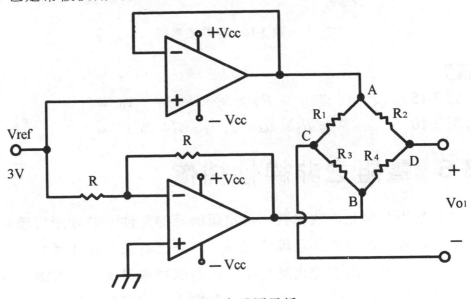

圖 3-15　定電壓電橋

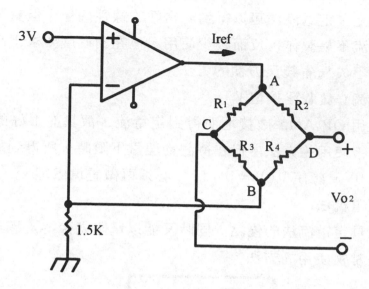

图 3-16 定電流電橋

練習：

1. 圖 3-15，$V_{AB} = ?$ 若 $R_1 \times R_4 = R_2 \times R_3$ 時，$V_{01} = ?$

2. 圖 3-16，$I_{ref} = ?$ 若 $R_1 \times R_4 = 2(R_2 \times R_3)$ 時，$V_{02} = ?$

3-6 電阻之非線性補償

　　受物理量變化而改變其本身電阻的感測元件，並非所有感測元件電阻對物理量的特性都是線性關係。事實上各感測元件都有其非線性的部份。且其電阻的變化量也不一定是隨物理量增加而增加，也可能當物理量增加的時候。其電阻值反而變小。如圖 3-17(a)，(b) 所示。

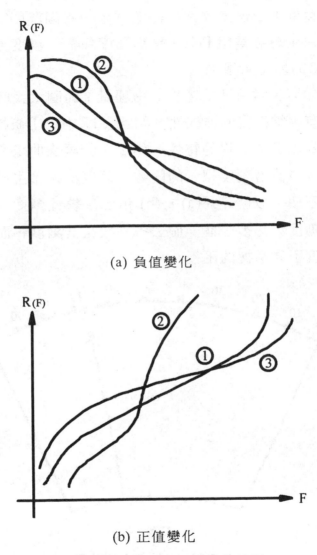

(a) 負值變化

(b) 正值變化

圖 3-17 電阻對物理量的變化情形

圖 3-17 中，物理量 F 對電阻 $R(F)$ 的關係，可能爲線性關係也可能爲非線性關係。圖 (a) 爲當物理量 F 增加時，其電阻值 $R(F)$ 反而

下降。圖 (b) 為當物理量 F 增加時，其電阻值 $R(F)$ 也跟著增加。若以感溫電阻為例：負溫度係數的熱敏電阻，將因溫度上升，使得其阻值下降。而白金感溫電阻 Pt100 是正溫度係數，溫度上升時，其阻值約以 $0.38\Omega/°C$ 的變化量增加。

　　但不論如何，當待測的溫度（物理量）範圍太大時，於低溫或高溫部份，就有相當程度的非線性。如圖 3-17 中第①條特性曲線所示。或該元件本身就是非線性的特性。如②，③兩條曲線所示。若不做非線性的修正，將徒增刻度標示的困難，而無法大量生產，並且使資料的讀取相當不便，以圖 3-18(a)，(b) 所示，線性刻度，好校正，好讀取。非線性刻度，必須一個一個去各別校正其刻度，而造成大量生產不易或精確度不易掌握的困擾。

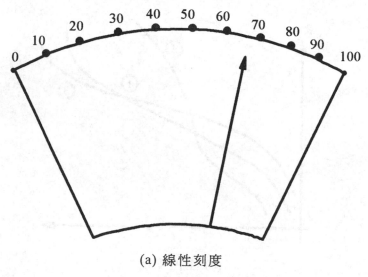

(a) 線性刻度

圖 3-18　兩種刻度的分類

(b) 非線性刻度

圖 3-18 （續）

　　所以我們希望把原來有非線性變化修正成線性變化。此處提供原理說明及簡單方法，至於詳細技巧請參考 (TSR 單元中，熱敏電阻的部份)。

表 3-2(a)　原始數據

T (°C)	R(T)
0	30K
100	12K
200	7K
300	5.5K
400	4K
500	2.7K
600	2K

表 3-2(b)   修正後的數據

T ($^\circ$C)	R=2K的R$'$(T)	R=10K的R$'$(T)
0	1.875K	7.5K
100	1.715K	5.45K
200	1.555K	4.13K
300	1.467K	3.56K
400	1.333K	2.85K
500	1.2K	2.31K
600	1.147K	2.12K

　　為了說明非線性的補償方法，我們以實際熱敏電阻的原始資料，在圖 3-19(b) 的座標圖上逐點繪製成 $R(T)$ 的曲線。很清楚地看到 $R(T)$ 並非一條直線。

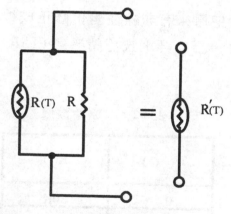

(a) 非線性補償法

圖 **3-19**   非線性補償的方法與結果

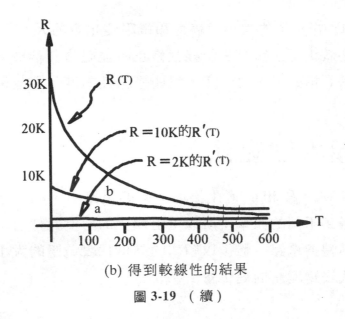

(b) 得到較線性的結果

圖 3-19　（續）

　　接著我們以一個固定電阻 $R = 2K$ 及 $R = 10K$，分別和 $R(T)$ 並聯，如圖 3-19(a) 所示，然後依 $(R(T)//R) = R'(T)$，逐點一一計算，填入表 3-2(b)，並在圖 3-29(b) 逐點作圖。而得到 $R = 2K$ 的曲線 a 及 $R = 10K$ 的曲線 b 。

　　在圖 3-19(b)，比較三條特性曲線不難發現 a 的曲線具有較佳的線性關係。所以我們可以用一個適當的固定電阻，（亦可具相反溫度係數的感溫電阻）與 $R(T)$ 並聯，而得到一個具有新特性的 $R'(T)$，就能對非線性的情況做許多修正。然後以 $R'(T)$ 當做真正的感測器，再配合電阻對電壓的轉換電路，就能把低價位，線性不好的感測元件，變成線性良好的感測元件，而不必去買高價位的感測元件，以降低生產成本。

練習：

1. 圖 3-19(a) 中，R 的大小對線性和電阻變化量的大小，有何影響？

2. 買一個熱敏電阻，試著去做線性修正，並記錄其結果。

3. 三用電錶（指針式）的刻度，那些是線性刻度，那些是非線性刻度？

3-7 頻率改變法

在許多利用 R 和 C 產生振盪信號的電路中，改變電阻或電容的大小，會得到不同的頻率。所以電阻變化的感測元件也可以利用這種方式做為其轉換電路，最後以頻率的高低代表電阻的大小。相當於是以頻率的代表物理量的變化量。

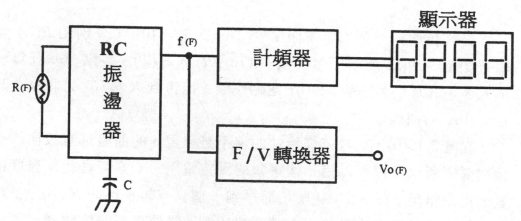

圖 3-20 頻率改變法的方塊圖

$R(F)$：受物理量 (F) 而改變其本身電阻值的感測元件。

$f(F)$：物理量 (F) 的改變，使得 $R(F)$ 改變導致振盪頻率隨物理量的大小而改變。即振盪頻率 $f(F)$ 代表物理量 F。

$V_o(F)$：乃把 $f(F)$ 經頻率對電壓的轉換器變成輸出電壓 $V_o(F)$。

在頻率改變法中，只要是 RC 振盪器都可以使用，如圖 3-21 到圖 3-23。

圖 3-21～圖 3-23 其詳細分析及計算公式請參閱全華圖書編號 02470 第八、第九兩章。若把各圖 $f(F)$ 的公式加以細看，你將發現 $R(F)$ 和 $f(F)$ 並非成線性關係，使得量測將造成許多非線性關的誤差。

然目前數位線路及微電腦之廣泛應用，使得頻率改變法也慢慢地被採用。只因計頻並非難事，且微電腦能以查表的方式，得到不同的頻率對應到不同的物理量。如此便能省去一般電壓轉換時，必須使用 A/D C 把類比轉成數位，才能配合微電腦一起使用的困擾。且使製作成本大幅降低。

練習：

1. 請設計一個電路，當 $R(0) = 1K\Omega,\ R(50) = 1.5K\Omega$ 時其頻率 $f(0) = 500Hz,\ f(50) = 2000Hz$

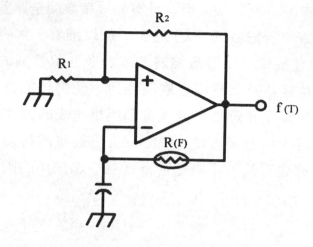

$$f_{(F)} = \cfrac{1}{2R_{(F)} \cdot C \cdot \ln\left(1 + \cfrac{2R_1}{R_2}\right)}$$

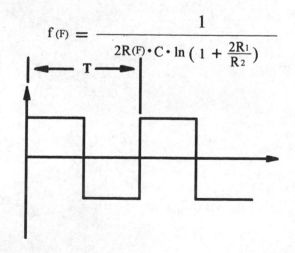

圖 3-21　方波產生器

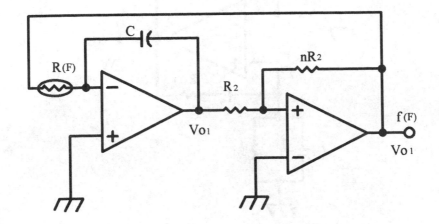

$$f_{(F)} = \frac{n}{4R_{(F)} \cdot C}$$

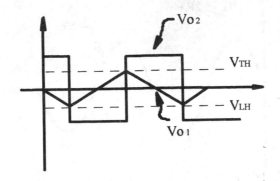

圖 **3-22**　三角波產生器

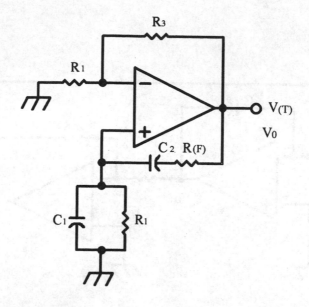

$$f_{(F)} = \frac{1}{2\pi\sqrt{R_1 \cdot R_{(F)} \cdot C_1 \cdot C_2}}$$

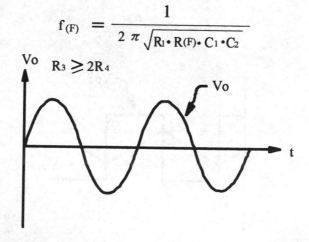

圖 3-23　正弦波產生器

第 4 章

V_{ref} 及 I_{ref} 的重要性

　　在感測元件的轉換電路中，我們會用到許多定電壓源和定電流源，且希望這些定電壓源或定電流源必須非常的穩定。首先我們將探討參考電源之穩定性，於感測電路中的重要性。然後再逐一說明定電壓源及定電流源的設計方法和注意事項。定電壓源及定電流源都是由電子元件所組成，所以溫度的影響，將是造成參考電源不穩定的主要因素。也就是說，溫度的改變，將產生少許的誤差，目前我們將以兩個實例來說明這少許誤差所造成的嚴重後果，藉以提醒大家，在感測器電路設計時，不能忽視參考電源的穩定性。

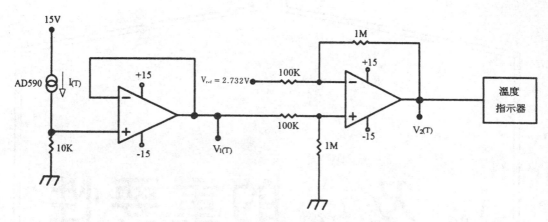

圖 4-1　電流變化之溫度感測電路

　　圖 4-1 我們已在第二章中分析過，它是以感溫 IC AD590 所完成的溫度量測系統。$V_1(T)$ 和 $V_2(T)$ 的電壓溫度係數。分別為 $10mV/°C$ 及 $100mV/°C$，所加的參考電壓 V_{ref} 是為了使 $0°C$ 時，$V_2(0) = 0V$。我們是以定電壓源提供 2.732V 的直流電壓給 V_{ref}。假設用溫度變化的影響，使得 V_{ref} 有 1%的變化量時，

$$\Delta V_{ref} = V_{ref} \times 1\% = 2.732V \times 0.01 = 0.02732V$$

若其它因素都看成是正確且穩定的狀況，則 0°C 時，$V_2(0)$ 爲

$$V_2(0) = [V_1(0) - (V_{ref} \pm \Delta V_{ref})] \times \frac{1M}{100K}$$

$$= [2.732V - (2.732V \pm 0.02732V)] \times 10$$

$$= (-0.02732V \sim +0.02732V) \times 10$$

$$= -0.2732V \sim +0.2732V$$

$V_2(T)$ 的電壓溫度係數爲 $100mV/°C$ 所以 $-0.2732V \sim 0.2732V$ 所代表的溫度 T 爲

$$T = \frac{-0.2732V}{100mV/°C} \sim \frac{+0.2732V}{100mV/°C} = -2.732°C \sim +2.732°C$$

即原來在 0°C 時，$V_2(0) = 0V$，但現在卻因 V_{ref} 有 1% 的誤差，使得 $V_2(0) = -0.2732V \sim +0.2732V$，將使溫度指示器顯示 $-$ 2.732°C $\sim +$ 2.732°C。意思是說，V_{ref} 有 1% 的變動就會造成 ±2.732°C 的誤差。

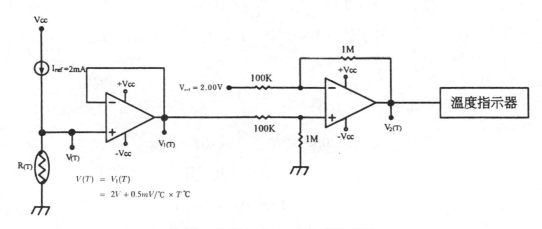

$$V(T) = V_1(T)$$
$$= 2V + 0.5mV/°C \times T°C$$

圖 4-2　電阻變化之溫度感測電路

圖 4-2 是以定電流 I_{ref} 流過 $R(T)$，而把 $R(T)$ 的變化量轉換爲 $V(T)$ 的溫度感測電路。若 $R(T) = 1K\Omega + 0.25\Omega/°C \times T(°C)$，則 $V(T)$

爲

$$V(T) = V_1(T) = I_{ref} \times R(T)$$
$$= I_{ref} \times [1K\Omega + 0.25\Omega/℃ \times T(℃)]$$
$$= 2mA \times [1K\Omega + 0.25\Omega/℃ \times T(℃)]$$
$$= 2V + 0.5mV/℃ \times T(℃)$$

$V_2(T) = [V_1(T) - V_{ref}] \times \dfrac{1M}{100K}$，若 $V_{ref} = 2V$，則 $V_2(T)$ 爲 $V_2(T) = 5mV/℃ \times T(℃)$……理想的 $V_2(T)$ 表示式。

但若 I_{ref} 因溫度的影響而有1%的誤差時，$\Delta I_{ref} = I_{ref} \times 1\% = 0.02mA$ 又再次假設其它的因素都不改變時，

$$V_1(T) = V_1(T) = [I_{ref} \pm \Delta I_{ref}] \times R(T)$$
$$= (1.98mA \sim 2.02mA) \times R(T)$$
$$V_2(T) = (V_1(T) - V_{ref}) \times \dfrac{1M}{100K}$$
$$= [(1.98mA \sim 2.02mA) \times R(T) - V_{ref}] \times 10$$

$V_2(T)$ 的最小值，$V_2(T)_{\min}$ 爲

$$V_2(T)_{\min} = (1.98mA \times R(T) - V_{ref}) \times 10$$
$$= [1.98mA \times (1K\Omega + 0.25\Omega/℃ \times T(℃)) - 2V] \times 10$$
$$= -0.02V + 4.95mV/℃ \times T(℃)$$

$V_2(T)$ 的最大值，$V_2(T)_{\max}$ 爲

$$V_2(T)_{\max} = [2.02mA \times R(T) - V_{ref}] \times 10$$
$$= +0.02V + 5.05mV/℃ \times T(℃)$$

分別以 0℃，50℃，100℃……逐點計算，得表 4-1 之數據。

表 **4-1**　$V_2(T)$ 的各項數據

T（°c）	理想的 $V_{2(T)}$	$V_{2(T)min}$	$V_{2(T)max}$	誤差
0	0 mV	-20 mV	+20 mV	± 4 ℃
50	250 mV	227.5 mV	272.5 mV	±4.5 ℃
100	500 mV	475 mV	525 mV	± 5 ℃
200	1000 mV	970 mV	1030 mV	± 6 ℃
300	1500 mV	1465 mV	1535 mV	± 7 ℃
400	2000 mV	1960 mV	2040 mV	± 8 ℃
500	2500 mV	2455 mV	2545 mV	± 9 ℃

　　由表 4-1 得知 I_{ref} 有 1% 的變化時，最小的溫度誤差量就有 ±4℃。若再加上 V_{ref} 的變動因素後，則實際使用時，全部的誤差量，將超出 ±4℃。

　　從圖 4-1 及圖 4-2 實例分析中，我們應該警覺到，參考電源，不論定電壓 V_{ref} 或定電流 I_{ref}，都必須極為穩定，否則其它部份設計得再好也是枉然。

4-1　定電壓源的使用

　　在感測應用線路中，使用定電壓的情形相當多。如圖 4-3(a)，(b)，(c)，(d) 的 V_{ref} ，都是定電壓源所提供的穩定電壓。

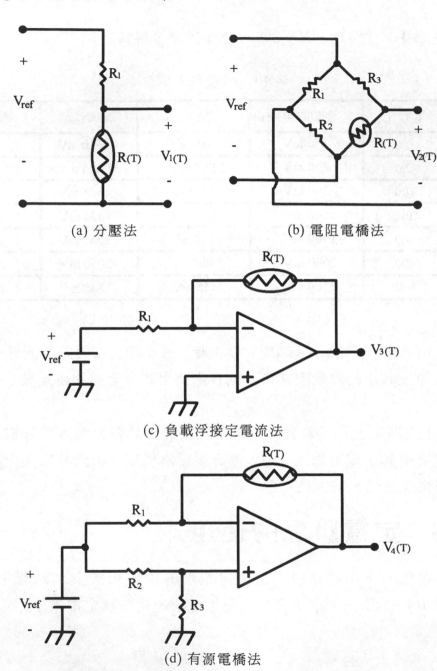

(a) 分壓法

(b) 電阻電橋法

(c) 負載浮接定電流法

(d) 有源電橋法

圖 4-3 各種使用定電壓 V_{ref} 的實例

　　圖 4-3(a)～ (d)，我們都已在電阻對電壓的轉換電路中明過。它們都使用定電壓 V_{ref} ，其結果整理如下：

$$V_1(T) = (\frac{R(T)}{R_1 + R(T)}) \times V_{ref}$$

$$V_2(T) = (\frac{R(T)}{R_3 + R(T)} - \frac{R_2}{R_1 + R_2}) \times V_{ref}$$

$$V_3(T) = (-\frac{R(T)}{R_1}) \times V_{ref}$$

$$V_4(T) = (\frac{R_3}{R_2 + R_3} - \frac{R(T)}{R_1} \cdot \frac{R_2}{R_2 + R_3}) \times V_{ref}$$

從上述 $V_1(T)$～ $V_4(T)$ 的公式，將清楚地看到，只要 V_{ref} 有變動，所得到的輸出 $V_1(T)$～ $V_4(T)$ 都將不穩定。造成 V_{ref} 變動最大的因素，還是溫度。所以說環境溫度的變化，是電路穩定的最大致命傷。

4-2　一般穩壓 IC 的定電壓源

　　在電子電路中，穩壓 IC 真正的名稱應該叫做電壓調節器 (Voltage Regulator)，它的主要功用是把不同的輸入電壓，都調整成相同的輸出電壓，且保持穩定的電壓值。圖 4-4 爲穩壓 IC 動作的示意圖。

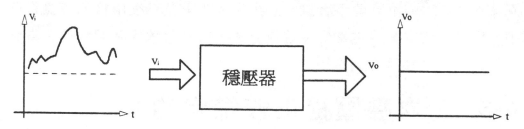

圖 4-4　穩壓 IC 的動作特性

　　而一般被歸類爲穩壓 IC 的電路，大部份用在提供穩定的直流電壓給電子電路當電源 ($+V_{CC}$ 或 $-V_{CC}$)。例如常見的 LM7815 及 LM7915，

分別提供 + 15V 和 − 15V，給雙電源電路當作 ±V_{CC}，如圖 4-5 所示。

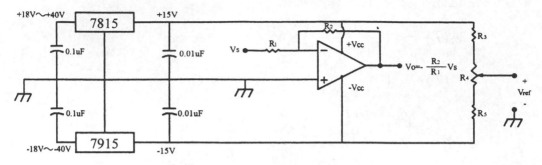

圖 4-5　穩壓 IC 提供電源電壓 (±V_{CC})

　　既然穩壓 IC(7815, 7915) 可以提供穩定的直流電壓，理應可以使用 R_3，R_4，R_5 的分壓，而得到所想要的定電壓 V_{ref}。但一般穩壓 IC 的溫度係數比較大，較易受溫度變化影響，且其本身輸出電壓的誤差量，若以感測電路的標準來衡量時，穩壓 IC 的誤差量也算蠻大的。

　　所以若直接由穩壓 IC 來提供 V_{ref}，所得到的定電壓並非絕對穩定。因此時相當於把電路中的電源 (±V_{CC})，直接拿來調整成所需要的 V_{ref}。但因 ±V_{CC} 是提供給所有零件或 IC 使用，經常會引雜訊干擾或突波感應，致使所設定的 V_{ref} 也受到干擾及變動。故直接把 ±V_{CC} 拿來設定 V_{ref}，並不是很恰當。但在許多要求並不很嚴格的感測電路中，爲節省成本，也經常使用這種方法。於多年教學及製作中，得到如下的經驗，願與你共享。

4-3　二次穩壓提供較穩定的 V_{ref}

　　圖 4-6 中，穩壓 IC(7805, 7812……) 主要目的是提供直流電壓給電路中所有零件或 IC，當電源 V_{CC}。同時由 R_1，D_1，C_1 所構成的二次穩壓電路，得到不易受干擾且穩定的參考電壓 V_Z，再由 R_2，R_3，

R_4 分壓得到 V_{ref}，並經電壓隨藕器所擔任的阻抗轉換輸出，才真正把 V_{ref} 當做固定電壓，提供給感測電路使用。

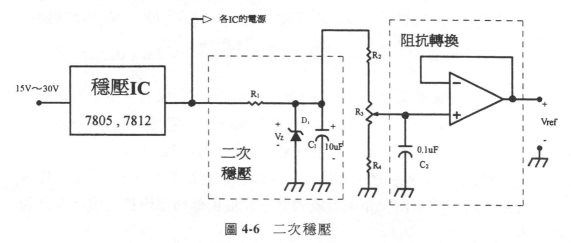

圖 **4-6**　二次穩壓

圖 4-6 二次穩壓部份的 D_1，一般選用 $\frac{1}{2}$ 瓦特的齊納二極體 (Zener Diode)，並讓齊納二極體的電流 I_Z 維持在 $2\sim 5mA$ 之間，而流過 R_2，R_3，R_4 的電流設定在 $0.1mA\sim 1mA$ 之間，將可得到不錯的定電壓 V_{ref}

從齊納二極體的特性曲線中，發現流過齊納二極體的電流太小時，並沒有真正的穩壓效果，如圖 4-7 中的 A 點。但若流過齊納二極體的電流太大時，將徒增齊納二極體的功率損耗，而造成發熱的現象，使溫度上升，將引起電壓的漂移。

齊納二極體崩潰電壓 V_Z 的大小，就視所要的 V_{ref} 而定。若 $V_{ref} = 3V$，則必須選用 $V_Z > 3V$ 的齊納二極體。假設我們所選用的齊納二極體 $V_Z = 6.9V$，$V_{CC} = 12V$ 且令 $I_Z = 5mA$，則

$$P_Z = 5mA \times 6.9V = 34.5mW \cdots\cdots\text{齊納二極體的功率損耗}$$

而 34.5mW 遠小於我們所選用的規格：$\frac{1}{2}W = 500mW$。所以不致於讓

齊納二極體發熱。且 $I_Z = 5mA$ 時，齊納二極體已達到穩壓效果，保持 $V_Z = 6.9V$。因穩壓 IC(7812) 已經做了一次穩壓，再經齊納二極體穩壓，所以，我們稱之爲二次穩壓。在 $V_Z = 6.9V$ 時， R_1 應該爲：

$$R_1 = \frac{V_{CC} - V_Z}{I_Z + I_R} \approx \frac{V_{CC} - V_Z}{I_Z} = \frac{12V = 6.9V}{5mA} = 1.02K\Omega$$

我們可以直接使用 $R_1 = 1K\Omega$ 的電阻，就能使 V_Z 保持在穩定的 6.9V。圖 4-6 中的 C_1 和 C_2，將提供電壓的平滑作用，避免 V_Z 受到高頻干擾，也會減緩突波所造成的激烈變動。 R_2， R_3， R_4 的大小，則依其流通的電流 (0.1mA～ 1mA) 與 V_{ref} 的調整範圍決定之。 OP1 用以提供高輸入阻抗，以減少電流負載效應。並提供低輸出阻抗之電流驅動能力。

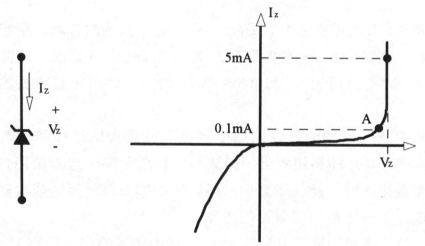

圖 4-7 齊納二極體的特性曲線

練習：

1. 圖 4-8 中，若 $V_{CC} = 15V$， $V_Z = 6.0V$，您會使用多大的 R_1。

2. 當 $V_Z = 6.0V$ 時，要求 V_{ref} 的調整範圍能在 3～ 4V 之間時， R_2，

R_3，　R_4 可做怎樣的安排？

——解析——

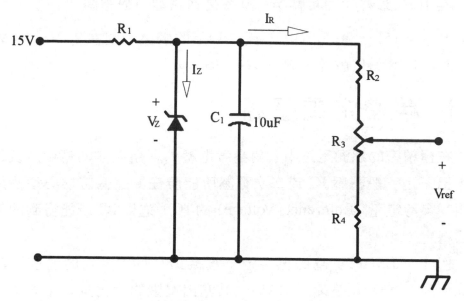

圖 4-8 考慮 R_2，R_3，R_4 的安排

　　從上述經驗分享中，談到 $I_Z \approx 2mA \sim 5mA$。$I_R = 0.1mA \sim 1mA$，若選用 $I_R = 0.5mA$，則 $R_2 + R_3 + R_4$ 爲

$$R_2 + R_3 + R_4 = \frac{V_Z}{I_R} = \frac{6.0V}{0.5mA} = 12K\Omega$$

而 V_{ref} 的調整範圍爲 3～ 4V。即 $V_{ref(\text{min})} = 3V$，$V_{ref(\text{max})} = 4V$

$$V_{ref(\text{min})} = 3V = \frac{R_4}{R_2 + R_3 + R_4} \times V_Z$$

$$= \frac{R_4}{12K} \times 6V, R_4 = 6K\Omega$$

$$V_{ref(\text{max})} = 4V = \frac{R_3 + R_4}{R_2 + R_3 + R_4} \times V_Z$$

$$= \frac{R_3 + 6K}{12K} \times 6V, \ R_3 = 2K\Omega$$

$$R_2 = (R_2 + R_3 + R_4) - (R_3 + R_4) = 12K - 8K = 4k\Omega$$

其中 R_3 最好使用可轉 5～10 圈之精密型可變電阻。

3. 若 $V_{CC} = 15V$，$V_Z = 6.0V$，要求 V_{ref} 的調整範圍在 2.7V～2.8V 之間時，你會怎樣設計，R_1，R_2，R_3，R_4？

4-4 精密定電壓源

在極精密的感測電路中，對參考電壓 V_{ref} 所要求的精確度及穩定度，已不是一般穩壓 IC 或二次穩壓所能勝任。這個時候必須使用一種叫 " 參考電壓"(Reference Voltage) 的 IC，這種 IC 所能得到的電壓極為穩定。

例如：LM199，它的標準輸出電壓為 6.950V。它的溫度係數為 0.3ppm/℃。表示溫度變化 1℃ 時，其輸出電壓的變化量 ΔV_o 為：

$$\Delta V_o = 6.950V \times 0.3ppm/℃ \times 1℃$$

$$= 6.950V \times 0.3 \times 10^{-6} = 2.085\mu V$$

縱使環境溫度改變了 50℃，它的輸出電壓改變量也只有 $2.0825\mu V \times 50 = 104.25\mu V = 0.10425mV = 0.00010425V$。即參考電壓 IC 的輸出電壓，幾乎有不受溫度影響的優點。乃因參考電壓 IC，均有溫度補償作用。

而 LM199 更是於 IC 的內部附了一個溫度穩定器（如恆溫加熱系統一般）。使 LM199 工作於比環境溫度高的狀態，就不會受環境溫度的變化而改變其輸出電壓。而一般參考電壓 IC 的符號有時也使用齊納二極體的符號。差別在於參考電壓 IC 的溫度係數非常小，不是一般齊納二極體所能及。

　　圖 4-9(a)，(b)，(c) 是 LM199 的一些接線方法，只要照著接線，一定可得到極穩定的參考電壓 $V_{ref} = 6.950V$。我們可以用這種極穩定的參考電壓，做為標準，然後用特性較好的 OP Amp，把該電壓加以放大或衰減，就能得到各種不同的穩定電壓，以當作感測電路中所想要的 V_{ref}

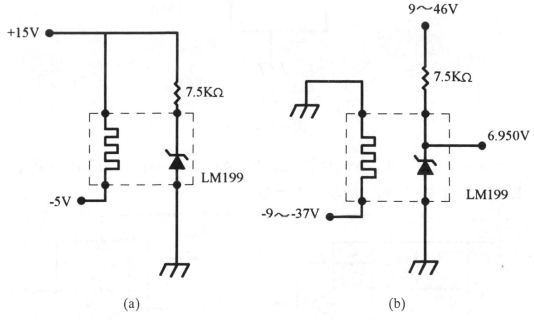

(a)　　　　　　　　　　　　　　(b)

圖 4-9　LM199 各種不同的接線法

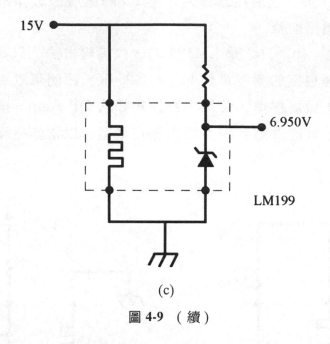

(c)

圖 4-9 （續）

　　圖 4-10(a)，(b) 分別使用 (LM199 配合 LM108) 及 (LM329 配合 LM308) 做成 10.000V 的參考電壓源。

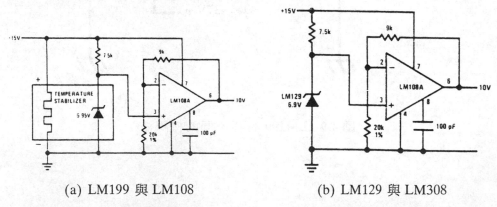

(a) LM199 與 LM108 　　　　　　　　(b) LM129 與 LM308

圖 4-10　10.000V 的參考電壓電路

　　圖 4-10 中所使用的電阻均為誤差在 1% 以下的精密電阻，而可變

電阻最好使用可轉 10 圈的精密型可變電阻，且必須注意各電阻的溫度係數愈小愈好。

圖 (a) 中的 LM108 和圖 (b) 中的 LM308，實際上是同一種 IC，只是 NS 公司用 1, 2, 3 做為分類依據。如

　　LM1×× ……軍事用途…… $-55℃ < T_A < 125℃$

　　LM2×× ……工業用途…… $-25℃ < T_A < 80℃$

　　LM3×× ……商業用途…… $0℃ < T_A < 70℃$

其中的 T_A 代表使用時，周圍環境的溫度。

練習：

1. 圖 4-11，圖 4-12 中的 $V_Z =$ ？（查閱資料手冊）

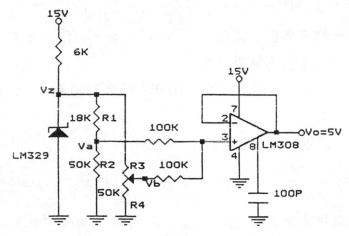

圖 4-11　單極性參考電壓源

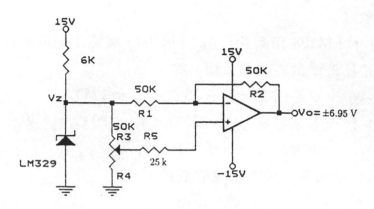

圖 4-12　雙極性參考電壓源

2. 圖 4-11 中，試證明 $v_o = \dfrac{1}{2}\left(\dfrac{R_2}{R_1+R_3} + \dfrac{R_4}{R_3+R_4}\right)V_Z$，而 R_3，R_4 為可變電阻上半部和下半部的阻值。即 $R_3+R_4 = 50K\Omega$，則當 $v_o = 5.000V$ 時，R_3，R_4 應該調整為多少？

3. 請找到 $V_{ref} = 1.0V,\ 2.0V,\ 5.0V,\ 10.0V$ 的參考電壓 IC 各 3 種，並查出其溫度係數。

4. 圖 4-12，試證明

$$v_o = -\frac{R_2}{R_1}V_Z + \left(\frac{R_4}{R_3+R_4}\right)\left(1+\frac{R_2}{R_1}\right)V_Z$$

若可變電阻被調到最上面時 $v_o =$ ？調到最下面時，$v_o =$ ？

4-5　大電流輸出之定電壓源

　　一般 OP Amp 所能提供的輸出電流大都在數拾 mA 以下，若想提供較大的電流時，可依下列方式為之。

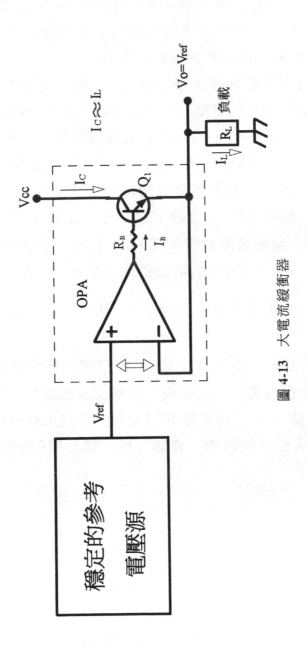

圖 4-13　大電流緩衝器

圖 4-13 中 " 穩定的參考電壓源 " 指的是 (4-4) 節裡所談的參考電壓 IC。於此得到一個標準的定電壓源 (V_{ref})。然後由 OPA 和 Q_1 所組成的大電流緩衝器,提升其電流輸出能力。

對 Q_1 而言,負載是接在 Q_1 的射極,使得 Q_1 形成共集極放大類型 (C.C 放大器) 則 Q_1 的電壓放大率爲 1 倍。又 Q_1 的射極 (E 腳) 接回 OPA 的 "－" 端,相當於使 OPA 具有負回授的功能。而致 OPA 形成電壓隨耦器 (Voltage Follwer),故有虛接地的存在,即 OPA 的 $V_+ = V_-$,也相當於 $V_{ref} = V_o$。如此便能得到穩定的電壓源。

此時 OPA 的輸入爲 "＋" 端,幾乎不吃電流,不會對 V_{ref}(穩定的參考電壓源) 產生負載效應。又 OPA 的輸出只驅動 Q_1 的 I_B。因 $I_B = \dfrac{I_C}{\beta}$,如此一來, OPA 的輸出電流就非常小。例如 $\beta = 200, I_C = 1000mA$ 時, OPA 只要提供 $\dfrac{I_C}{\beta} = 5mA$,就能使輸出電流達到 1000mA。
總結如下:
1. OPA 的虛接地,使得 $V_o = V_{ref}$,而得到一個定電壓源。
2. Q_1 負責提供大電流,則完成 " 大電流定電壓 " 的目的。

圖 4-15 及圖 4-16 乃由穩壓 IC LM340-15 及 LM340-5 配合功率晶體完成定電壓大電流的目的。詳組分析,請參閱(全華圖書編號 02470 第十二章)。

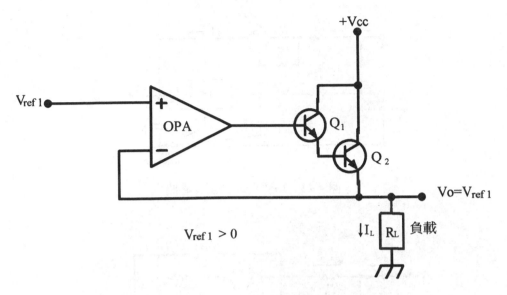

(a) 達靈頓驅動

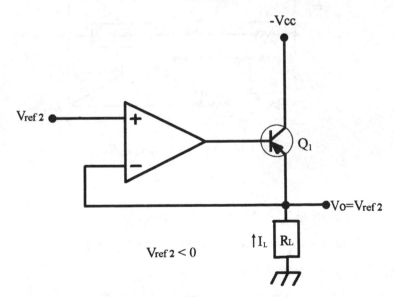

(b) PNP 驅動（負載）

圖 4-14 大電流定電壓參考線路

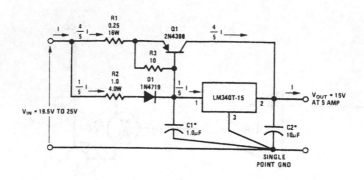

圖 4-15   15V，5A 穩壓電路

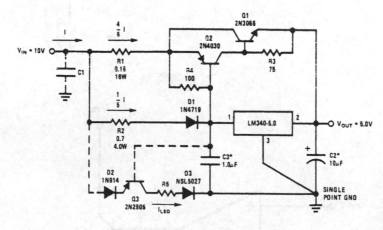

圖 4-16   5V，5A 穩壓電路

練習：

1. 設計一組參考電壓源，能符合下列之要求：

  ⑴提供 + 6.000V 及 − 6.000V 之參考電壓各乙組。

  ⑵其輸出電流必須達 500mA。

2. 圖 4-15 及圖 4-16 線路中的二極體有何目的？

3. LM340-15，LM340-5 和 7815 及 7805 是否可以互相取代？

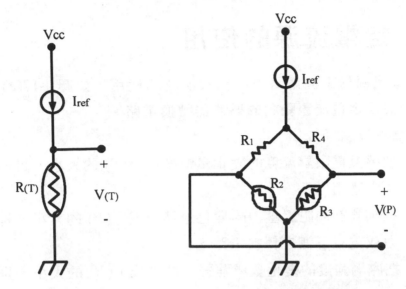

(a)　溫度感測電阻　　　　　(b)　壓力量測之應變計

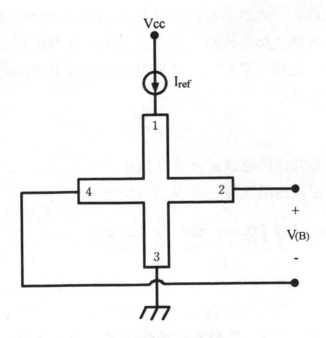

(c)　磁場量測之霍爾感測器

圖 4-17　定電流源驅動之實例

4-6 定電流源的使用

定電流源於感測電路中，已被廣泛的使用，如圖 4-17(a)，(b)，(c) 都是使用定電流源驅動的感測器轉換電路。

茲說明圖 4-17 如下：

圖 (a)： 把感溫電阻對溫度的變化量轉換成 $V(T)$ 的大小。是一溫度量測之應用。

圖 (b)： 把應變計內阻對壓力的變化量轉換成 $V(P)$ 的大小。是一種壓力或重量感測之轉換電路。

圖 (c)： 把磁場強度的變化量或強弱，轉換成 $V(B)$ 的大小。是一種霍爾元件的應用電路。

所以在感測電路中，許許多多的感測元件必須使用定電流源，以精確地把物理量轉換成電壓的大小。加上目前由 " 參考電壓 IC" 所設計出來的定電流源，已經相當穩定，使得以前用定電壓驅動的感測元件，被改用定電流驅動。

練習：

1. 理想的電壓源其內阻應該是多少？為什麼？
2. 理想的電流源其內阻應該是多少？為什麼？

4-7 負載浮接之定電流源

圖 4-18 中，若流過 R_L 的電流 I_{ref}，不管 R_L 的大小是多少？I_{ref} 都不改變的話，我們就可以說 I_{ref} 是一個定電流源。又目前 R_L 並沒有真正的接地，所以稱之為負載浮接的定電流源。我們已經在第三章中說明該種定電流源，大都使用在電阻對電壓的轉換電路中。

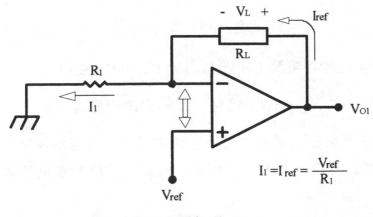

(a) 同相型

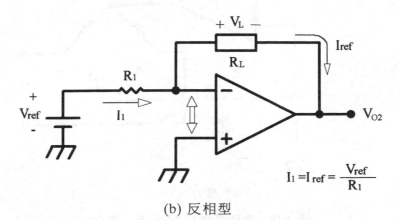

(b) 反相型

圖 4-18　負載浮接的定電流源

　　我們將從放大器的觀點來分析該電路的動作,然後再推導出定電流的存在。對圖 (a) 和圖 (b) 而言,其輸出電壓分別為

$$v_{01} = \left(1 + \frac{R_L}{R_1}\right)V_{ref}, \quad v_{02} = -\frac{R_L}{R_1}V_{ref}$$

R_1 是固定電阻, V_{ref} 是由參考電壓源 IC 所得到的穩定電壓。當 R_1

和 V_{ref} 固定不變時，

$$\frac{V_{ref}}{R_1} = I_1 \cdots\cdots (I_1是一個定電流)$$

又 OP Amp 的輸入電流 $I_{(-)}$ 非常小，$I_{(-)} \approx 0$，使得

$$I_1 = I_{ref} \cdots\cdots (I_{ref}已是一個穩定的定電流。)$$

　　圖 4-19 將於壓力單元和磁場感測單元做更詳細的說明。而在第三章所談過有有源電橋，事實上也是一種負載浮接的定電流驅動方式。

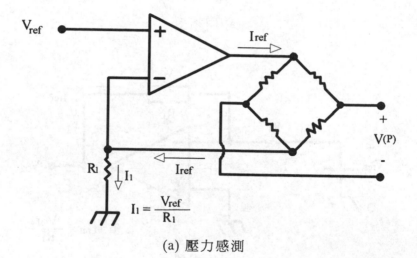

(a) 壓力感測

圖 4-19　負載浮接定電流應用實例

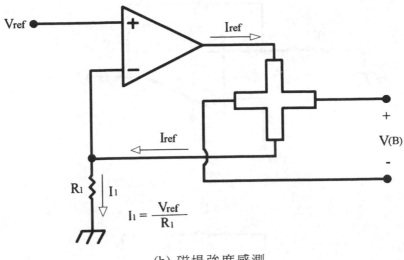

(b) 磁場強度感測

圖 4-19   （續）

練習：

1. 負載浮接的定電流源，主要是利用 OP Amp 的什麼特性才達到定電流的目的？

2. 在圖 4-18(a) 和 (b)，請繪出 $V_{ref} > 0$ 及 $V_{ref} < 0$ 時，I_1 和 I_{ref} 的方向是如何？並寫出 v_{01}，v_{02} 和 I_{ref} 的關係式。

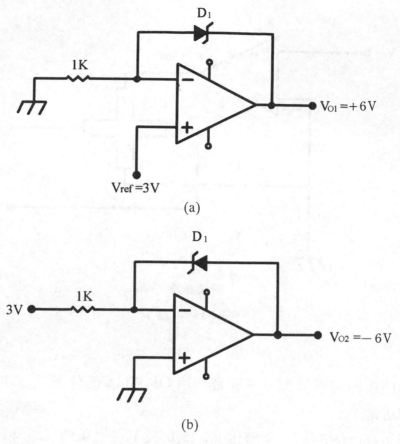

圖 4-20　齊納電壓的量測

3. (1)繪出流經 D_1，或 D_2 之電流的方向。

(2)流經 D_1，D_2 的電流各是多少？

(3)以目前電路上所標的數據為主，試問 D_1 和 D_2 的齊納崩潰電壓源和是多少？

4. 在圖 4-21 中，若忽略電晶體的 I_B 時，試問在 $V_{ref} = 2V$ 時，流過 R_L 的電流 $I_L = ?$

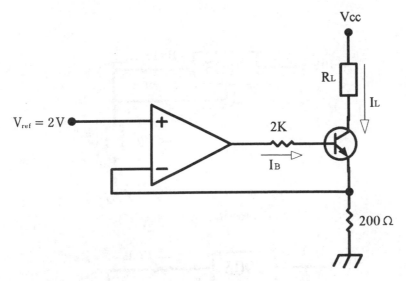

圖 4-21　大電流輸出之定電流源

4-8　負載接地之定電流源

所謂負載接地乃指 R_L 有一端被接地。在以前用 OP Amp 來組成負載接地的定電流源相當不容易 (參考本節之練習)。而現在因有了參考電壓源 IC 或穩壓 IC，使得負載接地型的定電流源的取得非常方便，且也相當穩定。

圖 4-22(a)，(b) 均由穩壓 IC 來得到定電流，其 I_{ref} 為

$$I_{ref} = I_q + I_R = I_q + \frac{V_o}{R}$$

I_q 為該穩壓 IC 的靜態工作電流，一般都非常小，以 μA 為單位。而 V_o 為穩壓 IC 的定電壓輸出。若 $I_R \gg I_q$，則 I_{ref} 為

$$I_{ref} = \frac{V_o}{R} \cdots\cdots (是一個定電流)$$

若不想忽略 I_q 的影響，可以調整 R 的大小，使得 I_{ref} 等於你所設定的值。

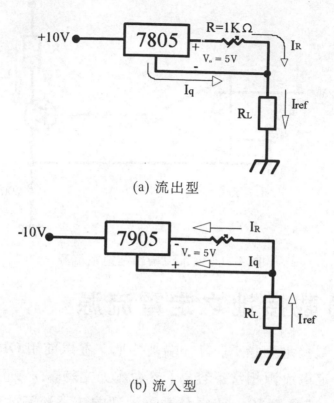

(a) 流出型

(b) 流入型

圖 4-22　穩壓 IC 組成負載接地之定電流源

當用 7805 或 7905 等穩壓 IC 來組成定電流源時，不能對其準確度及穩定性做太嚴苛的要求。若想得到精密的定電流源時，就必須使用 " 參考電壓 IC" 來組成。

圖 4-23 是由 AD586 參考電壓 IC，配合電阻 R 所組成的精密型負載接地的定電流源。 AD586 是一個高精準的 5.00V 參考電壓 IC，其 6、 4 兩支接腳始終維持在 5.00V。使得圖 (a) 和圖 (b) 的定電流 I_{ref} 都

是 $\dfrac{5V}{R}$。只是圖 (b) 多了一個 2N6285 之達靈頓電晶體。用以提高輸出電流的能力。

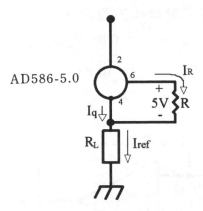

(a) 小電流使用之

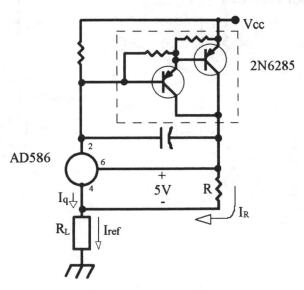

(b) 大電流使用之

圖 **4-23**　AD586 組成負載接地的定電流源

練習：

1. 用 AD586 設計一個定電流源，其 $I_{ref} = 2mA$。

2. 若 $I_{ref} = 1000mA$ 時，應該如何設計？

3. 圖 4-24 中，請分析 $I_{ref} = \dfrac{V_{ref}}{R_1}$，與 R_L 的大小無關。

4. 圖 4-25，請問 $R_L = 0\Omega$，$R_L = 100\Omega$，$R_L = 1K\Omega$ 時， I_{ref} 各是多少？

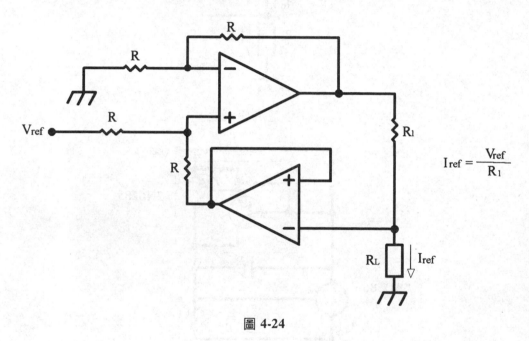

圖 4-24

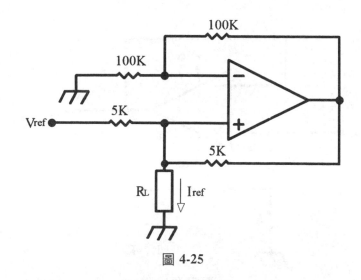

圖 4-25

4-9　直流對直流轉換的需求

　　線性電路中，OP Amp 使用雙電源 $+V_{CC}$，$-V_{EE}$ 或稱之為 $\pm V_{CC}$ 時，能讓 OP Amp 發揮其優點，得到趨近理想狀況的特性。但往往因電源取得不易，例如乾電池操作的電路或一般掌上型量測儀器也是用乾電池。有時候系統中只有單電源，但為了發揮 OP Amp 的理想特性，必須修改成使用雙電源。你要怎辦？

　　當然你可以直接使用產生雙電源的電源供應器，卻是使得電源部份的成本增加 1 倍，且體積也增加很多，往往不被接受。此時就得想辦法，把乾電池或單電源，轉換成雙電源使用。

　　對線性 OP Amp 而言，使用雙電源時，能得到 0V 的中點電壓，使電路的對稱性良好及於抵補調整時，能夠很方便且很準確地補償。若使用單電源，將會是很麻煩，所以我們曾經說過，在精密的電路中，OP Amp 都使用雙電源為主。

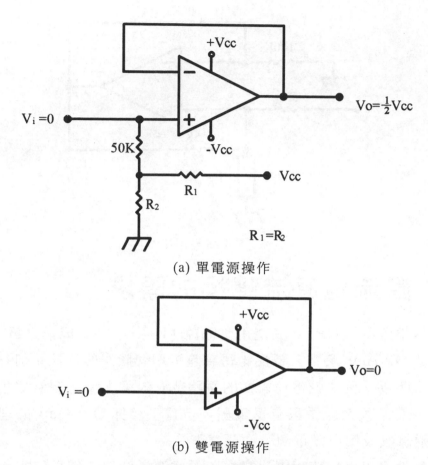

圖 4-26 OP Amp 使用單電源與雙電源的情形

　　當使用單電源的時候，為了使 v_o 能有最大的擺幅，我們必須設法加上偏壓電路 R_1，R_2 使 OP Amp 於 $v_i = 0$ 時，$v_o = \frac{1}{2}V_{CC}$。才能讓輸出信號得到 $0V \sim V_{CC}$ 之間，不失真且有最大的擺幅。但當 $v_o = \frac{1}{2}V_{CC}$ 的直流電壓時，又想做抵補調整以使電路更精確，將是很不容易的事。假設 $V_{CC} = 12V$，則 $\frac{1}{2}V_{CC} = 6V$，則用以測量該直流電壓的直流電壓表，必須選在 DC 10V 那一檔，卻是抵補電壓只有數 mV，相當於用 10V 的電表去量 10mV＝ 0.01V 的電壓，根本看不出什麼精確的結果。

當使用雙電源，$v_i = 0V$，$v_o \approx 0V$，若 $v_o \neq 0$，也是數 mV。則此時就可以用 100mV，10mV 的電表去觀測數 mV 的抵補電壓，便能很精確的把 v_o 調為 0V。且 OP Amp 輸入級，本來就是對稱的差動放大器，使用雙電源將使其特性更加穩定。

綜合上述說明，應能了解為什麼必須把單極性的直流電壓轉換成雙極性的直流電壓，或把乾電池的低電壓 (1.5V) 轉換成適當的高電壓 (5V 或 10V 等)。這些工作我們統稱之為直流對直流的轉換 DC－ DC Converting。

4-9-1　直流對直流轉換的方法

直流對直流的轉換可以是把單電源變成雙電源。即把正電壓變成有正電壓也有負電壓，反之亦然。或是把低直流電壓變成高直流電壓，都是屬於直流對直流轉換的範圍。我們將提出三種方法。

⑴　乾電池中點分壓法：如圖 4-27(a)。

⑵　OP Amp 中點分壓法：如圖 4-27(b)。

⑶　DC－ DC 轉換器：如圖 4-27(c)，(d)。

圖 (a) 一看便知道，只是把乾電池分成兩部份。圖 (b) 是利用 OP Amp 單電源操作時輸出電壓當做 0V(接地參考電壓)。所以圖 (a) 和圖 (b) 都只能把較大的單電源電壓，變成較小的雙電源電壓。圖 (c) 是利用 DC－ DC 轉換器把單電源變成雙電源。圖 (d) 是把較小的單電源升高為較大的電壓。而 DC－ DC 轉換器是什麼呢？

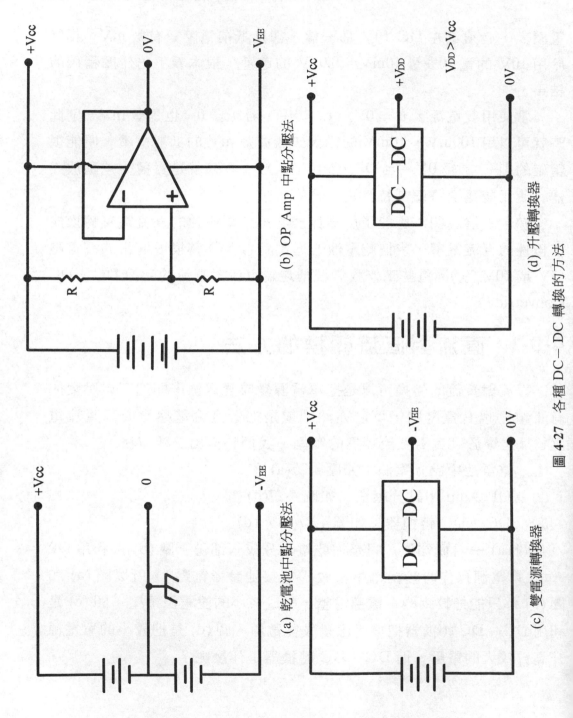

(a) 乾電池中點分壓法

(b) OP Amp 中點分壓法

(c) 雙電源轉換器

(d) 升壓轉換器

圖 4-27 各種 DC－DC 轉換的方法

4-10 DC－DC 轉換器的原理

　　DC－DC 轉換器目前已經被大量生產且廣泛地使用於各種電子電路中，它的工作原理乃是利用原來的單電源去驅動振盪器以產生交流信號，然後再把交流信號整流或升壓再整流，以得到各種的直流電壓。其工作原理的方塊圖。如圖 4-28。

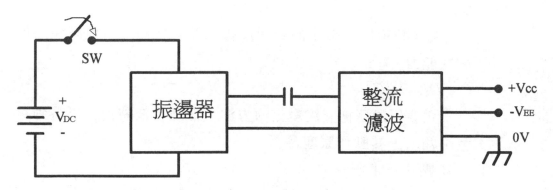

圖 4-28　DC－DC 轉換原理

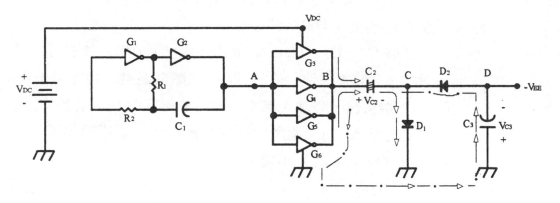

圖 4-29　DC－DC 轉換器參考線路（正變負）

　　我們將以一個簡單的 DC－DC 轉換電路，說明其動作原理，並提醒你，由 DC－DC 轉換器所提供的電源，主要是用於電壓的參考與設定，無法提供大電流、大功率的輸出。

圖 4-29 是一顆 CD4049，配合整流電路所完成的 DC－DC 轉換器，圖 4-29 中各元件的功用如下：

(1)　G_1, G_2, R_1. R_2, C_1：

　　　組成一個 CMOS 反相閘的振盪器頻率由 C_1 主控。在 A 點會得到一個 0V 與 V_{CC} 交互變化的方波。（交流信號）。

(2)　G_3, G_4, G_5. G_6：

　　　把 CD4049 所剩下的四個反相閘並聯使用，以提高輸出電流的能力。

(3)　C_2, D_1, D_2. C_3：

　　　主要目的是把交流變化的方波，做負半波整流，以得到負電壓輸出，其動作原理爲：

①　B 點在正半週時：

　　　將有電流由 V_{CC} 經 C_2，D_1 流過，使得 C_2 被充電，在 C_2 上面將得到 $V_{CC} - V_{D1}$ 的直流電壓，極性如圖中所示。

②　B 點在負半週的時候：

　　　此時 G_3，G_4，G_5，G_6 的輸出爲 0V，相當於在這瞬間 C_2 的 "＋" 端被接地，使得 D_2 變成順向偏壓，則電流由 C_2 的 "＋" 端流出，經地，經 C_3，經 D_2 再回到 C_2，將於 C_3 上產生充電壓降，C_3 壓降的極性如圖所示。使得輸出電壓爲 $-V_{EE}$，而 $-V_{EE}$ 的大小爲：

$$-V_{EE} = -(V_{C2} - V_{D2}) = -[(V_{CC} - V_{D1}) - V_{D2}] \approx -(V_{CC} - 2V)$$

　　　若把 C_2，D_1，D_2，C_3 改成正電壓倍壓整流電路，將可得到比 V_{CC} 還大的直流電壓，或把 C_2 改成變壓器，就能由變壓器輸出加以整流而得到各種不同的直流電壓。

　　從上述的分析不難發現，DC－DC 的輸出主要由振盪器所提供，無法承受太大的電流，所以一般 DC－DC 轉換器的電流輸出能力都不大。

　　圖 4-30 是 ICL7760 DC－DC 轉換器的使用方法，其它各種 DC－DC 轉換器到處可以買到。

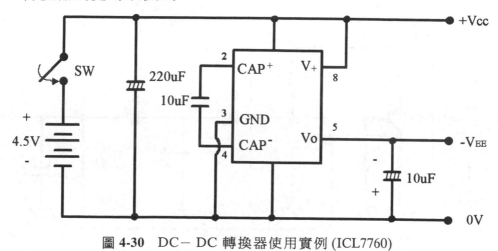

圖 4-30 DC－DC 轉換器使用實例 (ICL7760)

※ 購買 DC－DC 轉換器時，不知道編號也無妨，只要說明，你是要把幾伏特變成幾伏特，就可以。但必須留意你所需要的輸出電流是多少，以免因電流規格不足而發熱，使工作電壓不穩，甚致燒掉。

練習：

1. 請繪出圖 4-29A，B，C，D 各點的電壓波形。
2. 請說明目前電腦中所用的 " 交換式電源供應器 " 的原理。並和一般線性電源供應器做個比較。
3. 試著找到一個能把 12V 變成 24V 的 DC－DC 轉換器，(EPROM 燒錄卡中有用到一個)。且能提供 10mA 以上的電流。
4. 爲什麼 DC－DC 轉換器的輸出電流無法太大？

5. 試分析圖 4-31 的動作原理，並回答下列各問題。

(1) 虛線中的電路，主要功用何在？

(2) C_2，D_1，D_2，C_3 的主要用處是什麼？

(3) D_3 的主要目的是什麼？

(4) V_o 是正電壓，還是負電壓呢？

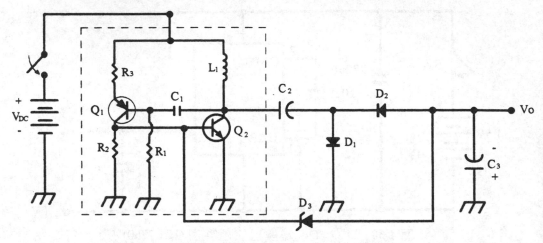

圖 4-31　電晶體式 DC－DC 轉換電路

第 5 章

感溫 IC AD590
應用線路分析

　　AD590 是一種隨溫度高低而改變其本身電流大小的感溫 IC。它是利用半導體材料具有負溫度係數的特性，由電路中 Q_9 和 Q_{11} V_{BE} 的差值電壓，經 R_5 及 R_6 轉換成電流的變化。當電源電壓 $V_{CC} = 4V \sim 30V$ 之間時，其電流將隨溫度的大小，而線性地變化。故可用 AD590 端電流的大小，代表溫度的高低。其電路如圖 5-1，電壓與電流的特性曲線如圖 5-2。

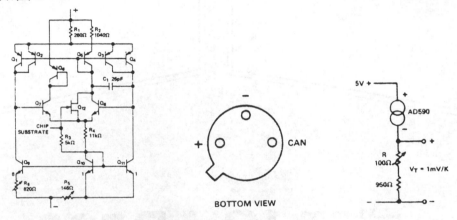

圖 5-1　AD590 的電路結構

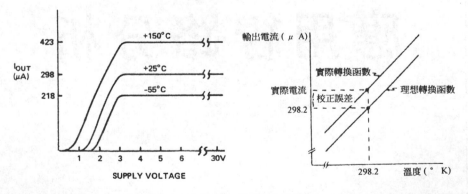

圖 5-2　AD590 的特性曲線

表 **5-1**　AD590 各項參數資料

POWER SUPPLY			
Operating Voltage Range	+ 4	+ 30	Volts
OUTPUT			
Nominal Current Output@ + 25℃ (298.2K)	298.2		μ A
Nominal Temperature Coefficient	1		μ A/K
Calibration Error@ + 25℃		±2.5	℃
Absolute Error (over rated performance temperature range)			
Without External Calibration Adjustment		±5.5	℃
With+ 25℃ Calibration Error Set to Zero		±2.0	℃
Nonlineraity		±0.8	℃
Repeatablility[2]		±0.1	℃
Long Term Drift[3]		±0.1	℃
Current Noise	40		pA/$\sqrt{\text{Hz}}$
Power Supply Rejectioin			
+4V ≤ V_S ≤ +5V	0.5		μA/V
+5V ≤ V_S ≤ +15V	0.2		μA/V
+15V ≤ V_S ≤ +30V	0.1		μA/V
Case Isolation to Either Lead	10^{10}		Ω

　　表 5-1 是 AD590 的各項參數資料，從資料中得知三項重要的訊息，分別為：

1.　工作電壓：4V～30V……表示工作電壓非常廣。

2.　$I(25℃) = 298.2\mu A$……25℃時的端電流。

3.　溫度係數：$1\mu A/°K = 1\mu A/℃$。

從資料中得知，電源電壓 V_{CC} 的變動量對電流的影響非常小。

$$V_{CC} \text{ 的範圍} \qquad \text{端電流的變化量}$$
$$+4V \leq V_{CC} \leq +5V \qquad 0.5\mu A/V$$
$$+5V \leq V_{CC} \leq +15V \qquad 0.2\mu A/V$$
$$+15V \leq V_{CC} \leq +30V \qquad 0.1\mu A/V$$

也就是說當電源電壓使用 15V～30V 時，電源電壓的變動量對端電流的影響最小，只有 $0.1\mu A/V$。表示電源電壓在 15V～30V 之間若有 1V 的改變，只會使端電流 $I(T)$ 改變 $0.1\mu A$。一般我們使用的電源電壓可在 5V～15V，並且以定電壓源提供給 AD590 的 V_{CC} 使用，而定電壓源不太可能任意改變輸出電壓，使得 AD590 的端電流 $I(T)$ 幾乎達到不受電源電壓的影響。

資料中提供 25℃ 時的端電流 $I(25) = 298.2\mu A$，則 0℃ 時的端電流 $I(0)$ 為

$$I(0) = I(25℃) - 1\mu A/℃ \times 25℃ = 273.2\mu A$$

我們可以用 0℃ 時的端電流 $I(0)$ 為基準電流，則其它溫度 T 的端電流 $I(T)$ 為

$$
\begin{aligned}
I(T) &= I(0) + 1\mu A/℃ \times T(℃) \\
&= 273.2(\mu A) + T(\mu A) \cdots\cdots\cdots 端電流的表示式。
\end{aligned}
$$

已知 AD590 是一個端電流 $I(T)$ 會隨溫度而改變的溫度感測元件。所以我們可以讓 AD590 的端電流 $I(T)$ 流經一個精密電阻，則於該精密電阻上就會有相對的壓降，就能以此壓降的大小，代表溫度的高低。如圖 5-3，為壓降法電流對電壓的轉換電路（參閱第二章）。

$V(T) = R \times T + 273.2 \times R$ 相當於是一條直線 $y = mx + b$，以 $V(T)$ 為縱座標，T 為橫座標繪出 $V(T) = R \times T + 273.2 \times R$ 的直線，如圖 5-4。

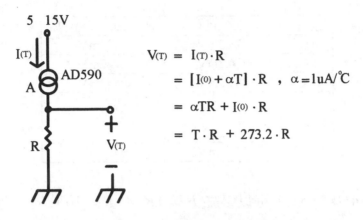

$$V_{(T)} = I_{(T)} \cdot R$$
$$= [I_{(0)} + \alpha T] \cdot R \quad , \quad \alpha = 1uA/^\circ C$$
$$= \alpha TR + I_{(0)} \cdot R$$
$$= T \cdot R + 273.2 \cdot R$$

圖 **5-3**　AD590 電流對電壓的轉換及公式

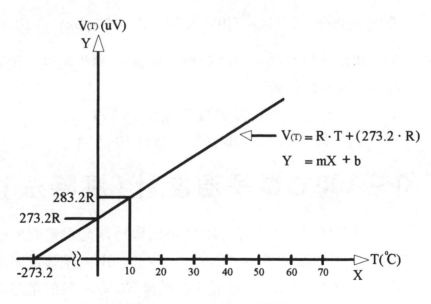

$$V_{(T)} = R \cdot T + (273.2 \cdot R)$$
$$Y = mX + b$$

圖 **5-4**　T 和 $V(T)$ 的關係

表 5-2　不同負載電阻時的 $V(T)$

溫度	$R = 1K$ 的 $V(T)$	$R = 10K$ 的 $V(T)$
0℃	273.2mV	2732mV
1℃	274.2mV	2742mV
10℃	283.2mV	2832mV
⋮	⋮	⋮
100℃	373.2mV	3732mV

　　從圖 5-4 及表 5-2，可以得知 $R = 1K$ 和 $R = 10K$ 時，每 1℃ 於 A 點所造成的電壓變化量為：

$$R \ = \ 1K 時：I(1) - I(0) = 274.2mV - 273.2mV = 1mV$$

$$R \ = \ 10K 時：I(1) - I(0) = 2742mV - 2732mV = 10mV$$

即使用不同的電阻，將得到不同的反應，則於 A 點的電壓，將因不同的 R，而得到不同的變化量：

　　　　$R = 1K$ 時：A 點電壓溫度係數為 $1mV/℃$。

　　　　$R = 10K$ 時：A 點電壓溫度係數為 $10mV/℃$。

5-1　0～ 100℃電子溫度計 (壓降法)

　　從上述的分析，得知 0℃時，以壓降法做為電流對電壓的轉換，將使 $V(0) \neq 0$ ，但當我們希望 0℃時， $V(T) = 0V$，好讓電表不偏轉，並確實地指在 0℃的位置。則必須設法減掉 0℃時 A 點的電壓 $V(0)$，圖 5-5 可以完成此目的，且達到 0℃ ～ 100℃的指示。

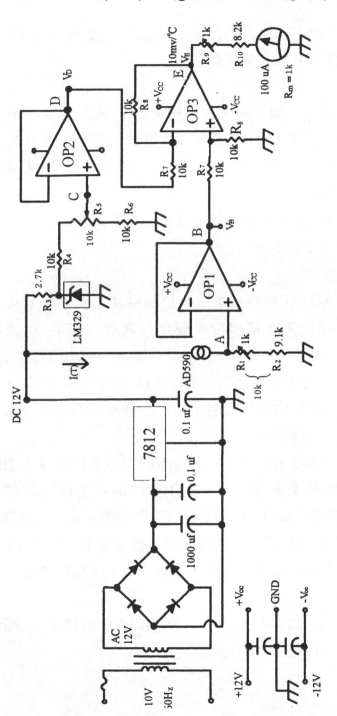

圖 5-5　0°C～100°C電子溫度計

　　首先我們說明各元件的功能，並同時以數據分析其結果，於最後提供如何調整的方法及其步驟。

⑴　7812：

　　　　它是一個三端元件的穩壓 IC，輸入電壓可用 $15 \sim 30V$ 之間任一直流電壓，其輸出會得到一個穩定的 12V，以提供給 AD590 及所有 IC 使用，$-12V$ 請自行以 7912 完成之。

⑵　AD590：

　　　　IC 型溫度感測器，其溫度係數為 $1\mu A/^\circ K = 1\mu A/^\circ C$，且 $I(25) = 298.2\mu A$。

⑶　R_1，R_2：

　　　　AD590 的負載電阻，是壓降法所必備的零件，以使 $I(T)$ 能在 A 點產生隨溫度而變化的電壓 $V(T)$。目前我們希望使用 $R_1 + R_2 = 10K\Omega$。但最好不要拿一個 $10K\Omega$，$20K\Omega$，…… $100K\Omega$ 的可變電阻去調到 $10K\Omega$ 以取代 R_1 和 R_2。而是用一個接近 $10K\Omega$ 的固定電阻，再串一個較小的可變電阻去調整，使 $R_1 + R_2 = 10K\Omega$ 。

　　　　因小電阻的調整比大電阻的調整來得精確。假設可變電阻可轉的角度是 300 度。對 $10K\Omega$ 的可變電阻而言，每轉 1 度，就改變 33.3Ω，但對 $1K\Omega$ 的可變電阻而言，每轉 1 度，才改變 3.3Ω，相當於 $1K\Omega$ 調整的準確度是 $10K\Omega$ 的 10 倍。若因搬運等震動而造成的偏移，$1K\Omega$ 的變動量將遠比 $10K\Omega$ 的變動量小很多。

　　　　目前 $R_1 + R_2 = 10K$，R_1 用 $1K\Omega$ 的精密 10 圈型可變電阻，R_2 用一般 $9.1K\Omega$ 的固定電阻。

(4)　OP1：

　　該 OP Amp 的主要目的是提供極高的輸入阻抗，以免因阻抗太小，而造成負載效應，使得準確度不夠。又因 OP1 是一個電壓隨耦器，將有足夠的電流驅動能力，以提供 R_7，R_8 所需的電流。

　　原本我們希望 A 點的電壓溫度係數為 $1\mu A/^\circ\text{C} \times 10K\Omega = 10mV/^\circ\text{C}$，但圖 5-6(a) 的結果，將使 A 點的電壓溫度係數變成：

$$1\mu A/^\circ\text{C} \times [10K//(R_7 + R_8)] = 6.67mV/^\circ\text{C}$$

圖 5-6(b) 因有 OP1 之高輸入阻抗存在，使得 $I_1 \approx 0$，$I(T) = I_2$，所以圖 5-6(b)A 點的電壓溫度係數依然是 $10mV/^\circ\text{C}$。

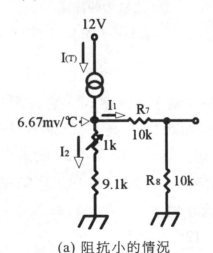

(a) 阻抗小的情況

圖 5-6　負載效應的影響

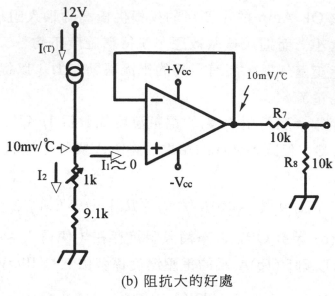

(b) 阻抗大的好處

圖 5-6　（續）

⑸　R_3 及 LM329：

LM329 是一個參考電壓 IC，它就像一個能做穩壓的齊納二極體 (Zener Diode)。只是 LM329 具有更精準的穩壓效果，可準確到小數第三位。目前 LM329 的固定電壓為 6.950V。 R_3 是一個限流電阻。一般 LM329 的工作電流可選擇在 2mA 左右，所以 R_3 的大小為：

$$R_3 = \frac{12V - 6.95V}{2mA} = 2.55K\Omega$$

可選用 $R_3 = 2.2K$ 或 $2.7K\Omega$，有關 LM329 的資料，請參考 NS Linear Data Book，或用其它的元件取代之。定電壓源的設計請參考第四章的有關定電壓源部分。

(6)　R_4，R_5，R_6：

　　　　分壓電阻用以把 LM329 之固定電壓 6.950V，經 R_5 調整以
到 C 點的電壓爲 2.732V。（代表 0℃時的 $V(0) = 2.732V$）

(7)　OP2：

　　　　是一個電壓隨耦器，提供極高的輸入阻抗，才不會對
LM329 造成負載效應。

(8)　R_7，R_8 及 OP3：

　　　　該部分組成一個差值放大器，其輸出電壓 V_E 爲

$$V_E = \frac{R_8}{R_7}(V_B - V_D)$$

(9)　數據分析如下：

$$
\begin{aligned}
V(T) &= I(T) \times 10K\Omega \\
&= [I(0) + 1\mu A/℃ \times T(℃)] \times 10K\Omega \\
&= 2.732V + 10 \times T(mV) = V_A
\end{aligned}
$$

而 $V_B = V_A$，$V_C = 2.732V$，則 $V_D = 2.732V$

$$
\begin{aligned}
V_E &= \frac{R_8}{R_7}(V_B - V_D) = \frac{10K}{10K}[(2.732V + 10 \times T(mV) - 2.732V] \\
&= 10 \times T(mV)
\end{aligned}
$$

則 0℃時，$V_E = 0V$，10℃時 $V_E = 100mV$，50℃時，$V_E = 500mV$，100℃時，$V_E = 1000mV$

對 V_E 而言，該點的電壓溫度係數是 $10mV/℃$，繪 T 和 V_E 的
關係如圖 5-7。

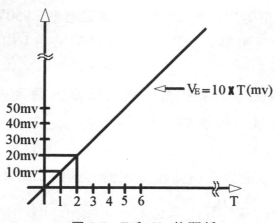

圖 5-7　T 和 V_E 的關係

⑽　R_9，R_{10}：

　　是限流電阻，以限制流過電表的電流不會超過該電表滿刻度電流 I_{FS}。動圈式表頭是由很細的磷青銅線所組成，故有一定的繞線電阻 R_m。目前所使用的電表，其 $R_m = 1K\Omega$，$I_{FS} = 100\mu A$，表示流經表頭的電流為 $100\mu A$ 時，指針會做滿刻度偏轉。當在 I_{FS} 的時候電表兩端的壓降為 $100\mu A \times 1K\Omega = 100mV$。表示把 100mV 的電壓加在電表兩端時，指針會全刻度偏轉。而本電路 100℃時，$V_E = 1000mV$，若直接加到電表兩端，將因電壓太高造成電流太大而把電表燒掉。所以必須使用限流電阻 R_9 及 R_{10}。

　　選用 $R_9 = 1K$ 的可變電阻，及 $R_{10} = 8.2K$ 的固定電阻。則 R_9 可用以調整適當的值，以抵消滿刻度（100℃）時電表本身的誤差，同時又達到限流作用。

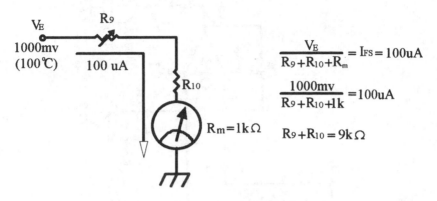

圖 5-8　電表之限流處理

(11)　實作參考線路

　　圖 5-9 是 AD590 電子溫度計的實作參考線路，量測範圍 0℃～100℃。各零件的選用必須依如下要求：

① 電阻使用精密電阻，且儘量使用溫度係數較小的電阻。

② OP Amp 選用，低偏壓電流，低抵補電壓的產品，最重要的是溫度漂利量愈小愈好。

③ OP1 最好加上抵補調整。

④ 各 IC 的 $\pm V_{CC}$ 接腳必須接 $0.1\mu F$ 的旁路電容，以減少電源干擾及高頻干擾。

⑤ 可變電阻使用可轉多圈的精密可變電阻。

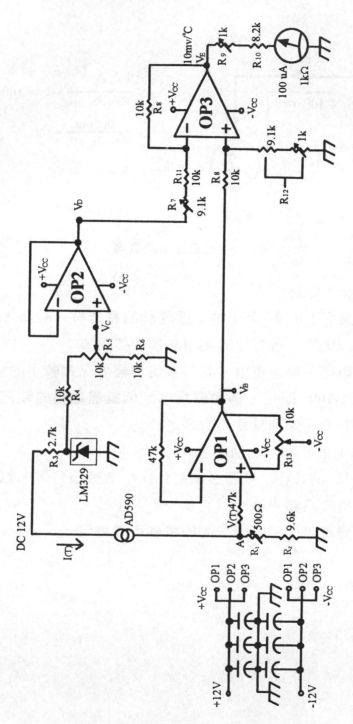

圖 5-9　0℃～100℃電子溫度計線路

⑿　調校步驟：

① 先調整 R_1，使 $R_1 + R_2 = 10K\Omega$，然後再接回電路。

② 調整 R_5 使 $V_D = 2.732V$。

③ 將 AD590 置於溶解中的冰水中，調 R_{13} 做 OP1 的抵補調整，使 $V_B = 2.732V$。即 0℃時，使 0℃時的 $V_B = 0$。

※ 若 0℃的冰水不易取得，可以使用變通的方法（會增加少許誤差），把 OP1 的 "+" 端和 A 點的接線拆掉，然後加 2.732V(V_D) 於 OP1 的 "+" 端，再調 R_{13}，使 $V_B = 2.732V$。

④ 調 R_{12} 使 $V_E = 0$。（歸零調整）⟶（再恢復原接線）。

⑤ 把 AD590 置於 100℃的熱水中，調 R_{11} 使 $V_E = 1.00V$。（此乃滿刻度調整）。

※ 若 100℃的熱水不便操作，可以使用變通的方法。在 OP1 的 "+" 端加 3.732V 的電壓，然後再調整 R_{11}，使 $V_E = 1.000V$。

⑥ 在 100℃時，調整 R_9，使指針做滿刻度偏轉，指在 $100\mu A$ 的位置。

⑦ 把電表上 μA 的刻度單位，改成℃的單位，即完成 0℃ ～ 100℃的調校。

※ 當你的實驗室有溫度校正系統時，最好不夠。若沒有溫度校正系統時，請依上述各步驟逐一校正之。其中(3)，(4)，(5)三步驟請重複校正。依變通方法校正時，也能得到於 100℃時的誤差在 ±2℃之內。

練習：圖 5-9。

1. $(R_1 + R_2) = 5K$ 時，V_A，V_B，V_E 的電壓溫度係數各爲多少？

2. $(R_1 + R_2) = 10K$ 時，若希望 $V_E = 0V \sim 10V$ 時電路應如何修改？

   提示：OP3 的差値放大率應該爲 10 倍。

   　　　　限流電阻 $R_9 + R_{10}$ 必須夠大，否則會把電表燒掉。

3. 若沒有 OP1 時，有何缺點？

4. R_4，R_5，R_6 分壓結果，V_C 的範圍是多少？

5. 可變電阻 R_1，R_5，R_9，R_{11}，R_{12}，R_{13} 各有何功用？

6. 提供 $V_D = 2.732V$ 的主要目的是什麼？

7. 除了 AD590 外，請找出各外兩種電流變化之感溫元件，並影印其相關資料。（留著自己用）

8. 三用電表撥在 DCV10V，直接測 V_E 的大小，用以代表 0℃ ～ 100℃ 當指示値爲 5.5V 時，代表是幾℃？

   提示：首先必須如練習第 2 題，使 0℃ 時，$V_E = 0$，100℃ 時 $V_E = 10V$。

   　　　　此題目的是告訴你可以直接拿三用電表的電壓或電流來當該電路的指示器。

9. 三用電表撥在 DC mA 1mA 時，也可以當 0℃ ～ 100℃ 的指示器，請問你會怎樣處理呢？

5-2 0℃～ 100℃電子溫度計 (分流法)

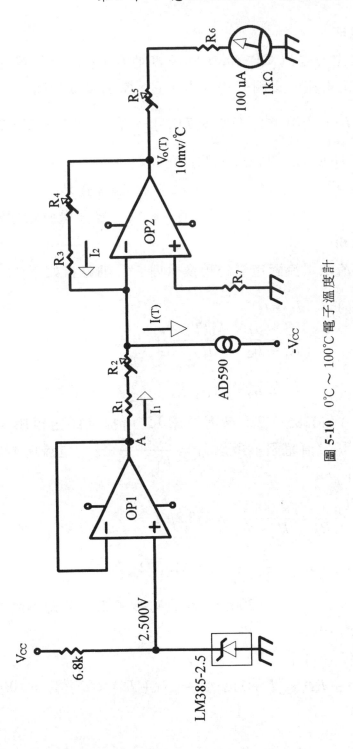

圖 5-10　0°C ~ 100°C 電子溫度計

1. 原理說明

該電路主要是以 OP Amp 的虛接地及 V_A 的定電壓源，使 $I_1 = 273.2\mu A$ 爲定電流。又因 $I(T) = I_1 + I_2$。當溫度改變時

$$I(T) = I(0) + 1\mu A/°C \times T(°C) = I_1 + I_2, \quad I_1 = 273.2\mu A = I(0)$$

則 $I_2 = 1\mu A/°C \times T(°C) = T(\mu A)$，又

$$V_o(T) = I_2 \times (R_3 + R_4) + v_-，\quad v_- \text{ 因虛接地 } v_- = v_+ = 0V$$
$$= (R_3 + R_4) \times T(\mu A)\cdots\cdots\text{爲一條通過原點之直線。}$$

2. 電路分析

此乃分流法電流對電壓的轉換原理。詳細分析如下：

$$
\begin{aligned}
I(T) &= I_1 + I_2 \\
&= \frac{V_A - v_-}{R_1 + R_2} + \frac{V_o(T) - v_-}{R_3 + R_4}, \quad v_- = v_+ = 0V \\
&= \frac{V_A}{R_1 + R_2} + \frac{V_o(T)}{R_3 + R_4}
\end{aligned}
$$

其中 V_A 是由 LM385 $-$ 2.5 參考電壓 IC 所提供的定電壓：2.500V，而 R_1 和 R_2 是定值電阻。所以 $I_1 = \dfrac{V_A}{R_1 + R_2}$ 爲定電流。若調整 R_2 使 $I_1 = 273.2\mu A$ 時

$$\frac{V_A}{R_1 + R_2} = \frac{2.500V}{R_1 + R_2} = 273.2\mu A$$

$$則 R_1 + R_2 = \frac{2.500V}{273.2\mu A} = 9.15K\Omega$$

故選用 $R_1 = 9K\Omega$，$R_2 = 300\Omega$ 的精密可變電阻。若想得到 $V_o(T)$ 的電壓溫度係數爲 $10mV/°C$，則

$$V_o(T + 1) - V_o(T) = 10mV$$

$$(R_3 + R_4) \times (T + 1)(\mu A) - (R_3 + R_4) \times T(\mu A) = 10mV，\text{所以}$$

$$R_3 + R_4 = \frac{10mV}{1\mu A} = 10K\Omega$$

所以選用 $R_3 = 9.1K\Omega$，$R_4 = 1K\Omega$ 之精密可變電阻。（可轉 10 圈）

　　指示電路所用之電表規格為：內阻 $R_3 = 1K\Omega$，滿刻度電流 $I_{FS} =$ $100\mu A$ 。當 $T = 100℃$ 時 $V_o(100) = 10mV/℃ \times 100℃ = 1000mV$，

$$\frac{1000mV}{R_5 + R_6 + R_m} = 100\mu A$$

　　則 $R_5 + R_6 + R_m = 10K\Omega$，$R_5 + R_6 = 9K\Omega$

故選用 $R_6 = 8.2K\Omega$，$R_5 = 1K\Omega$ 之精密可變電阻。電路中的 R_7 主要的目的是減少偏壓電流對 OP2 的影響。$R_7 \approx (R_1 + R_2)//(R_3 + R_4)$

3.　實做參考線路與調校步驟

調校步驟

(1)　於 0℃ 的狀況下，調 R_2 使 $V_o(T) = 0V$，即表示電表不偏轉，指在 $0\mu A$ 的位置。

　　※ 或用變通的方法，用 μA 表測量 I_1，並調整 R_2，使 $I_1 = 273.2\mu A$，代表 $I(0) = 273.2\mu A$。此乃歸零調整。

(2)　於 100℃ 的狀況下，調 R_4 使電表做滿刻度的偏轉，指針指在 $100\mu A$ 的位置，此乃滿刻度調整。

(3)　若 100℃ 時指針並非指在 $100\mu A$ 的位置，則調整 R_5，使指針指在 $100\mu A$ 的位置。此乃電表誤差之校正。

(4)　把電表 μA 的刻度改成 ℃ 的刻度。

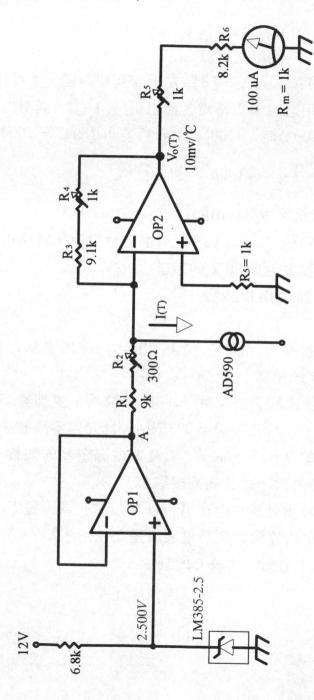

圖 5-11 實做參考線路（0°C～100°C 電子溫度計）

※建議事項：

⑴　OP Amp 不見得要依圖中的編號，只要用低偏壓電流，低抵補電壓及低溫度漂移的 OP Amp 就可以了。（在附錄中，列有這些 IC 的編號，請你自己選一個）。

⑵　所有電阻均用精密電阻（誤差在 1%以下），可變電阻使用多圈式的精密可變電阻。

練習：

1. 用圖 5-9 的方法設計一電子溫度計，測量 0℃ ～ 100℃，其最後輸出電壓的溫度係數為 20mV/℃，且所使用的電表規格為 $I_{FS} = 250\mu A$，$R_m = 2K\Omega$。

2. 上題中若使最後輸出電壓 $V_E = 0V \sim 10V$，代表 0℃ ～ 100℃時，你將如何修改電路。並用三用電表 DCV 10V 當溫度指示器，你會怎樣修改電表的刻度？

3. 用圖 5-11 的方法設計一電子溫度計，測量 0℃ ～ 100℃，並規訂 $V_o(T)$ 的] 溫度係數為 50mV/℃，而其參考電壓 $V_A = 5.000V$，電表規格為內阻 $R_m = 2K\Omega$，滿刻度電流 $I_{FS} = 200\mu A$。

4. 設計一組簡易溫度指示及超溫警報器，條件如下：

(a)　35℃ ～ 40℃　　紅燈亮

(b)　60℃ ～ 80℃　　黃燈亮

(c)　100℃ 以上時，警報器動作。

※ 此題可參閱 OP Amp 當電壓比較器之單元，（第二章）

5-3　溫差量測線路分析

在冰箱的設計中，必須考慮到冰箱內壁和冰箱外壁能維持的溫差愈大愈好，表示冰箱內的低溫不易傳到外面。則必須對各種材質做長時間的試驗，且同時偵測內、外壁的溫差。此時就會用到圖 5-12 溫差量測。

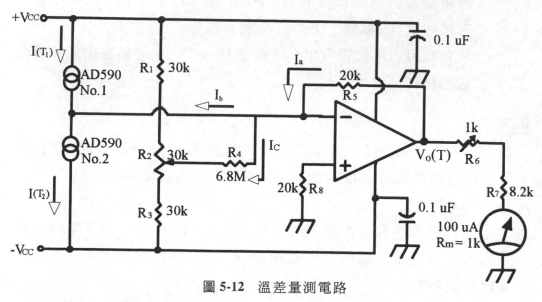

圖 5-12　溫差量測電路

1. **各元件功能說明：**

AD590 No.1：置於冰箱內部的感溫 IC。

AD590 No.2：置於冰箱外的感溫 IC。

R_1，R_2，R_3：分壓電阻，提供溫度相等時的歸零調整。

R_4：高阻抗之串聯電阻，以減少負載效應。

OP Amp：放大作用，兼具電流對電壓的轉換。

R_5：放大電路必定要有的負回授電阻。

R_8：減少偏壓電流對電路的影響。此時 $R_8 \approx R_5$

2. 電路分析

$I_a = I_b + I_c$，因有極高的串聯電阻 R_4，使得 $I_b \gg I_c$，則 $I_b \approx I_a$

$$I(T_2) = I(T_1) + I_b, \quad I(T_2) - I(T_1) = I_b, \quad I_b \approx I_a = \frac{V_o(T)}{R_5}$$

$$\begin{aligned} V_o(T) &= R_5[I(T_2) - I(T_1)] \\ &= R_5[(I(0) + T_2) - (I(0) + T_1)] \\ &= R_5[T_2 - T_1] \cdots\cdots \text{此式中 } T_1, T_2 \text{ 的單位是 } \mu A \end{aligned}$$

而 $R_5 = 20K\Omega$，所以 $V_o(T)$ 爲

$$V_o(T) = 20K\Omega \times (T_2(\mu A) - T_1(\mu A)], \text{ 即 } V_o(T) = V_o(T_2 - T_1)$$

$V_o(T_2 - T_1) = 20mV/°C\,(T_2 - T_1) \cdots\cdots V_o(T)$ 單位變成 mV， T_2，
T_1 此時爲 °C，表示 $V_o(T)$ 所測到的是兩者溫度的差值，$(T_2 - T_1)$。
表示溫度每變化 1°C， $V_o(T)$ 會改變 20mV。即 $V_o(T)$ 的電壓溫度係數
爲 20mV/°C。若假設最大溫差爲 50°C，使電表做滿刻度偏轉，

$$V_o(50) = 20mV/°C \times 50°C = 1000mV$$
$$R_6 + R_7 + R_m = \frac{1000mV}{100\mu A} = 10K\Omega，\ R_6 + R_7 = 9K\Omega$$

故選用 $R_6 = 1K\Omega$ 的精密可變電阻， $R_7 = 8.2K\Omega$，則相當於電表指在
$100\mu A$ 的位置，代表溫差爲 50°C，指在 $50\mu A$ 的位置代表溫度爲 25°C
。所以在做刻度重新標示的時候，必須留心一下。

3. 調校步驟

(1) 歸零調整：首先把 AD590 No.1 及 AD590 No.2 置於同一溫度
（ 放在同一個地方數分鐘，則 $T_2 - T_1 = 0°C$（ 沒有溫差的情況
），必須使 $V_o(T_2 - T_1) = 0V$。但因兩個 AD590 的微小誤差及
OP Amp 輸入抵補現象，將使得 $V_o(T_2 - T_1) = V_o(0) \neq 0V$，此
時必須調整 R_2，使 $V_o(T_2 - T_1) = 0V$。

(2)　R_5 使用 10 圈精密可變電阻，並調其值為 $20K\Omega$，再接回電路。

(3)　若確定 $T_2 - T_1 = 50℃$ 時，$V_o(T_2 - T_1) = V_o(50) = 20mV/℃ \times 50℃ = 1000mV$，若此時 $V_o(50) \neq 1000mV$，則略微調整 R_5 使 $V_o(50) = 1000mV$，此乃滿刻度調整。

(4)　在 $V_o(50)$ 調為 1000mV 時，若電表並非指在 $100\mu A$ 的位置，則調 R_6 使指針指在 $100\mu A$ 的位置。

(5)　把 $0 \sim 100\mu A$ 的刻度改成 $0 \sim 50℃$ 的刻度，即為差值溫度的指示器

※ 高溫區使用 AD590 No.2，低溫區使用 AD590 No.1，此免電表逆轉。

練習：

1. 若想使 $V_o(T)$ 的電壓溫度係數為 50mV/℃ 時電路應如何修改。若溫差範圍 $(T_2 - T_1)$ 為 $0 \sim 100℃$ 時，其輸出電壓 $V_o(T_2 - T_1)$ 的範圍是多少？

2. 圖 5-13 亦能做為溫差的量測，試分析其工作原理，並回答下列各問題。

(1)　$V_o(T_2 - T_1)$ 的電壓溫度係數為多少？

(2)　$V_o(T_2 - T_1) > 0$ 代表 $T_2 > T_1$ 或 $T_2 < T_1$，為什麼？

(3)　若嫌差值放大器輸入阻抗 $(\approx 200K\Omega)$ 太小，請繪出用儀器放大器所組成的放大電路。

(4)　把 AD590 No.1 及 No.2 放在一起，理應 $V_o(T_2 - T_1) = 0V$，但卻是 $V_o(T_2 - T_1) \neq 0V$，其原因何在？

(5)　當 $T_2 = T_1$，$V_o(T_2 - T_1) \neq 0V$ 時，必須歸零調整，則圖 5-13 的電路，你會做怎樣的修改，使它能做歸零調整。

(6)　圖 5-13，若實際做為某系統溫差的量測，發現 $V_o(T_2 - T_1)$ 的範圍是 − 0.2V～ + 0.3V，試問 $T_2 - T_1$ 的範圍為多少？

(7)　若把 $2K\Omega$ 的電阻 (AD590 的負載) 改為 $10K\Omega$ 時，試問 $V_o(T_2 - T_1)$ 的電壓溫度係數是多少？

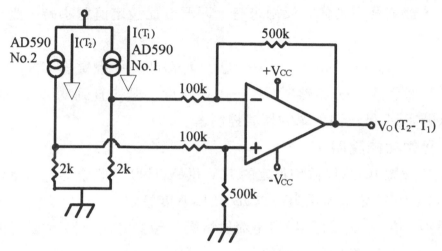

圖 5-13　差值放大處理方式

5-4　簡易溫控線路分析

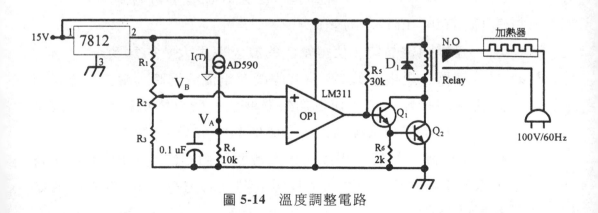

圖 5-14　溫度調整電路

1.　動作原理：

圖 5-14 是一個以可變電阻做溫度設定的溫度調節器。由 R_2 調整，得到 V_B，用以代表某一特定溫度，當 AD590 所在的溫度超過設定值時，表示溫度太高。使 OP Amp 的 $v_- > v_+$，則 $V_{01} = 0V$，Q_1，Q_2 OFF，繼電路不動作，反過來時，即溫度比設定值還小時，動作順序為：

$v_- < v_+ \longrightarrow V_{01} \approx V_{CC} \longrightarrow Q_1$, Q_2 ON $\longrightarrow$ 繼電器 ON $\longrightarrow$ N.O 接點被吸下來 $\longrightarrow$ 加熱器 ON $\longrightarrow$ 使溫度上升，直到 $v_- > v_+$ 為止。所以圖 5-14 是一個簡單的恆溫控制器。

2.　元件功能說明：

7812：穩壓 IC 用以得到穩定的 12V 供 AD590 及設定參考電壓使用。

R_1, R_2, R_3：分壓器電阻，以 R_2 做為溫度設定。

AD590，R_4：構成感溫 IC 電流對電壓的轉換電路，使 A 點電壓隨溫度而線性地變化。

OP1：是一個基本比較器，當 $V_A > V_B$ 時 $(v_- > v_+)$，$V_{01} = 0V$，當 $V_A < V_B$ 時 $(v_- < v_+)$，$V_{01} = V_{CC}$。其編號為 LM311。

R_5：因 OP1 LM311 是集極開路型，必須外加一個電阻到 V_{CC}，才能使 V_{01} 有 0V 和 V_{CC} 的變化。

Q_1，Q_2：達靈頓電晶體，使得電流的放大率極大，約為 $\beta_1 \times \beta_2$ 倍。

Realy：繼電器，規格為 15V。當其線圈有電流流過時，會產生磁場而把開關接點吸住，使得加熱器導通。所以繼電路可以說成是一種用小信號去控制大電力開關 ON 或 OFF 的零組件。

D_1：是一個保護二極體，用以防止因繼電器由 ON 到 OFF 的情況時，線圈兩端會產生一極大的反電動勢，而把 Q_1，Q_2 擊穿。茲如圖 5-15 的說明。

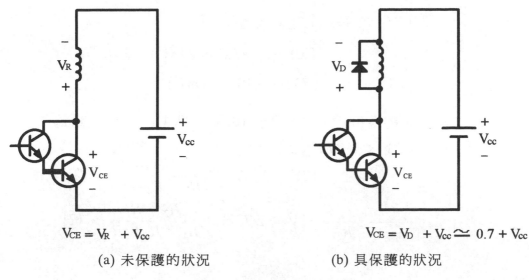

$$V_{CE} = V_R + V_{cc}$$

(a) 未保護的狀況

$$V_{CE} = V_D + V_{cc} \approx 0.7 + V_{cc}$$

(b) 具保護的狀況

圖 **5-15**　D_1 的功用說明

　　當線圈由流著電流到電流被切斷的那一瞬間，因冷次定律 (Lenz's Law) "為反對而反對"。則在線圈兩端會產生一個阻止電流減少的反電動勢 V_R，極性如圖 (a) 所示，則此時電晶體 V_{CE} 所必須承受的耐壓為 $V_{CE} = V_R + V_{CC}$。 V_R 可能數拾或數百伏特，將危及電晶體的安全。

　　而圖 (b) 時，當反電動勢產生時，二極體 D_1 馬上導通，使得反電動勢被限制在 $V_R = V_D \approx 0.7V \sim 1V$。則 Q_1，Q_2，V_{CE} 所承受的電壓只有 $V_{CC} + 0.7V$ ，因而不會被擊穿。所以說 D_1 是一個具有保護作用的二極體。

3.　線路分析：

　⑴　決定 R_1，R_2，R_3 的大小：

　　　　A 點的電壓是由 AD590 的 $I(T)$ 在 R_4 上所產生的壓降，

V_A 為

$$V_A(T) = I(T) \times R_4$$
$$= [I(0) + 1\mu A/{}^{\circ}C \times T({}^{\circ}C)] \times 10K$$
$$= 2.732V + 10 \times T(mV)$$

若可設定的溫度範圍為 $0{}^{\circ}C \sim 100{}^{\circ}C$，則 $V_A(T)$ 變化量為

$$2.732V \leq V_A(T) \leq 2.732V + 1000mV = 3.732V$$
$$\frac{R_3}{R_1 + R_2 + R_3} \times 12V \leq V_B(T) \leq \frac{R_2 + R_3}{R_2 + R_2 + R_3} \times 12V \text{，所以}$$
$$\frac{R_3}{R_1 + R_2 + R_3} \times 12V = 2.732V, \quad \frac{R_2 + R_3}{R_1 + R_2 + R_3} \times 12V$$
$$= 3.732V$$

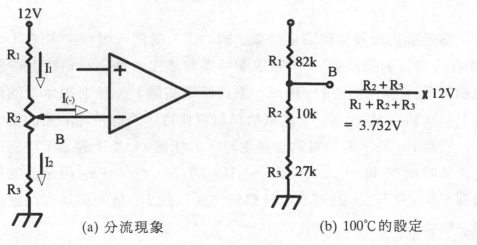

(a) 分流現象　　　　　　　　(b) 100℃ 的設定

圖 5-16　溫度設定的狀況

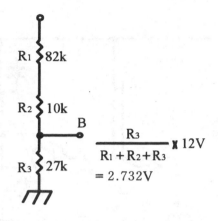

(c) 0℃ 的設定

圖 **5-16**　（ 續 ）

　　從圖 5-16(a) 可以看到 $I_1 = I_2 + I_{(-)}$，而 $I_{(-)}$ 是電壓比較器的輸入電流，其值非常小，以 LM311 為例，$I_{(-)} \approx 0.25\mu A$。故選用 $I_1 \gg I_{(-)}$，使得 $I_1 = I_2$。則 B 點的電壓就能如圖 (b) 和圖 (c) 由 R_1，R_2，R_3 分壓而來。但也不要使 I_1 太大，以免電阻燒掉，於經驗中，可用 0.1mA～ 1mA。若令 $I_1 = 0.1$mA ，也是 $I_1 = 400 I_{(-)}$，滿足 $I_1 \gg I_{(-)}$ 的要求，所以

$$\frac{12V}{R_1 + R_2 + R_3} = 100\mu A, \longrightarrow R_1 + R_2 + R_3 = 120K\Omega$$

$$\frac{R_3}{R_1 + R_2 + R_3} \times 12V = 2.732V \longrightarrow R_3 = \frac{2.732V}{100\mu A} = 27.32K\Omega$$

$$\frac{R_2 + R_3}{R_1 + R_2 + R_3} \times 12V = 3.732V \longrightarrow R_2 = \frac{1V}{100\mu A} = 10K\Omega$$

$$R_1 = (R_1 + R_2 + R_3) - (R_2 + R_3) = 82.68K\Omega$$

我們直接選用 $R_1 = 82K\Omega$，$R_2 = 10K\Omega$ 可變電阻，$R_3 = 27K\Omega$，其設定的範圍約在 0℃ ～ 100℃ 。

⑵　決定 R_5 的大小：

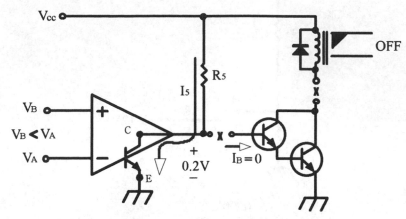

圖 5-17　分析 R_5 的最小值

當溫度太高時，$V_A > V_B$，使得電壓比較器 $v_{(-)} > v_{(+)} = 0.2V$

$$I_5 = \frac{V_{CC} - V_{CE}(\text{sat})}{R_5} = \frac{V_{CC} - 0.2V}{R_5}$$

而 I_5 不能大於電壓比較器的最大額定電流 $I_{o(\max)}$，目前 LM311 $I_{o(\max)}$ 為 50mA，則

$$R_{5(\min)} = \frac{12V - 0.2V}{I_{o(\max)}} \approx 240\Omega$$

一般設計時，很少使用這麼大的電流，以免 IC 自己發熱，而影響工作的穩定性。此時因 $V_{01} \doteq 0.2V$，不足以使 Q_1，Q_2 ON，其結果如圖 5-17 所示。若想 Q_1，Q_2 ON，必須 $V_{01} \geq V_{BE1} + V_{BE2}$，即 $V_{01} \geq 1.4V$ 以上，才能使 Q_1，Q_2 ON。

當溫度太低時，$V_A < V_B$，使得電壓比較器的 $v_{(-)} < v_{(+)}$，$V_{01} = V_{CC}$，表示比較器的輸出電晶體 OFF，如圖 5-18 所示。則 I_{B1} 直接由 V_{CC} 經 R_5 提供給達靈頓電晶體。

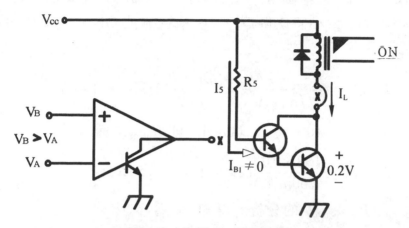

圖 **5-18**　分析 R_5 的最大值

　　I_L 是繼電器動作時線圈電流，一般繼電器都有其額定的電流值。若不知道時，只要自己測一下就可以。加繼電器所標示的額定電壓到繼電器的線圈。目前是用 15V 的繼電器，故可用 15V 的直流電壓接到，繼電器線圈的兩端，會聽到 " 嗒 " 的一聲，表示繼電器已動作，然後測其電流 I_L。如圖 5-19 所示。

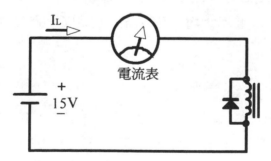

圖 **5-19**　測繼電器動作時的電流

$$I_L = \beta_1 \times \beta_2 \times I_{B1} \cdots\cdots \beta_1,\ \beta_2 \text{ 分別是 } Q_1 \text{ 和 } Q_2 \text{ 的 } \beta \text{ 值}\text{。}$$

$$I_{B1(\min)} = \frac{I_L}{\beta_1 \times \beta_2} = \frac{V_{CC} - V_{BE1} - V_{BE2}}{R_5}$$

此時 $I_{B1(min)}$ 代表讓 Q_1，Q_2 ON 所必備的最小電流。即 R_5 不能太大，否則 I_{B1} 太小將使得 Q_1，Q_2 永遠無法 ON。所以 R_5 的最大值為 $R_{5(max)}$

$$R_{5(max)} = \frac{V_{CC} - 1.4V}{I_{B1(min)}} = (\frac{\beta_1 \times \beta_2}{I_L})(V_{CC} - 1.4V)$$

若 $\beta_1 = 100$，$\beta_2 = 10$，$I_L = 200mA$，則 $R_{5(max)}$ 為

$$R_{5(max)} = \frac{100 \times 10}{200mA}(12V - 1.4V) = 53K\Omega$$

綜合 $R_{5(min)}$ 及 $R_{5(max)}$ 的分析，得知 R_5 為

$$R_{5(min)} = 240\Omega < R_5 < R_{5(max)} = 53K\Omega$$

我們選用 $R_5 = 30K\Omega$，已能確保電路的正常動作。你想用 $20K\Omega$ 亦無不可。但你若用 500Ω，理論上也是可行的，但如此一來將有兩項缺點：

(1) 電壓比較器必須流入較大的電流，造成功率損耗的增加，使得 IC 的溫度上升，造成電路不穩定。

(2) 將使 I_{B1} 的電流大增，導致於 Q_1 和 Q_2 過度飽和，而減慢其反應速度。

4. 調校步驟

(1) 選用精密可變電阻，並調整之，使 $R_4 = 10K\Omega$ 再接回電路。

(2) R_2 使用線性變化的可變電阻，$R_2 = 10K\Omega$，於電路上調整之，使 $V_B = 2.732V$，並做記號 (P)，代表 0°C。

(3) 調 R_2，使 $V_B = 3.732V$，並做記號 (Q)，代表 100°C。

(4) 在 P、Q 兩點做等距離的刻度，並標上其相對的數值。如圖 5-20 所示。或購買附有旋轉刻度盤的精密可變電阻。

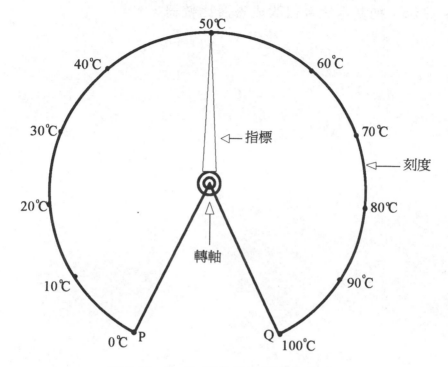

圖 5-20　R_2 的刻度代表溫度的大小

　　這種作法雖然不是非常精確，但若誤差容許度在 ±2℃ 的範圍內，該電路亦能勝任之。

練習：

1. 可變電阻大約可分為 A，B，C 三類，試問各類可變電阻的旋轉角度和電阻值變化的關係如何？

2. 怎樣設計一個熱水器的保溫控制系統，以滿足下列的要求：

　　⑴ 小於 90℃ 時自動加熱直到溫度達到 100℃ 才停止加熱。

　　⑵ 溫度由 100℃ 降到 90℃ 的過程視為保溫狀態不加熱。直到溫度下降為 90℃ 以下才又加熱。

※ 提示：把基本比較器改成磁滯比較器。

第6章

白金感溫電阻 Pt100 應用線路分析

　　電阻值隨溫度而改變的感溫電阻，實際上只是一種特殊的電阻，它和一般電阻一樣適合歐姆定律中的 $V = I \times R$。而任何電阻其阻值都會隨溫度的改變而改變。改變的情況將因材質的不同而不同。可分為正溫度係數和負溫度係數兩大類。當溫度增加時，其電阻值也跟著增加的電阻，即是具有正溫度係數，反之溫度上升，其阻值反而下降者，就是具有負溫度係數。圖 6-1(a)，(b) 分別代表正、負溫度係數電阻的阻值與溫度關係。

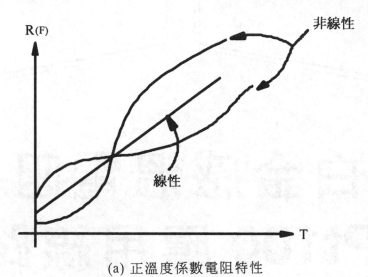

(a) 正溫度係數電阻特性

圖 6-1 正、負溫度係數的特性

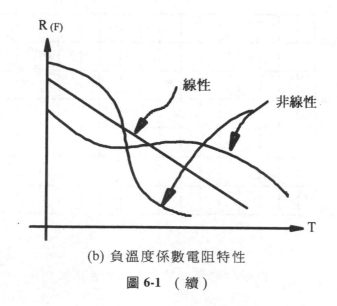

(b) 負溫度係數電阻特性

圖 6-1 （續）

　　要當做溫度量測的感溫電阻，不論是正溫度係數或負溫度係數，都必須具有良好的線性。

6-1　白金感溫電阻的特性

　　許多電阻式溫度檢測器 (resistance temperature detector)，RTD 是以金屬細線繞製而成，所以 RTD 往後我們就概括為金屬製的感溫電阻，所以 RTD 均具有正溫度係數，其材質有銅，鎳及白金等金屬或合金。其中又以白金細線所繞製而成的感溫電阻具有最高的精確度及安定性。且在 － 200℃ ～ ＋ 600℃ 之間，白金感溫電阻的線性比銅、鎳等材質感溫電阻的線性好很多，其特性之比較如圖 6-2 所示。

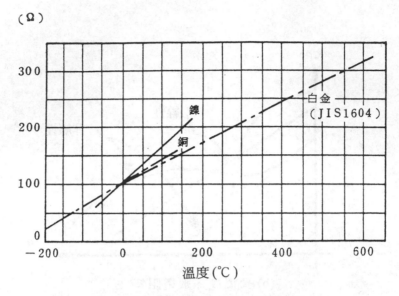

圖 6-2　金屬式感溫電阻特性比較

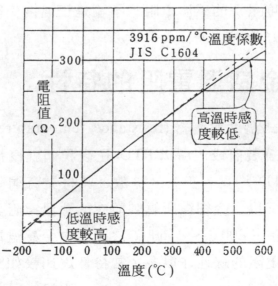

圖 6-3　Pt100 溫度對電阻的特性

在 0℃ 時，阻值為 100Ω 的白金感溫電阻，已被視為各種金屬感溫電阻的標準規格，簡稱為 Pt100。我們將提供更多有關 Pt100 的各項資料及參考數據。圖 6-3 是 Pt100 溫度對電阻的特性曲線。

從特性曲線中不難發現 − 200℃ ～ − 100℃ 時其溫度係數較大，− 100℃ ～ 300℃ 時具有理想的線性關係，300℃ 以上其溫度係數反而小了一些，即 Pt100 做低溫及高溫測試時，必須對這微小的非線性做適當的線性補償。

Pt100 中亦有各種不同等級的產品，以適合不同溫度範圍的量測。如表 6-1 所示。

表 6-1　不同等級的 Pt100

名稱	標準電阻 Ω	使用溫度範圍	階級	電氣電阻之誤差 (Ω)	溫度之誤差 ℃	額定電流 (mA)
Pt100	100	低溫用 (L) − 200～ + 100℃	0.15	±0.06	$pm(0.15 + 0.0015t)$	2
		中溫用 (M) 0～ 350℃	0.2	±0.06	$\pm(0.15 + 0.002t)$	
		高溫用 (H) 0～ 500℃	0.5	±0.12	$\pm(0.3 + 0.005t)$	

0.15 級適用於 − 200℃ ～ + 100℃　　屬低溫量測
0.2　級適用於　　0℃ ～　350℃　　屬中溫量測
0.5　級適用於　　0℃ ～　500℃　　屬高溫量測

為了避免 Pt100 因工作電流太大，而造成自體發熱，必須使流經 Pt100 的電流限制在額定電流 2mA 以下。因 Pt100 每消耗 1mW 約會造成 0.02℃ ～ 0.75℃ 的變化量。所以必須儘量使流經 Pt100 的電流小一點。但若電流太小，又易受雜訊干擾，所以一般都使用在 0.5mA～ 2mA 之間。

P_D(功率損耗)$= I^2 R = (2mA)^2 \times 100\Omega = 0.4mW$。若電流只用 1mA，則 $P_D = 0.1mW$，只會改變 $0.002°C \sim 0.075°C$。即選用較小的工作電流，便能減少自體發熱所造成的誤差。

6-2 Pt100 溫度與電阻的關係式

從圖 6-3 所看到溫度對電阻的特性曲線，並非真正的直線。所以其關係式也非直線方程式，而是二次曲線或三次曲線。由廠商所提供的方程式，概括為：

$R(T) = R(0)(1 + \alpha_1 T + \alpha_2 T^2)$，$\alpha_1$，$\alpha_2$ 溫度係數

$R(T)$：$T°C$ 時 Pt100 的電阻值，

$\alpha_1 = 3.90802 \times 10^{-3}$，$\alpha_2 = -0.580195 \times 10^{-6}$

$R(0)$：$0°C$ 時 Pt100 的電阻值。$R(0) = 100\Omega$

從廠商原始資料分析，得知 $\alpha_1 \gg \alpha_2$，表示特性曲線中成正比於 T 的成分比成反比於 T^2 的成分大太多了，即線性部份佔的比較多。圖 6-3 所示亦如此。

若要更正確的表示 Pt100 的特性曲線，應該可用片段趨近法，分成低溫部份與高溫部份各別表示之。

⑴　$-200°C \sim 0°C$ 時

$R(T) = R(0)[1 + 3.90802 \times 10^{-3}T - 0.580195 \times 10^{-6}T^2 - 4.27350 \times 10^{-12}(T - 100)T^3]$

⑵　$0°C \sim 600°C$ 時

$R(T) = R(0)[1 + 3.90802 \times 10^{-3}T - 0.580195 \times 10^{-6}T^2]$

整理各點溫度相對之電阻值於表 6-2 供你參考。但對不同廠家所生產的 Pt100，請你依原廠所提供的數據為主。

表 6-2　各點溫度時 Pt100 的阻值

℃	白金測溫電阻體之規格值 (Ω)	白金測溫電阻體之最大容許量			
		A 級		B 級	
		Ω	℃	Ω	℃
− 200	18.49	±0.24	±0.55	±0.56	±1.3
− 100	60.25	±0.14	±0.35	±0.32	±0.8
±0	100.00	±0.06	±0.15	±0.12	±0.3
+ 100	138.50	±0.13	±0.35	±0.30	±0.8
+ 200	175.84	±0.20	±0.55	±0.48	±1.3
+ 300	212.02	±0.27	±0.75	±0.64	±1.8
+ 400	247.04	±0.33	±0.95	±0.79	±2.3
+ 500	280.90	±0.38	±1.15	±0.93	±2.8
+ 600	313.59	±0.43	±1.35	±1.06	±3.3

而 Pt100 目前在國際間通行的標準有三種，其溫度係數分別是：

溫度係數　　每℃電阻的變化量

歐規系統：　3850 ppm/℃　　0.385Ω/℃

美規系統：　3750 ppm/℃　　0.375Ω/℃

日規系統：　3916 ppm/℃　　0.3916Ω/℃

目前已經有統一使用歐規系統(西德標準)的共識了。

圖 6-4 提供一些 Pt100 的結構及實體供你參考

■白金測溫電阻體：
　種類－雲母型、玻璃型、陶瓷型
　歐姆數－25Ω、50Ω、100Ω、500Ω、
　　　　　1000Ω、10000Ω
　溫度範圍－雲母型(20℃～350℃)
　　　　　　玻璃型(－200℃～350℃)
　　　　　　陶瓷型(－200℃～630℃)

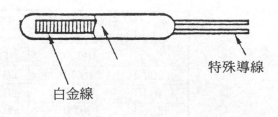

特殊導線

白金線

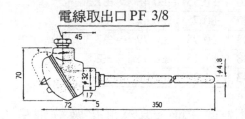

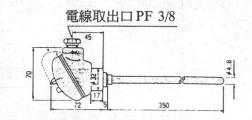

圖 6-4　Pt100 結構及實體圖

6-3　Pt100 引線的處理

　　白金感溫電阻 Pt100，一般被使用在做成標準件及較精密的工業量測或檢測分析的場合。其準確度比一般民生用品的規格嚴謹。當待測溫度的地點和測試系統之間，有相當的距離。必須透過延長線連接。而該延長線上的引線電阻及接觸電阻，都將造成相當程度的影響，必須設法消除引線電阻所造成的誤差。

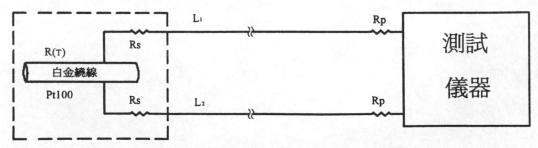

圖 6-5　引線電阻將造成系統誤差

R_S：　Pt100 內部接線電阻及引線間的接觸電阻，非常小，可忽略。

L_1，L_2：　兩條同一材質的延長線，可能長到幾公尺或幾拾公尺。

R_P：　延長線上所存在的電阻，我們以引線電阻稱呼之。

　　這些不想要卻又存在的電阻，將造成量測上的許多誤差，必須設法改善或補償，而最有效的方法是把白金感溫電阻，看成是一個待測電阻，然後以精密量測的技巧，去測量該電阻值的變化量，以代表溫度的高低情況。爲了配合精密量測技巧的使用，目前 Pt100 依接線數的不同，可分成 3 種，分別爲兩線式、參線式與四線式。

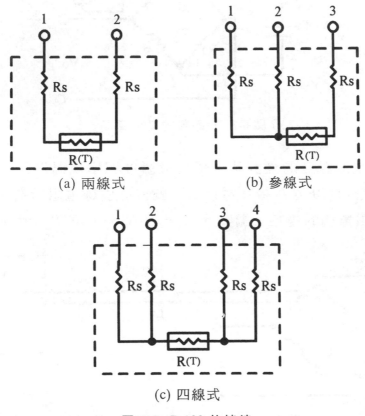

(a) 兩線式　　　　　　(b) 參線式

(c) 四線式

圖 **6-6**　Pt100 的接線

兩線式：接線簡單，但因引線電阻的變化，將造成較大誤差。
參線式：一般以定電壓方式處理，適合工業應用。
四線式：一般以定電流方式處理，適合精密量測使用。

　　有各種方法可以完成" 電阻對電壓的轉換"(在第三章)。爲了說明爲什麼會有兩線式、參線式、四線式的 Pt100，我們將以電阻電橋法來說明其原因。

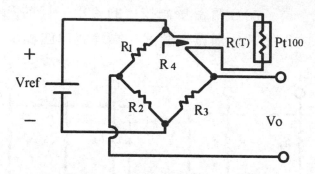

圖 6-7　短距離的低溫量測

　　當做較低溫度的量測時，待測量溫度與環境溫度不會相差太多時，可以把 Pt100 直接接在電橋上，就沒有引線電阻所造成的誤差。可發揮電阻電橋的優點，調整 $R_1 R_3 = R_2 R_4 = R_2 R(T)$，使 $V_{01} = 0V$。

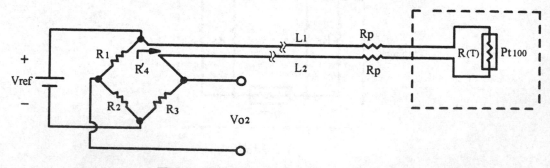

圖 6-8　長距離的高溫量測 (兩線式)

　　但當待測量溫度太高時，測試電橋與 Pt100 間必須以延長線連接，避免高溫同時影響測試電橋的特性。而圖 6-8 中延長線的引線電阻 R_P 將造成 $R_4' = 2R_P + R(T) \neq R_4$。使得電橋失去平衡。再則 L_1，L_2 每一段的溫度都不相同，靠近 $R(T)$ 的地方溫度較高，電橋那一端的溫度較低，使得 R_P 的阻值很難掌握，致使誤差不定，且調整困難。此時 R_P 的影響將因距離的長短及周圍環境溫度的不同而不同。所以必須設法補償。

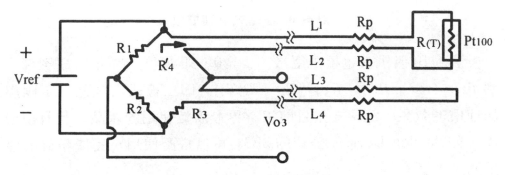

圖 6-9　兩線式的補償方法

　　圖 6-9 是利用兩條與 L_1，L_2 延長線材質及長度相同 L_3，L_4，把這四條線 L_1，L_2，L_3，L_4 緊束在一起，以產生相同的 R_P。並將 L_3，L_4 串接於電橋的 R_3，則

$$R_1 \times (2R_P + R_3) = R_2 \times (2R_P + R(T))$$

以電橋相對應的兩臂做等量的變化，便能減少因 R_P 所產生的誤差。所以圖 6-9 是兩線式的補償方法。

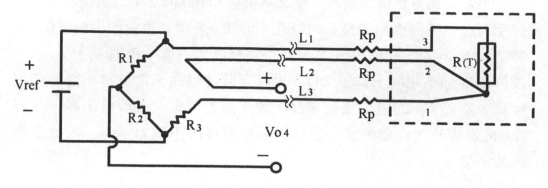

圖 6-10　參線式具補償效果

　　圖 6-10 當調整電橋平衡後，$I = 0$，即 L_2 的 R_P 不造成影響，達到 $R_1 \times (R_P + R_3) = R_2 \times (R_P + R(T))$。即三線式已經兼具了兩線式加補償的效果。三線式是目前工業界最廣泛使用的產品。且有現成的 IC，如 Analog Devices 公司的 2B31 可供搭配使用，完成精確的溫度量測。如圖 6-11。

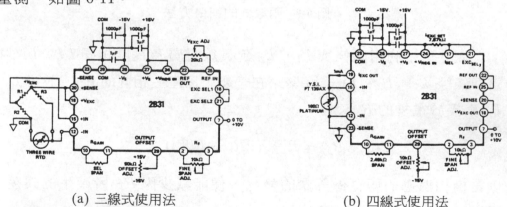

(a) 三線式使用法　　　　　　　　　(b) 四線式使用法

圖 6-11　多線式 RTD 的使用介面

　　當需要更高的準確度時，必須使用四線式的 Pt100，且大都採用定電流驅動的方式。如圖 6-12 所示。

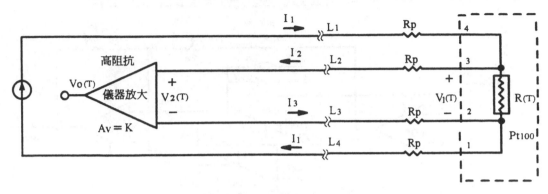

圖 **6-12**　四線式採定電流驅動

此定電流 I_1 由 L_1 和 L_4 驅動白金感溫電阻 $R(T)$，雖然在 L_1 和 L_4 的 R_P 上會產生壓降，但並沒有改變定電流 I_1 的大小，於白金感溫電阻 Pt100 上依然有。 $I_1 \times R(T) = V_1(T)$ 的降壓，若儀器放大器的輸入阻抗遠大於 L_2 和 L_3 的引線電阻 R_P 時，$I_2 \approx I_3 = 0$。於測試端 $V_2(T) = V_1(T)$，則 $V_0(T)$ 便能很精確的代表溫度的高低。分析如下：

$$V_1(T) = I_1 \times R(T)，\quad V_2(T) = V_1(T) - I_2 R_P - I_3 R_P，$$

而 $I_2 \approx I_3 = 0$

$$V_2(T) = V_1(T) = I_1 \times R(T)$$

$$V_0(T) = K V_1(T) = K \times I_1 \times R(T) = K I_1 \times [R(0)(1 + \alpha_1 T - \alpha_2 T^2)]$$

從上述的分析，便能了解到 Pt100 為什麼有兩線式、三線式及四線式等不同的產品。當然四線式最貴，所以在選用白金感溫電阻的時候必須：

1. 依系統所要求的準確定決定使用的種類。

2. 依成本的考慮，以補償的方法減少誤差量。

3. 依所要量測的溫度範圍，決定所用的等級。

6-4 0～500℃溫度量測電路分析

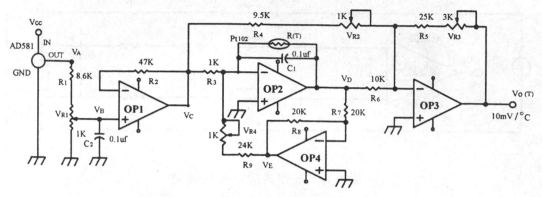

圖 6-13　0℃～500℃溫度感測電路

在看到如圖 6-13 如此複雜的電路時，往往使人不知從何下手去分析，但若把各各主要元件歸納起來，你將發現，其實都是一些我們在第二、第三、第四章所學過的電路。依各虛線方塊整理後，可得圖 6-14 所示的系統方塊圖。

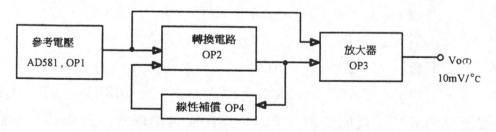

圖 6-14　0℃～500℃溫度量測系統方塊圖

6-4-1 各元件的功能

1. AD581 及 OP1 的功用：

它是一顆參考電壓 IC，為三支腳的元件，其輸入電壓可加 12V～40V 的直流電壓，而其輸出電壓為極穩定的 10V。在正常溫度操作下，AD581 的輸出電壓可以準確到 $10.000V \pm 5mV$。所以目前 A 點的電壓 $V_A = 10.000V$。該部份的 $R_1 = 8.6K\Omega$ 及 $VR_1 = 1K\Omega$ (10 圈型) 精密可變電阻是 AD581 的負載，同時當作分壓電路，且所流過的電流 $I_A \approx \dfrac{10V}{8.6K + 1K} = 1.04mA$，在 AD581 所能提供電流的安全範圍內，AD581 具有提供 5mA 的能力。

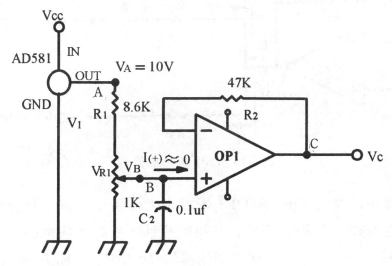

圖 **6-15**　參考電壓相關電路

$R_1(8.6K)$ 及 $VR_1(1K)$ 的功率損耗為：

$$(1.04mA)^2 \times 8.6K3 = 9.3mW \ll \frac{1}{8}W$$

$$(1.04mA)^2 \times 1K\Omega = 1.08mW \ll \frac{1}{8}W$$

即 R_1 和 VR_1 的功率損耗非常小，不會產生發熱。能由 VR_1 精密可變電阻的調整，使得 B 點的電壓 V_B 得到極穩定的直流電壓，再經 OP1 電壓隨耦器得到 C 點的電壓，並調 VR_1 使 C 點電壓 $V_C = 1.000V$。

　　OP1 的主要目的乃因電壓隨耦器具有極高的輸入阻抗，不會對 AD581 造成負載效應，同時電壓隨耦器的輸出阻抗 $R_0 \approx 0$ 具有極佳的阻抗轉換特性，故能提供足夠的電流給 OP2 和 OP3 的輸入端使用。OP1 在輸出電壓為 $V_C = 1.000V$ 的情況下，其輸出電流 $I_C = I_1 + I_2$，如圖 6-16 所示。

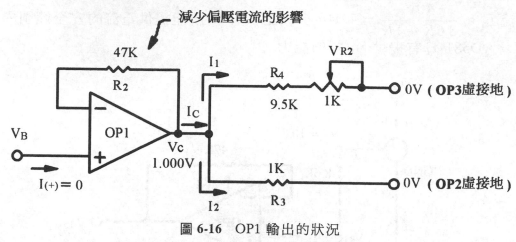

圖 6-16　OP1 輸出的狀況

從圖 6-13 看到 OP2 和 OP3 都具放大作用，因有電阻分別從其輸出接回輸入的 "－" 端，而具負回授的特性，就有虛接地的現象，使得 OP2 和 OP3 的 $v_- = v_+ = 0V$，所以圖 6-16 中的 I_1 和 I_2 分別為

$$I_1 = \frac{V_C}{R_3} , \quad I_2 = \frac{V_C}{R_4 + VR_2}$$

$$I_C \approx \frac{1V}{1K} + \frac{1V}{10K} = 1.1mA$$

而 OP1 要提供 1.1mA 給 I_1 和 I_2 使用絕對沒有問題，也不會因電流太大造成自體發熱的現象，分析到此已能確信圖 6-15 AD581 和 OP1 能夠提供穩定的 $V_C = 1.000V$，當 Pt100 的參考電壓了。

2. OP2 的功用：

若重新看第三章，必能很清楚地知道 OP2 是一個負載浮接型電阻對電壓的轉換電路。目前 OP2 負責把 Pt102 電阻的變化轉換成電壓的變化，以代表溫度的大小。所以 OP2 才是真正的溫度感測電路。

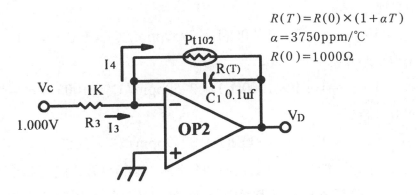

圖 **6-17**　OP2 乃電阻對電壓的轉換電路

　　因 OP2 乃由 Pt102 構成負回授，則有虛接地的現象，所以 $v_- = v_+ = 0V$，故 I_3 為

$$I_3 = \frac{V_C - V_{(-)}}{R_3} = \frac{V_C - 0V}{R_3} = \frac{1V}{1K} = 1.000mA = I_4$$

即流過 Pt102 的電流為 1mA 的定電流，又 Pt102 浮接在 OP2 的輸出和 "−" 端之間，並沒有真正的接地端，此時你一定能確認 OP2 為負載浮接型定電流法的轉換電路了。

　　Pt102 代表 0℃ 時，它的電阻 $R(0) = 10 \times 10^2 \Omega = 1K\Omega$。若以美規系統為主，其溫度係數為 3750ppm/℃，表示溫度每變化 1℃ 時，Pt102 的電阻變化量 ΔR 為：

$$\Delta R = 3750 \times 10^{-6} \times 1K\Omega = 3.750\Omega/℃$$

$$V_D = -I_4 \times R(T) = -I_3 \times R(T) = -1mA \times R(T)$$

$$= -1mA \times 1000\Omega[1 + 3750ppm/℃ \times T(℃)]$$

所以溫度每變化 1℃ 時，D 點的電壓改變量 ΔV_D 為：

$$\Delta V_D = (-1mA) \times \Delta R = -3.75mV/℃$$

0℃時：

$$V_D = -1mA \times 1000\Omega(1 + 3759\text{ppm/℃} \times 0℃) = -1V$$

100℃時：

$$V_D = -1mA \times 1000\Omega(1 + 3759\text{ppm/℃} \times 100℃) = -1.375V$$

500℃時：

$$V_D = -1mA \times 1000\Omega(1 + 3759\text{ppm/℃} \times 500℃) = -1.875V$$

此時已能用 V_D 代表溫度的大小。表示 OP2 已經達到把電阻變化量轉換成電壓變化量的目的了。而在 Pt102 上所並聯的電容 $C_1 = 0.1\mu F$，主要目的是用來消除雜訊的干擾，加上 C_1 以後，OP2 就具有低通濾波器效果，所以可以去除高頻雜訊的干擾，使電路能更穩定地工作。

3. OP3 的功用：

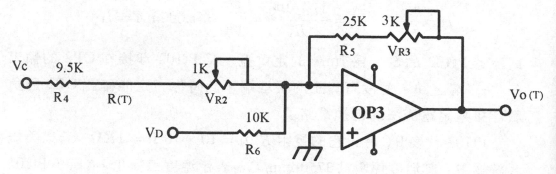

圖 6-18　OP3 是反相加法器

從圖 6-18 一眼便能看出 OP3 是一個反相加法器，其輸入信號分別是 V_C 和 V_D。所以 OP3 的輸出電壓 $V_0(T)$ 為：

$$V_0(T) = -(\frac{R_5 + VR_3}{R_6}V_D + \frac{R_5 + VR_3}{R_4 + VR_2}V_C)$$

$$= -\left\{ \frac{R_5 + VR_3}{R_6}[(-1mA) \times 1000\Omega \times (1 + 3750\text{ppm/℃}\right.$$

$$\times T(℃))] + \frac{R_5 + VR_3}{R_4 + VR_2} \times (-1V) \Big\}$$

$$= \left[\frac{R_5 + VR_3}{R_6} - \frac{R_5 + VR_3}{R_4 + VR_2} \right]$$

$$+ [3750\text{ppm}/℃ \times T(℃)] \times \frac{R_5 + VR_3}{R_6}$$

若令 $\dfrac{R_5 + VR_3}{R_6} = \dfrac{R_5 + VR_3}{R_4 + VR_2}$ ，則

$$V_0(T) = [3750\text{ppm}/℃ \times T(℃)] \times \frac{R_5 + VR_3}{R_6}$$

若使 $\dfrac{R_5 + VR_3}{R_6} = \dfrac{10}{3.75} = 2.667$ ，則

$$V_0(T) = [3750\text{ppm}/℃ \times T(℃)] \times \frac{10}{3.75} = 0.01V/℃ \times T(℃)$$
$$= 10mV/℃ \times T(℃)$$

表示溫度每變化 1℃ 時， $V_0(T)$ 的變化量 $\Delta V_0(T)$ 為 $10mV/℃$ ，則 0℃ 時， $V_0(0) = 0V$ ， 100℃ 時， $V_0(100) = 1.000V$ ； 200℃ 時， $V_0(200) = 2.000V$……500℃ 時， $V_0(500) = 5.000V$ 。此時就能以 $V_0(T)$ 真正代表溫度的大小了。若 $V_0(T) = 3.750V$ 時，即表示溫度為 375℃ 。

目前我們選用 $R_6 = 10K\Omega$ ，則 $R_5 + VR_3 = 2.667 \times 10K\Omega = 26.67K\Omega$ ，故以 $R_5 = 25K\Omega$ 及 $VR_3 = 3K\Omega$ 精密型可變電阻。然後調整 VR_3 使得 $R_5 + VR_3 = 26.67K\Omega$ 。又 $R_6 = R_4 + VR_2 = 10K\Omega$ ，故選用 $R_4 = 9.5K\Omega$ 及 $VR_2 = 1K\Omega$ 的精密型可變電阻，調整 VR_2 使 $R_4 + VR_2 = 10K\Omega$ 。

綜合上述分析，整理 OP3 的功用如下：

1. OP3 是一個反相加法器。
2. OP3 同時把 $\Delta V_D = -3.75mV/℃$ 放大 -2.667 倍，使得 $\Delta V_0(T) = 10mV/℃$ 。

3.　0℃時，$V_D = -1.000V$，由反相加法器輸入另一電壓 $V_C = 1.000V$，造成相加而抵消，使得 0℃時的 $V_0(0) = 0V$。

4. OP4 的功用：

到目前相信你一眼便能看出 OP4 是一個反相放大器。它最主要的目的是做為 Pt102 非線性誤差的補償電路，使得 $V_0(T)$ 能有最小的非線性誤差，將以圖 6-19 做進一步分析，以了解 OP4 如何達到非線性修正的效果。

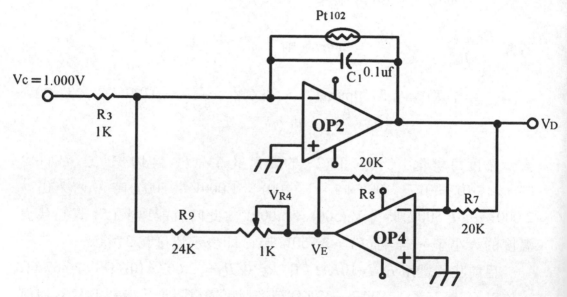

圖 6-19　OP4 乃非線性補償電路

前面分析 OP2 的功用時，並沒有考慮 OP4 的影響，那時所分析的結果為：

$$V_D = -1mA \times 1000\Omega \times [1 + 3750ppm/℃ \times T(℃)]$$

$$\Delta V_D = -3.75mV/℃$$

但目前圖 6-19 已經加入 OP4 時，就必須考慮其影響，OP4 反相放大器的放大率為 $-\dfrac{R_8}{R_7} = -\dfrac{20K}{20K} = -1$ 倍，所以 OP4 的輸出電壓 $V_E = -V_D$，接著把 V_E 的電壓經過 VR_4 和 R_9 加到 OP2，使得 OP2 變成具有反相加法器的特性，如圖 6-20 所示。

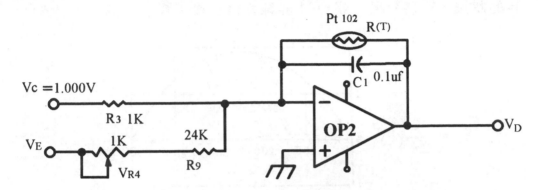

圖 6-20　OP2 具有反相加法器的特性

加上 V_E 的影響後，OP2 的實際輸出應該修正為：

$$V_D \;=\; -(\frac{R(T)}{R_3} \times V_C + \frac{R(T)}{VR_4 + R_9} \times V_E)，而\,V_E = -V_D，則$$

$$V_D \;-\; \frac{R(T)}{VR_4 + R_9} \times V_D = -\frac{V_C}{R_3} \times R(T)$$

$$=\; (-1mA) \times R(T)，所以$$

$$V_D \;=\; (-1mA) \times R(T) \times \frac{1}{1 - \frac{R(T)}{VR_4 + R_9}}，$$

$$令\,\frac{1}{VR_4 + R_9} = M，則$$

$$V_D \;=\; (-1mA \times R(T)) \times \frac{1}{1 - M \times R(T)}，$$

$$令\,\frac{1}{1 - M \times R(T)} = K，則$$

$$V_D \;=\; [(-1mA) \times R(T)] \times K$$

　　K 的大小將隨 $R(T)$ 而改變，而 $R(T)$ 又隨溫度而改變，所以 K 是一個溫度的函數，也就是說針對不同的溫度，K 值會對 V_D 做適當的修正，所以我們可以由 VR_4 的調整，以得到不同的 K 值，而達到非線性誤差的修正。圖 6-21，是在 $VR_4 + R_9 = 25K\Omega$，$M = 4 \times 10^{-5}$ 時的狀況。你將發現，經 OP4 非線性修正後，誤差量減少了許多。

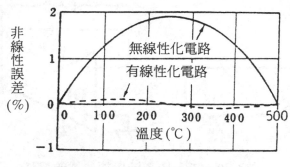

圖 6-21　非線性補償的效果

6-4-2　調校步驟

　　在沒有說明調校步驟之前，先把各可變電阻的功用整理一下：

　　　VR_1 ：　調整參考電壓，使 $V_C = 1.000V$

　　　VR_2 ：　使 0℃ 時 $V_0(0) = 0V$，故爲歸零調整電阻

　　　VR_3 ：　控制 OP3 的放大率，所以 VR_3 爲增益調整電阻。

　　　　　　　使 $\Delta V_0(T) = 10mV/℃$

　　　VR_4 ：　配合 OP4 做非線性補償，故 VR_4 爲線性化修正電阻

調校步驟如下：(所用的電壓表至少 5 位半以上)。

1.　調整 VR_1 使得 $V_C = 1.000V$。

2.　確定 $R_3 = 1000\Omega$，或用精密可調電阻取代 R_3，並調成 $R_3 = 1K\Omega$。

3.　拆下 Pt102，用 1000Ω 的電阻取代之。（表示 0℃ 的情況）

4.　調 VR_2，使 $V_0(T) = 0V$，使歸零調整。

5.　用 2875Ω 的電阻取代 Pt102(表示 500℃ 的情況)。

6.　調 VR_3，使 $V_0(T) = 5.000V$，此乃滿刻度調整。

7.　再用 1000Ω 的電阻取代 Pt102 (0℃ 的情況)。

8.　調 VR_4，做非線性誤差的補償，並使 $V_0(T) = 0V$。

9.　再用 2875Ω 的電阻取代 Pt102 (500℃ 的情況)。

10.　重調 VR_3，使 $V_0(T) = 5.000V$。

11.　再拿 1000Ω 的電阻取代 Pt102 (0℃ 的情況)。

12.　重調 VR_2，使 $V_0(T) = 0V$。

13.　再以 1937.5Ω 的電阻取代 Pt102 (250℃ 的情況)。

14.　重調 VR_4，做非線性誤差補償，並使 $V_0(T) = 2.500V$。

15.　重複(3)～(14)步驟使 0℃ 時 $V_0(0) = 0V$，500℃ 時 $V_0(500) = 5.000V$

　　整個調校步驟似嫌麻煩，但省略不得，甚致必須來回重複數次調整，以提高其準確度，目前圖 6-13 0℃ ～ 500℃ 溫度量測電路中，Pt102 是用美規系統其溫度係數爲 3750ppm/℃。若想改用歐規 (3850ppm/℃) 或日規系統 (3916ppm/℃) 時，只要重新調整就好。因於電路設計時，我們已經把每一個可變電阻預留較大的彈性範圍，足以涵蓋 3750～ 3916ppm/℃ 的需求。

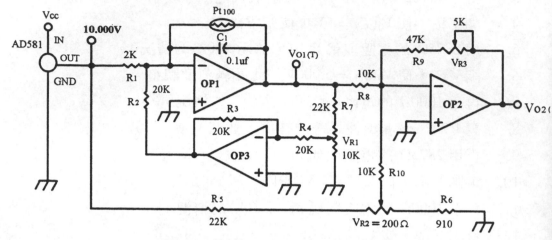

圖 6-22　Pt100 0℃ ～ 500℃電子溫度計

練習：

1.　AD581 的功用為何？

2.　OP1，OP2，OP3 各負責什麼工作？

3.　流經 Pt100 的定電流 $I = $？

4.　C_1 的主要目的是什麼？

5.　在 OP3 不用的情況下，溫度每改變1℃時，$V_{01}(T)$ 和 $V_{02}(T)$ 的電壓各改變多少？（即$V_{01}(T)$ 和 $V_{02}(T)$ 的電壓溫度係數各是多少？）

6.　VR_1，VR_2，VR_3 三個可變電阻各負責調整什麼？

7.　若 0℃ ～ 500℃時，$V_{02}(T) = 0V \sim 5.000V$，試問 OP2 的放大率應該是多少？ V_A 的電壓應該調多大？

8.　想以 0℃ ，250℃ ，500℃三點做為溫度校正點時，各應使用多大的電阻取代 Pt100？

9.　請安排該電路的調校步驟，依先後順序逐一列出來。

6-5 電阻電橋溫度感測電路分析

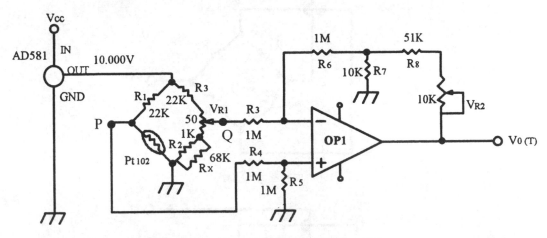

圖 6-23　簡易電阻電橋之溫度量測

1. 各元件的功用：

(1) AD581：提供 10.000V 的參考電壓，使電阻電橋成為定電壓驅動的轉換電路。

(2) R_1，R_3，VR_3，$R_2//R_x$ 及 Pt102 構成電阻電橋：用以把 Pt102 受溫度而改變的電阻轉換成電壓輸出。(V_{PQ}，請注意圖中所標示的極性)。

(3) OP1，R_3，R_4，R_5，R_6，R_7，R_8 與 VR_2 構成高輸入阻抗之差值放大器，把電阻電橋的輸出電壓 V_{PQ} 加以放大。

2. 電阻電橋的分析

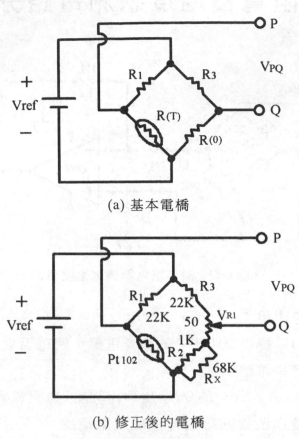

(a) 基本電橋

(b) 修正後的電橋

圖 6-24 電阻電橋之修正

於圖 (a) 中，當電橋平衡的時候，$V_{PQ} = 0V$。 $R_1 \times R(0) = R(T) \times R_3$，當不平衡的時候，$V_{PQ} \neq 0$，而是

$$V_{PQ} = V_P - V_Q = \frac{R(T)}{R_1 + R(T)} \times V_{ref} - \frac{R(0)}{R_3 + R(0)} \times V_{ref}$$

若想得到平衡狀況，必須有極精密的電阻，但固定精密電阻得之不易。所以用 $R_2 // R_x = 1K // 68K = 985.5\Omega$，然後用 50Ω 精密型可變電阻

去調整，便能得到更準確的平衡狀態。

在 0°C 的時候，調整 VR_1，使 $V_{PQ} = 0V$，可以表示 $R_1 = R_3$，則 V_{PQ} 為：

$$V_{PQ} = \frac{R(0) + \Delta R}{R_1 + R(0) + \Delta R} V_{ref} - \frac{R(0)}{R_1 + R(0)} V_{ref}$$

$$= \frac{R_1 \times \Delta R}{[R_1 + R(0) + \Delta R] \times [R_1 \times R(0)]} V_{ref}$$

若 $R_1 \gg R(0)$，且 $R_1 \gg \Delta R$，V_{PQ} 變成

$$V_{PQ} \approx \frac{R_1}{[R_1 + R(0)]^2} \times \Delta R \times V_{ref} \approx \frac{\Delta R}{R_1} \times V_{ref}$$

將使得 V_{PQ} 成正比於 ΔR，所以能以 V_{PQ} 的大小，代表溫度的高低。而 $R_1 \gg R(0)$ 或 $R_1 \gg \Delta R$ ，必須 R_1 非常大，將使得流經 Pt102 的電流非常小，則易受雜訊干擾，所以 R_1 無法非常大，勢必增加量測時的誤差。而又因 V_{PQ} 是由電阻分壓相減而得到，而分壓的關係，使得其線性無法像定電流方式那麼好。雖然定電壓驅動之電阻電橋法，沒有定電流的特性那麼好，但電阻電橋卻也有電路簡單，可做待測溫度下限歸零之優點。所以在誤差容許的範圍內，使用電橋法亦無不可。

溫度變化 1°C 時，V_{PQ} 的變化量 ΔV_{PQ} 為：

$$\Delta V_{PQ} = \frac{R_1 \times 3.75\Omega}{(R_1 + R(0) + 3.75\Omega)(R_1 + R(0))'}$$

$$\Delta R = 3.75\Omega, \ R_1 = 22K, \ R(0) = 1K$$

$$\Delta V_{PQ} = 1.56mV/°C$$

3. 放大電路的分析：

若想使整個電路最後輸出電壓 $V_0(T)$ 的電壓溫度係數為 10mV/°C，

就必須用一個差值放大器把 $\Delta V_{PQ} = 1.56mV/°C$ 放大 $\dfrac{10}{1.56} = 6.41$ 倍。且差值放大器的輸入阻抗必須足夠大，否則會對電阻電橋造成負載效應，為了使差值放大器輸入阻抗足夠大，而選用 $R_3 = R_4 = 1M\Omega$ 的精密電阻（誤差1%以下）。

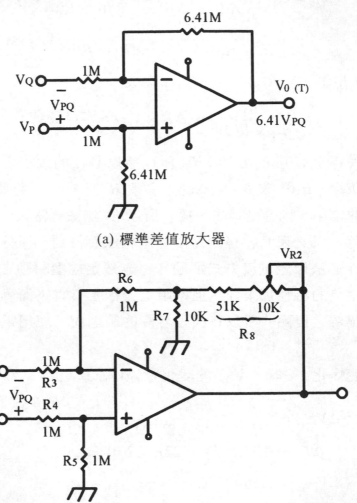

(a) 標準差值放大器

(b) 改良之差值放大器

圖 6-25   差值放大器

　　若使用圖 6-25(a) 標準差值放大器時，必須是 $R_a = R_b = 1M$，
$R_c = R_d = 6.41M$。電阻太大將使電流太小，而易受雜訊干擾而更麻煩
的是，大電阻想得到精確的阻值並不容易，再則想改變差值放大器的
放大率，必須同時調整一樣大小的 $(R_a$ 及 $R_b)$ 或 $(R_c$ 及 $R_d)$，將非常不
方便。

　　改用圖 6-25(b) 的電路時，$V_0(T)$ 可以表示成：

$$V_0(T) = (1 + \frac{R_8}{R_7})(V_P - V_Q) + \frac{R_8}{2R_6}(V_P - 2V_Q)$$

而 $1 + \frac{R_8}{R_7}$ 的最小值為 $1 + \frac{51K}{10K} = 6.1$，$\frac{R_8}{2R_6}$ 的最大值為 $\frac{61K}{2M} = 0.0305$，
表示 $\frac{R_8}{2R_6}(V_P - 2V_Q)$ 這一項的值非常小，而被忽略掉，則 $V_0(T)$ 為

$$V_0(T) = (1 + \frac{R_8}{R_7}) \times V_{PQ}$$

所以可以用 R_8 控制其增益的大小。而 $R_8 = 51K\Omega + VR_2$，所以可調
VR_2 以修正其增益的大小，好讓 $\Delta V_0(T) = 10mV/°C$。

　　但真正的 $V_0(T)$ 存在著 $\frac{R_8}{2R_6}(V_P - 2V_Q)$ 是不爭的事實，且其大小亦
隨溫度而改變，所以圖 6-23 之溫度量測的非線性誤差會比較大一點。
我們可以提供非線性補償電路，以改善之。如圖 6-26。

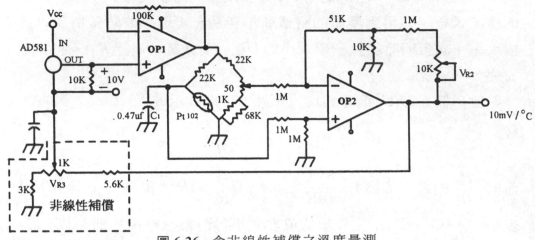

圖 6-26　含非線性補償之溫度量測

練習：

1. OP1，OP2 的主要功用爲何？

2. OP2 對 V_{PQ} 的放大率是多少？。（$\Delta V_0(T) = 10mV/℃$）

3. VR_1，VR_2，VR_3 各負責調整什麼？

4. $R_1//R_x$，再配合 $VR_1(50\Omega)$ 的主要目的是什麼？

5. 把 OP2 改用儀器放大器時，將得到更高的輸入阻抗，且使電路更爲
   精確，請以儀器放大器重新設計該電路。

6. $C_1 = 0.47\mu F$，該電容的主要目的是什麼？

7. 若量測的範圍是 0℃ ～ 500℃ 時，請你安排這個電路的調校步驟。

8. 若使用滿刻度爲 5V 的電壓表，當溫度指示器時，應該怎樣和電路
   連接呢？刻度應該怎樣修改呢？

第 7 章

熱敏電阻 (TSR) 的
特性與非線性修正

　　我們已經在第六章使用電阻式溫度偵測器 RTD，(Pt100) 系列的產品當溫度量測。而 Pt100 白金感溫電阻是由白金細線繞製而成，它們都具有穩定的正溫度係數 (3750ppm/℃，3850ppm/℃ 或 3916ppm/℃)，且有較高的精確度及較小的非線性誤差，但價格昂貴。本章所要討論的熱敏電阻 (TSR)，(Thermally Sensitive resistnace)，顧名思義，它是一種對溫度 (熱) 相當敏感的電阻，有時亦稱之爲熱阻體 (Thermistor)。

　　TSR 乃以半導體氧化物燒結而成，是一種能被大量生產的產品，在一般精度要求不高的溫度量測，或溫度控制等場合中，使用 TSR 是很方便又經濟的選擇。我們將著重於 TSR 特性說明，其應用電路分析與設計方法，將於本章後段詳細說明之，至於 TSR 的製造方法及所使用的材質種類，我們不擬做太多的說明。

7-1 TSR 的溫度特性

　　因材質的不同，使得 TSR 的種類繁多外，對溫度亦有各種不同的反應，以溫度對電阻變化的影響來分類時，TSR 概可分成三大類：

(1)　PTC：正溫度係數 (Positive Temperature Coefficient)
　　　該種 TSR 將因溫度上升，而使電阻變大，俗稱 Posistor。

(2)　NTC：負溫度係數 (Negative Temperature Coefficient)
　　　該種 TSR 將因溫度上升，而使電阻變小。一般人們常說的熱敏電阻，均被誤指爲只有 NTC 的 TSR。

(3)　CTR：臨界溫度電阻 (Critical Temperature Resistor)
　　　它也是一種 NTC 變化的電阻，但只針對某一特定的溫度時，該類 CTR 的電阻值會迅速的下降，於臨界溫度上、下，對溫度的反應很少，適合做溫度開關的感溫元件。

圖 7-1 分別繪出 PTC，NTC，CTR 的特性曲線供你參考。

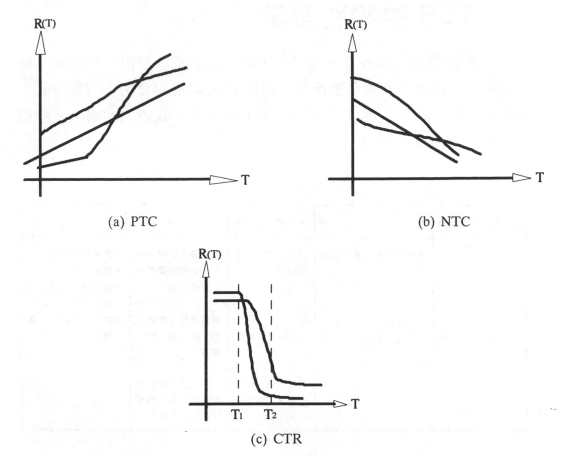

(a) PTC

(b) NTC

(c) CTR

圖 7-1　各種 TSR 的溫度特性

因氧化物實在太多,使得 TSR 的種類高達千百種,又不同廠家所製造出來的 TSR,亦有不同的溫度特性,當你在使用 TSR 的時候,提醒你必須設法取得原廠所提供的參數資料與特性,才能在電路應用時,知道應如何去補償及如何去設計。

7-2 TSR 的相關常識

　　TSR 產品於工業界及家電產品上都已被廣泛的使用。例如吹風機使用太久，溫度太高會自動停止，就是 TSR 的應用實例。由於材質與結構的不同，各類 TSR 將適用於不同的溫度範圍及不同的場合。僅提供相關的常識供你參考。

表 7-1　NTC 的相關資料

熱敏電阻器之種類	特　　　　　性	適 用 溫 度	基 本 材 質	用　　　　　途
NTC 熱敏電阻器	半對數特性，具負溫度特性	低　溫　用 $-100\sim0℃$	在中溫用的材料中加入銅等物質使其電阻值降低	●各種溫度測定 ●電流抑制、延遲 ●水位檢出、過度補償（溫調器、電熱器具、體溫計、風速計）
		中　溫　用 $-50\sim300℃$	燒結遷移金屬氧化物（錳、鎳、鈷、鐵等）	
		高　溫　用 $200\sim700℃$	於中溫用之材料中加入氧化鋁等物質藉以提高電阻值	

表 7-2　PTC 的相關資料

PCT 熱敏電阻器	開關特性，具正溫度特性	$-50\sim150℃$	●鈦酸鋇系列 ●矽（silicon）	●恒溫加熱、溫度開關 ●延遲、溫度補償用（火爐、火災警報器）

表 7-3　CTR 的相關資料

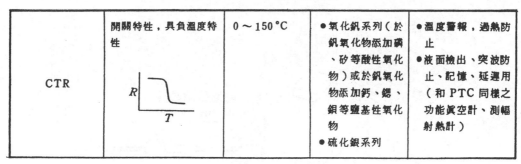

CTR	開關特性，具負溫度特性 R T	0 ~ 150 °C	●氧化釩系列（於釩氧化物添加磷、矽等酸性氧化物）或於釩氧化物添加鈣、鍶、鋇等鹽基性氧化物 ●硫化銀系列	●溫度警報，過熱防止 ●液面檢出、突波防止、記憶、延遲用（和 PTC 同樣之功能真空計、測幅射熱計）

　　從上述各表列中所看到的特性資料及用途，必能感受 TSR 的種類繁多，且其準確度與電阻的變化特性，彼此差距頗大。在降低成本的考量下，必須選用適當的種類，而不是一味的選用最精密（價格昂貴）的產品使用。而是以適合的種類 (NTC，PTC 或 CTR) 選用在誤差容許範圍以內的產品，然後以電路補償或修正的方法去提高其準確度及改善非線性所造成的影響。

　　至於 TSR 的結構，在此科技進步神速的時代裡，各廠家所研究出來 TSR 的結構形狀差異頗大，僅概分下列三種供你參考。

(1)　球珠型

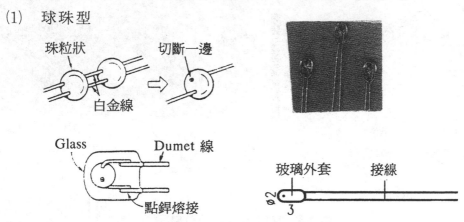

圖 7-2　球珠型構造之 TSR

(2) 晶片型

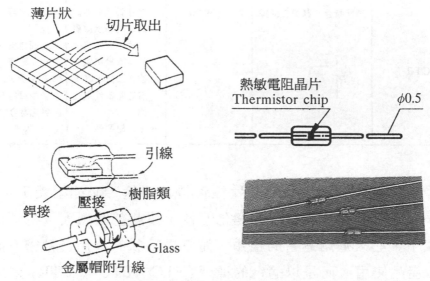

圖 7-3 晶片型構造之 TSR

(3) 圓板型

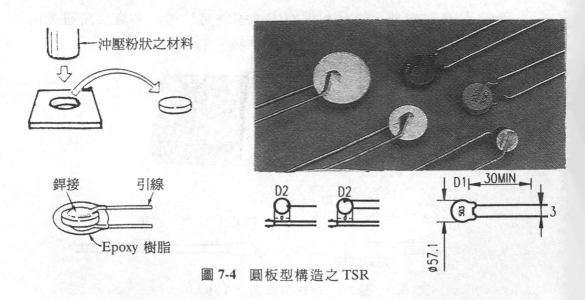

圖 7-4 圓板型構造之 TSR

　　從所提供的特性曲線及各表所列的資料，我們都不敢把 TSR 訂成某一種標準規格 (如 Pt100，溫度係數 = 3750ppm/°C， $R(0) = 100\Omega$，就是一種標準規格)。乃因 TSR 的大小，厚薄甚致形狀都會影響電阻值的大小，製造時氧化物的純度及燒結時的溫度，都將得到不同的結果，所以在更換 TSR 時，縱使是同一廠家同一型號的產品，於更換後，也必須重新調整其電路，符合原來的規格或要求，不能像更換一般電阻一樣，請多加留意。

7-3 NTC 熱跑脫現象

　　而於使用 NTC 的時也必須留意熱跑脫 (Thermal runaway) 現象。因 NTC 電阻值乃隨溫度上升而下降，將使流經 NTC 的電流增加，又此時 NTC 的功率損耗 $P_D = I^2 R$，電流乃以平方倍使 P_D 快速增加，P_D 增加後，產生的熱效應更大，溫度隨之又上升，使得 NTC 的阻值再次下降，電流接著又增加……，此圖 7-5 表示發生熱跑脫的過程。最後因超過 NTC 的瓦特數而燒掉。

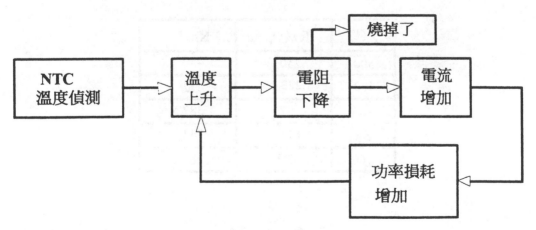

圖 7-5　NTC 熱跑脫現象

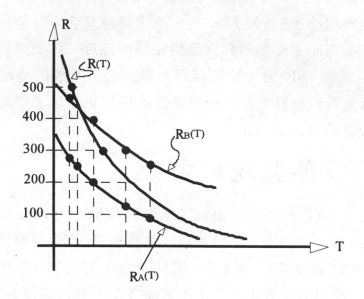

R(T)	$R_A(T)$	$R_B(T)$
500	250	450
400	222.2	422
300	187.5	387.5
200	142.5	342.5
100	83.3	283.3

圖 7-6　非線性修正的結果

由熱跑脫現象提醒我們，使用 TSR 的時候，必須了解溫度變化的範圍是多少？設定流過 TSR 的電流要遵守安全額定值的規定。最好也考慮熱跑脫發生時切斷系統電源的安全防護措施。

7-4 TSR 非線性之修正

在許多溫度控制或簡易溫度量測系統中，爲了降低生產成本，不能什麼都使用高精度的白金感溫電阻。而是必須使用已被大量生產且價格便宜的 (TSR) 熱敏電阻。但又礙於 TSR 的非線性，使得一般 TSR 感溫電阻都必須事先做好非線性修正，然後再使用於感測系統中。

圖 7-6 中 $R(T)$ 代表某一 TSR 的溫度特性。$R_A(T)$ 及 $R_B(T)$ 分別爲圖 7-7 和圖 7-8 非線性修正後的電阻。

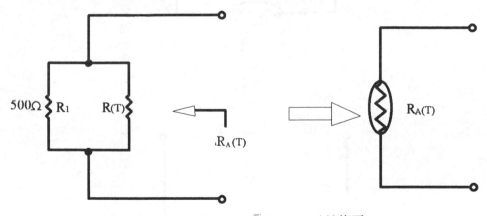

圖 7-7　並聯 $R_1 = 500\Omega$ 之非線性修正

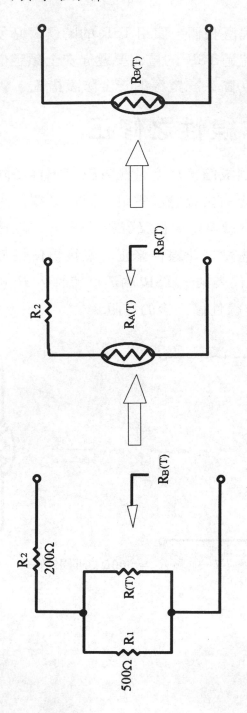

圖 7-8 並聯 R_1 再串聯 $R_2 200\Omega$ 之非線性修正

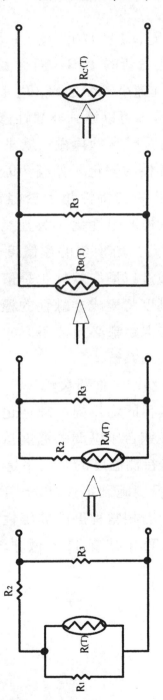

圖 7-9　多重線性修正

$R_A(T) = R_1//R(T)$，$R_B(T) = (R_1//R_T) + R_2 = R_A(T) + R_2$，則 $R_A(T)$ 與 $R_B(T)$ 分別代表兩個新的 TSR。而從圖 7-6 中看到 $R_A(T)$ 對溫度的靈敏度比原來的 $R(T)$ 還小。卻是 $R_A(T)$ 看起來更像一條直線。即使用固定電阻與 TSR 並聯，可以達到非線性修正的目的。如果再並聯一個電阻 R_3 到 $R_B(T)$ 時，相當於再做一次非線性補償，將使得電阻對溫度的變化更趨近於線性的變化。如圖 7-9 多重線性修正。

做了非線性修正後，將使其特性趨近於線性，但不管如何的修正，最終都是損失靈敏度以換取線性化。並且能用串聯電阻的方式提高其電阻值。如圖 7-6 $R_B(T)$。所損失的靈敏度，能於轉換電路設計時再加以提高。則損失靈敏度以換取線性化是值得的。因若不先做非線性修正，溫度指示器的刻度將變成非線性的標示，一則讀取數據不易，再則將造成每一個感溫電路都必須依不同的特性做各別校正，而無法大量生產規格相通的感溫系統。

所以在許多感溫應用電路中，你將發現 TSR 經常與固定電阻做各種不同的串、並聯組合，其目的均為提高線性化，而所做的處理。圖 7-7～圖 7-9 所用的方法，較適合小區間的溫度量測，針對特定溫度範圍使用，其效果不錯。但若待測溫度的範圍不是 0～30℃，10～40℃ 或 50～80℃ 等區間，而是溫度範圍很廣 0℃～150℃，若依然使用圖 7-7～圖 7-9 的方法，還是會有相當程度的非線性誤差存在。可以用圖 7-10(a)，(b) 的方式，以雙 TSR 或參 TSR 做非線性的修正。

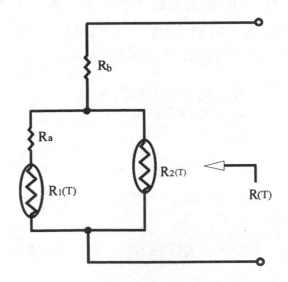

(a) 雙 TSR 修正電路

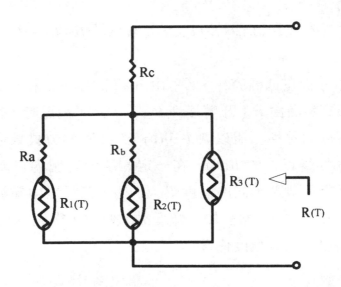

(b) 參 TSR 修正電路

圖 7-10　以 TSR 做非線性修正

僅以圖 (a) 雙 TSR 修正電路加以分析，說明雙 TSR 如何提高線性度。圖 (a) 中共用了兩個 TSR，$R_1(T)$ 和 $R_2(T)$，且在相同的溫度時， $R_2(25) \gg R_1(25)$，圖 (a) 中的 $R(T)$ 為

$$R(T) = [R_a + R_1(T)] // R_2(T) + R_b$$
$$= \frac{[R_a + R_1(T)] \times R_2(T)}{R_a + R_1(T) + R_2(T)} + R_b$$

已知 $R_2(25) \gg R_1(25)$，若再選用 $R_a \approx R_1(25)$ 時，將得到相當好的線性。於低溫時， $R_2(T) \gg R_1(T)$，變成大電阻並聯小電阻的情況，所以

$$R(T) = [R_a + R_1(T)] // R_2(T) + R_b \approx R_a + R_1(T) + R_b \cdots\cdots R_1(T) \text{ 為}$$

主控。

高溫時， $R_1(T)$ 變成很小，使得 $R_a + R_1(T) \approx R_a$，且 $R_2(T)$ 也因溫度上升而下降

$$R(T) = [R_a + R_1(T)] // R_2(T) + R_b \approx R_a // R_2(T) + R_b \cdots\cdots R_2(T) \text{ 為}$$

主控。

從上述分析在低溫時， $R(T)$ 由 $R_1(T)$ 主控，當溫度上升時，則對溫度的影響逐漸由 $R_1(T)$ 轉移到 $R_2(T)$，到了高溫時，則由 $R_2(T)$ 主控。欲得更好的線性，能以圖 7-10(b) 參 TSR 的方式為之。

經非線性修正後的 $R(T)$，在一定的溫度範圍內可看成是一條直線。我可以設定兩點不同的溫度 T_A 和 T_B，測得該兩點溫度時的電阻值為 $R(T_A)$ 和 $R(T_B)$，然後做一條直線，便能求得經修正後，把 $R(T)$ 看成其有線性變化的溫度係數。

溫度係數 $\alpha = \dfrac{R(T_B) - R(T_A)}{T_B - T_A} \cdots\cdots$ 單位為 $\Omega/°C$

圖 7-11 是理想狀況，實際的狀況會有少許的誤差，故必須以實際

的電路，在不同的溫度下，測得 $R(T)$ 的大小。然後與理想狀況比較之，便能得知其非線性所造成的誤差量是多少。您將發現經適當的修正後，所得到的結果與理想狀況相去不遠了。

　　原本線性不是很好的 TSR，先行以電阻網路做非線性修正後，將具有較好的線性度，便能以修正後的 TSR，當做溫度量測或溫度控制等應用的溫度感測器。達到以低價位的感測器，完成較高精確度的量測。

　　經非線性修正後的 TSR，依然是一個隨溫度而改變其電阻值的感溫電阻，所以第三章有關電壓的轉換電路，均能於 TSR 應用線路中使用。

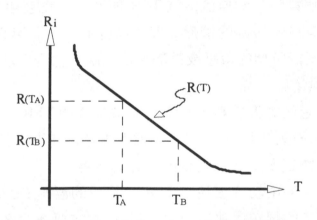

圖 7-11　修正後的 $R(T)$ 可視為線性變化

練習：

1. 任意拿一個熱敏電阻，$R(T)$(最好有原廠所提供的溫度特性資料)。請繪出該熱敏電阻的溫度對電阻變化的特性曲線。

2. 以上題的熱敏電阻並聯一個固定電阻 $R_1 = R(25)$。即先測得 25℃ 時熱敏電阻的大小 $[R(25)]$，然後找一個與 $R(25)$ 電阻值一樣的固定電阻與熱敏電阻的特性曲線。

3. 以溫度係數來區分 TSR 的種類時，可分為那三大類？各類的溫度特性如何？

4. 舉例說明 PTC，NTC，CTE 的使用實例。

5. 請尋找線性度較佳的 TSR，並影印相關資料，及整理該資料，以供來日使用。

7-5　使用 TSR 的注意事項

　　TSR 乃隨溫度大小而改變本身電阻值的熱敏電阻。大都使用於定點或小範圍的溫度控制，於溫度量測範圍太大時，就有非線性的情況。且因它是一個電阻，當電流流過 TSR 的時候，會產生 $I^2 \times R(T)$ 的功率損耗，會有自體發熱的情形，導致溫度上升，而影響其準確度，於使用時，必須把所加的電壓或電流加以限制。綜合整理 TSR 使用時的注意事項為：

⑴　依你欲量測的溫度範圍，選用適當型式的 TSR。

⑵　以圖 7-7～圖 7-10 的方式，先做非線性修正。並測得修正後的溫度係數是多少？以利後續設計之參考。

⑶　由原廠資料中功率損耗對 TSR 所造成的溫升 (℃/mW) 或其額定電流的規定，決定流過 TSR 的電流要多少？

⑷　電流限制決定後，依所使用的轉換電路 (如第三章所示)。決定參考電壓或參考電流的大小。

⑸　於轉換電路中，再加入適當的線性補償。

⑹　由所希望的變化量 (每 1℃ 變化多少 mV，mV/℃)，決定放大器的放大率必須是多少倍？

⑺　TSR 的反應時間，或稱之為熱時間常數 (Thermal Time Constant) 愈快愈好。

⑻　調校步驟，必須依序進行，不要任意省略。

7-6 TSR 轉換電路－電阻對電壓的轉換

已知 TSR 有 PTC，NTC，CTR 三大類，雖然各類有各類的特性，但所用的轉換電路（把電阻的變化轉換成電壓的變化）卻可以都一樣。於此我們將僅對 TSR 的轉換電路做簡單的複習，詳細的方法，請回頭參閱第三章。下列各圖中的 $R(T)$ 代表各類 TSR。

TSR 的轉換電路複習：

⑴　分壓法：

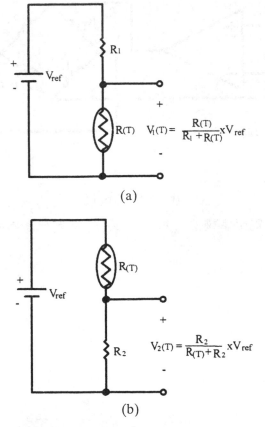

$$V_1(T) = \frac{R(T)}{R_1 + R(T)} \times V_{ref}$$

(a)

$$V_2(T) = \frac{R_2}{R(T) + R_2} \times V_{ref}$$

(b)

圖 7-12　分壓法，由 $V_1(T)$ 或 $V_2(T)$ 分別代表不同的溫度

⑵ 電阻電橋法：

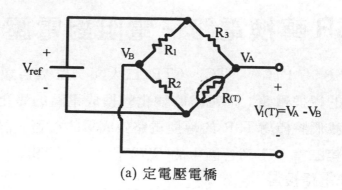

(a) 定電壓電橋

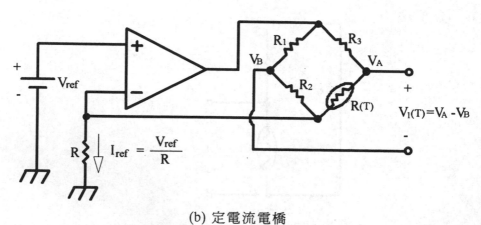

(b) 定電流電橋

圖 7-13 電阻電橋法，$V_1(T)$，$V_2(T)$ 分別代表不同的溫度

⑶ 定電流法：

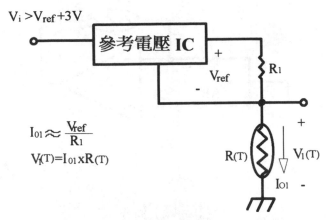

$$I_{01} \approx \frac{V_{ref}}{R_1}$$

$$V_1(T) = I_{01} \times R(T)$$

(a) 負載接地型

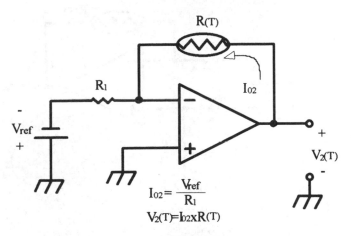

$$I_{02} = \frac{V_{ref}}{R_1}$$

$$V_2(T) = I_{02} \times R(T)$$

(b) 負載浮接型

圖 7-14 定電流法，I_{01}，I_{02} 均為定電流 $V_1(T)$，$V_2(T)$ 代表溫度的大小

(4) 有源電橋法：

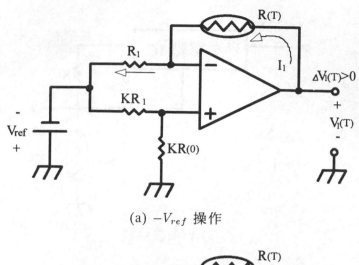

(a) $-V_{ref}$ 操作

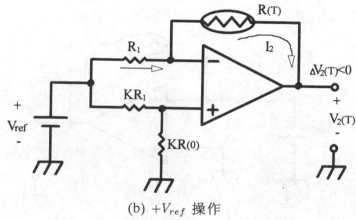

(b) $+V_{ref}$ 操作

圖 7-15 有源電橋法，I_1，I_2 也是定電流

　　⑴～⑷都是 TSR 的轉換電路，請回答下列練習題，以確定你會把 TSR 使用的很好，否則請重新研讀第三章。

練習：

1. 為什麼分壓法與電阻電橋法會造成非線性失真？

2. 那些方法可由轉換電路中設定待測溫度的下限，使溫度於待測溫度下限時，其輸出電壓 $V(T_A) = 0$，T_A：待測量溫度下限。

3. 若電阻的變化量非常小，如應變計，其變化量以 $m\Omega$ 計，試分析使用電阻電橋法比用定電流法來得適當。

4. 目前你已經搜集了多少參考電壓 IC 的資料，SHOW 出來看一看吧！

5. 有源電橋法中，如圖 7-15，試問 0°C 時，$V_1(T)$ 和 $V_2(T)$ 各是多少？

6. 圖 7-15(a)，溫度上升時，$V_1(T)$ 若增加，（即 $\Delta V_1(T) > 0$），試問圖 (a) 中的 $R(T)$ 是 NTC 還是 PTC？

7. 圖 7-14(b)，若把 V_{ref} 加在 OP Amp 的 "+" 端時，試問 $V_2(T)$ 應如何表示，I_{02} 的大小及方向各如何？

8. 圖 7-12～圖 7-15 中的 $R(T)$，可以是 PTC，NTC 或 CTR，可不可以用白金感溫電阻 Pt100 系列呢？

7-7 TSR 簡易應用線路分析

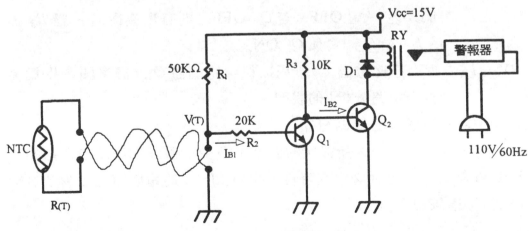

圖 7-16　NTC 過熱警報器

7-7-1 NTC 過熱警報器

圖 7-16 中的絞線，代表以較長的線拉到所要偵測溫度的地方。實際應用上，也是以絞線的方式較佳，因兩線交互絞在一起正好可以抵消彼此所產生的磁場，達到較不受電磁干擾的效果。茲分動作原理如下：

1. NTC 過熱警報器各元件功用：

R_1 及 NTC$[R(T)]$： 構成分壓法轉換電路把 $R(T)$ 的大小，轉換成 $V(T)$ 的大小。

R_2： 電晶體 Q_1 的基極電阻，用以限制 I_{B1} 的大小。一般不接也可以。

R_3： Q_1 的負載電阻，相當於是 Q_1 集極電阻 R_C 使得 Q_1 是一種 CE 放大的組態。

Q_1，Q_2： 是構成直接耦合。當 Q_1 ON 時，Q_1 的 $V_{CE} \approx 0.2V$，使得 Q_2 B、E 無法達到順向偏壓。($V_{CE1} = V_{BE2}$)。V_{BE2} 必須大於 0.7V 以上 Q_2 才會 ON，而 Q_1ON 時 $V_{CE1} = 0.2V = V_{BE2}$。所以 Q_2 一定 OFF。若 Q_1 OFF，則有電流從 V_{CC} 經 R_3 提供 I_{B2} 給 Q_2，會使 Q_2 ON。

RY，D_1： RY 是繼電器，D_1 用以保護電晶體 Q_2，請參閱 5-4[簡易溫控線路分析] 的說明。

2. NTC 過熱警報器線路分析

首先你必須知道你所設定的溫度是多少？假設你所謂過熱指的是溫度超過 T_A，接著你必須查資料，找到 $R(T_A)$ 的電阻值是多少？才能決定 R_1 應該用多少？

$$V(T) = \frac{R(T)}{R_1 + R(T)} \times V_{CC}$$

(1)　當溫度 $T < T_A$ 的狀況：

因 $R(T)$ 是 NTC，溫度小的時候，$R(T)$ 反而比較大，使得 $V(T)$ 較大。將使 $V(T) > V_{BE1}$，則使 Q_1 ON，$V_{CE1} = 0.2V$，使法使 Q_2 ON 警報器 OFF。

(2)　當溫度 $T > T_A$ 的狀況：

溫度上升，使得 $R(T)$ 變小，則 $V(T)$ 也跟著變小。將使 $V(T) < V_{BE1}$，則 Q_1 OFF，Q_2 ON 繼電器動作，警報器 ON，而達到過熱的指示。

(3)　當溫度 $T \approx T_A$ 的狀況：

$V(T_A) = \dfrac{R(T_A)}{R_1 + R(T_A)} \times V_{CC}$，而 $V(T_A)$ 必須達到使 Q_1 ON 的順向偏壓 $V_{BE1} \approx 0.7V$。所以你必須知道 $R(T_A)$ 是多少，然後選適當的可變電阻 R_1，才能在 $T = T_A$ 的時候，調整 R_1，使 $V(T_A) \approx 0.7V$ 以上，並使 Q_1 ON。而若溫度上升則如(2)，$T > T_A$ 的狀況，若溫度下降，則如(1)，$T < T_A$ 的狀況。

實例

若假設 $R(T_A) = 3.2K\Omega$，Q_1 及 Q_2 的 β 值分別為 100 和 50，試分析，R_1，R_2，R_3 應該使用多大的電阻？RY 的規格為 DC 15V/50mA。

—— 解析 ——

(1)　決定 R_3 的大小：

因繼電器的規格為 15V/50mA，也就是說 Q_2 的 I_{C2} 必須為 50mA，且使 Q_2 飽和，才能讓 RY 的線圈保持 $V_{CC} - V_{CE2} = 15V - 0.2V = 14.8V$ 的工作電壓。相對的情形，必須 I_{B2} 足夠大，大到能使 Q_2 飽和，且 $I_{C2} = 50mA$。所以 I_{B2} 的最小值，$I_{B2(min)}$ 為：

$$I_{B2(\min)} \geq \frac{I_{C2}}{\beta_2} = \frac{50mA}{50} = 1mA$$

$$I_{B2} = \frac{V_{CC} - V_{BE2}}{R_3}, \quad R_{3(\max)} = \frac{V_{CC} - V_{BE2}}{I_{B2(\min)}}$$

$$R_{3(\max)}(R_3 \text{ 的最大值}) = \frac{15V - 0.5V}{1mA} = 14.2K\Omega$$

意思是說，R_3 的電阻值不能超過 $14.2K\Omega$，必須是 R_3 的電阻值一定要比 $14.2K\Omega$ 小。才能確保 $I_{B(\min)} \geq 1mA$，才能使 Q_2 有足夠的電流 (50mA)，去驅動繼電器正常動作。

即目前我們使用 $R_3 = 10K\Omega$，滿足 $R_3 < 14.2K$ 的要求，但也不要把 R_3 用得太小，一則電阻小耗電多，再則 R_3 太小，將使得 Q_2 過度飽和，減緩反應速度，更導致 Q_1 ON 時，因 R_3 太小，使得 Q_1 必須承受較大的電流。因 Q_1 ON 時，I_{C1} 為

$$I_{C1} = \frac{V_{CC} - V_{CE1}}{R_3} = \frac{14.8V}{R_3}$$

(2)　由 R_2 的選用以決定 R_1 的範圍

已經決使 $R_3 = 10K\Omega$，則 $I_{C1} = \frac{14.8V}{10K} = 1.48mA$，則 I_{B1} 的最小值 $I_{B1(\min)}$ 為

$$I_{B1(\min)} \geq \frac{I_{C1}}{\beta_1} = \frac{1.48mA}{100} = 14.8\mu A$$

$$I_{B1} = \frac{V(T) - V_{BE1}}{R_2}, \quad V(T) = I_{B1} \times R_2 + V_{BE1}$$

所以 R_2 是可以任意選擇，不同的 R_2，就必須使用不同的 $V(T)$ 以目前電路中，$R_2 = 20K$ 而言

$$V(T) = 14.8\mu A \times 20K + 0.8V = 1.096V$$

也就是說當 $V(T) = 1.096V$ 時，會使 Q_1 ON，Q_2 OFF，而 $V(T)$ 是由 R_1 和 $R(T)$ 分壓而來。當 $T = T_A$ 時，$R(T) = R(T_A)$，假設 $T_A = 60°C$，$R(T_A) = R(60) = 3.2K$，則 $V(T_A)$ 爲

$$V(T_A) = \frac{R(T_A)}{R_1 + R(T_A)} \times V_{CC} = \frac{3.2K}{R_1 + 3.2K} \times 15V = 1.096V$$

得知 $R_1 = 40.596K\Omega$

所以我們選用 $R_1 = 50K\Omega$ 的可變電阻，使能達到設定溫度爲 T_A

7-7-2 PTC 過熱指示器

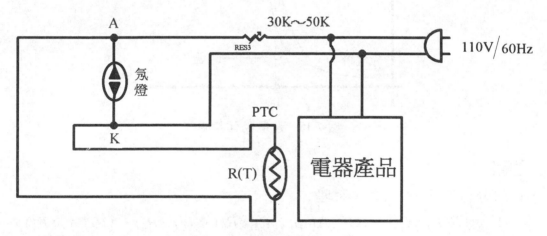

圖 7-17　PTC 過熱指示器

　　圖 7-17 是使用氖燈當作電氣產品的過熱指示，而感溫電阻使用 PTC。當溫度增加時，PTC 的電阻 $R(T)$ 變大。將使氖燈發亮，達到過熱的指示。若能了解氖燈的動作原理，就能清楚地知道爲什麼 $R(T)$ 變大，氖燈會亮。

　　氖燈是一種內部充入氖氣的電子管，當兩極電壓高到某一程度（點火電壓）時，將使氣體電離而發光。而兩極電壓比點火電壓還低時

，電離現象將會消失，就不再發光。以目前電路分析之。

$$V_{AK} = \frac{R(T)}{R_1 + R(T)} \times 110V(AC)$$

所以可以調整 R_1 的大小，以決定在那一點溫度 (T_A) 時，會使氖燈點火而發光。溫度上升，$R(T)$ 變大，V_{AK} 增加，達 V_P 時，則點火發光。

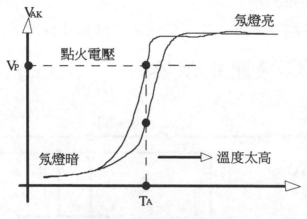

圖 **7-18**　氖燈動作情形

練習：

1. 試分析圖 7-19 之動作原理。

　　⑴　$(R(T),\ R_1)$，(OP Amp，$R_2,\ R_6$)，$(r_3,\ R_4)$，(R_5)，(R_7)，(R_8)，各有何功用？

　　⑵　流過 LED 的電流有多大？ R_7 的最大值是多少？

　　⑶　$R(T)$ 的特性如圖 (b) 所示，若以 60℃ 為溫度之設定值時，R_1 的大小，應該調為多少？誤差範圍多少？

　　⑷　若想使 $R(T)$ 的特性更為線性，而並聯一個 $20K\Omega$ 的電阻，做非線性修正，請以修正後的新 $R(T)$ 完成⑶小題的要求。

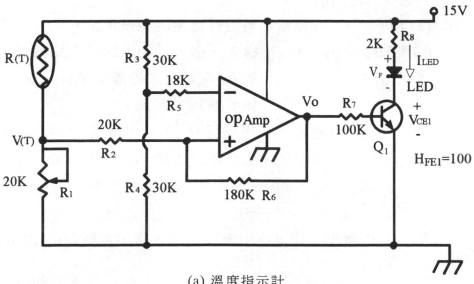

(a) 溫度指示計

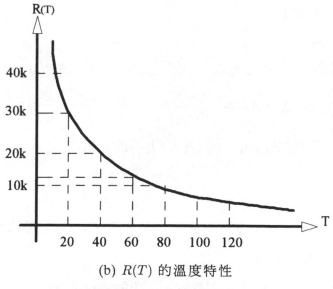

(b) $R(T)$ 的溫度特性

圖 7-19　TSR 應用實例

──解析──

(1) 各元件的功用說明如下：

$(R(T)，R_1)$：分壓法之電阻對電壓的轉換電路。

$(\text{OP Amp}，R_2，R_6)$：構成一個非反相型的磁滯比較器，R_2 和 R_6 用以決定磁滯比較器的高、低臨界電壓 V_{TH} 和 V_{TL}。

$(R_3，R_4)$：分壓電阻，用以得到 $\frac{1}{2}V_{CC}$ 的電壓給 OP Amp 當參考電壓。也可用以改變 V_{TH} 和 V_{TL} 的大小。

R_5：為減少 OP Amp 偏壓電流對電路的影響。其值為 $R_5 = R_2//R_6$。

R_7：限流電阻，此電路中絕對不能省略，否則會把 Q_1 B、E 燒掉。

R_8：用以限制流經 LED 的電流，一則保護 LED，再則減少功率損耗。

(2) I_{LED} 及 $R_{7(\max)}$

Q_1 ON，並使之飽和，則 $V_{CE1} = 0.2V$，而 I_{LED} 為：

$$I_{LED} = \frac{V_{CC} - V_F - V_{CE1}}{R_8} = \frac{15V - 1.4 - 0.2}{2K} = 6.7mA$$

I_{LED} 為 Q_1 的 I_{C1}，則 Q_1 的 I_{B1} 的最小值 $I_{B1(\min)}$ 必須為：

$$I_{B1(\min)} \geq \frac{I_{C1}}{\beta} = \frac{I_{\text{LED}}}{\beta_1} = \frac{6.7mA}{100} = 67\mu A$$

Q_1 的 I_{B1} 乃由 OP Amp 的 V_0 所提供，V_0 最大值，$V_{0(\max)} = V_{CC}$，故 I_{B1} 為

$$I_{B1} = \frac{V_{0(\max)} - V_{BE1}}{R_7}，\text{所以} R_{7(\max)} = \frac{V_{CC} - V_{BE1}}{I_{B1(\min)}}$$

$$R_{7(\max)} = \frac{15V - 0.8V}{67\mu A} \approx 212K\,\Omega$$

(3)　溫度設在 60℃ 時，R_1 的值

60℃ 時，我們從圖 (b) 得知 $R(60) = 10K\Omega$，調 R_1 使得 $V(T)$ 能夠達到磁滯比較器的中點電壓 V_{ct}。(請參閱第二章，有關磁滯比較器部份)。目前電路中的 V_{TH} 及 V_{TL} 分別為

$$V_{TH} = (1 + \frac{R_2}{R_6}) \times \frac{V_{CC}}{2} - (\frac{R_2}{R_6}) \times V_{0(\min)}$$

$$V_{TL} = (1 + \frac{R_2}{R_6}) \times \frac{V_{CC}}{2} - (\frac{R_2}{R_6}) \times V_{0(\max)}$$

因是單電源操作，$V_{0(\min)} \approx V_{CE(sat)} \approx 0.2V$，$V_{0(\max)} - V_{CE(sat)} \approx 14.8V$

$$V_{TH} = (1 + \frac{20K}{180K}) \times 7.5V - (\frac{20K}{180K}) \times 0.2V = 8.3V$$

$$V_{TL} = (1 + \frac{20K}{180K}) \times 7.5V - (\frac{20K}{180K}) \times 14.8V = 6.7V$$

$$V_{ct} = \frac{1}{2}(V_{TH} + V_{TL}) = 7.5V$$

為了使 $V(T) = 7.5V$，必須調 $R_1 = R(60) = 10K\Omega$。而當溫度不足 60℃ 時，$R(T)$ 的值為

$$V(T) = \frac{R_1}{R_1 + R(T)} \times V_{CC}, \quad R(T) = (\frac{V_{CC}}{V(T)} - 1) \times R_1$$

$V(T) = 6.7V$ 時，$R(T) = (\dfrac{15V}{6.7V} - 1) \times 10K = 12.39K\Omega$

$V(T) = 8.3V$ 時，$R(T) = (\dfrac{15V}{8.3V} - 1) \times 10K = 8.07K\Omega$

從圖 (b)$R(T)$ 的溫度特性曲線查知，$R(T) = 12.39k\Omega$，代表 57℃，$R(T) = 8.07K\Omega$ 代表 64℃。因是非線性，故設定的溫度，並不在上、下限的中央。

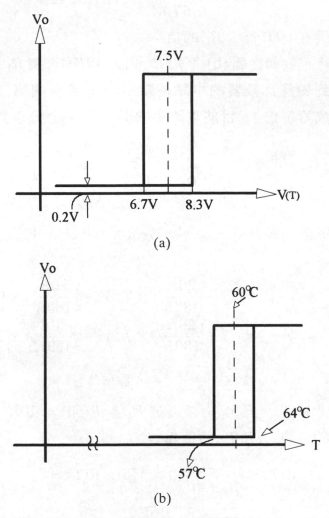

圖 7-20　V_0 之相關特性

　　若想使上、下限溫度相近,即誤差小一點,你要如何設計呢?

2. 一般功率電晶體當溫度上升時,I_{CB0} 相對增加,使得電晶體更發熱,最後形成熱跑脫現象的惡性循環而使電晶體燒毀,試分析圖

7-21 爲什麼不會發生熱跑脫的現象？

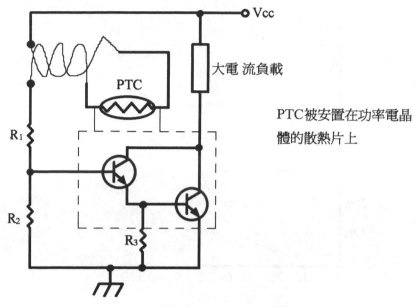

圖 **7-21**   PTC 之溫度補償

3. 圖 7-19 中，R_1 和 $R(T)$ 的位置調換，且 $R(T)$ 特性如圖 7-22 所示，試找出溫度和 V_0 的關係。

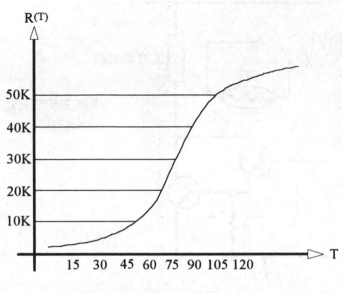

圖 7-22 PTC 的溫度特性

第8章

溫度量測之設計

從第二章電流對電壓的轉換一直到第七章爲止,我們已經學過各種物理量的轉換及以 AD590,Pt100,TSR 等感溫元件,做爲溫度量測與溫度控制等應用。前述各章所談的都著重於電路元件功能的說明及動作原理的分析,其目的均在"練習線路分析"。本章將著重於系統的規劃及電路的設計。我們將以所學過的原理,從事溫度量測的設計。

8-1 企劃委託

若有某一公司希望委託你設計 0℃～100℃的溫度量測,他所要求的規格如下:

(1) 溫度量測範圍:0℃～100℃。

(2) 誤差範圍:±0.2℃。

(3) 輸出裝置:$I_{FS} = 100\mu A$,$R_m = 1K\Omega$ 的指針式電表。

(4) 電源規格:三號乾電池三個。1.5V×3=4.5V

(5) 感溫元件:電阻式溫度感測器(能大量生產爲主)。

(6) 技術支援:必須含校正手續安排及線路說明。

(7) 交貨期限:83 年 6 月 25 日～83 年 7 月 15 日

(8) 設計費用:×××××元。

當你接到這個案子的時候,除了電源規格:乾電池 4.5V 比較麻煩外,其它的要求都是我們已經學過的內容。更看在×××××元的份上,就勉爲其難的接下吧!

圖 8-1 是溫度量測的系統方塊圖,和其它感測系統的方塊並沒有兩樣。只是目前我們要設計的是 0～100℃的溫度計。

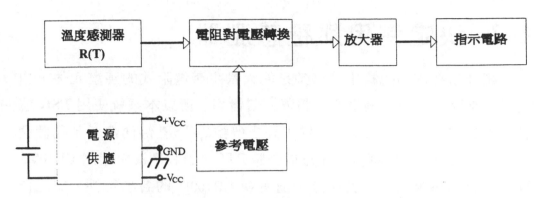

圖 8-1　溫度量測系統方塊

　　從圖 8-1 溫度量測系統方塊圖，我們可以把設計步驟概分爲：

(1)　溫度感測器 $R(T)$，要用那一種呢？……（規格：電阻式）

(2)　電阻對電壓轉換電路，是選那種方法比較好？

(3)　各項電源電壓的考慮。

(4)　要用那一種編號的 OP Amp。

(5)　轉換電路的設計。

(6)　放大器的設計。

(7)　指示電路的設計。

(8)　消除雜訊及預防雜訊干擾。

(9)　線路說明及分析。

(10)　調校步驟的安排。

　　當你要設計各種感測元件的應用線路時，可依上述方法，先繪出系統方塊圖，然後依序逐一把方塊圖中的各項功能，用你所熟知的電路一個一個填上去，就能完成整個系統的設計。所以往後在做電路設計的時候，不妨把它看成填填看或把它當做積木遊戲，一定會使自己感到輕鬆許多。

8-2 決定使用那種感測器

廠商所要求的規格中,必須是能大量生產電阻式的感溫元件。白金感溫電阻,不易大量生產,體積大價格高,所以本系統使用 TSR 感溫電阻最爲恰當了。表 8-1 提供了許多型號的 TSR 供你參考。我們發現所提供的感溫電阻都具有正溫度係數 PTC,若我們決定選用 CB100D 爲本系統的感溫元件,就必須知道有關 CB100D 的各項特性,才能依廠商所提供的資料,完成電路設計。

表 8-1 TSR 參考資料

特 性 典型的 TSR 型號	阻抗值 (Ω)	阻抗值容許誤差 (%)	TCR (ppm/℃)	TCR 誤差 (%)
CA100/D/F	1000			
CB100/D/F	100	±0.1/±0.5/±1	+ 4240	± 1
CB200/D/F	200			
RP1/4 A100ΩJ	100	±5		
RP1/4 A200ΩJ	200	±5		
RP1/4 A500ΩJ	500	±5	+ 4000	±5
RP1/4 AIKΩJ	1K			

其中 CB100D 有如下的特性:

⑴ 溫度係數: $\alpha = 4240$ ppm/℃。

⑵ 0℃ 時的電阻值: $R(0) = 100\Omega$。

⑶ 溫度係數誤差: ±1 %以內。

⑷ 0℃ 時電阻誤差: ± 0.1%以內。

所以我們可以把任意溫度 (T) 時, CB100D 的電阻值 $R(T)$ 表示爲

$$R(T) = R(0) \times (1 + \alpha T)$$

$$= 100\Omega \times [1 + 4240\text{ppm}/℃ \times T(℃)]$$

所以溫度每改變 1℃，　CB100D 電阻值的改變量 ΔR 爲：

$$\Delta R = 100\Omega \times 4240\text{ppm/}℃ \times 1℃ = 0.424\Omega$$

當然你也可以選用其它型號的感溫電阻。

8-3　決定選用那種轉換電路

我們已經決定使用 CB100D TSR 當做本系統的感溫元件，所以必須使用電阻對電壓的轉換電路。第三章中所談有關電阻對電壓的轉換電路計有：分壓法、電阻電橋法，負載接地及負載浮接之定電流法和有源電橋數種。

因目前是要設計 0℃ ～ 100℃ 的溫度量測，首重精確，所以我們選用具有電阻電橋和定電流法優點的有源電橋做爲本系統的轉換電路。有源電橋具有良好的線性（定電流法的優點）及能於 0℃ 時調整電路使 $V(0) = 0V$（電阻電橋歸零的優點）。則必須把不用電阻電橋和定電流法的原因加以說明。

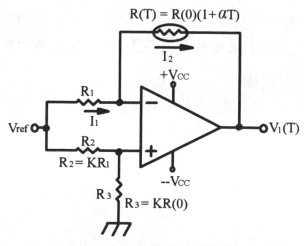

圖 8-2　有源電橋之電路圖

使用有源電橋的原因：

(1) I_2 爲定電流，（流過 $R(T)$ 的電流不因 $R(T)$ 大小而改變）。

當 OP Amp 的 $I_{(-)} \approx 0$ 時， $I_1 = I_2$

$$I_1 = \frac{V_{ref} - v_-}{R_1} = \frac{V_{ref} - v_+}{R_1} = \frac{V_{ref}}{R_1} - \frac{1}{R_1}\left(\frac{R_3}{R_2 + R_3}\right) \times V_{ref}$$

R_1，R_2，R_3 都是固定電阻，V_{ref} 是定電壓，所以 I_1 是定電流。

(2) 可直接做歸零調整。

我們已在第三章有源電橋的分析中說明，當 $R_2 = KR_1$，$R_3 = KR(T_A)$ 時，$V_1(T_A) = 0$ ，目前是測 0℃～100℃，其下限爲 0℃ 即 $T_A = 0$℃ ，$V_1(T_A) = V_1(0) = 0V$，即在 0℃ 時，$V(0) = 0V$，乃歸零的結果。

練習：

1. 我們說有源電橋也是定電流法，爲什麼？

2. 若 $R_2 = 3R_1$，$R_3 = 3R(20)$，則溫度爲多少時？ $V_1(T) = 0V$。

3. $R_2 = 5R_1$，$R_3 = 5R(T_A)$ 和 $R_2 = 10R_1$，$R_3 = 10R(T_A)$，兩種設計值時，試問其 $V_1(T_A)$ 是否相等？且 $V_1(T_A)$ 各是多少？

不用電阻電橋的原因

接著我們再談不用電阻電橋的原因，如圖 8-3 爲電阻電橋法的電路圖。

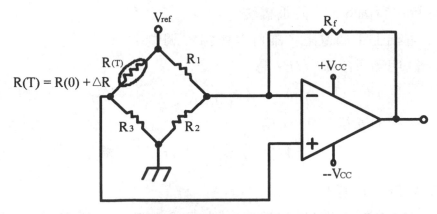

圖 8-3 電阻電橋法的電路圖

雖然電阻電橋的輸出電壓 V_0 可以示爲

$$V_0 = (1 + \frac{R_f}{R_2}) \times (\frac{\Delta R}{2R(0)}) \times V_{ref} \cdots\cdots (\text{表示一條直線方程式})$$

但這個結果，必須在 $R(0) \gg \Delta R$ 的條件下才能成立，否則電阻電橋的輸出 V_0，應該是非線性的狀況。現在我們必須進一步查證 $R(0)$ 是否大大於 ΔR 。已知溫度每變化 1℃， $\Delta R = 0.424\Omega$，於 100℃ 時，$\Delta R = 42.4\Omega$，和 $R(0) = 100\Omega$ 比較時，已經推翻 $R(0) \gg \Delta R$ 的條件。則 100℃ 時，若用電阻電橋法，其誤差量爲：

$$誤差值 = \frac{理論值 - 實際值}{實際值} = \frac{\dfrac{\Delta R}{2R(0)} - \dfrac{\Delta R}{2R(0) + \Delta R}}{\dfrac{\Delta R}{2R(0) + \Delta R}} = 0.175$$

相當於在 100℃ 時，會產生 17.5% 的誤差量，也相當於 17.5℃ 的溫度誤差。因 CB100D 的 ΔR 太大，故不用電阻電橋法。

練習：

1. 請重新複習圖 8-3 電阻電橋法

(1)　電橋上 4 個電阻，誰可以做歸零調整？

(2)　証明若 $R_1 = R_2 // R_f$ 時

$$V_0 = (1 + \frac{R_f}{R_2}) \times (\frac{\Delta R}{R_3 + R(0) + \Delta R}) \times V_{ref} \cdots\cdots （非線性）$$

(3)　怎樣的安排能使 V_0 為

$$V_0 = (1 + \frac{R_f}{R_2}) \times (\frac{\Delta R}{2R(0)}) \times V_{ref} \cdots\cdots （線性）$$

不用定電流法的原因

　　若用定電流法（負載接地型），如圖 8-4 所示。想得到 I_{ref} 的定電流，必須使用一個參考電壓 IC，再設計成定電流源（如第四章中的說明）。而為了做歸零，我們可由 R_1，R_2 之比例設定或調整，使 $0°C$ 時 $V_0 = 0V$，則必須再多一個參考電壓 IC，以提供 V_{ref} 給 R_1 和 R_2 做為分壓使用。如此一來勢必提高生產成本因而放棄使用。

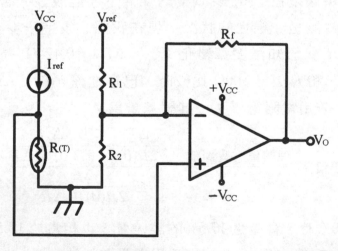

圖 8-4　定電流法

練習：

1. 試求出圖 8-4 V_0 和 $R(T)$ 的關係式。

2. 從上題所得的結果，分析圖 8-4 是一個線性轉換電路。

8-4　決定電源電壓和參考電壓

　　因這個系統被要求使用乾電池工作，所以我們必須設法把單電源變成雙電源，提供 $\pm V_{CC}$ 給 OP Amp 使用，能讓 OP Amp 工作更準確。此時就必須使用 DC－DC 轉換器，把三個乾電池的電壓，$(1.5V \times 3 = 4.5V)$，轉換成雙電源。請參考第四章 (4-11) 有關直流對直流的轉換方法。本單元就直接使用圖 4-30 ICL7660 DC－DC 轉換器的電路，並重新繪於圖 8-5，方便你閱讀。

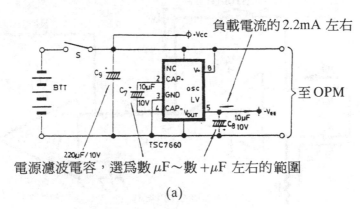

(a)

圖 8-5　DC－DC 轉換電路

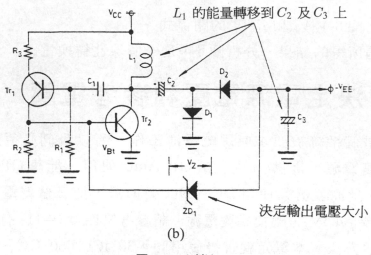

L_1 的能量轉移到 C_2 及 C_3 上

決定輸出電壓大小

(b)

圖 8-5 （續）

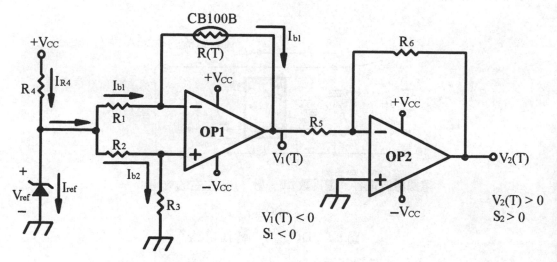

圖 8-6 $+V_{ref}$ 有源電橋及反相放大器

有了 DC－DC 轉換電路以後，則所有 OP Amp 都可以使用雙電源操作了。我們也可以開始相關的設計了。因已決定使用有源電橋做為 CB100D 的轉換電路。如圖 8-6 所示。有源電橋必須提供一個穩定

的參考電壓 $(+V_{ref})$，也可以使用如圖 8-7，提供 $(-V_{ref})$ 的電路。

　　圖 8-6 因使用 $+V_{ref}$，所以 I_{b1}，I_{b2} 的電流方向如圖中所示。且

$$V_1(T) = -I_{b1} \times R(T) + v_- = -I_{b1} \times R(T) + v_+$$

虛接地：$v_- = v_+$

$$v_+ = \frac{R_3}{R_2 + R_3} \times V_{ref}, \quad I_{b1} = \frac{1}{R_1}(V_{ref} - v_+)$$

V_{ref} 是一個定電壓，所以 v_+ 的電壓不改變，I_{b1} 是定電流，使得 $V_1(T)$ 只隨 $R(T)$ 的大小而改變。（詳細分析請回頭參考第三章）。因 CB100D 是正溫度係數，當溫度上升時，$R(T)$ 勢必增加，使得 $V_1(T)$ 下降。即 $V_1(T)$ 的電壓溫度係數 $S_1 < 0$。（表示溫度上升 1℃時，$V_1(T)$ 會下降 S_1 伏特），於其後加了 **OP2** 反相放大器，將使得 $V_2(T) > 0$，且 $V_2(T)$ 將隨溫度上升而變大，所以 $V_2(T)$ 的電壓溫度係數 $S_2 > 0$。

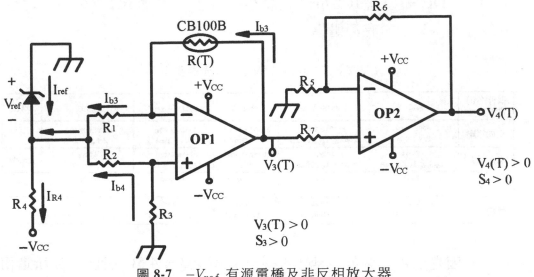

圖 8-7　$-V_{ref}$ 有源電橋及非反相放大器

圖 8-7 中的 $V_3(T)$ 為：

$$V_3(T) = I_{b3} \times R(T) + v_- = I_{b3} \times R(T) + v_+$$

I_{b3} 是定電流，v_+ 也是固定電壓，所以 $V_3(T)$ 將隨 $R(T)$ 大小而改變。溫度上升時，$R(T)$ 變大，$V_3(T)$ 也變大，所以 $V_3(T)$ 的電壓溫度係數 $S_3 > 0$，故於其後加了一級非反相放大器，使得 $V_4(T)$ 的電壓溫度係數 $S_4 > 0$。

從上述分析得知，可使用 $+V_{ref}$ 或 $-V_{ref}$ 給有源電橋當參考電壓，然後再決定是用反相放大器或非反相放大器。使最後的輸出 $V_2(T)$ 和 $V_4(T)$ 都能滿足指示器輸入規格的要求。

我們將以 $+V_{ref}$ 的有源電橋做為 CB100D 的轉換電路。你應該問一下，為什麼不用 $-V_{ref}$ 的有源電橋？因為圖 8-7 當使用 $-V_{ref}$ 的有源電橋時，必須由 $-V_{CC}$ 提供電流給參考電壓 IC 使用。而目前 $-V_{CC}$ 是由 DC－DC 轉換器 ICL7660 所提供，為了不增加 ICL7660 的負擔，所以才用 $+V_{ref}$ 的有源電橋。

表 8-2　各種 2.5V 的參考電壓 IC

器件名稱電氣特性	LT1004C-2·5	LM385-2·5	LT1009C	LM336-2·5	TL431C	單位
反向電壓	2·500±0·8% ($I_z = 100\mu A$)	2·500±3% ($20 \leq I_z \leq 20mA$)	2·500+0·2% ($I_z = 1mA$)	2·490±4% ($I_z = 1mA$)	2·495±2·2% ($I_z = 10mA$)	V
溫度係數	20 typ ($I_{min} \leq I_z \leq 20mA$)	20 typ ($20\mu A \leq I_z \leq 20mA$)	15 typ·25max	1·8mV typ ($0 \leq T_a \leq +70°C$)	50 typ ($I_z = 10mA$)	ppm/°C
最小工作電流	20max	20max	400max	400max	1000max 400 typ	μA
動態阻抗	0·6max ($I_z = 100\mu A$)	1·0max ($I_z = 100\mu A$)	1·0max ($I_z = 1mA$)	1·0max ($I_z = 1mA$)	0·5max ($1mA \leq I_z \leq 100mA$)	Ω

又因是使用 3 個乾電池，$V_{CC} = 1.5V \times 3 = 4.5V$ 而已，故所選用的參考電壓 IC，必須保証在 4.5V 以下都能穩定工的產品。所以我們將把 V_{ref} 訂為：$V_{ref} = 2.500V$。表 8-2 提供各式 2.500V 的參考電壓

IC 供你選用。本系統將選用 TL1004C-2.5。當然你選其它型號的參考
電壓 IC 也可以。

8-5　要用那一顆 OP Amp

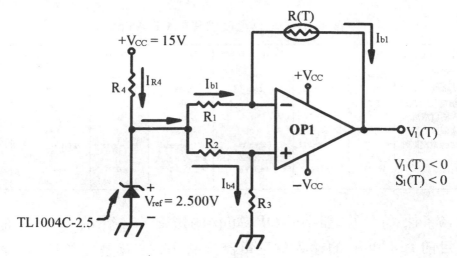

圖 8-8　LM308A 有源電橋

　　我們已經決定使用 $+V_{ref}$ 的有源電橋，且 $+V_{ref} = +2.50V$，由
TL1004C-2.5 參考電壓 IC 所提供。接著我們應該設計 R_1，R_2，R_3 的
大小，但在決定 R_1，R_2，R_3 之前，必須知道 I_{b1}，I_{b2} 的大小。而在
決定 I_{b1}，I_{b2} 的大小之前，要先確定所使用的 OP Amp 是那一型號，
以免因 OP Amp 的缺失而影響了 I_{b1}，I_{b2} 的穩定性和準確度。

　　在量測應用中，我們對 OP Amp 的要求比較嚴格，且於第二章
中，已經做相當多的整理和說明，此時我們再次提醒，所有電子電路
中，溫度對電路中各參數所造成的影響是無法避免。我們只能儘量使
環境溫度變化不要太大，再則就是選用的零件，其特性對溫度的偏移
或漂移必須愈小愈好，且輸入偏壓電流也要愈小愈好。在表 8-3 所列

的 OP Amp，均爲溫度漂移較小的 OP Amp。

其中 LM358A 輸入抵補電壓的漂移量爲 $20\mu A/℃$，而 LM308A 只有 $5\mu A/℃$ 的漂移。在環境溫度變化不是很大時，表 8-3 所列的 OP Amp 均可使用。目前我們選用 LM308A 來做有源電橋。

表 8-3　一些低溫度漂移的 OP Amp

器件名稱 電氣特性	LM308A	OP20H	TL060／061／062 AC	LM358A	LM4250C	ICL7611／12／13 ／14／15／21 BC	單位
	max	max	max	max	max	max	
輸入補償電壓	500	1000	6000	3000	5000	5000	μV
輸入補償電壓的偏差	5·0	7·0	10	20		15 typ	$\mu V/℃$
輸入補償電流	1·0	4·0	0·1	30	6·0	0·03	nA
輸入偏置電流	7·0	40	0·2	100	10	0·05	nA
工作電源電壓範圍	±2～±18	±1·5～±15	±2～±18	±1·5～±15	±1～±18	±0·5～±8	V
消費電流	800 (±15V)	95 (±15V)	250／OP放大器 (±15V)	600／OP放大器 (±5)	11 (±15V) ($I_{GND}=1\mu A$)	20 (±5V) ($I_q=1\mu A$)	μA

爲了使 I_{b1}，I_{b2} 能不受 OP Amp 的影響，必須 $I_{b1} \gg I_-$，$I_{b2} \gg I_+$，目前 LM308A 的輸入偏壓電流只有 $7nA$，算是非常地小。配合 CB100D 額定電流的要求，I_{b1} 必須小於 2mA。否則 CB100D 會產生自體發熱。若我們直接設定 $I_{b1} = 1mA$，則 $I_{b1} \approx 143000 I_{(-)}$ 可說是 I_{b1} 大大輸入偏壓電流 $I_{(-)}$，即 I_{b1} 將不受 OP Amp 偏壓電流的影響。而 CB100D 的功率損耗 $P_D(\text{CB100D})$ 爲

$$P_D(\text{CB100D}) = I_{b1}^2 \times R(0) \sim I_{b1}^2 \times R(100)$$
$$= (1mA)^2 \times 100\Omega \sim (1mA)^2 \times 142.4\Omega$$
$$= 0.1mW \sim 0.1424mW$$

其功率損耗非常小，不致於使 CB100D 產生自體發熱的現象，所以若選訂 $I_{b1} = 1mA$ 是合理的設計。

當 $I_{b1} = 1mA$ 時，$V_1(T)$ 的電壓溫度係數 S_1 爲

$$S_1 = (-1mA) \times (0.424\Omega/°C) = -0.424mV/°C = -424\mu V/°C$$

而 $-424\mu V/°C$ 唸起來很不爽，乾脆就把 S_1 設定爲 $S_1 = -400\mu V/°C$，表示溫度每增加 1°C，$V_1(T)$ 會下降 $400\mu V$。如此一來 I_{b1} 將不是 $1mA$，而必須重新確定 I_{b1} 的大小爲

$$I_{b1} = \frac{400\mu V/°C}{0.424\Omega/°C} = 943.4\mu A$$

我們希望 0°C 時，$V_1(0) = 0V$，而 $V_1(0)$ 爲

$$V_1(0) = -I_{b1} \times R(0) + v_- = -943.4\mu A \times 100\Omega + v_-，所以$$

$$v_- = 94.34mV = v_+ \cdots\cdots 虛接地現象 v_- = v_+$$

到目前爲止，我們已完成參考電壓 IC 的選用，也決定 OP Amp 爲 LM308A，並設定 $V_1(T)$ 的電壓溫度係數爲 $-400\mu V/°C$，而計算得知 $I_{b1} = 943.40\mu A$，$v_- = v_+ = 94.34mV$。把這些結果整理在圖 8-9。

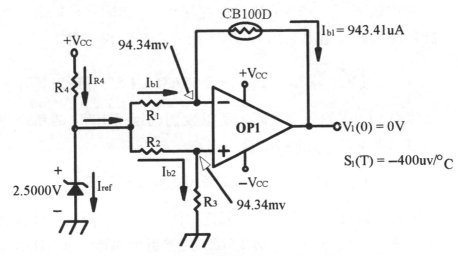

圖 8-9　有源電橋各點電壓之確定

8-6　轉換電路的設計

圖 8-9 中的 I_{b1} 為 943.4μA

$$I_{b1} = \frac{V_{ref} - v_-}{R_1}, \quad V_{ref} = 2.500V, \quad v_- = 94.34mV, \quad 則$$

$$R_1 = \frac{V_{ref} - v_-}{I_{b1}} = \frac{2.500V - 94.34mV}{943.4\mu A} = 2.55K\Omega$$

想得到一個 $R_1 = 2.55K\Omega$ 的固定電阻並不容易，所以我們用一個比較大的固定電阻 R_x(1%以下的誤差) 配合一個阻值較小的可變電阻 VR_1 來取代 $R_1 = 2.55K\Omega$。使 $R_1 = \frac{1}{2}VR_1 + R_x$。計算時用 $\frac{1}{2}VR_1$，是表示該可變電阻所能調校的範圍最大，從 $\frac{1}{2}VR_1$ 調到 0Ω 或調到 VR_1 的最大值，並且必須足以把最差的狀況校正回最好的狀況。

而造成 I_{b1} 誤差的來源計有：

⑴　TL1004C-2.5 有 ±0.8%的誤差量。

⑵　固定電阻 R_x 有 ±1%的誤差存在，即 − 1.8%～ + 1.8%，所以計算時的計算值必須用 $\frac{1}{2}VR1$，而 $\frac{1}{2}VR_1$ 的大小為：

$$\frac{1}{2}VR_1 = R_1 \times 1.8\% = 2.55K\Omega \times 1.8\%，所以 VR_1 = 91.8\Omega$$

並沒有 91.8Ω 的可變電阻，所以我們就選用 100Ω 的精密可變電阻當做 VR_1。此時 R_x 為：

$$R_x = R_1 - \frac{1}{2}VR_1 = 2.55K - 50\Omega = 2.5K\Omega$$

很不巧，並沒有 2.5K±1%的固定電阻。所以我們選用目前已大量生產，且買得到，而與 2.5$K\Omega$ 最接近的電阻 2.49$K\Omega$±1%。提供各種常用且已是公認標準的電阻值及電容值供你參考，分別列於表 8-4：±5%誤差的電阻值。（。號的為最普遍。）

表 8-5：±1%誤差的電阻值。

表 8-6：各種常見的電容值。

這些表的使用方法，以實例說明：(2.0) 表示有 2Ω，20Ω，200Ω，$2K\Omega$，$20K\Omega$……等電阻已大量生產。而 (24.9) 表示有 24.9Ω，249Ω，$2.49K\Omega$，$24.9K\Omega$……等電阻可供選用。可把表 8-4～表 8-6 影印下來，貼在你的工作桌旁，對來日的設計或許方便很多。

表 8-4　±5%電阻標示值

1.0∘	1.8∘	3.3∘	5.6∘
1.1	2.0	3.6	6.2
1.2∘	2.2∘	3.9∘	6.8∘
1.3	2.4	4.3	7.5
1.5∘	2.7∘	4.7∘	8.2∘
1.6	3.0	5.1	9.1

表 8-5　±1%電阻標示值

10.0	12.1	14.7	17.8	21.5	26.1	31.6	38.3	46.4	56.2	68.1	82.5
10.2	12.4	15.0	18.2	22.1	26.7	32.4	39.2	47.5	57.6	69.8	84.5
10.5	12.7	15.4	18.7	22.6	27.4	33.2	40.2	48.7	59.0	71.5	86.6
10.7	13.0	15.8	19.1	23.2	28.0	34.0	41.2	49.9	60.4	73.2	88.7
11.0	13.3	16.2	19.6	23.7	28.7	34.8	42.2	51.1	61.9	75.0	90.9
11.3	13.7	16.5	20.0	24.3	29.4	35.7	43.2	52.3	63.4	76.8	93.1
11.5	14.0	16.9	20.5	24.9	30.1	36.5	43.2	53.6	64.9	78.7	95.3
11.8	14.3	17.4	21.0	25.5	30.9	37.4	45.3	54.9	66.5	80.6	97.6

表 8-6　各式電容標示值

.001μF°	.01μF°	.1μF°
.0012μF	.012μF	.12μF
.0015μF	.015μF	.15μF
.0018μF	.018μF	.18μF
.002μF	.02μF	.2μF
.002μF°	.02μF°	.2μF°
.0025μF	.025μF	.25μF
.0027μF	.027μF	.27μF
.0033μF°	.033μF°	.33μF°
.0039μF	.039μF	.39μF
.0047μF°	.047μF°	.47μF°
.005μF	.05μF	.5μF
.0056μF	.056μF	.56μF
.0068μF°	.068μF°	.68μF°
.0075μF	.075μF	.75μF
.0082μF	.082μF	.82μF

　　在第三章曾經分析有源電橋的平衡條件爲：$R_2 = KR_1$，$R_3 = KR(0)$，使 $V_1(0) = 0V$，相當於 $I_{b2} = \dfrac{1}{K}I_{b1}$。當然 K 可以設爲 1，則 $I_{b1} = I_{b2} = 943.4\mu A$。則 $R_2 = R_1 = 2.55K$，$R_3 = R(0) = 100\Omega$。爲了減少乾電池的損耗，我們可以用比小的 I_{b1}。一般經驗規則爲 $k = 10 \sim 30$。選 $I_{b1} = \dfrac{1}{10}I_{b1} = 94.34\mu A \gg I_{(+)} = 7nA$。相當於是訂 $K = 10$。

　　當 $K = 10$ 時，$R_2 = 10R_1 = 10 \times 2.55K = 25.5K\Omega$，$R_3 = 10R(0) = 1K\Omega$。若以計算式驗証一下，其結果也相同。

$$R_3 = \frac{v_+}{I_{b2}} = \frac{94.34mV}{94.34\mu A} = 1K\Omega$$

$$R_2 = \frac{V_{ref} - v_+}{I_{b2}} = \frac{2.500V - 94.34mV}{94.34\mu A} = 25.5K\Omega$$

而此時 v_+ 關係著 I_{b2} 的大小，同時也關係著 I_{b1} 的大小，所以 v_+ 的電

壓必須校調正確。把 $R_3 = 1K\Omega$，用如 R_1 的方式取代之。則

$$R_3 = \frac{1}{2}VR_2 + Ry$$

且此時造成 v_+ 誤差的因素計有：

(1) TL1004C-2.5：$\pm 0.8\%$，(2) R_2：$\pm 1\%$，(3) Ry：$\pm 1\%$

故總誤差量為 $\pm 2.8\%$，即 VR_2 必須能把 $\pm 2.8\%$ 的誤差量校正回來，所以 $\frac{1}{2}VR_2$ 為

$$\frac{1}{2}VR_2 = R_3 \times 2.8\%, \quad VR_2 = (1K \times 2.8\%) \times 2 = 56\Omega$$

我們就選用最容易買到的規格 100Ω 精密可變電阻，取代 VR_2。

$$Ry = R_3 - \frac{1}{2}VR_2 = 1k\Omega - 50\Omega = 950\Omega$$

從表 8-5 中找到最接近 950Ω 的精密電阻 (1%誤差) 為 953Ω，整理一下設計結果，便能把圖 8-9 轉成實用線路圖 8-10。

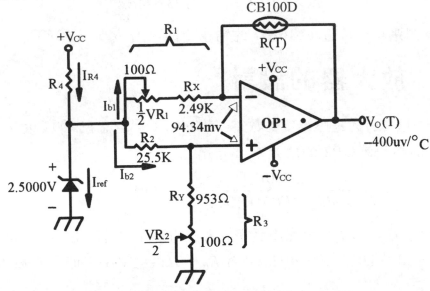

圖 8-10　有源電橋設計結果

在圖 8-10 中，VR_1 和 VR_2 正好分別可當作滿刻度 (100℃) 調整，VR_2 當做歸零調整 (0℃)。詳細之調校步驟，將於最後統一整理之。在圖 8-10 中只有一個電阻 R_4 沒有設定值，那麼 R_4 應該用多少呢？從圖 8-10 中看到 I_{R4} 為：

$I_{R4} = I_{ref} + I_{b1} + I_{b2}$　　I_{ref}：TL1004C-2.5 的電流，必須比規格中最小工作電流 $I_{(min)}$ 還大，才能使 TL1004C-2.5 得到穩定的 2.5V。一般我們選用 I_{ref} 大於 3～10 倍的 $I_{(min)}$。若令 $I_{ref} = 10I_{(min)}$，則

$$I_{ref} = 10 \times 20\mu A = 200\mu A, \quad \text{TL1004C} - 2.5 \text{的} I_{(min)} = 20\mu A$$

$$I_{R4} = 200\mu A + 943.4\mu A + 94.34\mu A = 1237.74\mu A$$

$$R_{4(max)} = \frac{V_{CC} - V_{ref}}{I_{(min)} + I_{b1} + I_{b2}}$$

$$= \frac{4.5V - 2.5V}{20\mu A + 943.4\mu A + 94.34\mu A} = 1.89K\Omega$$

$$R_4 = \frac{V_{CC} - V_{ref}}{I_{ref} + I_{b1} + I_{b2}} = \frac{4.5V - 2.5V}{1237.74\mu A} = 1.616K$$

所以我們選用最接近 $1.616K\Omega$ 的精密電阻，令 $R_4 = 1.62K\Omega$。

8-7　放大器的設計

已知 $V_1(T)$ 的電壓溫度係數為 $-400\mu V/℃$，若想在 100℃ 時，$V_2(100) = 2.00V$ 則必須使 OP2 的放大率 A_{V2} 為

$$A_{V2} = \frac{2.000V}{(-400\mu V/℃) \times 100℃} = -50倍$$

可以選用 $R_6 = 50R_5$，以完成反相放大器的設計。若選用 $R_5 = 4.02K\Omega$，則 $R_6 = 50 \times 4.02K\Omega = 201k\Omega$。令 $R_6 = Rz + \frac{1}{2}VR_3$，而引起放大率誤

差的因素有 R_5 及 Rz 和 OP Amp 本身，最少為 $\pm 2\%$ 的誤差。

$$\frac{1}{2}VR_3 = R_6 \times 2\%, \quad VR_3 = (201K \times 2\%) \times 2 = 8.04K\Omega$$

我們選用精密可變電阻 $10k\Omega$，取代 VR_3，則 Rz

$$Rz = R_6 - \frac{1}{2}VR_3 = 201K\Omega - 5K\Omega = 196K\Omega$$

結果繪於圖 8-11。為 $0^\circ\text{C} \sim 100^\circ\text{C}$ 溫度量測電路之主體。

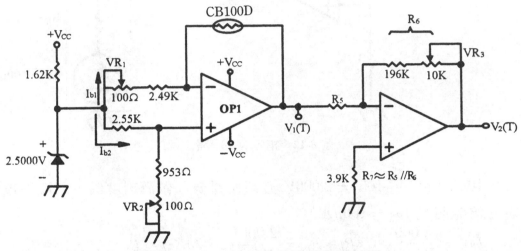

圖 8-11　有源電橋與放大器設計結果

整理初步成果如下：

$V_1(T)$ 的電壓溫度係數為：$-400\mu V/^\circ\text{C}$

$V_2(T)$ 的電壓溫度係數為：$-400\mu V/^\circ\text{C} \times (-50) = 20mV/^\circ\text{C}$

所以最後結果 $V_2(T)$ 為：

$$V_2(T) = 20mV/^\circ\text{C} \times T(^\circ\text{C})$$

則 $V(0) = 0V$，$V(1) = 20mV$，$V(10) = 200mV$，$V(50) = 1000mV$……
$V(100) = 2.000V$。

R_7 是用以減少偏壓電流的影響，$R_7 = R_5 // R_6 \approx 3.92k\Omega$

8-8 指示電路的設計

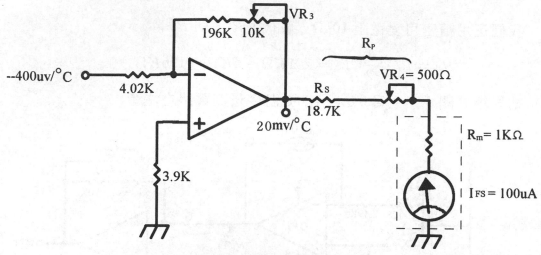

圖 8-12 指示電路設計

100℃ 時， $V_2(100) = 2.000V$ 必須使電表，做滿刻度偏，則流過電表的電流將是 $I_{FS} = 100\mu A$

$$I_{FS} = \frac{2.000V}{R_p + R_m}，R_p + R_m = \frac{2.000V}{100\mu A} = 20K\Omega，R_p = 20K\Omega - R_m =$$

$19K\Omega$ 而電表亦可能有誤差，所以把 R_p 改成 $R_p = R_s + \frac{1}{2}VR_4 = 19K\Omega$，可選用 $R_s = 18.7K$， $VR_4 = 500\Omega$ 的精密可變電阻，由 VR_4 校正電表誤差。

8-9 雜訊消除及預防

在量測電路中，經常是待測物與量測系統間，有一段相當長的距離，而必須以引線把感測器接到待測場所，可能從長引線感應許多不必要的雜訊，尤其是高頻或突波的干擾。所以在線性電路中，幾乎都會針對每一個 OP Amp 做適當的頻率補償，以使電路更加穩定。

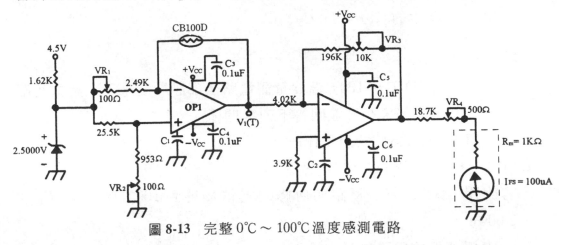

圖 **8-13**　完整 0℃ ～ 100℃ 溫度感測電路

　　圖 8-13 中的 C_1 和 C_2 就是 LM308A 的補償電容，C_1，C_2 使得 LM308A 具有低通濾波器的效果，便具減少高頻干擾的作用。資料手冊中建議在最高頻寬時，C_1，C_2 使用 100PF。而目前我們把 LM308A 拿來做溫度量測。算是處理極低頻的信號，故把 C_1，C_2 改用 1000PF，低通特性的截止頻率更小，則能抑制絕大部份的高頻干擾。

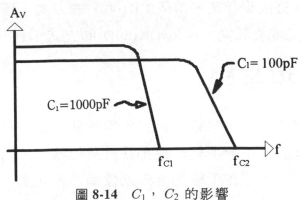

圖 **8-14**　C_1，C_2 的影響

請養成一個電路設計的好習慣，在每一個 IC 電源接腳都加一個 $0.01\mu F \sim 0.1\mu F$ 的旁路電容，以避免因電源共用而造成彼此間的干擾，如圖 8-13 中的 C_3，C_4，C_5，C_6。

練習：

目前已經把 $0°C \sim 100°C$ 溫度量測電路全部設計出來了，請重新確認一下，您學到了多少？並回答下列各問題。

1. R_4，TL1004C-2.5 的功用是什麼？
2. OP1，OP2 有那些要求？
3. 若改用 CB200 時，電路如何修改，依然得到 $100°C$ 時，$V_2(T) = 2.000V$？
4. OP1 這部份的電路主要功用？
5. OP2 這部份的電路主要功用？
6. C_1，C_2 的目的何在？
7. C_3，C_4，C_5，C_6 有何用處？
8. R_7 是幹什麼的？
9. VR_1，VR_2，VR_3，VR_4 各負責做什麼調整或校正？
10. 改用 AD590 完成委託案，請依 CB100D 的方式，逐一設計之。
11. 改用 Pt100 完成委託案，請依 CB100D 的方式，逐一設計之。

8-10　調校步驟

想做溫度計的校正，應該要有許多標準的恆溫系統，做為校正時的比對。但這種恆溫系統不是一般實驗室所能維持。所以我們只能先以替換法做為正常的校正手續然後再以標準溫度比對。

1. 替換電阻的製作

對 CB100D 而言，0℃時電阻值 100Ω，100℃時的電阻爲 142.4Ω，所以我們必須先做好兩個替換電阻，100Ω 和 142.4Ω，用以代表 0℃ 和 100℃ 。

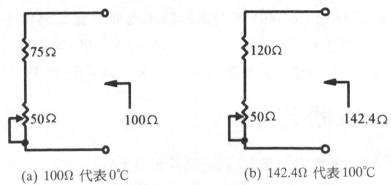

(a) 100Ω 代表 0℃ 　　　　　(b) 142.4Ω 代表 100℃

圖 **8-15**　100Ω 和 142.4Ω 替換電阻

如圖 8-15(a)，(b) 分別用 (75Ω + 50Ω 可變電阻) 及 (120Ω + 50Ω 可變電阻)。得到 100Ω 和 142.4Ω 的替換電阻。50Ω 可變電阻一定要用可轉 10 圈的精密型可調電阻。

2. 調校步驟

(1) 電源啓動後先暖機 5～ 15 分鐘，使電路達到熱平衡。

(2) 以 142.4Ω 取代 CB100D，並調 VR_1，使 $V_1(T) = -40mV$，接著調 VR_3 使 $V_2(T) = 2.000V$

(3) 以 100Ω 取代 CB100D，並調 VR_2 使 $V_2(T) = 0V$。

(4) 重複(3)、(4)的步驟，直到用 142.4Ω 取代時，$V_2(T) = 2.000V$，用 100Ω 取代時，$V_2(T) = 0V$。且不必做任何調整爲止。

(5) 當用 142.4Ω 取代時，$V_2(T) = 2.000V$，若指針並非指在 $100\mu A$ 的位置，則調 VR_4 使指針做滿刻度偏轉。

⑹　把 $100\mu A$ 電表中 μA 的標示，改成 ℃ 的標示。

⑺　用經過國家標準實驗室認證後的溫度量測儀器，和我們所設計的溫度計，做比對，以登錄所設計的溫度量測在 0℃ ～ 100℃ 的誤差量各是多少？

　　※ 或是把 CB100D 感測器經防水處理，置於沸水中，調 VR_1 使 $V_1(100) = -40mV$，調 VR_3 使 $V_2(100) = 2.000V$。

　　※ 把 CB100D，置於溶解中的冰水，調 VR_2 使 $V_2(T) = 0V$。

8-11　採購建議

　　OP Amp 和參考電壓 IC 已分別確定為 LM308A 和 TL1004C-2.5，DC－DC 轉換器也決定使用 ICL7660。剩下來的就是一些固定電阻，可變電阻和電容器了。

　　R_1，R_x，Ry，R_5，R_6 直接影響量測的準確度，必須使用溫度係數較小的金屬皮膜精密電阻（誤差 1% 以下）。溫度係數大小的要求，關係著價格高低，一般選用 ±25ppm/℃ 者，亦算不錯了。

　　R_4 和 R_7 並不直接影響量測的準確度，可用一般碳膜電阻也無所謂。於此我們一樣選用金屬皮膜電阻，但溫度係數改用 ±50ppm/℃ 就好。（便宜許多）

　　VR_1，VR_2，VR_3 一定要用 10 圈以上的精密可變電阻。可選用繞線型或金屬陶瓷型的可變電阻。

　　C_1，C_2 使用陶瓷電容或塑膠電容，C_3，C_4，C_5，C_6 使用積層電容，C_7，C_8 容量較大使用鉭質電容或電解電容。C_9 容量最大 $220\mu F$ 故只能使用鋁電解電容。C_7，C_8，C_9 為 DC－DC 轉換電路所使用的電容器（圖 8-5）。

第9章

感溫半導體
應用線路分析

在半導體的特性中，我們已經知道電晶體的 V_{BE} 具有負溫度係數，當溫度增加的時候，電晶體 V_{BE} 的電壓反而下降。目前有許多溫度感測器就是利用這種特性來完成溫度的偵測。我們將以摩托羅拉 (MOTOROLA) MTS102 系列產品及國際半導體 (NS) LM35 系列的產品，說明怎樣使用屬於電壓變化的感溫半導體做為溫度量測及溫控應用。

9-1 MTS102 特性介紹

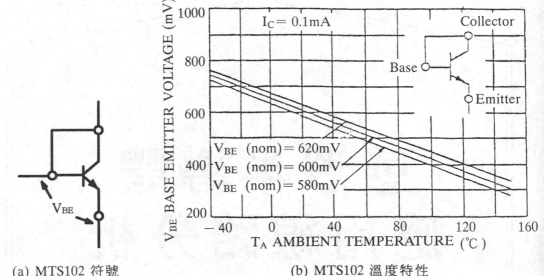

(a) MTS102 符號　　　　　　　(b) MTS102 溫度特性

圖 9-1　MTS102 符號與溫度特性

MTS102 的符號也是一個 NPN 電晶體，有 E、B、C 三支接腳，當把基極 (B) 和集極 (C) 接在起的時候，如圖 9-1(a)，其等效電路可看成是一個感溫二極體，利用 V_{BE} 隨溫度而下降的特性做為溫度量測的原理。若所提供的集極電流 I_C 為定電流時，V_{BE} 將與溫度呈線性關係。如圖 9-1(b) 所示。圖 9-1(b) 為 $I_C = 0.1mA$ 時，V_{BE} 和溫度 T 的特性曲線。

MTS102 並非使用於精密的溫度量測，其誤差達 ±2℃，乃因廠商所提供的特性有一定範圍的變動存在。在 25℃ 時，V_{BE} 可能為 $580mV \sim 620mV$。約分成三大類。如圖 9-1(b) 所示。V_{BE}(25℃) 可能為(1) V_{BE}(25℃)= $580mV$，(2) V_{BE}(25℃)= $620mV$。即在相同的溫度下，也可能得到不同的 V_{BE}，所以使用 MTS102 時，你必須先知道它是屬於那一類。

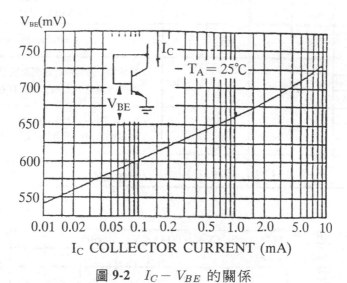

圖 9-2　$I_C - V_{BE}$ 的關係

並且縱使在相同的溫度下，若提供不同的集極電流 I_C 也將得到不同的 V_{BE}，如圖 9-2 所示。圖 9-2 是當環境溫度為 25℃ 時，I_C 和 V_{BE} 的特性圖。而從圖 9-2 乍看之下，好像是一條直線，但若注意到 I_C 座標的刻度，是對數刻度，而非線性刻度時，必須提醒自己，事實上 I_C 和 V_{BE} 並非是絕對的線性關係。這項特性告訴我們，使用 MTS102 系列產品時，儘量使 I_C 變化小一點，甚致 I_C 使用定電流源提供。並且不要讓 I_C 太大，而使 MTS102 產生自體發熱的現象。原廠提供的

參數　爲 $I_C = 0.1mA$[圖 9-1(b)]，所以往後的設計，我們依然以 $I_C = 0.1mA$ 爲參考數據。使用其它的電流亦無不可。

若你所使用的 $I_C = 0.1mA$，而得知 $V_{BE}(25℃) = 595mV$，則它的電壓溫度係數爲 $-2.265mV/℃$。如表 9-1 所示。圖 9-3 爲溫度係數與 V_{BE} 的關係圖。

表 9-1　MTS102 系列產品特性規格。(25℃)

		最小	典型	最大	單位	說　明
V(BR) EB0		4.0			Vdc	MTS102所能承受的逆向電壓只有4伏特
VBE (IC = 0.1mA)		580	595	620	mV	在 25 °C，且 Ic = 0.1mA 時，VBE 可能的電壓
ΔVBE (IC = 0.1mA) TA = 25 °C	102			±3.0	mV	表示同一個產品在相同溫度，相同驅動電流的情況下，也有其誤差存在.
	103			±4.0		
	105			±7.0		
溫度誤差	102			±2.0	°C	MTS102 ～ MTS105 各產品的最大誤差範圍.其中 MTS102 誤差最小了.
	103			±3.0		
	105			±5.0		
溫度係數 VBE = 595mV		− 2.28	− 2.265	− 2.26	mV/°C	當 VBE = 595mV(25°C) 時,溫度係數亦非常數,而是 − 2.28 ～ − 2.26 mV/°C 之間.

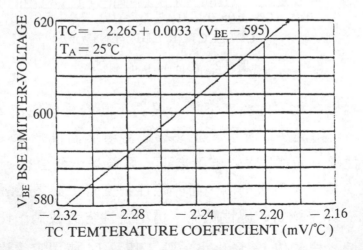

$$TC = -2.265 + 0.0033 (V_{BE} - 595)$$
$$T_A = 25℃$$

圖 9-3　V_{BE} 的溫度係數

　　若你所選用的產品在 $I_C = 0.1mA$ 的情況下，$V_{BE} \neq 595mV$ 時，必須依下列公式把溫度係數做適當的修正，使得電壓溫度係數 α。

$$\alpha = -2.265mV + 0.0033[V_{BE}(25℃) - 595mV]$$

α 的單位：mV/℃

$V_{BE}(25℃)$：$I_C = 0.1mA$，$T = 25℃$ 時，V_{BE} 的大小。單位用 mV。

當知道電壓溫度係數以後，就能很方便的加以處理，使得最後能以電壓的大小，代表溫度的高低。就能把溫度 T 時的 $V_{BE}(T)$ 表示為：

$$V_{BE}(T) = V_{BE}(25℃) + \alpha(T - 25℃)$$

$\boxed{\text{實例}}$

　　使用 MTS102，用 $I_C = 0.1mA$，於 25℃時，測得 $V_{BE}(25℃) = 580mV$，試問 100℃時，$V_{BE}(100℃) = ?$

───解析───

　　$V_{BE}(25℃) = 580mV$，而不是 $595mV$，必須修正溫度係數 α 為

$$\begin{aligned}
\alpha &= -2.265mV/℃ + 0.0033(580mV - 595mV) \\
&= -2.3145mV/℃\cdots\cdots \text{如圖 9-3 的標示值} \\
V_{BE}(100℃) &= V_{BE}(25℃) + \alpha(T - 25℃) \\
&= 580mV + (-2.3145) \times (100 - 25) \\
&= 406.4mV\cdots\cdots \text{如圖 9-1 的標示值}
\end{aligned}$$

所以我們可以歸納使用 MTS102 的步驟如下：

(1) 把基極 (B) 和集極 (C) 接在一起,當做溫度感測器。

(2) 必須測得目前環境的溫度 T_A,一般所說的室溫 $T_A = 25℃$。

(3) 設定 MTS102 的 $I_C = 0.1mA$。

(4) 測 $V_{BE}(T_A)$ 的大小,以確定它是屬於 $580mV$,$595mV$ 或 $620mV$ 的類別。

例如: 若目前 $T_A = 20℃$,測得 $V_{BE}(20℃) = 612mV$ 時,由圖 9-1(b) 可得知,是屬於 $V_{BE} = 595mV$ 的那一類。

(5) 當 $V_{BE}(25℃) = 595mV$ 這一類時,其溫度係數 $\alpha = -2.265\text{mV}/℃$,則

$$V_{BE}(T) = V_{BE}(25℃) + \alpha(T - 25)$$
$$= 595mV + (-2.265mV/℃)(T - 25)$$

(6) 若 $V_{BE} \neq 595mV$,則必須修正新的溫度係數 α_N 為

$$\alpha_N = -2.265\text{mV}/℃ + 0.0033[V_{BE}(25℃) - 595mV] , 則$$
$$V_{BE}(T) = V_{BE}(25℃) + \alpha_N(T - 25)$$

例如: 若 $I_C = 0.1mA$,在有冷氣的實驗室 $T_A = 20℃$,測得 $V_{BE}(20℃) = 628mV$,則表示與 $V_{BE}(25℃) = 620mV$ 同一類,則必須修改新的溫度係數 α_N 為

$$\alpha_N = -2.265\text{mV}/℃ + 0.0033[V_{BE}(25℃) - 595]$$
$$= -2.1825mV/℃ \cdots\cdots 如圖 9-3 所示$$
$$V_{BE}(T) = 620mV + (-2.1825mV/℃)(T - 25) ,$$
$$若 T = 100℃ 時$$
$$V_{BE}(100℃) = 620mV + (-2.1825mV/℃)(T - 25)$$

$$= 456.3125mV \cdots\cdots 如圖 9\text{-}1(b) \text{ 所示}$$

若能使室內溫度保持在 $T_A = 25℃$，其數據將更爲準確。

(7)　再用放大器做減法運算，扣除 $V_{BE}(0℃)$ 的值，就能得到，放大器輸出電壓的大小，代表溫度的高低。

9-2　可做 °C，°F，°K 指示的溫度量測電路分析

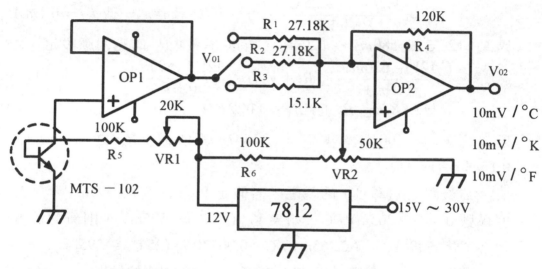

圖 9-4　℃，°F，°K 的溫度量測電路

　　圖 9-4 是使用 MTS102 當做溫度感測元件，使用 R_1，R_2，R_3 設定爲℃，°F，°K 的指示，茲分析如下：

1.　各元件的功用

MTS102：電壓變化的溫度感測器。

OP1　　：是電壓隨耦器，用以得到高輸入阻抗，減少 MTS102 的負載效應。

OP2 ：用來當做差值放大器，使 0℃時， $V_{02} = 0V$ ，並且得到 V_{02} 的
電壓溫度係數為 $+10mV/℃$ 。

R_5 ， VR_1 ：目的在使得 MTS102 的 $I_C = 0.1mA$ ，為限流電阻也。

R_6 ， VR_2 ：做為歸零調整之分壓電阻。

R_1 ， R_2 ， R_3 ：選擇℃， °K 或 °F 的指示。

7812 ：提供穩定的 12V 給電路使用之穩壓 IC。

2. 電路分析

從電路上得知 I_C 為：

$$I_C = \frac{V_{ref} - V_{BE}(25℃)}{R_5 + VR_1} ，可用 VR_1 調整之，使 I_C = 0.1mA$$

因 $V_{BE}(25℃) = 580mV \sim 620mV$ ，所以 $R_5 + VR_1$ 的範圍應設定

$$\frac{12V - 620mV}{0.1mA} \leq R_5 + VR_1 \leq \frac{12V - 580mV}{0.1mA} ，$$
$$113.8K\Omega \leq R_5 + VR_1 \leq 114.2K\Omega$$

所以用 $R_5 = 100K\Omega$ ， $VR_1 = 20K\Omega$ ，則能靠 VR_2 之調整使 $I_C = 0.1mA$ 。

必須測 $V_{BE}(25℃)$ 的電壓，若假定 $V_{BE}(25℃) = 595mV$ ，則其溫度係數 $\alpha = -2.265mV/℃$ 。如果 $V_{BE}(25℃) \neq 595mV$ ，則新的溫度係數必須修正為 $\alpha_N = -2.265mV/℃ +0.0033[V_{BE}(25℃) - 595]$ 。

為說明方便而設 $V_{BE}(25℃) = 595mV$ ，則 OP1 的輸出 $v_{01} = 595mV$ ，因 OP1 是一個電壓隨耦器，輸入電壓＝輸出電壓。對 OP2 而言，是一個差值放大器，繪其相關電路如圖 9-5。

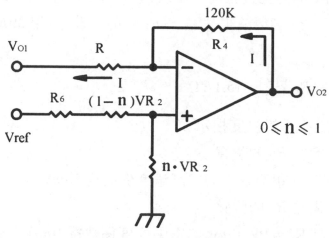

圖 9-5　OP2 差值放大器

分析圖 9-5 得知

$$v_+ = \frac{nVR_2}{R_6 + VR_1} \times V_{ref}, \quad v_{02} = I \times R_4 + v_+$$

$$I = \frac{v_- - v_{01}}{R} = \frac{v_+ - v_{01}}{R}$$

$$v_{02} = \frac{v_+ - v_{01}}{R} \times R_4 + v_+ = (1 + \frac{R_4}{R})v_+ - \frac{R_4}{R} V_{01}$$

$$= (1 + \frac{R_4}{R})(\frac{nVR_2}{R_6 + VR_2})V_{ref} - \frac{R_4}{R}v_{01}$$

所以可以調整 VR_2(即改變 n 的大小)，便能夠得到 0℃ 時 $v_{02} = 0V$，故 VR_2 是做爲歸零調整使用。目前 MTS102 的溫度係數爲 $-2.265mV/℃$，OP1 是電壓隨耦器，$A_{v1} = 1$，所以 v_{01} 的電壓溫度係數亦爲 -2.265 $mV/℃$，而 v_{02} 是把 v_{01} 放大 A_{v2} 倍，故 v_{02} 的電壓溫度係數爲 (v_{01} 的電壓溫度係數)×(OP2 的放大率)。若令 v_{02} 的電壓溫度係數爲 $10mV/℃$

$$(-2.265mV/℃) \times (-\frac{120K\Omega}{R_1}) = 10mV/℃，則 R_1 = 27.18k\Omega$$

而 °K 和 ℃ 的變化量相同,所以 $R_2 = 27.18K\Omega$,而 °F 和 ℃ 的變化量相差 $\frac{9}{5}$ 倍,R_3 必須減少 $\frac{5}{9}$ 倍。R_1,R_2,R_3 可用 $30K\Omega$ 精密可變電阻。

$$R_3 = R_1 \times \frac{5}{9} = 15.1K\Omega$$

SW_1 用以選定不同的溫度指示:

(1)　SW_1 撥在 R_1 的位置

$v_{02}(0℃) = 0V$,v_{02} 的電壓溫度係數為 $10mV/℃$。

(2)　SW_1 撥在 R_2 的位置

$v_{02}(273°K) = 0V$,v_{02} 的電壓溫度係數為 $10mV/°K$。

(3)　SW_1 撥在 R_3 的位置

$v_{02}(32°F) = 0V$,v_{02} 的電壓溫度係數為 $10mV/°F$。

則電表刻度應該如圖 9-6。

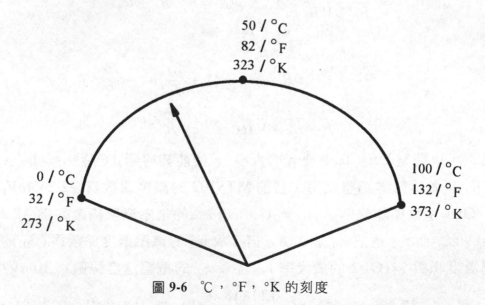

圖 9-6　℃,°F,°K 的刻度

3.　調校步驟

(1)　SW_1 撥 R_1 的位置，做為℃的指示

(2)　在室溫 25℃時，調 VR_1，使 $I_C = 0.1mA$

(3)　置 MTS-102 於 0℃的冰水中，調 VR_2，使 $v_{02} = 0V$。

(4)　置 MTS-102 於 100℃的沸水中，校正 R_1 使 $v_{02} = 100mV/℃ \times$
　　$100℃ = 1.000V$。

(5)　重複(3)(4)的步驟，使0℃時，$v_{02} = 0V$，100℃時，$v_{02} = 1.000V$。
　　直到不必調整 VR_2 及 R_1 為止。

(6)　SW_1 撥在 R_2 的位置，校正 R_2 的值，使 100℃時，依然和用
　　R_1 時所指示的位置相同為正。

(7)　SW_1 撥在 R_3 的位置，當溫度為 55.55℃時，調 R_3 使指針指在
　　滿刻度的位置，因 $55.55℃ = (32 + \dfrac{9}{5} \times 55.55) = 132℉$。

　　※ ℃，℉，°K 的關係如下：

　　　°K $= 273 + T$，25℃ $= (273 + 25)°K = 298°K$，0℃ $= 273°K$

　　　℉ $= (32 + \dfrac{9}{5}T)$，25℃ $= (32 + \dfrac{9}{5} \times 25)℉ = 77℉$，0℃ $= 32℉$

　　※ 每一次換檔的時候，便須重新做歸零調整。

9-3　溫差量測線路分析

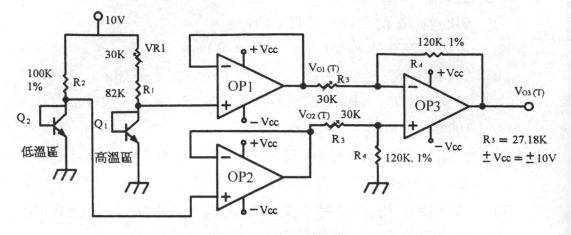

圖 9-7　溫差量測電路

　　這是一個以 MTS-102 所完成的溫差量測電路，用以指示兩個溫度相差多少℃，茲分析如下：

1. 各元件的功能

(1)　Q_1，Q_2：爲兩個 MTS-102 溫度感測元件。

(2)　OP1，OP2：都是電壓隨耦器，用以提高輸入阻抗，減少 MTS-102 的負載效應。

(3)　OP3：差值放大器，用以指示溫度相差多少℃？

(4)　R_2：使 Q_2 有一定大小的集極電流 I_{C2}。

(5)　VR_1，R_1：使 Q_1 的集極電流 $I_{C1} = I_{C2}$，由 VR_1 調整之。

(6)　R_3，R_4：與 OP3 構成差值放大器，且其放大率爲 $\dfrac{R_4}{R_3}$，且 v_{03} 爲 $v_{03} = \dfrac{R_4}{R_3}[v_{02}(T_2) - v_{01}(T_1)]$。

2. 電路分析

以 MTS-102 的特性資料及公式得知：

$$V_{BE1}(T_1) \;=\; V_{BE1}(25℃) + \alpha_1(T_1 - 25) = v_{01}(T_1)$$

$$V_{BE2}(T_2) \;=\; V_{BE2}(25℃) + \alpha_2(T_2 - 25) = v_{02}(T_2)$$

而 $v_{03}(T_2 - T_1) = \dfrac{R_4}{R_3}[v_{02}(T_2) - v_{01}(T_1)] = \dfrac{R_4}{R_3}\Big\{[V_{BE2}(25℃)$

$$-V_{BE1}(25℃)] + [\alpha_2(T_2 - 25) - \alpha_1(T_1 - 25)]\Big\}$$

若這兩個 MTS-102 的特性是屬同一類型 (560mV，595mV 或 620mV)，則能調整 VR_1 使得 $I_{C1} = I_{C2}$，則能得到 $V_{BE2}(25℃) = V_{BE1}(25℃)$。即在同一個溫度的情況下，$T_2 = T_1 = T$ 時，$V_{BE2}(T) = V_{BE1}(T)$，則 $v_{03}(T_2 - T_1) = 0V$。

　　已經先行調整 $V_{BE2}(25℃) = V_{BE1}(25℃)$，相當代表 $\alpha_1 = \alpha_2 = \alpha$，則 v_{03} 將變成

$$v_{03}(T_2 - T_1) = \frac{R_4}{R_3} \times \alpha \times (T_2 - T_1)$$

則表示 v_{03} 所指示的電壓值成正比於溫差 $(T_2 - T_1)$ 的大小。若 $\alpha = -2.265mV/℃$，並且調整好 R_3 和 R_4 的比例，設定 $\dfrac{R_4}{R_3} = 4.415$ 時

$$v_{03}(T_2 - T_1) \;=\; 4.415 \times (-2.265mV/℃) \times (T_2 - T_1)$$

$$=\; -(10mV/℃) \times (T_2 - T_1)$$

若把 Q_1 用以測高溫，Q_2 用以測量低溫，則 $(T_2 - T_1) < 0$，將使得所測量的結果

$$v_{03}(T_2 - T_1) = +10mV/℃\,(T_1 - T_2)$$

即 T_1 和 T_2 每相差 1℃，v_{03} 會有 10mV 的變化量。

3. **調校步驟**

⑴ R_2，R_3，R_4 都用精密電阻，$R_2 = 100K\Omega$，$R_4 = 120K\Omega$。R_3 可用精密型可變電阻 (10 圈)。調 $R_3 = 27.18K\Omega$。

⑵ 讓 Q_1，Q_2 位於同一個溫度場合，調 VR_1 使 $v_{03} = 0.000V$。

⑶ 設法使 Q_1 和 Q_2 的溫度相差 $10°C$，測 $v_{03} = 100mV$，若 $v_{03} \neq 100mV$ 時，必須設法調整 R_3。

⑷ 重複⑵，⑶的步驟，(更換溫度場合時，必須等數分鐘，等達到熱平衡後再調整，比較準確)。

練習：

1. 圖 9-4 和圖 9-7 兩個電路中的 MTS-102 的集極流 I_C，是定電流嗎？為什麼？

2. 圖 9-4 為什麼每一次換檔必須做歸零調整？若想達到換檔時，不必重做歸零調整，應該如何安排？

提示：使用同軸開關。

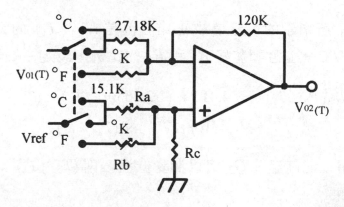

圖 9-8 自動歸零電路

先設定好°C，°K 及 °F 要做歸零時所必須的 v_+，然後經由同軸開關達到同時做換檔和歸零的動作。

3. 以 MTS-102 設計一個 90℃ ～ 100℃ 之保溫電路，$T > 100℃$ 停止加熱。 100℃ 降到 90℃ 不加熱， 90℃ 以下加熱，直到 100℃ 時才又停止加熱。

4. 怎麼設計電路，能使 MTS-102 在定電流源下操作，使得其 I_C 不隨 $V_{BE}(T)$ 的變化而改變。

―― **解析** ――

對圖 9-9，圖 9-10 而言， I_{C1} 和 I_{C2} 均為定電流。

$$I_{C1} = \frac{v_- - (-V_{ref})}{R_1} = \frac{v_+ + V_{ref}}{R_1} = \frac{V_{ref}}{R_1} \cdots\cdots 定電流源$$

$$I_{C2} = I_o + I_q \approx I_o = \frac{V_{ref}}{R} \cdots\cdots 定電流源$$

$$v_{01}(T) = V_{BE1}(T), \quad v_{02}(T) = V_{BE2}(T)$$

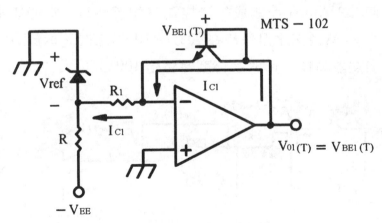

圖 9-9 OP Amp 定電流操作

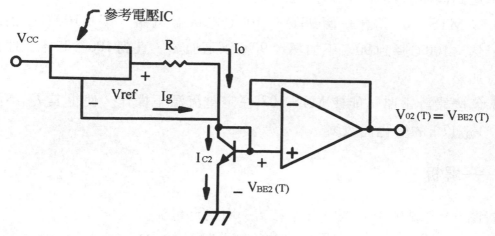

圖 9-10　參考電壓 IC 定電流操作

9-4　飲水機保溫電路分析

　　利用一個 MTS-102 及一個 OP Amp (TL084，TL074……一顆 IC 內裝四個 OP Amp) 所組成的溫控電路如圖 9-11，它能使水溫先達沸點 (100℃)，然後使水溫保持在 90℃～100℃之間，低於 90℃以後，電路會使加熱器動作，使開水再度沸勝達 100℃。

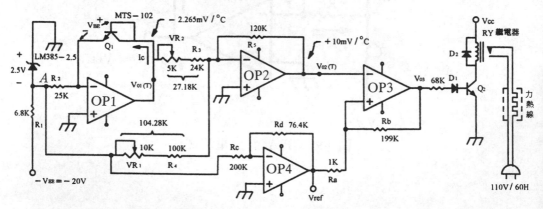

圖 9-11　飲水機保溫電路

1.　各元件的功能

(1)　OP1：利用 OP Amp 虛接地的現象，使流過 MTS-102 的電流 I_C 為定電流，$I_C = \dfrac{V_{ref}}{R_2}$（參閱 9-3 節的練習題 4.）。
$v_{01}(T) = V_{BE}(T)$

(2)　OP2：是一個減法器，使得 0℃ 時，$v_{02}(0℃) = 0V$。同時把 $v_{01}(T)$ 的電壓放大 $(-\dfrac{120K}{27.18K}) = -4.415$ 倍，使得 $v_{02}(T)$ 的電壓溫度係數為 $10mV/℃$。

(3)　OP3：是一個反相型磁滯比較器，達到溫度上限與下限的設定，當溫度低於 90℃ 時，$v_{03} = V_{CC}$，使得電晶體 Q_2ON，繼電器動作，進行加熱一直到溫度達到 100℃，將使 $v_{03} = -V_{CC}$，Q_2OFF，不會加熱，且一直保持不加熱的狀況，水溫會下降，一直降到 90℃ 以下，才再次進行加熱。

(4)　OP4：當做一個反相衰減電路，用以提供 OP3 的控制電壓，以得到適當的上、下限電壓 V_{TH} 及 V_{TL}。

2.　電路分析

(1)　OP1 的分析：

MTS-102 的 I_C 為

$$I_C = \frac{v_- - V_A}{R_2} = \frac{0V - (-2.5V)}{25K} = 0.1mA$$

$v_{01}(T) = V_{BE}(T) + v_- = V_{BE}(T)$，若 $V_{BE}(25℃) = 595mV$，則 $v_{01}(T)$ 的電壓溫度係數為 $-2.265mV/℃$。

$$v_{01}(T) = V_{BE}(T) = V_{BE}(25℃) + \alpha(T - 25°)$$

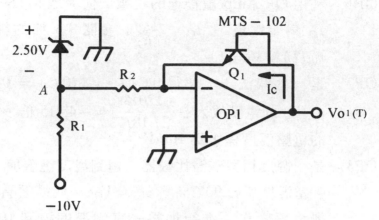

圖 **9-12** OP1 的分析

⑵ OP2 的分析：

OP2 為一個反相加法器，它的輸入信號共有兩個，一個是 $v_{01}(T)$ 另一個為 V_A，則 OP2 的輸出電壓 $v_{02}(T)$ 為

$$v_{02}(T) = -[\frac{R_5}{R_3}v_{01}(T) + \frac{R_5}{R_4}V_A]$$

若希望 $v_{02}(T)$ 的電壓溫度係數為 $10mV/℃$ 及在 $0℃$ 時 $v_{02}(0) = 0V$。則必須

$$v_{02}(0℃) = -[\frac{R_5}{R_3}v_{01}(0℃) + \frac{R_5}{R_4}(-2.5V)] = 0V，即$$

$$\frac{R_5}{R_3}[V_{BE}(25℃) + \alpha(0 - 25)] = \frac{R_5}{R_4} \times 2.5$$

$$R_4 = \frac{2.5 \times R_3}{V_{BE}(25℃) + \alpha(-25)}$$

$$= \frac{2.5 \times R_3}{595mV + 2.265mV \times 25} \cdots\cdots 式 (9-1)$$

$$-(2.265mV/℃) \times (-\frac{R_5}{R_3}) = 10mV/℃ \cdots\cdots 式 (9-2)$$

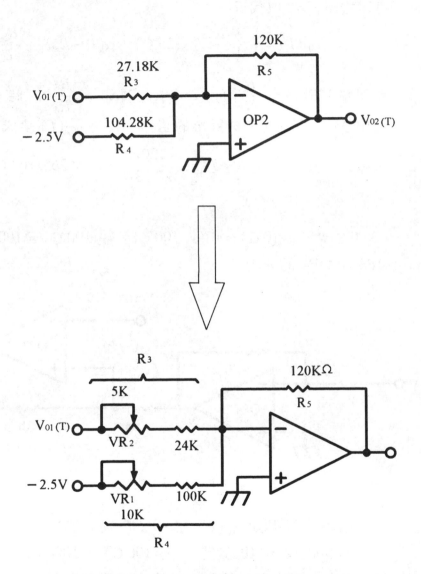

圖 **9-13** OP2 的分析

若選用 $R_5 = 120K\Omega$，則 $R_3 = 27.18K\Omega$，$R_4 = 104.28K\Omega$。故選用 $24K\Omega$ 及 $5K\Omega$ 可變電阻 VR_2 取代 R_3，用 $100K\Omega$ 及 $10K\Omega$ 可變電阻 VR_1 取代 R_4。

$$v_{02}(T) = -\left\{ \frac{R_5}{R_3}[V_{BE}(25°C) + \alpha(T - 25)] + \frac{R_5}{R_4}V_A \right\}$$

當調整 VR_1 使 $-\dfrac{R_5}{R_3}[V_{BE}(25°C) - 25\alpha] = \dfrac{R_5}{R_4}V_A$ 時，將使得 $v_{02}(0°C) = 0V$，而完成歸零的工作。使得 $v_{02}(T)$ 變成

$$v_{02}(T) = -\frac{R_5}{R_3} \times \alpha \times T = -\frac{120K}{27.18K} \times (-2.265mV/°C) \times T(°C)$$

$$= 10mV/°C \times T(°C)$$

$0°C$ 時，$v_{02}(0°C) = 0V$，$100°C$ 時 $v_{02}(100°C) = 1000mV$

(3)　OP3 和 OP4 的分析：

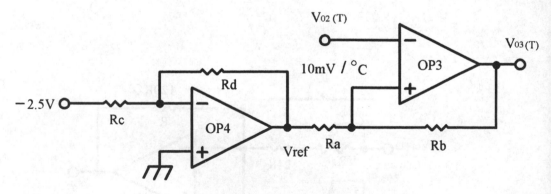

圖 9-14 OP3 和 OP4 的分析

已經分析得知 $v_{02}(T)$ 在 $90°C$ 時 $v_{02}(90°C) = 10mV/°C \times 90°C = 900mV$，$100°C$ 時，$v_{02}(100°C) = 1000mV$。相當於我們必須有一個磁滯比較器，它的高臨界電壓 $V_{TH} = 1000mV$，低臨界電壓 $V_{TL} = 900mV$，其特性曲線如圖 9-15。

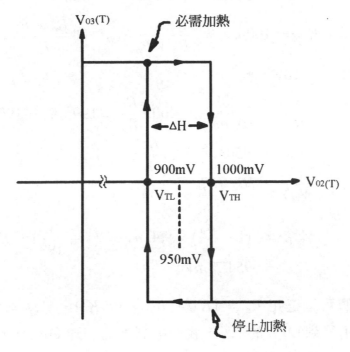

圖 **9-15**　磁滯比較應具有的特性

從第二章有關反相型磁滯比較的分析，我們知道 OP3 的 V_{TH}，V_{TL}，ΔH 及 V_{ct} 分為

$$V_{TH} = \frac{R_b}{R_a + R_b} V_{ref} + \frac{R_a}{R_a + R_b} E_{sat}$$

$$V_{TL} = \frac{R_b}{R_a + R_b} V_{ref} - \frac{R_a}{R_a + R_b} E_{sat}$$

$$\Delta H = V_{TH} - V_{TL} = 2\frac{R_a}{R_a + R_b} E_{sat}$$

$$= 1000mV - 900mV = 100mV$$

$$V_{ct} = \frac{1}{2}(V_{TH} + V_{TL}) = \frac{R_b}{R_a + R_b} \times V_{ref}$$

$$= \frac{1}{2}(1000mV + 900mV) = 950mV$$

$$\Delta H = 100mV = 2\frac{R_a}{R_a + R_b}E_{sat}, \text{則} \frac{R_a + R_b}{R_a} = \frac{2E_{sat}}{100mV}$$

若 $E_{sat} = 10V$，則

$$1 + \frac{R_b}{R_a} = \frac{20V}{100mV} = 200, \frac{R_b}{R_a} = 199, R_b = 199R_a$$

$$V_{ct} = 950mV = \frac{R_b}{R_a + R_b} \times V_{ref},$$

$$V_{ref} = \frac{R_a + R_b}{R_b} \times 950mV$$

$$V_{ref} = (1 + \frac{R_a}{R_b}) \times 950mV = (1 + \frac{1}{199}) \times 950mV$$

$$= 954.77mV$$

我們可以選用 $R_a = 1K\Omega$，$R_b = 199K\Omega$，$V_{ref} = 954.77mV$。
為了得到 OP3 的 V_{ref}，我們把剩下的一顆 OP Amp (OP4)，當
做一個相反衰減器。

$$v_{04} = V_{ref} = -\frac{R_d}{R_c} \times V_A = -\frac{76.4K}{200K} \times (-2.5V) = 954.77mV$$

我們選用 $R_c = 200K\Omega$，才會得到 $R_d = 76.4K\Omega$。至於其它各
元件如 D_1，D_2，RY 繼電器，我們都已說明且使用過，此處
不再重複說明。

3. 動作情形

(1) 當電源 ON 的時，若溫度為 25℃。

$$v_{02}(25℃) = 10mV/℃ \times 25℃ = 250mV，250mV < 900mV$$

(V_{TL}) 則 OP3 的 $v_+ > v_-$，致使 $v_{03} = +E_{sat} = +10V$，則 D_2，
Q_2ON 繼電器 ON 加熱器啟動，開始加熱，因 $v_{03} = +10V$，

使得 OP3 的 v_+ 保持在 $V_{TH} = 1000mV$ 必須一直到 $v_{02}(T) = 1000mV$ 以上，才會使 OP3 的 $v_+ < v_-$。

(2) 繼續加熱，且溫度達 100℃ 時

　　　$v_{02}(100℃) = 10mV/℃ \times 100℃ = 1000mV$，接著將使 $v_{02}(100°) > 1000mV$。而使 OP3 的 $v_+ < v_-$，導致 $v_{03} = -E_{st} = -10V$，則 D_2，Q_2OFF。繼電器不動作，而停止加熱。此時因 $v_{03} = -10V$，使得 v_+ 變成 $v_+ = 900mV = V_{TL}$。

(3) 停止加熱後，溫度由 100℃ 慢慢下降

　　　若溫度下降到 95℃ 時，$v_{02}(95℃) = 10mV/℃ \times 95℃ = 950mV$，依然是使 OP3 的 $v_- > v_+$，v_{03} 還是 $-10V$。D_2，Q_2 保持 OFF 的狀態，繼電器並沒有動作。故從 100℃ 下降到 90℃ 以前，都不會加熱。

(4) 溫度下降到 90℃ 以下時

　　　當溫度比 90° 還低時，$v_{02}(90℃) = 10mV/℃ \times 90℃ = 900mV$，接著將使 $v_{02}(T) < 900mV$，表示 OP3 的 $v_- < v_+$，v_{03} 變成 $v_{03} = +10V$，將再次使 D_2，Q_2ON，繼電器動作，而進行加熱。一直到溫度達 100℃，才停止加熱。即溫度低於 90℃ 以下時，會進行加熱一直到開水再度沸騰為止。

(5) 所以這個電路能使飲水機的熱開水煮沸，並保持在 90℃ ～ 100℃ 的溫度範圍。

練習：

1. 圖 9-11 飲水機保溫電路，怎樣安排其調校步驟呢？
2. 若想改變溫度的上、下限為 25℃ ～ 28℃ 時，應如何修改電路？
3. 若以單電源操作時，欲達題 2. 的功能，電路應如何設計？

9-5 LM35 電壓變化之感溫半導體

我們曾經在第五章談過電流變化之感溫 IC AD590。它是一顆隨溫度變化而改變其端電流的溫度感測器,它的電流溫度係數為 $1\mu A/℃$。我們必須使用電流對電壓的轉換電路,才能把電流的變化量轉換成電壓的變化量,用以代表溫度的改變。而本節所要談的 LM35,它已經是一顆隨溫度而改變其端電壓的溫度感測元件。其電壓溫度係數為 $10mV/℃$。因而使用 LM35 系列的溫度感測器,並不必再做任何的轉換,使用起來相當方便。

首先我們將說明一些 LM35 的基本特性,供你參考,其它再說明其應用範例的分析, LM35 是一顆三支腳的溫度感測器。LM35 是攝氏溫度 (℃) 的量測,而尚有 LM34 系列為華氏溫度 (°F) 的量測,及 LM135 系列是絕對溫度 (°K) 的量測。其溫度係數分別為表 9-2 所示。

LM35 系列的感溫半導體其工作電壓為 4V～ 30V,都可以使用。其工作電流非常小,僅 $60\mu A \sim 116\mu A$ 而已。其準確度亦能達 ±2℃的要求。圖 9-17 是 LM35 的基本使用接線。圖 9-18 是 LM34 的基本使用接線。

表 9-2 NS 公司的感溫半導體

Part	Temp. Range	Accuracy	Output Scale
LM34A	$-50°F$ to $+300°F$	$\pm2.0°F$	10mV/°F
LM34	$-50°F$ to $+300°F$	$\pm3.0°F$	10mV/°F
LM34CA	$-40°F$ to $+230°F$	$\pm2.0°F$	10mV/°F
LM34C	$-40°F$ to $+230°F$	$\pm3.0°F$	10mV/°F
LM34D	$+32°F$ to $+212°F$	$\pm4.0°F$	10mV/°F
LM35A	$-55°C$ to $+150°C$	$\pm1.0°C$	10mV/°C
LM35	$-55°C$ to $+150°C$	$\pm1.5°C$	10mV/°C
LM35CA	$-40°C$ to $+110°C$	$\pm1.0°C$	10mV/°C
LM35C	$-40°C$ to $+110°C$	$\pm1.5°C$	10mV/°C
LM35D	$0°C$ to $+100°C$	$\pm2.0°C$	10mV/°C
LM134-3	$-55°C$ to $+125°C$	$\pm3.0°C$	$I_{SET} \propto °K$
LM134-6	$-55°C$ to $+125°C$	$\pm6.0°C$	$I_{SET} \propto °K$
LM234-3	$-25°C$ to $+100°C$	$\pm3.0°C$	$I_{SET} \propto °K$
LM234-6	$-25°C$ to $+100°C$	$\pm6.0°C$	$I_{SET} \propto °K$
LM135A	$-55°C$ to $+150°C$	$\pm1.3°C$	10mV/°K
LM135	$-55°C$ to $+150°C$	$\pm2.0°C$	10mV/°K
LM235A	$-40°C$ to $+125°C$	$\pm1.3°C$	10mV/°K
LM235	$-40°C$ to $+125°C$	$\pm2.0°C$	10mV/°K
LM335A	$-40°C$ to $+100°C$	$\pm2.0°C$	10mV/°K
LM335	$-40°C$ to $+100°C$	$\pm4.0°C$	10mV/°K
LM3911	$-25°C$ to $+85°C$	$\pm10.0°C$	10mV/°K (or °F)

TO-46
Metal Can Package*

TO-92
Plastic Package

(a)　　　　　　　　　(b)

圖 9-16　LM35 和 LM34 的接腳圖

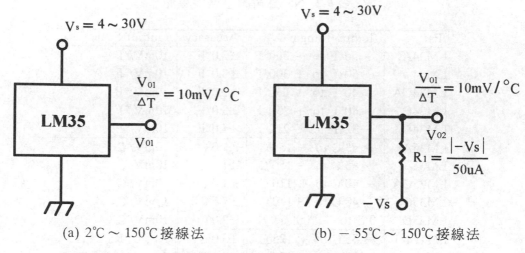

(a) 2℃～150℃接線法   (b) －55℃～150℃接線法

圖 **9-17** LM35 的基本接線圖

$v_{01} = 10mV/℃ \times T(℃)$，$v_{01} = 20mV \sim 1,500mV$，

$T = 2℃ \sim 150℃$

$v_{02} = 10mV/℃ \times T(℃)$，$v_{02} = -550mV \sim 1,500mV$，

$T = -55℃ \sim 150℃$

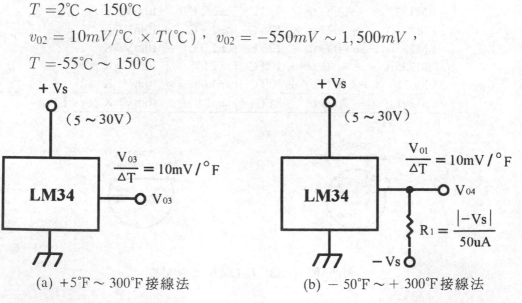

(a) ＋5℉～300℉接線法   (b) －50℉～＋300℉接線法

圖 **9-18** LM34 的基本接線圖

$v_{03} = 10mV/°\text{F} \times T(°\text{F})$，$v_{03} = 50mV \sim 3000mV$，

$T = 2°\text{F} \sim 300°\text{F}$

$v_{04} = 10mV/°\text{F} \times T(°\text{F})$，$v_{04} = -500mV \sim 3000mV$，

$T = -50°\text{F} \sim 300°\text{F}$

從圖 9-17 及圖 9-18 很清楚地看到，LM35 及 LM34 有很寬廣的工作電壓可從 4V～30V，一般使用時，大都設定在 4V～20V 之間。且從圖 (a) 中，明白 LM35 及 LM34 只要接上電源以後，其輸出壓 v_{01} 及 v_{03} 的大小，就已經代表溫度的高低，只是 LM35 指示攝氏溫度 (℃)，LM34 指示華氏溫度 (°F)，若欲得到全範圍的溫度量測，則必須如同圖 (b) 的方式接線，於輸出端接一個電阻 R_1 到 $(-V_S)$。

練習：

1. LM34，LM35，LM135 系列的感溫半導體，其輸出電壓的溫度係數各是多少？
2. 找到 LM34，LM35，LM135 的電氣特性資料，並影印備用。

9-6 LM35 系列應用線路分析

　　圖 9-19 是一個利用 LM35 做為溫度感測的電路，並且把溫度感測器的輸出電壓轉換成數位值，所使用的 ADC 為 NS 公司的 ADC0804。我們於此僅就 ADC0804 做簡單的說明，至於詳細特性和使用方法，請參考拙著 "OP Amp＋實驗模擬，第十四章"。

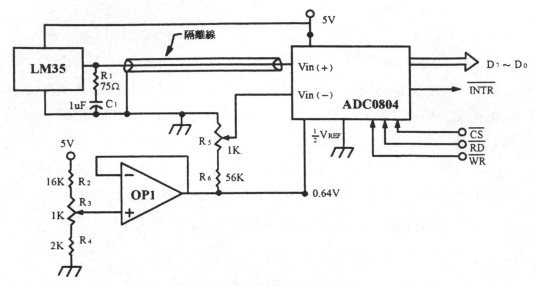

圖 9-19 溫度量測之數位轉換

各元件的功用。

1. LM35：感溫半導體做為溫度感測器。

2. 隔離線：當 LM35 被放在較遠的地方時，為減少長引線所感應的
   雜訊時，就必須使用隔離線，但於使用隔離線的時候，
   只做單端地處理。不要把隔離線中的屏避導體兩端都接
   地。以免增加傳輸引線之電容效應。處理方法如圖 9-19
   所示。

3. R_1，C_1：反交連電路或稱之為去耦合電路，用以減少干擾。

4. R_2，R_3，R_4：分壓電阻由 R_3 設定電壓經 OP1 電壓隨耦器提供
   0.64V 的直流電壓給 ADC0804，當做 $\frac{1}{2}V_{REF} = 0.64$，
   則 $V_{REF} = 1.28V$

5. R_5，R_6：也是分壓電阻，其中 R_5 可用以當做歸零校正使用。

6. ADC0804：8 位元類比對數位的轉換器，其動作原理如下：

(1)　$\overline{CS}$：當 $\overline{CS} = 0$ 時，代表 ADC0804 可以正常動作，反之，當
　　　$\overline{CS} = 1$ 時，ADC0804 停止動作。

(2)　$\overline{WR}$：當 $\overline{WR}$ 有段負脈波期間 ($\overline{WR} = 0$) 時，相當於對 ADC0804
　　　下了一道開始類比信號轉換成數位信號的命令。所以
　　　$\overline{WR}$ 相當於命令 ADC0804 開始做轉換的啓始命令。

(3)　$\overline{INTR}$：當 ADC0804 於 $\overline{CS} = 0$，又接收到 $\overline{WR} = 0$ 則進入轉
　　　換期間，於轉換完成時，$\overline{INTR}$ 會從 1 變成 0，即告
　　　訴我們 ADC0804 已把目前的轉換工作做完了。所以
　　　$\overline{INTR}$ 可以說是轉換完成的告知信號。

(4)　$\overline{RD}$：當 $\overline{INTR}$ 已經提供轉換完成的告知信號後，若讓 $\overline{RD} =$
　　　0，就能從資料匯流排 $D_7 \sim D_0$ 上得到已被數位化的資料
　　　，便能送給數位指示器或微電腦。

(5)　$\frac{1}{2}V_{REF}$：參考電壓設定接腳，目前給的參考電壓爲 0.64V

$$\frac{1}{2}V_{REF} = 0.64V，則 V_{REF} = 1.28V$$

　　　而 LM35 的電壓溫度係數爲 $10mV/℃$

　　　ADC0804 相當於把 V_{REF} 分爲 $2^8 = 256$ 等份，每一
　　　等份稱之爲步階大小 (Step Size)，所以

$$StepSize = \frac{V_{REF}}{256} = \frac{1.28V}{256} = 5mV$$

$$00000000 = 0 \times 5mV = 0V \cdots 代表 0℃$$

$$00000001 = 1 \times 5mV = 5mV \cdots 代表 0.5℃$$

$$00000010 = 2 \times 5mV = 10V \cdots 代表 1℃$$

$$\vdots$$

$$11111110 \ = \ 254 \times 5mV = 1270V\cdots\cdots 代表\ 127°C$$

$$11111111 \ = \ 255 \times 5mV = 1275V\cdots\cdots 代表\ 127.5°C$$

$V_{in(+)}$ 及 $V_{in(-)}$： ADC0804 提供差動輸入信號處理，也就是說 ADC0804
是把 $[V_{in(+)} - V_{in(-)}]$ 的電壓值轉換成相對的數位值。然
因線路的干擾或 LM35 的誤差，可能使 0°C 時 LM35 的
輸出不是 0V，故用 R_5，R_6 分壓提供一可調電壓以抵
消 0°C 時的誤差，使得 $V_{in(+)} - V_{in(-)} = 0V$，才能使 0°C
時 ADC0804 的數位資料 $D_7 \sim D_0$ 的值為 00000000。

9-7　溫度對頻率的轉換線路分析

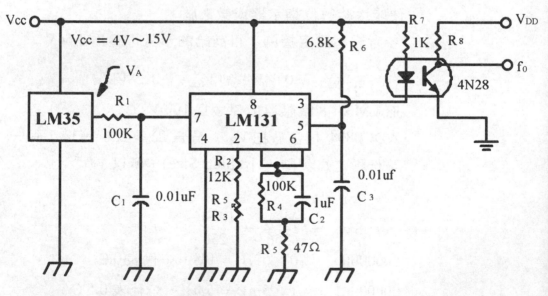

圖 9-20　溫度對頻率的轉換

圖 9-20 是一個使用 LM35 的溫度感測電路，其特殊之處在於把

LM35 所偵測到的溫度，得到其相對的輸出電壓 V_A，然後再把 V_A 經 LM131 轉換成相對的頻率，達到用頻率的大小代表溫度的高低。並以 4N28 光耦合器做隔離輸出，以適合不同電源系統的使用，我們先就 LM131 的動作情形加以說明之。

從圖 9-21 LM131 的內部方塊圖得知它是一個相當複雜的結構。但若再把它化簡成圖 9-22 的動作方塊圖時，你將更容易了解其工作原理。

當比較器第七腳的電壓大於第六腳的電壓，即 $V_A > V_B$ 時，比較器輸出 V_C 將觸發單一脈波產生器，使得 $Q = 1$，$\overline{Q} = 0$，相當於 $V_D = 1$，$V_E = 0$，則 Q_1 OFF， Q_2 ON，同時 SW ON，則有定電流 i 向 C_L 充電。而因 Q_1 OFF， C_t 也將有電流從 V_{CC} 經 R_t 向 C_t 充電，使得 V_F 的電壓一直上升，直到 $V_F = \dfrac{2}{3}V_{CC}$ 時，（看圖 9-21)。

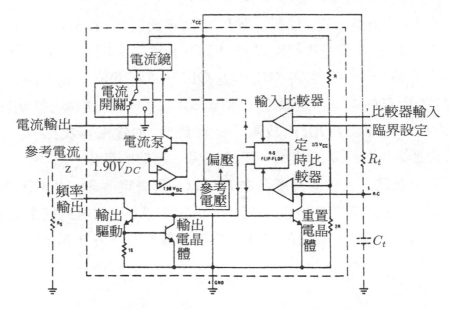

圖 **9-21**　LM131 的內部方塊圖

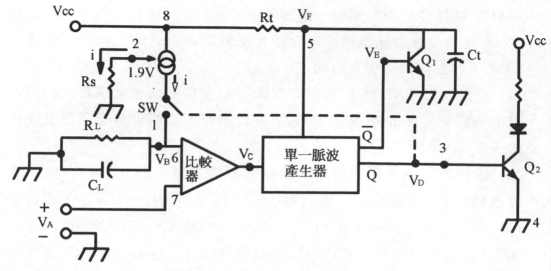

圖 **9-22**　LM131 的動作方塊圖

　　當 V_F 上升到 $\frac{2}{3}V_{CC}$ 以後，圖 9-21 時序比較器 (Timer Comparator) 將使 R－S 正反器 (R－S FLIP FLOP) 重置，則 $Q=0$，$\overline{Q}=1$，$V_D=0$，$V_E=1$，使得 Q_1 ON，Q_2 OFF，SW OFF。當 Q_1 ON 時，將把 Ct 所存的電荷迅速放電，而因 SW OFF，則電流 i 被切斷，又 C_L 所存的電荷將朝 R_L 而放電，一直到 V_B 的電壓再次比 V_A 小，並將重新進入 $V_A > V_B$ 的情況，而進行另一週期的動作。

　　單一脈波所產生的寬度乃由 R_t 和 C_t 所決定。即 SW ON 的時間或說 C_L 充電的時間是由 R_t 和 C_t 所決定。然 C_L 放電的時間卻由 R_L 和 C_L 所決定，其充放電的路徑，分別如圖 9-23，圖 9-24 所示。

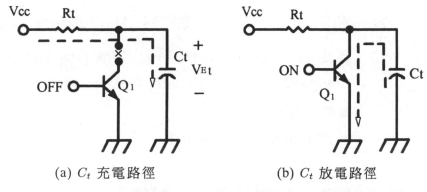

(a) C_t 充電路徑　　　　　　(b) C_t 放電路徑

圖 9-23　C_t 充放電路徑圖

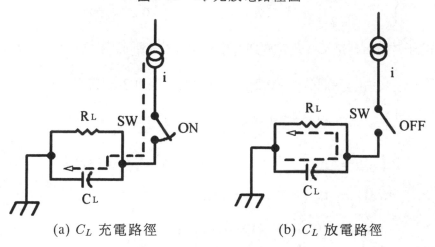

(a) C_L 充電路徑　　　　　　(b) C_L 放電路徑

圖 9-24　C_L 充放電路徑圖

從式 9-1 知道電容器 C_t 充放電的通式為

電容電壓 V_{Ct}＝終值電壓－（終值電壓－初值電壓）e^{-t_c/τ_c}⋯⋯式 9-1。

終值電壓：代表 $t=\infty$ 時，電容器可能被充到的最大電壓，依目前電
　　　　　路而言，C_t 所能充的最終電壓為 V_{CC}。

初值電壓：代表 $t=0$ 時，電容器原先所保有的電壓值。依圖 9-23 所

示，Q_1 ON 時，C_t 兩端的電壓為 $V_{CE(sat)}$，是 Q_1 的飽和電壓。$V_{CE(sat)} \approx 0.2V$，即 C_t 若被充電會從 0.2V 開始。

電容電壓 V_{Ct}：實際充電乃由 0.2V 一直充到 $\frac{2}{3}V_{CC}$。因超過 $\frac{2}{3}V_{CC}$ 時，將使 $V_F = \frac{2}{3}V_{CC}$，使得時序比較器（圖 9-21 的 Timer Comparator）動作，造成 Q_1 ON，而使 C_t 由充電狀態轉成放電狀態。

依上述所分析的終值電壓和初值電壓，代入式 9-1，就能計算出 t_c 的大小了。

$$\left\{ \begin{array}{l} 電容電壓 V_{Ct} = 終值電壓 \quad -(終值電壓-初值電壓)e^{-t_c/\tau_c} \\ \frac{2}{3}V_{CC} = V_{CC} \qquad\qquad -(V_{CC}-0.2V)e^{-t_c/\tau_c} \end{array} \right\}$$

式子中的 t_c 是 C_t 充電的期間，τ_c 為充電時間常，$\tau_c = R_t C_t$

$$\frac{1}{3}V_{CC} = (V_{CC}-0.2)e^{-t_c/\tau_c}, \quad V_{CC}-0.2 \approx V_{CC}$$

$$\frac{1}{3}V_{CC} = V_{CC} \cdot e^{-t_c/\tau_c}, \quad \frac{1}{3} = e^{-t_c/\tau_c}$$

$$\ln(\frac{1}{3}) = \ln(e^{-t_c/\tau_c}) = -t_c/\tau_c, \quad \ln\frac{1}{3} = -\ln(3)$$

$$\ln(3) = t_c/\tau_c, \quad t_c = \tau_c \cdot \ln(3)$$

$$t_c = R_t C_t \cdot \ln(3) = 1.1 R_t C_t$$

而電容器 C_L 的充電時間亦為 t_c，充電的電流為 i，則在週期為 T 的情況下，其平均電流為

$$I_{AVE} = \frac{i \cdot t_c}{T} = i \cdot t_c \cdot f, \quad \frac{1}{T} = f \cdots\cdots 頻率大小$$

而電容器放電的電流為 $\dfrac{V_B}{R_L}$，放電乃放到 $V_B = V_A$ 的情況則 $\dfrac{V_B}{R_L}$ 最後約為 $\dfrac{V_A}{R_L}$，依所存入的電荷 Q 和所放掉的電荷 Q 應相等的原則下

，$\dfrac{V_A}{R_L} = I_{\text{AVE}}$，所以

$$\frac{V_A}{R_L} = i \cdot t_c \cdot f, \ \text{則} f = \frac{V_A}{R_L \cdot i \cdot t_c}$$

又從圖 9-21 得知，$i = \dfrac{1.90}{R_S}$，並且已得知 $t_c = 1.1 R_t C_t$，所以 f 為

$$f = \frac{R_S \cdot V_A}{R_L \times 1.90 \times 1.1 R_t C_t}$$

$$f = \frac{V_A}{2.01} \times \frac{R_S}{R_L} \times \frac{1}{R_t C_t} \cdots\cdots \text{式 9-2}$$

把式 9-2 各項阻值及電容值以圖 9-20 之規格代入後，

$$f = \frac{V_A}{2.01} \times \frac{R_2 + R_3}{R_4} \times \frac{1}{R_6 \cdot C_3} \cdots\cdots \text{式 9-3}$$

式 9-3 中的 V_A 是 LM35 的輸出電壓 $v_A = 10mV/℃ \times T(℃)$，當待測溫度為 $2℃ \sim 150℃$，$V_A = 20mV \sim 1500mV$。若希望輸出頻率 $f = 20Hz \sim 1500Hz$ 時，則可調整 R_3 修正之。

$$1500 = \frac{1500mV}{2.01} \times \frac{R_2 + R_3}{100K} \times \frac{1}{6.8K \times 0.001\mu F}$$

$$R_2 + R_3 = \frac{1}{1500mV} \times 1500 \times 2.01 \times 100K \times 6.8K \times 0.01\mu F$$

$$= 13.668K, \ \text{若選用} R_2 = 12K$$

$$R_3 = 13.668K - 12K = 1.66K$$

而當 $V_A = 1000mV$ 時，代表溫度為 $100℃$，此時的輸出頻率 f 為

$$f = \frac{1000mV}{2.01} \times \frac{13.668K}{100K} \times \frac{1}{6.8K \times 0.01\mu F}$$

$$= 1000Hz$$

即輸出頻率對溫度的變化量為 $\Delta f = \dfrac{1000Hz}{100℃} = 10Hz/℃$，如此一來我們便能由輸出頻率的大小，得知溫度的高低了。

　　而圖 9-20 中 $R_1 = 100K$，其目的乃在減少 LM131 偏壓電流的影響，$C_1 = 0.01\mu F$ 爲一濾波電容，用以減少高頻干擾。至於光耦合器 4N28，於此僅做簡略說明，詳細原理等，請參閱書中有關光控元件的應用。

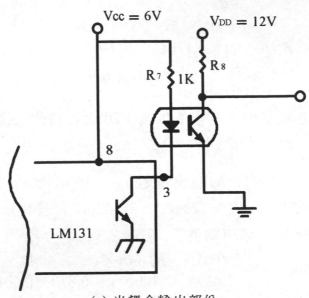

(a) 光耦合輸出部份

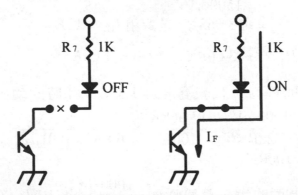

(b) 光耦合發射器動作情形

圖 9-25　光耦合隔離輸出

　　　光耦合器是把發光二極體（大部份為紅外線發光二極體）和光電晶體做在同一個 IC 的包裝裡面，如此一來便不受背景光源的干擾，同時發射部份（發光二極體）和接收部份（光電晶體）係以光信號傳送資料，則兩者電源可以互相獨立且隔開，則彼此的電路系統就不會相互干擾，光耦合器有各式各樣不同的種類，於微電腦自動化控制中，已被廣泛地使用。

　　　當有電流 I_F 流過發光二極體時，使之發出光信號，然後被光電晶體接收，便能控制光電晶體的 ON、 OFF。而光電晶體可以把它看成是一般的NPN電晶體，主要差別在於，光電晶體不必有外加的I_B。光電晶體的 I_B 是由光信號所取代。詳細之資料與說明，請參閱第十五章。

練習：

1. 圖 9-20，若希望得到溫度對頻率的轉換， $\Delta = 20Hz/℃$ 時電路應如何修改？

2. 搜集 LM131 的資料，並找到 i 的範圍是多少？

3. 除了 LM131 系列能達電壓對頻率的轉換外，還有那些 IC 可以當做 V/F C 使用？

4. 試分析圖 9-26，說明其工作原理？

　　⑴　LM329C 有可功用？

　　⑵　LM335 是一個怎樣的元件？

　　⑶　若 R_3 10K 可變電阻調在 $6K\Omega$ 時，加熱器的溫度應是多少？

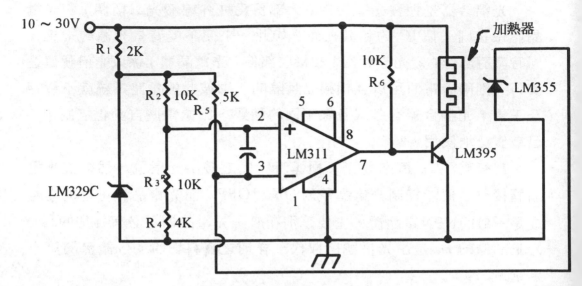

圖 9-26　簡易溫度控制器

⑷　R_1 的目的何在？

⑸　LM311 主要功用為何？

⑹　R_6 若不使用，會有何結果？

⑺　LM395 是一個怎樣的元件？

5. 試分析圖 9-27 的動作原理，並計算出 T_1 和 T_2 與 V_0 的關係。

　圖 9-27 係把兩個 LM35 分別放在兩個不同溫度的地方，用以測量兩者溫度的差值有多少。

⑴　$V_0 = K(T_1 - T_2)$，則 $K = ?$

⑵　怎樣做歸零調整，詳述歸零調整的步驟。

⑶　LM308 第 8 腳接一個 100PF 的電容，其目的何在？

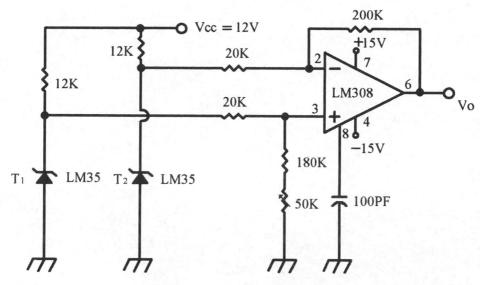

圖 9-27　溫差量測電路

6. 想要得到電壓溫度係數分別為 $10mV/°F$，$10mV/°C$，$10mV/°K$ 的溫
度量測時，你將選用那些感溫半導體呢？

（提示）：找到 LM34，LM35，LM134，LM135 系列的感溫半導體
　　　　資料，並加以比對，就能馬上知道答案了。

第 10 章

磁性感測元件

經由磁通密度大小,而產生不同電壓輸出或改變其本身電阻值大小的磁性感測元件,目前已被廣泛地應用在各種自動化控制領域中。本單元將就霍爾元件 (Hall Device),霍爾 IC 及磁阻元件的原理及應用分析加以說明。霍爾元件是一種因磁通密度大小不同而產生不同的輸出電壓。磁阻元件將依磁通密度的大小而改變其本身的電阻值。霍爾 IC 是把霍爾元件和數位 IC 做在一起的感測器,依磁通密度的大小或有無得到邏輯狀況的指示。

10-1 霍爾效應

在平板半導體介質中,電子移動 (有電場) 的方向,將因磁力的作用 (有磁場),而改變電子行進的方向。若電場與磁場相互垂直時,其傳導的載子 (電子或電洞),將集中於平板的上下兩邊,因而形成電位差存在的現象。而該電位差即霍爾電壓,將受磁通密度的大小與方向而改變。

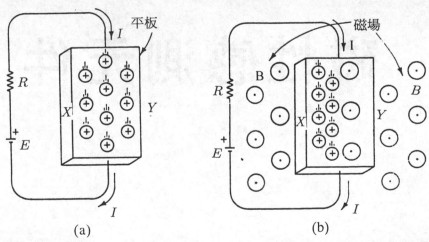

圖 10-1　霍爾效應的說明

圖 (a)：當只有電場提供電流 I_C 流過平板半導體時，傳導載子順著電場的方向流動。致使載子排列得十分均勻，則 X，Y 平面上沒有 "+"，"－" 載子的集中，則 $V_{XY} = 0V$

圖 (b)：當電場和磁場相互垂直時，載子受到磁場的作用力爲

$$F = qvB$$

q：電荷量，v：載子速度，B：磁通密度。

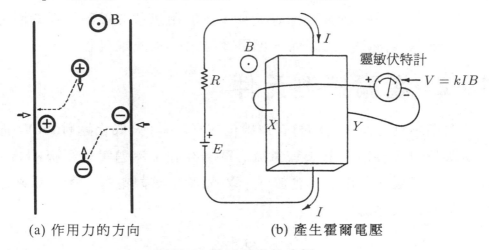

(a) 作用力的方向　　　　(b) 產生霍爾電壓

圖 10-2　載子運動的分析

圖 (a)：正、負載子移動時，因受到磁場作用力的影響而改變運動的方向。依右手法則四指代表載子原來的移動的方向，然後旋轉四指，指到磁場的方向，此時大姆指所指的方向，就是磁場對載子作用力 ($F = qvB$) 的方向，最後會把載子集中到左右平面，(X, Y)。

圖 (b)：當發生霍爾效應以後，在 X、Y 平面上所累積的電荷，將形成有電位差存在的事實，此時電位差 V_H，就是霍爾電壓。所以我們可以用 V_H 代表磁通密度 (B) 的大小。

所以我們可以把 V_H 改寫成

$$V_H = K \cdot I_C \cdot B$$

K：代表其靈敏度，將因平板半導體所摻入的材質，濃度及其厚度而不同。

I_C：P、Q 面所流過的電流。

B：所加磁通密度的大小。

所以我們可用依霍爾效應所做成的霍爾感測器來偵測磁通密度的大小，或偵測磁極是 N 極還是 S 極，更能用以偵測導磁材料的漏磁現象，甚致依電磁轉換的關係，可用霍爾元件做成電流計……。

10-2　霍爾感測元件

霍爾感測元件常用的材質為砷化鎵 (GaAs) 及銻化銦 (InSb)，而使用霍爾感測元件時，必須有電流 (電場存在) 流過霍爾平板的 A、 B 面。且在磁場的作用下，會於 X、 Y 面產生霍爾電壓。所以霍爾感測元件都有四支接腳。

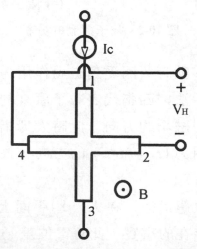

圖 10-3　霍爾感測元件輸入與輸出

　　圖 10-3 是霍爾感測元件常用的符號。其中 1、3 腳當輸入,提供電流 I_C 流過霍爾平板。4、2 腳當輸出接腳,於此得到霍爾電壓 V_H。

表 10-1　各種霍爾元件的特性

特性＼編號	LT110 LT110A	SH230	THS103A	THS106A
材質	GaAs	InSb	GaAs	InSb
霍爾電壓 V_H	100～120mV Vc＝6V, B＝1KG	125～275mV Vc＝6V, B＝500G	50～120mV Ic＝5mA, B＝1KG	65～170mV Ic＝5mA, B＝1KG
輸入阻抗 R_{in}	600～800 Ω	240～540 Ω	450～900 Ω	450～900 Ω
不平衡率	±5%	±7%	±10%	±10%
溫度係數	−0.06%	−3%	−0.06%	−3%
最大額定	12V	20mA	10mA	10mA
直線性	2%	×	2%	2%

　　表 10-1 列出四種霍爾感測元件的電氣特性,從表中可以整理出如下的特性現象:

　(1)　其材質主要為 GaAs 和 InSb 兩種。

　(2)　V_H 的電壓都不大,由數拾到數百 mV,所以我們必須把 V_H 加以放大,才能符合實際電路的應用。

　(3)　從 V_H 的測試條件中有 ($V_C = 6V$,B＝1KG) 或 ($I_C = 5mA$,B＝1KG),得知霍爾感測器可以用定電壓驅動,也可以用定電流驅動。

　(4)　輸入阻抗 R_{in} 約為數百歐姆。

　(5)　必須有磁通密度 B 的存在。而 B 乃以高斯為單位。

　　霍爾感測元件除了用 GaAs 和 InSb 以外,尚有用其它材質製造的產品，但目前用 GaAs 和 InSb 的感測器已大量地使用。其中尤以 GaAs 具有較佳的特性，是未來被使用的主要對象。因

⑴ 因 GaAs 的溫度係數較小，受溫度的影響較少。

⑵ GaAs 的直線性不錯。

⑶ GaAs 能使用於較高磁場還不飽和。

⑷ GaAs 的頻寬可高達數 MHz，而 InSb 只有數拾 KHz。

10-3 霍爾感測元件的轉換電路

因霍爾感測元件有輸入和輸出兩部份，輸入部份供給電流 I_C，而輸出部份得到霍爾電壓 V_H，所以其轉換電路應該同時考慮輸入和輸出。

⑴ 輸入：可用定電壓或定電流驅動。

⑵ 輸出：大都使用差值放大或儀器放大電路。

10-3-1 定電壓驅動

圖 (a) 由 OP1 電壓隨耦器提供固定電壓 V_C，以產生電流 I_C。而 I_C 的大小為

$$I_C = \frac{V_C}{R_H}，\quad R_H：霍爾電阻 (1, 3) 兩端的電阻值。$$

R_H 會受溫度或磁通密度的大小而改變，致使 I_C 變動，此乃定電壓驅動法的缺點。而 R_H 一般為數百歐姆，也可以用簡易的方法，如圖 (b) 所示，以 R_1，R_2 降壓與限流，依然可以得到 I_C。圖 (a) 與圖 (b) 的輸出電壓 V_O 為

$$V_O = \frac{R_b}{R_a} \cdot V_H，\qquad \frac{R_b}{R_a} 為差值放大器的放大率$$

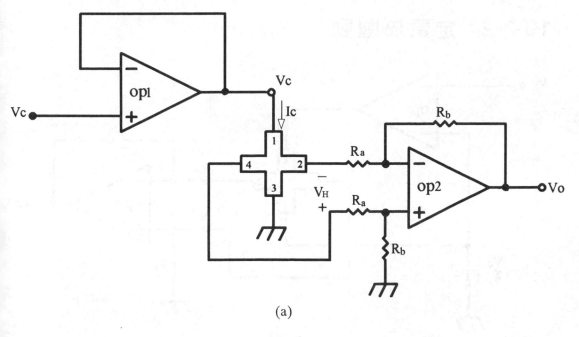

(a)

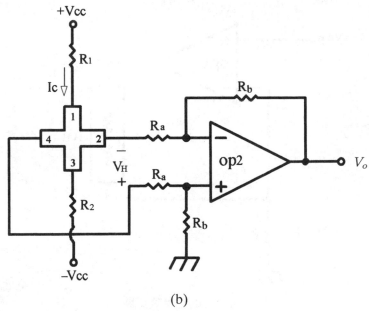

(b)

圖 10-4 定電壓驅動

10-3-2 定電流驅動

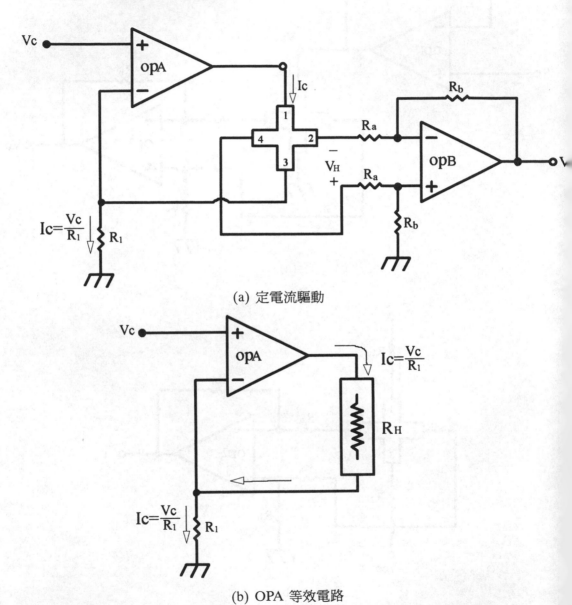

(a) 定電流驅動

(b) OPA 等效電路

圖 10-5　定電流驅動

對 OPA 而言，相當於用 R_H 從輸出接回輸入的 "−" 端，使 OPA 形成放大器的功用，則有虛接地存在，使得 $v_+ = v_-$，則流過 R_1 的電流

$$I_C = \frac{V_C}{R_1} \cdots\cdots 與 R_H 的大小無關，故為定電流。$$

所以只要控制 V_C 的大小及固定 R_1 的阻值，就能得到定電流 I_C。

不管定電壓或定電流驅動，最後必須把 V_H 加以放大。為抵消共模雜訊，大都使用差值放大。更為提高放大器的輸入阻抗，以減小 R_H 變動的影響，而採用儀器放大器，如圖 10-6、圖 10-7。

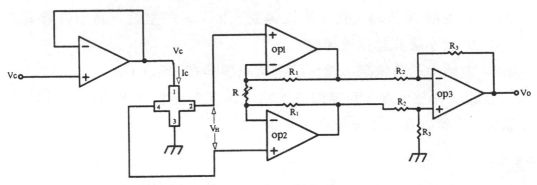

圖 10-6　定電壓驅動＋儀器放大器

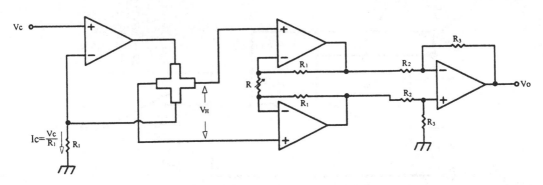

圖 10-7　定電流驅動＋儀器放大器

圖 10-6 及圖 10-7 的輸出電壓 V_O 為

$$V_O = V_H(1 + \frac{2R_1}{R})(\frac{R_3}{R_2})$$

當使用如圖 10-6，圖 10-7 時，有如下的優點：

⑴　輸入阻抗極高，不會對霍爾感測元件造成負載效應，即霍爾感測元件幾乎不必輸出電流，就不會影響其特性。

⑵　能夠抵消其模雜訊的干擾，而只放大霍爾電壓 V_H。

⑶　調整增益時，只用一個電阻 R，相當方便，也不會造成放大器的不平衡。

⑷　若用圖 10-7 時，為定電流驅動，則 R_H 的變動，將不影響 I_C 的大小使其動作更穩定。

⑸　電路中的各電阻，請用精密電阻誤差在 1% 以下。

　　有關儀器放大器，可參閱第二章，或參考拙著 "OP Amp 應用＋實驗模擬" 第五章。（全華圖書編號 02470)。

練習：

1. 圖 10-8 是一個具有極高輸入阻抗的放大器。請証明其 V_O

　　$V_O = 2(1 + \dfrac{R}{R_1})V_H$。

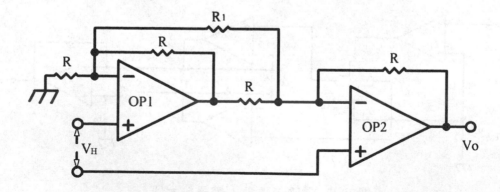

圖 10-8

2. 圖 10-9 電路的動作原理如何？

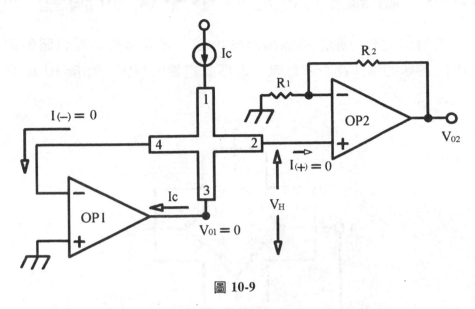

圖 **10-9**

───**解析**───

　　圖 10-9 乃利用 OP1 虛接地的特性 $v_- = v_+ = 0V$，相當於霍爾感測元件的第 4 腳視同接地，但又不會有電流的損耗，因 $I_{(-)} = 0$。又因 v_+ 接地，$v_+ = 0V$，則 OP1 的輸出 $v_{01} = 0$，即由 OP1 提供 I_C 電流的迴路。而 OP2 是一個非反相放大器，其放大率為 $(1 + \dfrac{R_2}{R_1})$，且因是從 "＋" 端輸入，則輸入阻抗非常大，不會對霍爾感測器造成負載效應。如此一來，霍爾感測元件輸入和輸出有共同的地電位，（ 相當於共同接地 ）。同時霍爾感測元件輸出電流 ≈ 0。其輸出電壓 V_{02} 為

$$V_{02} = (1 + \frac{R_2}{R_1}) \cdot V_H$$

10-4　霍爾感測元件不平衡的調整

　　霍爾感測元件輸入與輸出四支接腳，因半導體本身電阻的關係，可視爲各腳間都存在一個電阻，而形成電橋的型式，如圖 10-10 所示。

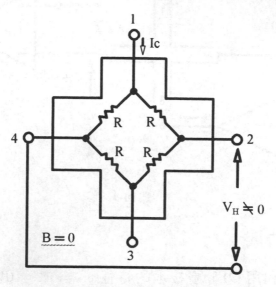

圖 10-10　霍爾感測元件視同電阻電橋

　　由於製程上材質濃度的不均勻，各電阻均有一定的誤差，將導致於在磁通密度爲 0（沒有磁場的時候），因 $V_H = K \cdot I_C \cdot B$，理應 $V_H = 0$，但因電阻的誤差，造成 $V_H \neq 0$，此乃電流 I_C 流經不對稱的電阻，使得電橋不平衡，則 $V_H \neq 0$

　　一般霍爾感測元件的不平衡率約 10%，其中 TL110A 只有 5% 的誤差。因有不平衡的現象發生，所以我們必須設法使 $B = 0$ 時，$V_H = 0$。其方法圖 10-11 所示，其中 R_1，R_2，R_3 組成分壓電路，以抵消因不平衡所造成的誤差。當 $B = 0$，調整 R_2 使 $V_H = 0$，即爲不平衡調整。

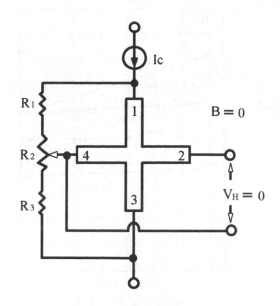

圖 **10-11**　不平衡調整的方法

10-5　霍爾感測器的特性

　　從圖 10-12 得知，定電壓 ($V_C = 6$) 驅動時，受溫度的影響比較大，而使用定電流 ($I_C = 6mA$) 驅動時，受溫度的影響比較小。這說明了為什麼大部份霍爾感測電路願意使用定電流驅動的原因。

　　從圖 10-13 中得知，輸入阻抗會隨溫度而改變，且其溫度係數為 $+0.3\%/°C$，是在不加磁場，$B = 0$ 及 $I_C = 1mA$ 的情況下，所做的測試。這意味著，當磁場改變時，$B \neq 0$，將因磁阻效應而造成輸入阻抗發生變化。只是霍爾感測器並非磁阻元件，於製造時，已經儘量克服 R_{in} 隨磁場改變的因素，即磁阻效應非常小，要留意的反而是溫度對輸入阻抗的影響。

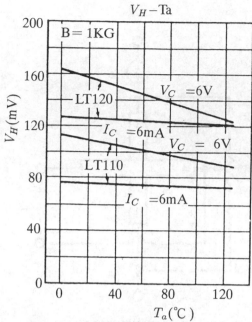

圖 **10-12** 溫度對霍爾電壓的影響

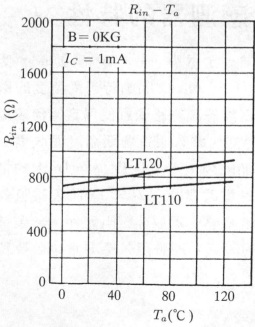

圖 **10-13** 溫度 R_{in} 的影響

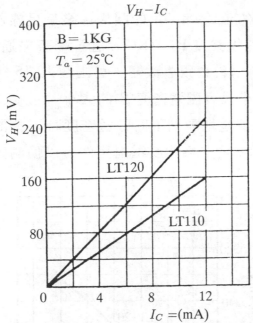

圖 10-14　驅動電流與霍爾電壓的關係

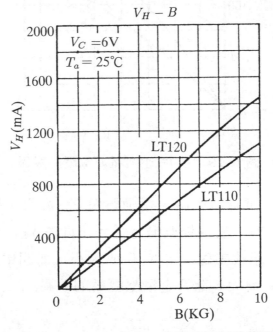

圖 10-15　磁通密度 (B) 和霍爾電壓的關係

　　圖 10-14 是定電流 I_C 和 V_H 的關係，幾乎是線性關係，其測試條件為溫度 25℃，磁場強度 B＝1KG，這意味著磁通密度 B 改變的時候，I_C 和 V_H 的斜率也會跟著改變。可由圖 10-15 得知，即在定電流的情況下 V_H 的大小代表磁通密度 B 的大小。

　　從圖 10-15 很清楚地看到不同磁通密度時，會得到不同的霍爾電壓輸出。此圖告訴我們，為什麼霍爾元件可以偵測磁通密度變化的原因。

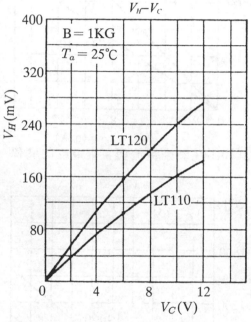

圖 10-16 驅動電壓與霍爾電壓的關係

　　圖 10-16 中定電壓驅動時，驅動電壓 V_C 愈大，則輸出霍爾電壓愈大。當 V_C 固定時，若磁場改變將得到不同的 V_H，即定電壓驅動時，也能由 V_H 的大小代表磁通密度 B 的大小，而圖中當磁通密度太大時，非線性誤差會增加，此乃定電壓驅動的缺點。

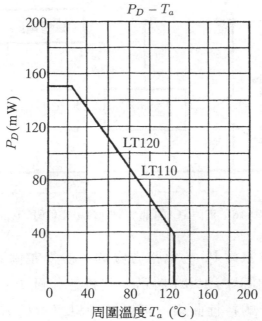

圖 10-17　溫度與功率損耗容許量的關係

　　圖 10-17 得知，溫度愈高時，所能容忍的功率損耗愈小，也就是說，高溫時，其輸出反而變小。一般我們希工作於 25℃ 以下。操作於高溫下，就必須注意散熱及溫度補償的問題。

10-6　霍爾 IC

　　目前已有許多霍爾感測元件與其轉換電路均做在同一個包裝內，而形成霍爾 IC，用以偵測磁場的存在，或判斷 N、S 極性。以 DN6851，DN6853 為例，它是一個開關型 (ON-OFF Type) 的霍爾 IC，其內部電路方塊圖，如圖 10-18 所示。

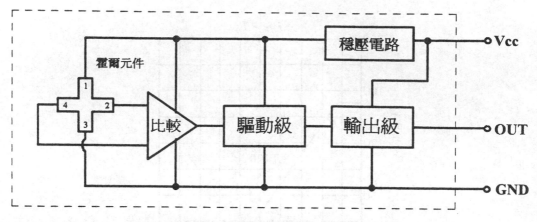

圖 10-18　霍爾 IC 內部方塊圖 (ON-OFF Type)

　　在虛線之內為霍爾 IC 的電路方塊圖，使得霍爾 IC 變成 3 支接腳的零件。其外型如圖 10-19(a) 所示，其特性如圖 10-19(b) 所示。

　　如圖 10-19(b) 的特性曲線，可以得知只要磁場方向改變，輸出電壓的狀況就是跟著改變。所以 DN6851 之霍爾 IC 經常被用來判斷 N、S 極。尤其在無刷馬達中用的最多。B_H 為磁滯之大小。

　　當然也有不是以 0 磁場為中心的霍爾 IC，例如 UGN-3013 及 UGN-3040，其特性曲線如圖 10-20(a) 和 (b)。

　　圖 10-20(a) 所示的特性，為磁通密度大於 300G 時，輸出 $V_O = V_{OL}$，小於 225G 時，$V_O = V_{OH}$。此種感測器可以用來判斷磁場是否存在。或做成磁性遮斷器，或轉速檢知器……。其應用相當廣泛，將用第十一章，專章分析磁性感測元件的應範例。

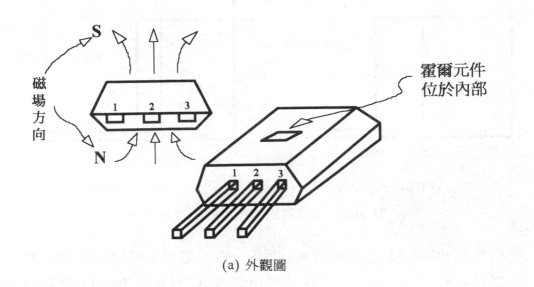

(a) 外觀圖

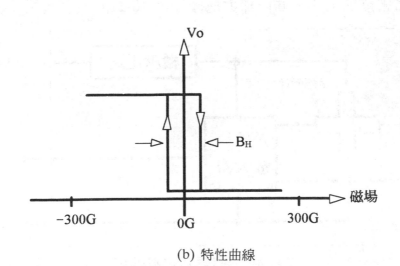

(b) 特性曲線

圖 **10-19** 霍爾 IC 外觀及其特性 (DN6851)

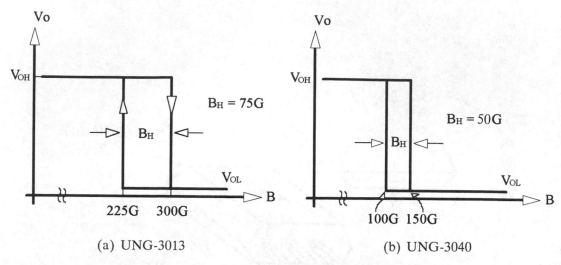

(a) UNG-3013　　　　　　　(b) UNG-3040

圖 10-20　不以零磁場為中心的霍爾 IC

　　除了 ON-OFF 型的霍爾 IC 以外，也有把霍爾感測元件和差動放大器做在同一個包裝中的 " 線性輸出霍爾 IC"(Liner Type)。它可用以偵測磁通密度的大小。其內部方塊圖如圖 10-21。

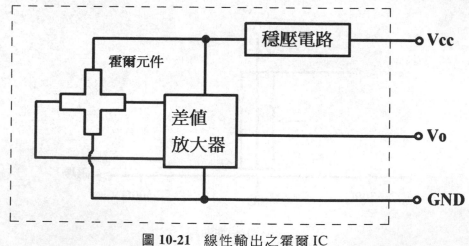

圖 10-21　線性輸出之霍爾 IC

茲提供松下電子及日本史普瑞公司之數種霍爾 IC 型號供你參考：

表 10-2

型號　　公司　　特性	松下電子	日本史普瑞
	DN6847 DN6748	UGN3175 UGN3177
ON-OFF TYPE	DN6849 DN6851	UGN3056 UGN6450
	DN6853 DN6897	UGN3020
LINEAR TYPE		UGN3501,3503 UGN3505

詳細電氣特性，請參閱各公司之資料手冊。

練習：

1. 對霍爾元件而言，定電壓和定電流驅動的優缺點爲何？
2. 霍爾元件的輸入阻抗 R_{in} 會受那些因素影響？
3. 若以 ON-OFF Type 霍爾 IC 做馬達轉速計的感測元件，你會怎樣設計呢？
4. 霍爾元件不平衡現象，是怎樣造成的？應如何消除之。
5. 舉例說明磁性感測器，可能被用在那裡？

10-7　磁阻元件

磁阻元件是一種本身電阻會隨磁通密度而改變的感測器，俗稱磁阻感測器 (Magnetic resistance sensor)，簡稱 MR 元件或 MR 感測器，大部份磁阻感測器是使用銻化銦 (InSb) 做爲感磁材料。首先我們必須談一談 InSb 磁阻效應的現象。

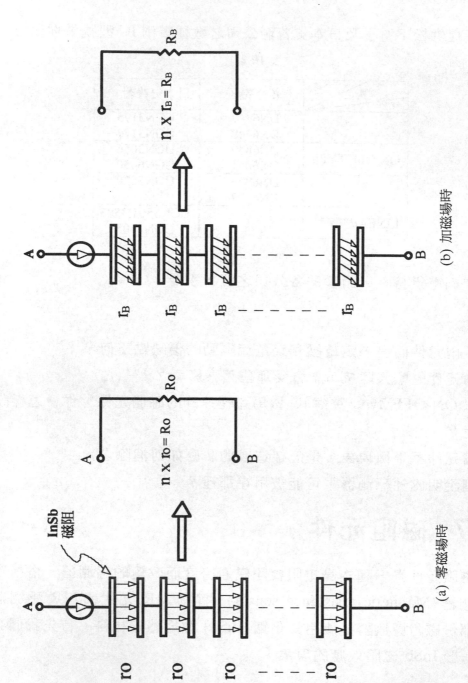

(a) 零磁場時

(b) 加磁場時

圖 10-22 InSb 磁阻效應

　　對每一個 InSb 磁阻元件而言，其阻值均不大。一般實用的磁阻感測器均由許多 InSb 磁阻串接而成，其等效電路，如圖 10-22。當沒有磁場 $(B = 0)$ 的時候，流過 InSb 磁阻的電流，順著一定方向流動。每一個 InSb 磁阻在沒有磁場作用時，其等效電阻 r_0，經串接後得到 $nr_0 = R_0$ 的阻值，如圖 (a) 所示。

　　而當有電流流過 InSb 磁阻，且又有磁場的時候，將因霍爾效應，使得各 InSb 磁阻內的電流會有 θ 角的偏向，相當於電流流動的路徑加長，亦即其電阻增加，由 r_0 變成 r_B，則串聯後的總電阻將由 $R_0 = nr_0$ 變成 $R_B = nr_B$。目前 MR 感測器的阻值，約為數百歐姆到數千歐姆。

　　總而言之，InSb 半導體磁阻元件，其電阻值將隨磁通密度 B 的增加而變大。圖 10-23 是 InSb 磁阻感測器，磁通密度與電阻變化的關係。圖 10-24 為磁阻感測器的大略結構圖。

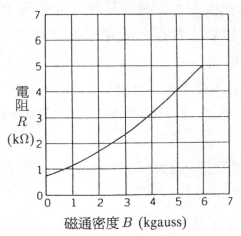

圖 **10-23**　磁通密度與磁阻變化的關係

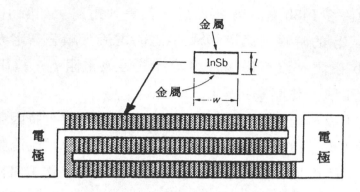

圖 10-24　磁阻感測器的結構圖

　　圖 10-23 特性曲線中，當 $\dfrac{l}{w} < 1$ 時，磁阻將隨磁場而有明顯的變化。表示磁阻元件大都是扁平型的構造，如圖 10-24，爲得到實用的阻值，而採串聯方式。而 $\dfrac{l}{w} > 1$ 是一般霍爾元件直立型的構造，表示霍爾元件受磁阻效應的影響較小。因霍爾元件在乎的是霍爾電壓 V_H 的大小，故儘量減少磁阻效應的影響，而採直立式 ($\dfrac{l}{w} > 1$)。

　　圖 10-25 是磁阻元件對不同極性的磁場，所造成的變化情形。很清楚地看到不論 N 極或 S 極的磁場，均使磁阻感測器，造成相同的增量。

　　而 InSb 磁阻感測器，於低磁通密度時，電阻的變化率比較小。磁場強度爲 3KG 時，$R_B \approx (2.7 \sim 3)R_0$，磁場強度更大時，其電阻的變化率幾乎和磁場強度呈線性關係。如圖 10-26 所示。

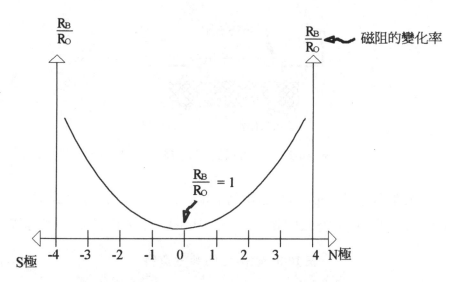

圖 10-25　N、S 極中磁阻的變化情形

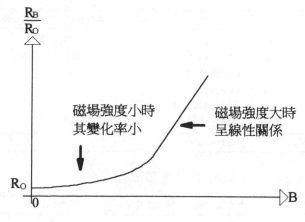

圖 10-26　InSb 磁阻感測器 B 與 $\dfrac{R_B}{R_0}$ 的關係

　　為了提高弱磁通密度時的靈敏度，一般 InSb 磁阻感測器，於產製過程中，會和數百高斯 (G) 的永遠磁鐵做在一起，以加大其變化率。如圖 10-27 所示。

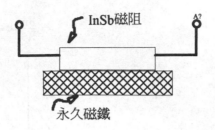

圖 10-27　增加弱磁時之靈敏度

　　所以我們所買到的 InSb 磁阻感測器，很少是單獨一個 InSb 磁阻，而是含有偏磁永久磁鐵的產品。表 10-3 為許多磁阻的特性資料。

表 10-3　磁阻元件參考資料

(a) 半導體磁阻元件

型　名	輸出電壓(mV_{RMS})	元件電阻(Ω)	中點對稱性(%)	檢測面磁通密度(gauss)	檢測寬(mm)	最大額定(V)
MS−F06	0.16〜0.42(V_c=5V)[1]	700〜4500	30	750 (S 極)	3	5.5
MS−G06	0.4〜1.1(V_c=5V)	600〜4500	30	850 (S 極)	3	5.5
MS−H06	0.3〜0.9(V_c=5V)	600〜4500	30	600 (S 極)	6	5.5
MS−I06	0.46〜1.1(V_c=5V)	600〜4500	30	850 (S 極)	3	5.5
MS−D	0.4〜1.1(V_c=5V)	600〜4500	20	850	3	5.5
MS−E	0.4〜1.1(V_c=5V)	600〜4500	20	850	6	5.5
BS05A1HFAA	0.3〜0.8(V_c=5V)[2]	500〜5000			3	7

(b) 強磁性體磁阻元件

型　名	輸出電壓(mV)	電阻變化率(%)	不平衡電壓(mV)	全電阻(Ω)	元件數	最大額定(V)
DM106B	80(V_c=5V, 100Oe)		50(max)	1.4〜3.7k	2	10
DM110	50(V_c=5V, 50Oe)		50(max)	200〜350k	2	30
DM111	75(V_c=5V, 50Oe)		30(max)	500〜800k	2	10
DM211	75(V_c=5V, 100Oe)		25(max)	1.6〜3k	4	10
OR4102M		1.5(100Oe)	25(max)	2.3〜5.4k	4	10
OR4101M	170(V_c=10V, 100Oe)		150(max)	9〜20k	4	15
MR214A		2(30Oe)		10k±25%	2	12
MR223A		2(30Oe)		2k±25%	2	12

10-8　磁阻的轉換電路

　　InSb 磁阻感測器，是一個受磁通密度大小而改變其本身電阻的感測元件，所以在第三章所學的電阻轉換電路，都可以使用。一般磁阻感測器，大都以定電壓的方式驅動。

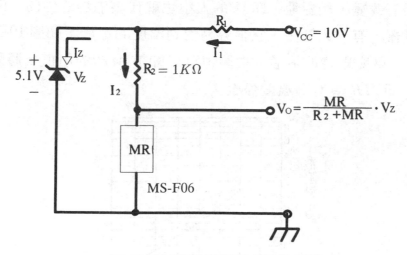

圖 10-28　磁阻感測器之轉換電路

　　若以 MS-F06 為例，其磁阻的變化範圍從 700Ω 到 4500Ω，當 $R_2 = 1K\Omega$ 時，I_2 的範圍為：

$$0.927mA = \frac{V_Z}{R_2 + 4500\Omega} \le I_2 \le \frac{V_Z}{R_2 + 700\Omega} = 3mA$$

此時流過齊納 (Zener) 二極體的電流必須大於 3mA。若設定 $I_Z = 10mA$，則其功率損耗為 $10mA \times 5.1V = 52mW$，故可以買 $5.1V/\frac{1}{2}W$ 的齊納二極體來使用。此時 R_1 為

$$R_1 = \frac{V_{CC} - V_Z}{I_Z + I_2} = \frac{10V - 5.1V}{13mA} = 376\Omega$$

我們可以選用 $R_1 = 390\Omega \pm 5\%$ 的電阻。它並不會影響 I_2 的大小，只是 I_Z 小一點而已 ($I_Z = 9.56mA$)，則 V_0 的範圍為：

$$2.1V = \frac{700\Omega}{1K + 700\Omega} \times 5.1V \leq V_0 \leq \frac{4500\Omega}{1K + 4500\Omega} \times 5.1V = 4.17V$$

如此一來，便能由 V_0 的大小去代表 MR 的大小了。因 MR 的大小隨磁場而改變，相對地，即 V_0 的大小也就代表磁場的強弱。但 InSb 磁阻感測器，有一大缺失，它很容易受到溫度的影響，如圖 10-29，為 MS-F06 受溫度影響的情形，從圖中可以知道 MR 的阻值，將隨溫度而下降。即 MR 具有負溫度係數。

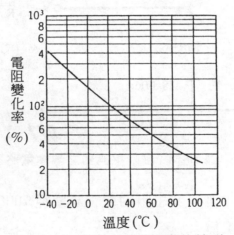

圖 **10-29** 磁阻受溫度影響的情形

所以圖 10-28 磁阻轉換電路，因沒有溫度補償，是一個溫度特性很差的轉換電路，一般我們是採用兩個 MR 串聯在一起的方式，以進行溫度補償，如圖 10-30。

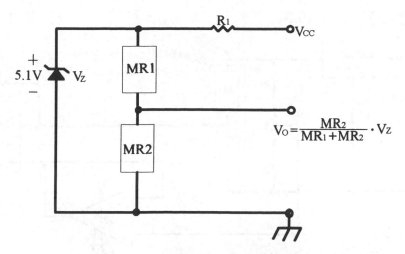

圖 10-30　具溫度補償之磁阻轉換電路

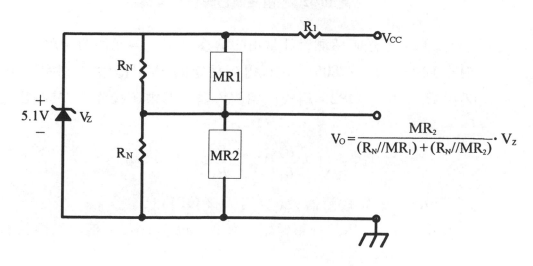

圖 10-31　溫度與線性化補償方法

從 $V_0 = \dfrac{MR_2}{MR_1 + MR_2} \times V_Z$ 來看，分母 $(MR_1 + MR_2)$ 和分子 MR_2 兩者都具有相同的溫度係數。對溫度變化的影響，將有相互抵消的效果。更進一步的溫度補償。乃使用負溫度係數的熱敏電阻 R_N 與 MR_1

和 MR_2 並聯，同時達到溫度與線性化的雙重補償。（請參閱 NTC 非線性修整）。如圖 10-31。

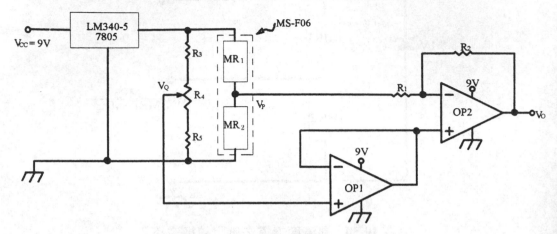

圖 10-32 磁阻感測器轉換參考電路

圖 10-32 是磁阻感測元件常用的轉換電路。各元件的功用如下：

(1)　LM340-5，(7805)：用以得到穩定的 5V，提供定電壓驅動。

(2)　R_1，R_2，OP2：組成反相放大器（單電源操作）。其輸出電壓 V_0，

$$V_0 = \left(1 + \frac{R_2}{R_1}\right)V_Q - \frac{R_2}{R_1}V_P$$

(3)　OP1：當做緩衝器，（亦可不接 OP1)。

(4)　R_3，R_4，R_5：分壓電阻，並與 MR_1，MR_2 構成電阻電橋，如圖 10-33。

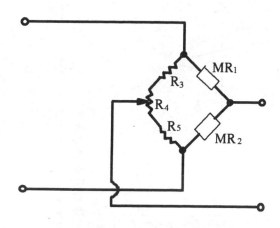

圖 10-33　構成電橋組態

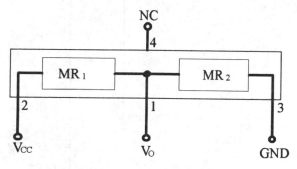

圖 10-34　MS-F06 接腳圖

則於沒有磁場（零磁場）的時候，調整 R_4，使 $V_0 = \dfrac{1}{2}V_{CC} = 4.5V$，如此就能在磁場改變時，得到最大的振幅。

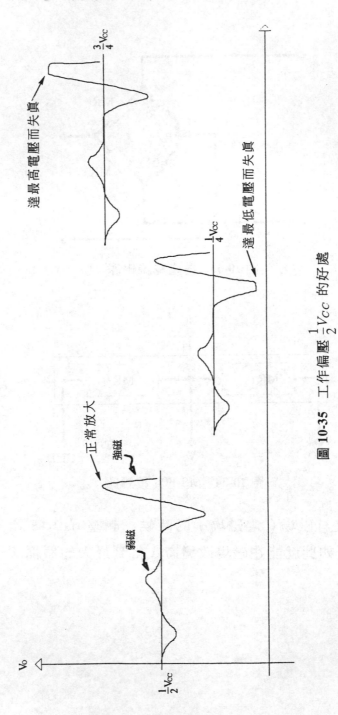

圖 10-35　工作偏壓 $\frac{1}{2}V_{CC}$ 的好處

　　因 MS-F06 是附有偏磁永久磁鐵的磁阻感測器，我們可以用它來偵測導磁性的鐵線或電話磁卡……。若以如下的小實驗加以說明，你就更能了解 MR 的用途。

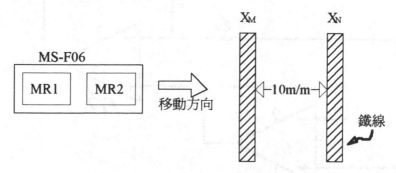

圖 10-36　MR 應用實驗

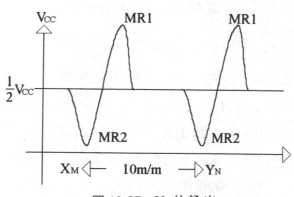

圖 10-37　V_0 的輸出

　　這個實驗，乃把圖 10-32 中的磁阻元件，移向兩條平行鐵線，並且通過去。其過程乃 MR_2 先遇到 M 鐵線，接著 MR_2 將通過 N 鐵線。當 MR_2 遇到鐵線 M 時，MR_2 上升。則 V_P 電壓上升，經 OP2 反相放大後，將得到如圖 10-37 的輸出波。

(5)　OP2 及 V_0 的分析

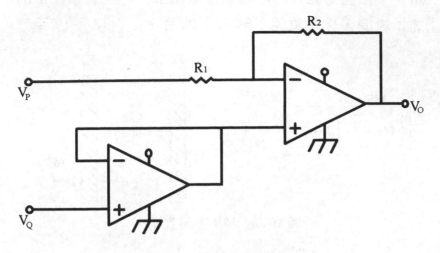

圖 10-38　OP2 的分析

$$V_0 = \left(-\frac{R_2}{R_1}\right)V_P + \left(1 + \frac{R_2}{R_1}\right)V_Q \,, \quad V_P = \frac{MR_2}{MR_1 + MR_2} \times 5V$$

若調整圖 10-32 之可變電阻 R_4，則能設定 V_0 的直流偏壓為 $\frac{1}{2}V_{CC}$，當 MR_2 增加時 V_P 上升，則 V_0 比 $\frac{1}{2}V_{CC}$ 小，所以在 MR_2 增加的時候，輸出波形才會得到如圖 10-37 負向的脈波。若 MR_1 增加時，V_P 下降使得 V_0 比 $\frac{1}{2}V_{CC}$ 大，所以在 MR_1 增加的時候，輸出波形爲正向脈波。

除了像 MS-F06 由兩 MR 所構成的磁阻感測器外，還有由四個 MR 所構成的產品。一般 MR 的產品約爲下列三種。

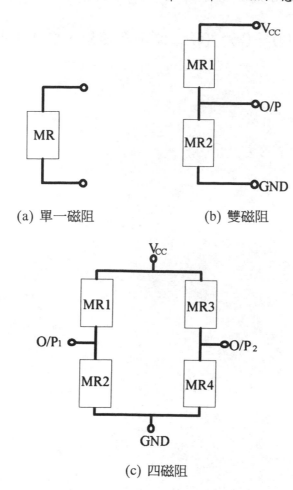

(a) 單一磁阻　　　　　　(b) 雙磁阻

(c) 四磁阻

圖 10-39 磁阻元件之主要組成型式

練習：

1. 霍爾感測器可能被用在那些地方？

2. 霍爾 IC 中，ON-OFF 型及線性型各代表什麼？

3. 磁阻元件 (MR) 可能用在那些地方？

4. 找到目前國內買得到的霍爾感測器 3 種，並影印其資料。

5. 找到霍爾 IC (ON-OFF Type) 3 種，並影印其資料。

6. 找到 MR 感測器 3 種，並影印其資料。

7. 圖 10-39 中，(a)，(b)，(c) 三種 MR 組態，您會使用那些轉換電路？

第11章

磁性感測元件
應用實例

11-1 0～10KG 高斯計設計分析

　　高斯乃磁通密度之單位，故高斯計就是磁通密度之量測儀器，圖 11-1 是以霍爾感測器 TL120A 為感測元件，並採用定電流驅動的方法，目前選定電流為 5mA，其線路分析如下：

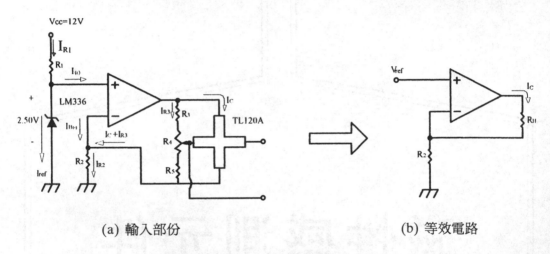

(a) 輸入部份　　　　　　　　　　　　(b) 等效電路

圖 11-1　高斯計感測電路輸入部份

　　選用圖 11-1 為高斯計的輸入部份，各元件的功用已於第十章說明了，於今將就各元件的設計值加以分析

　　$I_{R2} = I_{B(-)} + I_C + I_{R3}$，若選用 R_3，R_4，R_5 甚大時，$I_C \gg I_{R3}$，且 $I_{B(-)} \approx 0$，故 $I_{R2} \approx I_C$，又選用 $I_C = 5mA$，則 $I_{R2} \approx I_C \doteq 5mA$。

$$R_2 = \frac{V_{R2}}{I_{R2}} = \frac{v_-}{I_{R2}} = \frac{v_+}{I_{R2}} = \frac{V_{ref}}{I_{R2}} = \frac{2.5V}{5mA} = 500\Omega$$

　　$I_{R1} = I_{(+)} + I_{ref}$，$I_{(+)} \approx 0$，$I_{R1} = I_{ref}$，而 I_{ref} 必須大於參考電壓 IC(LM336) 的最小工作電流。目前 LM336 的最小工作電流 I_Z 為

$20\mu A$，故可以選用 $I_{ref} \geq 10 I_Z$ ，$I_{ref} \geq 10 \times 20\mu A = 200\mu A$，則 R_1 為

$$R_1 = \frac{V_{CC} - V_{ref}}{I_{R1}} = \frac{12V - 2.5V}{I_{ref}} = \frac{9.5V}{200\mu A} = 47.5k\Omega$$

所以我們可以直接選用 $47K\Omega$ 的電阻取代 R_1，只是 I_{ref} 大一點。只要 LM336 的功率損耗在安全範圍，R_1 的範圍是相當大的。你若用 $R_1 = 30K$ 也是可以。只是此時的 $I_{ref} = 316\mu A$。 LM336 的功率損耗

$$P_D = V_{ref} \times I_{ref} = 2.5V \times 316\mu A = 0.79mW$$，其損耗非常小，所以 R_1 用 30K 也是可以，所以才說 R_1 的範圍非常大。

　　若放大電路採用儀器放大器時，則高斯計的完整電路，將如圖 11-2 所示。

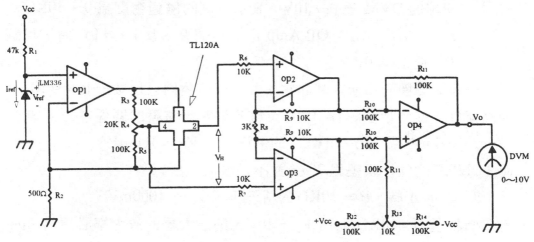

圖 11-2 完整高斯計電路圖

1. 分析各元件的功用：

(1)　R_1：用以提供電流給 LM336，並限制 I_{ref} 的大小，使 LM336 能穩定地提供 2.500V 當做參考電壓。

(2)　LM336：NS 公司的參考電壓 IC，其穩定輸出電壓為 2.500V。

(3) OP1，TL120A，R_2：構成一個定電流驅動的霍爾感測器的轉換電路，其中定電流為 $\dfrac{V_{ref}}{R_2} \approx 5mA$。

(4) R_3，R_4，R_5：組成分壓電路，並由 R_4 做不平衡的調整，使得磁通密度 B 為 0 的時候 $V_H = 0$。

(5) R_6，R_7：只當阻尼電阻使用，其目的在消除振鈴現象。

(6) OP2，OP3，OP4：組成一個儀器放大電路，其輸出電壓 V_O 為 $V_O = \left(1 + \dfrac{2R_9}{R_8}\right) \cdot \left(\dfrac{R_{11}}{R_{10}}\right) \cdot V_H$。同時具有高輸入阻抗，不會對霍爾感測器造成負載效應，並且有抵消共模雜訊的優點。且其放大率只要調 R_8 就好。也不致於產生放大器不平衡的問題。

(7) DVM：使用數位電壓表 (DVM) 代表磁通密度的指示器。目前使用的 DVM 為 0～10V。表示所測的磁通密度為 0～10KG。

(8) R_{12}，R_{13}，R_{14}：OP Amp 之抵補調整。當 $V_H = 0V$ 時，可調 R_{13} 使 $V_o = 0V$。

一般大範圍的高斯計都非常昂貴，目前我們只是做一個 0～10KG 的高斯計。從特性曲線圖 10-14 定電流對霍爾電壓的關係中，得知

$I_C = 5mA$ 時，$B = 1KG$ 的情況下，$V_H = 100mV$。

而 TL120A 的線性誤差為 2%，並不是很大，所以

$I_C = 5mA$ 時，$B = 10KG$ 的情況下，$V_H \approx 1000mV$。

若我們希望 $B = 10KG$ 時，$V_O = 10V$，則放大器的放大率必須為 A_V

$$A_V = \frac{V_O}{V_H} = \frac{10V}{1000mV} = 10倍$$

$$= \left(1 + \frac{2R_9}{R_8}\right)\left(\frac{R_{11}}{R_{10}}\right) = \left(1 + \frac{20K}{R_8}\right)\left(\frac{100K}{100K}\right)，則$$

$$R_8 = \frac{20}{9}K = 2.222K\Omega$$

所以我們可以用一個 $3K\Omega$ 精密型 10 圈可變電阻取代 R_8，用以做為增

益的調整。其結果如圖 11-3。

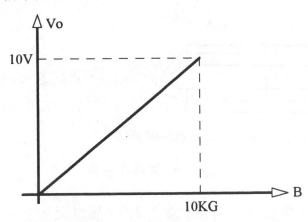

圖 11-3　0～10KG 高斯計的輸出特性

$$靈敏度 = \frac{10V}{10KG} = 1mV/G$$

即每高斯的磁通密度會有 1mV 的輸出。

2. 調整步驟

(1) 電路中 R_4 為歸零抵補調整，當 $B = 0KG$ 時，希望 $V_H = 0V$，但若 $V_H \neq 0$ 則調 R_4，使 $V_H = 0V$。並調 R_{13}，使 $V_0 = 0V$。

(2) 把霍爾 IC 取下，於儀器放大器的輸入端加入 1V 的直流電壓（代表 $B = 10KG$ 時的 $V_H = 1V$）。然後調 R_8，使 $V_O = 10V$。

(3) 重複(1)，(2)兩項步驟，達到 $B = 0G$，$V_O = 0V$，$B = 10KG$，$V_O = 10V$。

(4) 必須做一支磁場測試棒，以方便量測。

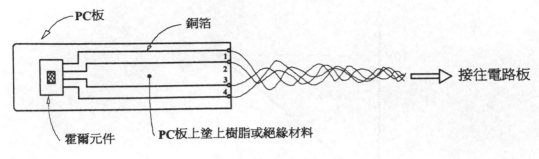

圖 11-4　磁場測試棒

(5)　把數位電壓表 (DVM) 調在 10V 檔以上，並移動測試棒的角
　　　度，使輸出指在最大值。（表示磁場與霍爾感測面垂直，並
　　　注意磁場的方向，若方向相反，V_H 會小於 0。如此也就可用
　　　$V_O > 0$ 或 $V_O < 0$ 判斷 N 或 S 極）。

11-2 N、S 極的判別電路分析

　　已知霍爾元件能以霍爾電壓 V_H 的大小代表磁通密度 B 的大小，
並且磁場的方向將改變霍爾電壓的極性，所以我們能把霍爾元件拿到
當做辨認 N、S 極的磁場感測器。

　　圖 11-5 為 N、S 極的判斷電路，由紅、綠 LED 代表極性。且因
只在乎極性，而不是做磁通密度的量測，故僅用一般差值放大而非使
用儀器放大電路。

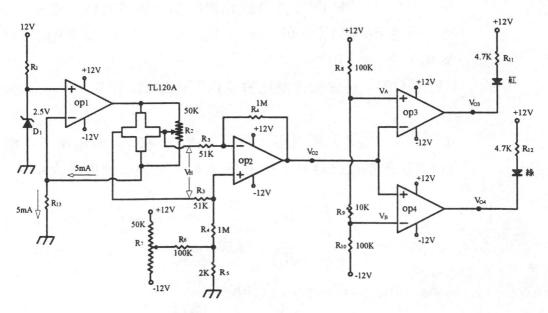

圖 11-5　N、S 極辨別電路

1. 各元件的功用如下：

(1) R_1，D_1：限流電阻和齊納二極 (Zener Diode)，則能於 OP1 的
"＋"端得到 2.5V 的參考電壓。若 I_Z 設定在 5mA，則 R_1 為
$R_1 = \dfrac{12V - 2.5V}{5mA} = 1.9K\Omega$，可以選用 $2k\Omega$ 取代 R_1。

(2) R_{13}，OP1，TL120A：這三者構成一個定電流驅動的霍爾轉換
電路，若希望流過 TL120A 的電流為 5mA，則 R_{13} 為

$$R_{13} = \frac{v_-}{5mA} = \frac{v_+}{5mA} = \frac{2.5V}{5mA} = 0.5K\Omega$$

(3) R_2：霍爾元件不平衡調整。使 $B = 0$ 時，讓 $V_H = 0$ 的調整電
阻。

(4) R_3，R_4，OP2：該三者組成差值放大器，其放大率為 $\dfrac{R_4}{R_3} = A_{v2}$。

(5) R_5，R_6，R_7：是 OP2 差值放大器的抵補調整電路，當 $B = 0$ 時，調整 R_{13} 使 $V_H = 0V$，理應 $V_{02} = 0V$，若 $V_{02} \neq 0$，則可調整 R_7，使 $V_{02} = 0V$。

(6) **OP3，OP4**：是當做電壓比器使用，比較 V_{02} 和 V_A 及 V_B 的大小。

(7) R_8，R_9，R_{10}：分壓電阻，用以得到 V_A 和 V_B 的電壓，此時 V_A，V_B 的電壓已經分別代表 N 極和 S 極磁通密度的大小。

$$V_A = \frac{R_9 + R_{10}}{R_8 + R_9 + R_{10}} \times 12V + \frac{R_8}{R_8 + R_9 + R_{10}} \times (-12V)$$

$$V_B = \frac{R_{10}}{R_8 + R_9 + R_{10}} \times (12V) + \frac{R_8 + R_9}{R_8 + R_9 + R_{10}} \times (-12V)$$

因 $R_8 = R_{10} = 100K$，$R_9 = 10K$

$$V_A = \frac{R_9}{R_8 + R_9 + R_{10}} \times 12V = \frac{10K}{210K} \times 12V = 0.57V$$

$$V_B = \frac{R_9}{R_8 + R_9 + R_{10}} \times (-12V) = \frac{10K}{210K} \times (-12V)$$
$$= -0.57V$$

(8) R_{11}，R_{12}：LED 的限流電阻，一般令 LED 的順向電流約 3mA～ 10mA，已經夠亮了，而 LED 的順向壓降約 1.4～ 1.8V，則 R_{11}，R_{12} 可訂為

$$R_{11} = R_{12} = \frac{2V_{CC} - V_{\text{LED}}}{I_{\text{LED}}} = \frac{24V - 1.8V}{10mA} \sim \frac{24V - 1.4V}{3mA}$$
$$= 2.22K\Omega \sim 7.53K\Omega$$

所以可以選用 $R_{11} = R_{12} = 4.7K\Omega$。而計算式中用 $2V_{CC}$ 是因為目前使用雙電源，OP3，OP4 的輸出為 $-V_{CC}$ 時，LED 會亮。則 R_{11}，R_{12} 兩端的壓降為 $V_{CC} - V_{\text{LED}} - (-V_{CC}) = 2V_{CC} - V_{\text{LED}}$。

2. 動作分析

因此時 V_A 及 V_B 分別為 0.57V 及 $-$ 0.57V，也經代表相當的磁場強度了。圖 11-5 中，V_{02} 代表 V_H，而 V_H 代表磁通密度。所以 V_{02} 的電壓已經代表磁通密度了。

$$V_{02} = \frac{R_4}{R_3} \times V_H \doteq \frac{1M}{51K}V_H \approx 20V_H，當 V_{02} = 0.57V 時，V_H 為$$

$$V_H = \frac{0.57V}{20} = \frac{570mV}{20} = 28.5mV$$

對 TL120A 而言在 $I_C = 5mA$，$B = 1KG$ 時，$V_H = 100mV$，而目前 $I_C = 5mA$，$V_H = 28.5mV$，則代表 $B = 0.285KG$，也就是說以目前 R_8，R_9，R_{10} 的排列情形，$R_8 = R_{10} = 100K$，$R_9 = 10K$，則當 $-0.57V < V_{02} < 0.57V$ 時，兩個 LED 都不亮。所以可以調整 R_9，以得到最小磁通密度的設定。

⑴　沒有磁鐵靠近 (或磁通密度太小時)：

沒有磁鐵靠近時，$V_H \approx 0$，則 $V_{02} \approx 0V$，使得 $-0.57V < V_{02} < 0.57V$，則兩 LED 都不亮，若磁通密度小於 0.285KG 時，LED 也不亮。如圖 11-6 圖 (b) 所示。

$V_A > V_{02}$，OP3：$v_+ > v_-$，$V_{03} = +V_{CC}$，LED OFF。

$V_B < V_{02}$，OP4：$v_+ < v_-$，$V_{04} = +V_{CC}$，LED OFF。

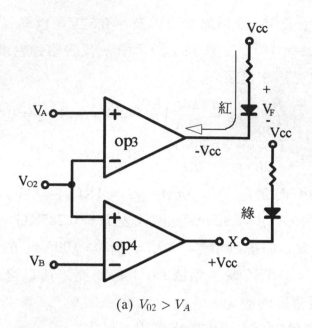

(a) $V_{02} > V_A$

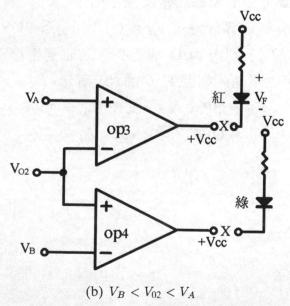

(b) $V_B < V_{02} < V_A$

圖 11-6 OP3，OP4 動作的情形

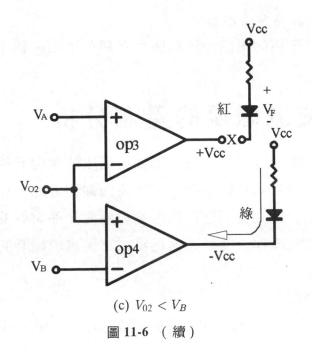

(c) $V_{02} < V_B$

圖 11-6　（續）

(2)　若有磁場時：

　　　對霍爾元件而言，不同方向的磁力線，將造成 V_H 的極性相反。若 N 極的磁力線是垂直進入紙面時，將使得 $V_{02} > 0$，則當磁力線方向相反時，將使得 $V_{02} < 0$

　　　當 $V_{02} > 0$，且 $V_{02} > V_A$ 時，OP3：$v_+ < v_-$，$v_{03} = -V_{CC}$，紅色 LED 亮，代表目前所測到的磁極為 N 極。

　　　當 $V_{02} < 0$，且 $V_{02} < V_B$ 時，OP4：$v_+ < v_-$，$v_{04} = -V_{CC}$，綠色 LED 亮，代表目前所測到的磁極為 S 極。

練習：

1. 設法把圖 11-5 改成用單電源操作。

2. 若希望磁通密度的下限為 ± 0.1G 時，V_A 和 V_B 各應訂為多少電壓，R_9 應該調為多少歐姆？

3. 能判斷 N、S 極的電路，可以使用在那些應用系統上？舉三個實例說明之。

11-3　交流磁場的量測分析

　　對於像變壓器等以線圈及矽鋼片所組成的電磁元件，我們希望其磁力線都集中於矽鋼片鐵心之內，不要洩漏到外面，以免造成各種電磁干擾的現象。此時我們也可以用霍爾感測元件來做漏磁的檢測。而變壓器乃交流電操作，其磁通變化將依交流電流隨時間改變其磁極方向。

各元件的功用如下：

(1)　7805，R_1：構成一個負載接地型的定電流源，目前 $R_1 = 1K\Omega$，則

$$I_C \approx \frac{5V}{R_1} \approx \frac{5V}{1K} = 5mA$$

(2)　OP2：使霍爾元件輸入與輸出端具有共同的參考電壓。（詳細說明請參閱 10-3-2 練習題第二題之解析。

(3)　C_1：交流耦合電容，同時隔離霍爾元件不平衡所造的直流抵補電壓，使 OP2 只放大交流磁場所感應的交流信號。

(4)　OP2，R_2，R_3，C_2：構成一個純交流放大的同相放大器，其放大率為 $A_{V2} = (1 + \frac{R_3}{R_2}) \approx 101$ 倍。

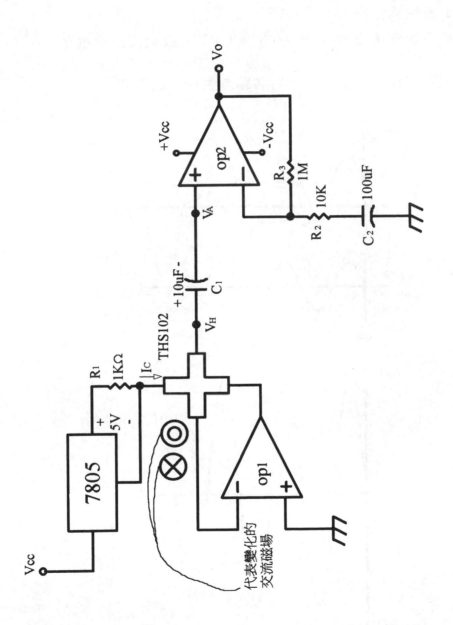

圖 11-7　交流磁場檢測電路

練習：

1. 詳細說明爲什麼 $I_C \approx 5mA$？

2. 詳細分析爲什麼 R_2，R_3，C_2 及 OP2 只放大交流信號？

　　若有交流磁場變化時，將各點產生如下的波形。

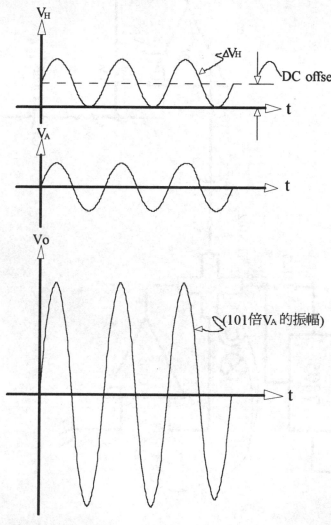

圖 11-8 各點波形分析

　　V_H 會因霍爾元件的不平衡，而存在一項直流電壓 DC Offset 和受交流磁場變化而感應到的 ΔV_H。當經過耦合器電容 C_1 後，會把 DC Offset 的直流電壓降在 C_1 之上，使得 OP2 的輸入電壓 V_A 為純交流信號，然後給 OP2 放大，得到被放大 101 倍的純交流信號。

　　圖 11-7 告訴我們霍爾元件也可以用來偵測交流變化的磁通。並由電容器隔離直流抵補電壓，所以一般用在交流磁通密度偵測時，可以不做不平衡抵補調整。茲提供參考電路如下。

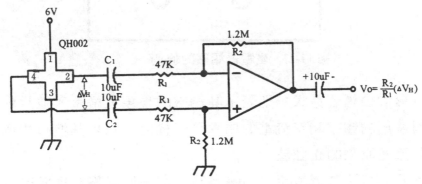

圖 11-9　交流磁通密度偵測參考電路之一

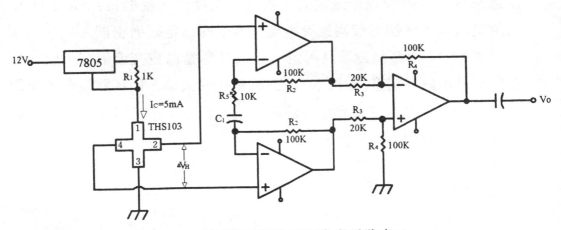

圖 11-10　交流磁通密度偵測參考電路之二

　　若把交流磁通密度偵測電路中的霍爾感測元件，靠近變壓器，並改變其擺置的角度，你將於示波器上看到如圖 11-11 的波形。

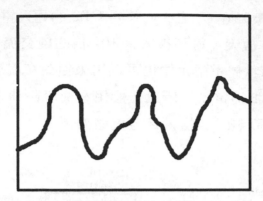

圖 11-11 變壓器漏磁的偵測

　　波形的振幅若愈大，則表示其漏磁的現象愈嚴重。並且你將發現所看到波形的頻率和交流電的頻率是一樣的，只是其波形變成尖凸狀，而非流電原來的正弦波。

　　當要測直流電流所產生的磁場時，卻不能以耦合電容的方式來隔離直流抵補電壓，而必須以圖 10-11 的方式做不平衡調整。但若我們反過來使用，改採以交流電去驅動霍爾元件時，就能得到如圖 11-12 的純交流放大，卻可偵測直流電流所產生的固定磁通密度。

　　圖 11-12 中雖然磁場是固定，但因其驅動源為交流信號，使得相對輸出是由磁通密度 B 決定 V_H 交流變化的大小。則各點波形會像圖 11-8 所示。若綜合霍爾元件的驅動方法及測試。固定磁場與交流磁場的組合，將有如下的情況。

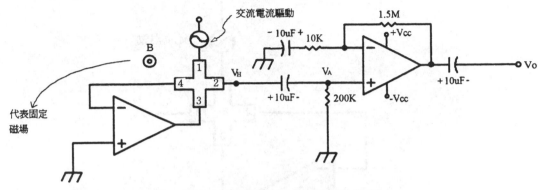

圖 11-12　直流磁場採交流電路處理

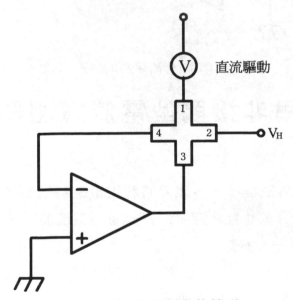

圖 11-13　直流驅動的情形

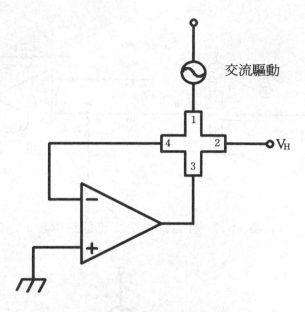

圖 11-14　交流驅動的情形

11-4　霍爾非接觸型電流感測器線路分析

　　量測電流的方法很多，本單元將利用電磁轉換的原理，把霍爾元件做成電流感測器，並且此種感測器於量測電流時，不必與電路接觸（串接），是它的一大特點。

　　如圖 11-15，是一個具有隙縫 d 的環形鐵心，當有電流 I_O 貫穿其中心時，該電流所產生的磁力線會集中於環形鐵心之中。而環形鐵心磁路的磁阻幾乎集中於隙縫處，所以該隙縫的磁阻也幾乎等於磁路的總磁阻，則產生於隙縫間的磁通密度 B

$B = I_O(\dfrac{\mu_O}{d})$……單位為 Tesla，1 Tesla= 10^4G（ 高斯 ）

B：磁通密度，　　　　　μ_O：導磁係數，目前為空氣

I_O：所貫穿的電流，　　d：隙縫的距離

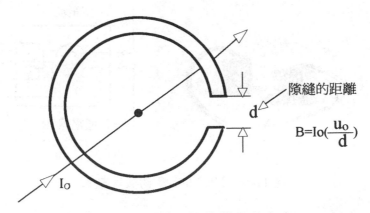

隙縫的距離

$B = Io(\dfrac{u_o}{d})$

圖 11-15　環形鐵心隙縫的磁通密度

相當於磁通密度和貫穿其間的電流 I_O 成正比，並維持相當的線性關係。一直到因電流 I_O 太大，造成磁場飽和為止。所以只要在鐵心不是飽和的情況下，測得隙縫上的磁通密度，就可以求得貫穿電流 I_O 的大小了。

若以 HCS-6-S 為例，其隙縫距離 $d = 1.6$m/m，且 $\mu_O = 4\pi \times 10^{-7}$

$$B \;=\; I_O(\frac{\mu_O}{d}) = I_O \times 4\pi \times 10^{-7} \times \frac{1.6}{1000} \cdots\cdots \text{Tesla}$$

$$\;=\; 7.8 \times 10^{-4} I_O \cdots\cdots \text{Tesla}$$

$$\;=\; 7.8 I_O \cdots\cdots \text{Gauss}$$

若在其隙縫中用一個霍爾元件，以偵測隙縫的磁通密度，便能得知 I_O 的大小和方向。

$$I_O = \frac{B}{7.8} \cdots\cdots \text{Amp安培}$$

也就是說用霍爾元件配合環形鐵心所做成的非接觸型電流感測器，可以測量直流電流，也可以測量交流電流。

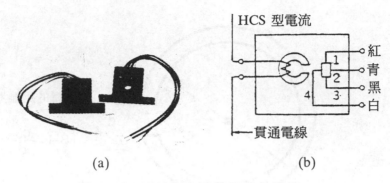

(a)　　　　　　　　　　　　(b)

圖 11-16　HCS-6-S 實物與等效電路

HCS-6-S 原廠規格說明如下：

⑴　額定電流：表示可以量測的電流範圍，(0～300A) 為線性。

⑵　飽和電流：超過此電流，將使鐵心飽和。(500A)

⑶　靈敏度：0.6mV/AT±0.2mV 表示具有每一安匝 (AT) 產生 0.6mV 的輸出電壓。並請注意其中 ±0.2mV 的變動量。

⑷　偏移電壓：±8mV 表示在 0A 時，會有 ±8mV 的直流抵補電壓存在，可於電路設計中做適當的抵補調整。

⑸　驅動電流：5mA(最大 10mA)，表示流過霍爾感測元件的驅動電流，最好使用 5mA，不能超過 10mA。

⑹　頻率特性：DC～6KHz，表示可以使用在直流或交流電流的偵測。請參閱圖 11-17HCS-6-S 頻率特性曲線。

⑺　溫度特性：最大為 ±2mV(0～40℃)，表示工作於 0℃～40℃時可能會有 ±2mV 的誤差，應設法克服之。

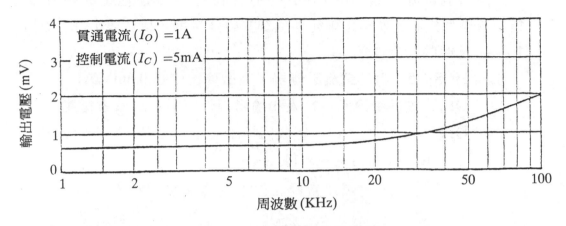

圖 11-17　HCS-6-S 頻率特性曲線

從圖 11-17HCS-6-S 頻率特性曲線中發現，在 $I_O = 1A$ 時，從 DC(0Hz) 一直到 6KHz，其相對輸出電壓都保持在 0.6mV，所以一般 50Hz 或 60Hz 的交流電，都可以用 HCS-6-S 來做為非接觸式的電流偵測。圖 11-18 為霍爾非接觸型電流感測器之應用線路。

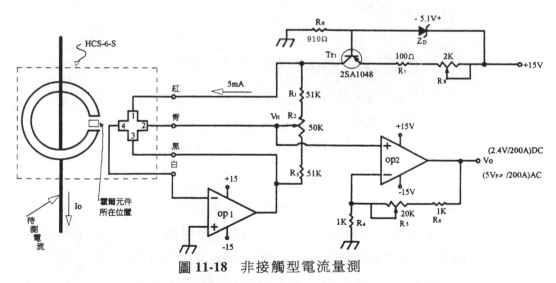

圖 11-18　非接觸型電流量測

讓待測電流 I_O 穿過 HCS-6-S 的中間圓孔，其所產生的磁力線將集中於環型鐵心，並由霍爾元件偵測其磁通密度，以代表 I_O 的大小。

1. 各元件的功用：

⑴ HCS-6-S：霍爾電流感測器，靈敏度已知為 0.6mV/AT。

⑵ OP1：提供霍爾元件輸入和輸出部份有相同的參考電壓。

⑶ OP2，R_4，R_5，R_6：組成同相放大器，由 R_5 調整放大率的大小，其放大率為 $A_{V2} = \left(1 + \dfrac{R_5 + R_6}{R_4}\right)$。

⑷ R_1，R_2，R_3：做為霍爾元件不平衡調整，當 $I_O = 0$ 時，使 $V_H = 0V$。

⑸ T_{r1}，R_7，R_8，ZD，R_9：構成定電流電路，以提供 5mA 給霍爾元件做為定電流驅動。

2. 電路分析：

圖 11-18 我們可以把它分成兩大部份加以分析，其一為定電流源電路及霍爾元件之轉換電路。

⑴ 定電流源電路：

圖 11-19 相當於使用 5.1V 提供 2SA1048 固定偏壓，使得其 I_C 的電流為定電流。茲分析其計算式如下：

$$I_E(R_8 + R_7) + V_{EB} = V_Z = 5.1V$$

$$I_E = \frac{V_Z - V_{EB}}{R_8 + R_7} = \frac{5.1V - 0.7V}{R_8 + 100\Omega} = \frac{4.4V}{R_8 + 100\Omega}$$

若調整 R_8，使 $R_8 = 780\Omega$ 時，$I_E = 5mA$，$I_E \approx I_C = 5mA$，也就是說只要調整 R_8，就能得到 $I_C = 5mA$。電路中的 910Ω 是為了確保該 5.1V 的齊納二極體能夠穩定地工作，達到限流與降壓的目的。而 100Ω 是保護電阻，用以防止因 R_8 不小心調成 0Ω 時，造成電流太大，而燒掉霍爾元件。

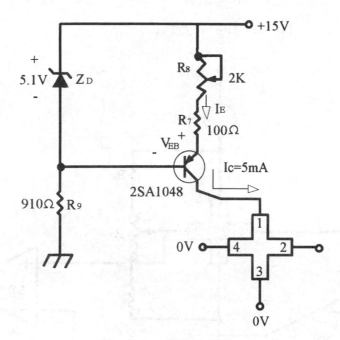

圖 11-19　定電流電路

比較好的安排是 R_8 使用 100Ω 的可變電阻，而 R_7 使用 820Ω 的固定電阻。才能於調整 $I_C = 5mA$ 時，得到更精確的設定。

(2) 霍爾轉換電路：

在圖 11-20 中，OP1 $v_{(+)} = 0$，因虛接地 $v_{(-)} = 0$，相當於 OP1 的輸入都是 0V，所以 $v_{01} = 0V$，使得霍爾元件的輸入端 (1，3 腳) 和輸出端 (2，4 腳)，因 $V_{01} = v_{(-)} = 0V$，而具有共同的參考電位 0V，且輸出又不會造成電流損耗 (因 $I_4 \approx 0$)，OP2 是同相放大器，其輸出電壓 V_O 為

$$V_O \;=\; \Big(1 + \frac{R_5 + R_6}{R_4}\Big)V_H = \Big(1 + \frac{1K + R_5}{1K}\Big)V_H,$$

$$R_5 \;=\; 0 \sim 20K\Omega$$

$$V_O \;=\; 2V_H \sim 22V_H$$

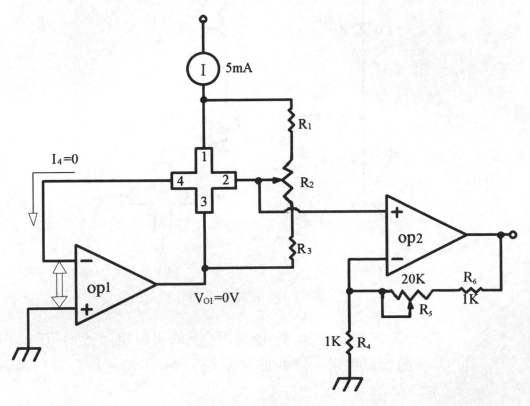

圖 11-20　霍爾轉換電路

　　因 V_H 的靈敏度為 0.6mV/AT，在調 $R_5 = 18K$ 時，放大
率為 20 倍，則輸出電壓 V_O 的靈敏度為 0.6mV/AT × 20＝
12mV/AT。目前只是讓待測電流的電線直接穿過 HCS-6-S 的
中間圓洞，並沒有在多繞幾匝，所以匝數 $T = 1$，即 V_O 的靈
敏度為 12mV/A。表示電流 I_O 為 1A 時，V_O 為 12mV。而此時
乃針對直流電流做量測，其相對的輸出為

表 11-1　量測記錄

I_O :	1A	10A	50A	100A	200A
V_O :	12mV	120mV	600mV	1200mV	2400mV

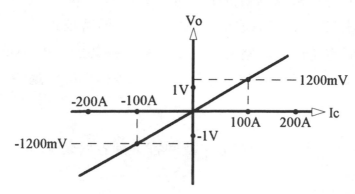

圖 11-21　直流量測的結果

　　若待測電流為交流電流時，輸出電壓 V_O 也將得到交流信號。然我們一般交流電流的量測乃指有效值 (rms 值)。而峰值與有效值間的關係為 $I_P = \sqrt{2} \times I_{rms} = 1.414 I_{rms}$，此時輸出電壓也會達到峰值狀態。則輸出的峰值電壓 $V_P = (0.6mV/A) \times 20 \times \sqrt{2} \times I_{rms}$，則當 I_O =1Amp (rms) 時， $V_P = 16.968mV$，而峰對峰的電壓 $V_{P-P} = 2V_P = 33.396mV$。

　　如果想讓 AC 200Amp (rms) 時， $V_{P-P} = 5V$，則必須調整放大率為

$$A_V = \frac{5V \times \dfrac{1}{2}}{(0.6mV/A) \times 1.414 \times 200A} = 14.73倍$$

可以調整 R_5 使放大率為 14.73 倍，就能得到 $5V_{P-P}/200A$(rms) 的結果。相當於 $25mV_{(P-P)}/A$，即每 1Amp (rms) 能得到 $25mV_{(P-P)}$ 的輸出。

3.　調校步驟

(1)　先調整 R_8，並測得 $I_C = 5mA$，使流入霍爾元件的電流為 5mA，達到定電流驅動的要求。

(2)　不加待測電流的情況下，$I_O = 0$ Amp，調整 R_2 做不平衡調整，使 $V_O = 0$ 以完成抵消偏移電壓的歸零校正。

(3)　加額定電流，調整適當的放大率，例如加入 10 Amp 時，必須調整 $V_O = 120mV$，以完成放大率為 20 倍的調整。

練習：

1. 請分析圖 11-22 的動作情形，及回答下列各問題。

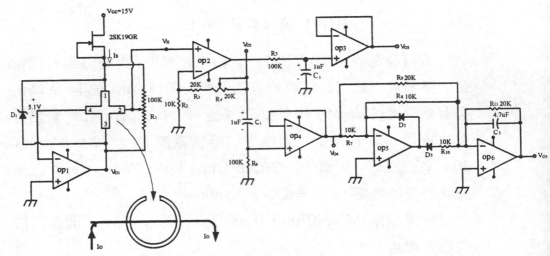

圖 11-22　交直流電流計

(1)　2SK19GR 是 N 或 P 通道的 JFET？

(2)　JFET 與 BJJ (NPN 或 PNP) 電晶體之優點？

(3)　目前 2SK19GR，$V_{GS} = 0$，則 $I_S = $?

(4)　D_1 為 5.1V 的 Zener Diode，有何功用？

⑸　　OP1 有何功用？

⑹　　R_1，$100K\Omega$ 可變電阻，做什麼調整使用的？

⑺　　OP2 主要擔任何種角色？其放大率的範圍是多少？

⑻　　R_5，C_2：構成何種電路？目的何在？

⑼　　C_1，R_6，構成何種電路？目的何在？

⑽　　OP4 的功用？

⑾　　OP5 及 OP6 配合 $R_7 \sim R_{11}$，D_2，D_3 組成何種電路？

⑿　　繪出 V_{04} 和 V_{06} 的轉換特性曲線。

⒀　　OP6 電路中有一個 $4.7\mu F$ 的 C_3，其功用何在？

⒁　　若該霍爾電流感測器輸出 V_H 的靈敏度為 10mV/AT。當 $I_0 = 10A$ 時，$R_4 = 10K\Omega$，則 $V_{02} = ?$ $V_{04} = ?$ $V_{06} = ?$

⒂　　若 I_0 加的是交流電流，且 $I_O = 10$Amp (rms) 時，請繪出 V_H，V_{02}，V_{06} 的波形，條件和⒁小題一樣，而 I_O 的頻率為 60Hz。

⒃　　若希望只測 0～ 20A，當 $I_O = 20A$ 時，希望 $V_{03} = 2V$，則 OP2 的放大率應該設為多少？$R_3 + R_4$ 的電阻值應該為多少？

⒄　　若 I_O 的方向相反時，試問 V_{03} 和 V_{06} 的極性有何變化？

⒅　　若 I_O 的電線在霍爾電流感測器中間圓孔多繞了一圈時，會有什麼結果？

⒆　　找到 3 種可以測 0～ 100A 的電流感測器，並影印其資料備查。

11-5　磁性旋轉感測器應用分析

把旋轉磁盤與霍爾元件組成如圖 11-23，將因轉軸帶動旋轉磁盤，而使霍爾元件感應 N 和 S 不同的磁極，則於霍爾感測電路，將得到正負半波的波形輸出。

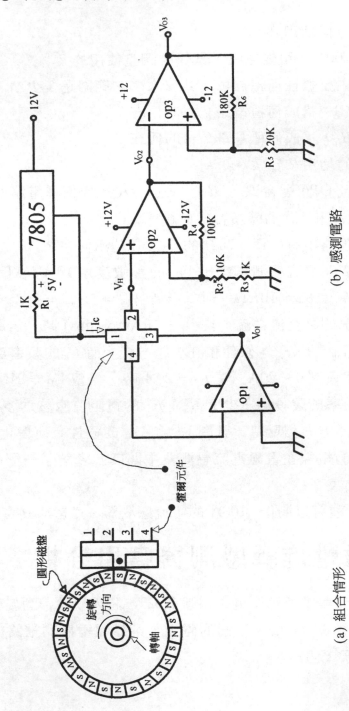

(b) 感測電路

(a) 組合情形

圖 11-23 霍爾旋轉感測器

1. 各元件的功用：

(1) 7805 與 R_1：共同組成一個以穩壓 IC 達成定電流源的電路，使得 $I_C = \dfrac{5V}{R_1} = \dfrac{5V}{1K} = 5mA$

(2) OP1：使得霍爾元件的輸入端和輸出端具有相同 0 電位的參考點。對 OP1 而言，$v_{(+)} = 0 = v_{(-)}$，則 $V_{01} = 0$。

(3) OP2：是一個同相放大器其放大為 $(1 + \dfrac{R_4}{R_2 + R_3})$，範圍是 $(1 + \dfrac{100K}{11K} \approx 10.09)$ 倍到 $(1 + \dfrac{100K}{1K}) = 101$ 倍。

(4) OP3：是一個磁滯比較器（或稱之為史密特觸發之比較器）其高、低臨界電壓，V_{TH} 與 V_{TL} 分別為

$$V_{TH} = \frac{R_5}{R_5 + R_6} \times E_{\text{sat}}, \quad V_{TL} = \frac{R_5}{R_5 + R_6} \times (-E_{\text{sat}})$$

其中 (E_{sat}) 與 $(-E_{\text{sat}})$ 代表 OP3 的最大輸出電壓，大約比 V_{CC} 小，1V～3V。若 $\pm E_{\text{sat}} = \pm 10V$，則

$$V_{TH} = \frac{20K}{20K + 180K} \times 10V = 1V,$$

$$V_{TL} = \frac{20K}{20K + 180K} \times (-10) = -1V$$

2. 電路之動作分析：

當轉軸旋轉時，帶動圓形磁盤使得圓形磁盤上，N、S 極相繼於霍爾感測元件上產生極性相反的 V_H。若 N 極的磁場產生 $(+V_H)$，則 S 極的磁場將產生 $(-V_H)$。

霍爾感測元件輸出電壓 V_H 經 OP2 放大器，可以調整 R_2，使 OP2 的輸出電壓 V_{02} 能大於 $\pm 1V$，則 OP3 的輸出電壓 V_{03} 就是一個方波。茲分析各點波形如下。

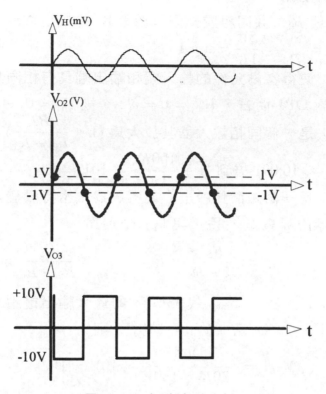

圖 **11-24**　各點波形分析

　　OP2 的輸出 V_{02} 經 OP3 磁滯比較器（請參閱拙著全華書號 2470，第三章反相型零位磁滯比較器）。若 $V_{02} > V_T H = 1V$，則 $V_{03} = -E_{\text{sat}} = -10V$，若 $V_{02} < V_{TL} = -1V$，則 $V_{03} = +E_{\text{sat}} = 10V$。就能把 V_{03} 的方波用計數器加以計算。便能知道旋轉的速度是多少。目前旋轉磁盤共有 16 對 N、S 極，則當旋轉一圈的時候，V_{03} 會得到 16 個脈波，若 1 秒鐘共有 M 個脈波時，則 $\dfrac{M}{16}$ 就每秒轉多少圈（轉速 rps)。

　　於第十六章我們會再談到以光計數的方式，也能達到旋轉感測的目的。而本節將就磁性元件應用於旋轉感測的說明。再舉磁阻元件於旋轉感測應用的情形，以圖 11-25 磁阻旋轉感測器電路加以說明。

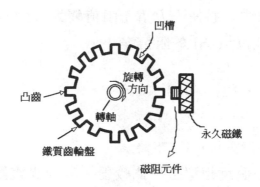

(a) 組合情形

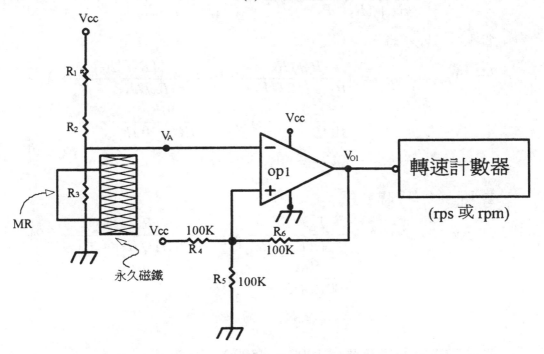

(b) 感測電路

圖 11-25 磁阻旋轉感測器

　　圖 11-25(a) 爲磁阻旋轉感測器的組合情形，當轉軸旋轉時，帶動鐵質齒輪盤一起旋轉，因磁阻感測器本身附有偏磁磁鐵，當接近凸齒的時候，磁力線集中，將使 $MR(R_3)$ 阻值變大，而遇到凹槽的時候，磁通密度較小，則 $MR(R_3)$ 的阻值變小。

$$V_A = \frac{R_3}{(R_1 + R_2) + (R_3)} \times V_{CC}$$

凸齒位置：R_3 變大，V_A 上升。

凹槽位置：R_3 變小，V_A 下降。

OP1 目前爲一個反相型磁滯比較器，其臨界電壓 V_{TH} 及 V_{TL} 分別爲

$$V_{(+)} = \frac{R_5//R_6}{R_4 + (R_5//R_6)} \times V_{CC} + \frac{(R_4//R_5)}{(R_4//R_5) + R_6} \times V_{01}$$

當 $V_{01} = V_{CC}$ 時，

$$\begin{aligned}
V_{(+)} = V_{TH} &= \frac{R_5//R_6}{R_4 + (R_5//R_6)} \times V_{CC} + \frac{(R_4//R_5)}{(R_4//R_5) + R_6} \times V_{CC} \\
&= \frac{50K}{100K + 50K} V_{CC} + \frac{50K}{50K + 100K} V_{CC} \\
&= \frac{2}{3} V_{CC} = 8V, \ V_{CC} = 12V
\end{aligned}$$

當 $V_{01} = 0.2V$ 時

$$\begin{aligned}
V_{(+)} = V_{TL} &= \frac{R_5//R_6}{R_4 + (R_5//R_6)} \times V_{CC} + \frac{(R_4//R_5)}{(R_4//R_5) + R_6} \times 0.2V \\
&\approx \frac{50K}{100K + 50K} \times V_{CC} \\
&\approx \frac{1}{3} V_{CC} \approx 4V
\end{aligned}$$

若磁阻電阻的變化量爲 500Ω～4500Ω，則必須

$$\frac{500\Omega}{(R_1 + R_2) + 500\Omega} \times 12V < 4V，必須 (R_1 + R_2) > 1000\Omega$$

$$\frac{4500\Omega}{(R_1 + R_2) + 4500\Omega} \times 12V > 8V \text{，必須} (R_1 + R_2) < 2250\Omega$$

所以 $1000\Omega < (R_1 + R_2) < 2250\Omega$，我們可以令 $(R_1 + R_2) = 2K\Omega$ 則可以選用 $R_1 = 1K\Omega$ 的可變電阻，R_2 用 $1.5K\Omega$ 的可變電阻。調 R_2 使 V_A 得到小於 4V 及大於 8V 的正弦波。如圖 11-26 所示。

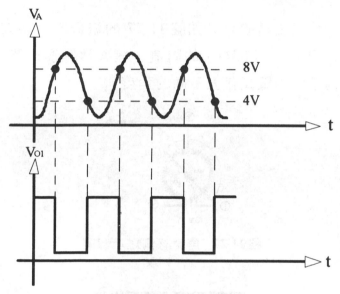

圖 **11-26**　各點波形分析

則當轉軸旋轉的時候，就能由 V_A 的正弦波，經 OP1 磁滯比較器而得到方波輸出。該方波加到轉速計數器，就能知道目前旋轉的速度 rpm 或 rps 各是多少？

練習：

1. 圖 11-23 圖 (b) 若改用差值放大器當霍爾元件的轉換電路時，線路應該怎樣接呢？

2. 磁滯比較器，有那些重要的特性？

3. 圖 11-24，R_2 若調整為 500Ω 時，V_A 的最大值及最小值各是多少呢
　？若 R_2 調為 1.5K 時，V_{01} 會是什麼結果？
4. 以你所能買到的磁阻元件，設計一組磁阻轉速量測電路。

11-6　磁阻角度感測器應用分析

　　把磁阻元件與旋轉磁板做如圖 11-27 的組合時，將因轉軸帶動旋
轉磁鐵，而改變 MR_1 和 MR_2 的阻值，經適當轉換電路，如圖 11-31
於輸出將得到不同的電壓代表不同的角度。

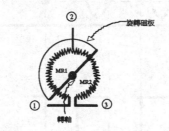

圖 11-27　角度感測之示意圖

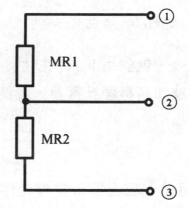

圖 11-28　角度感測之等效電路

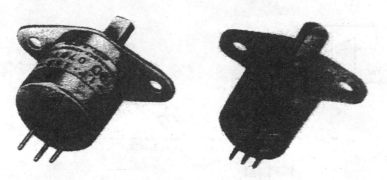

圖 11-29　非接觸角度感測器

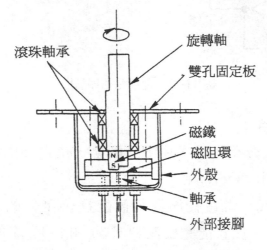

滾珠軸承

旋轉軸

雙孔固定板

磁鐵

磁阻環

外殼

軸承

外部接腳

圖 11-30　角度感測器剖面圖

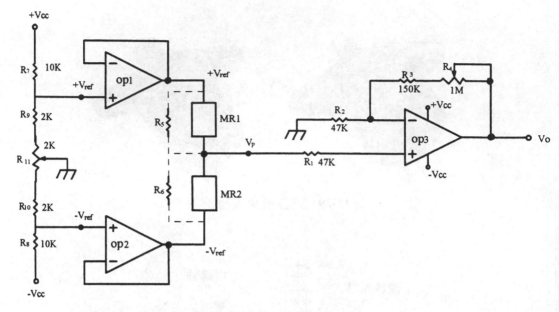

圖 11-31　角度感測電路

1.　各元件的功用：

(1)　$R_7 \sim R_{11}$：分壓電阻，由 R_{11} 調整，使得 OP1 和 OP2 得到對稱電壓輸出 $(+V_{ref})$ 和 $(-V_{ref})$。

(2)　OP1，OP2：當做緩衝器，便能提供足夠的電流給 MR_1 和 MR_2 使用，並且能夠確保 $(+V_{ref})$ 和 $(-V_{ref})$ 的穩定。

(3)　R_5，R_6：做為 MR_1 和 MR_2 的非線性補償之並聯電阻，使角度感測的線性範圍更大一點。

(4)　MR_1，MR_2：半圓形之磁阻感測器，如圖 11-26 所示。

(5)　R_1：減少偏壓電流對 OP3 的影響，$R_1 \approx R_2 /\!/ (R_3 + R_4) \approx R_2$

(6)　R_2，R_3，R_4，OP3：組成同相放大器，其增益 $A_{V3} = \left(1 + \dfrac{R_3 + R_4}{R_2}\right)$，故可由 R_4 控制增益大小，以得到適當的 V_O

2.　電路動作分析：

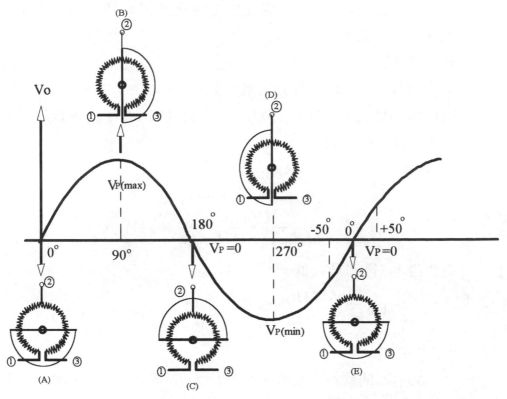

圖 **11-32**　角度感測器之動作分析

對圖 11-30 電路加以分析時，得知 V_P 的電壓為

$$V_P = \frac{MR_2}{MR_1 + MR_2} \times (+V_{ref}) + (\frac{MR_1}{MR_1 + MR_2}) \times (-V_{ref})$$

$$V_O = \left(1 + \frac{R_3 + R_4}{R_2}\right) \times V_P$$

(1)　$\theta = 0°$ 時：

如 (A) 的狀況，旋轉磁板位於 MR_1 和 MR_2 的一半，若

$MR_1 = MR_2$，則 $V_P = 0$，$V_O = 0V$。當在 $\theta = 0°$ 時，若 $V_O \neq 0$，則可調整 R_{11}，使位於(1)的狀況，讓 $V_O = 0$，當做啟始狀態的參考點。

(2)　$\theta = 90°$ 時：

如 (B) 的狀況，旋轉磁板位於 MR_2 之上，將使得 MR_2 的阻值變得最大，$MR_2 = MR_{2(max)}$，而此時 MR_1 就會是最小值，$MR_1 = MR_{1(min)}$

$$V_P = \frac{MR_{2(max)}}{MR_{1(min)} + MR_{2(max)}} \times (+V_{ref})$$
$$+ \frac{MR_{1(min)}}{MR_{1(min)} + MR_{2(max)}} \times (-V_{ref})$$

將使得 V_P 得到最大值，$V_P = V_{P(max)}$

$$V_{P(max)} = \frac{MR_{2(max)} - MR_{1(min)}}{MR_{1(min)} + MR_{2(max)}} \times V_{ref} > 0$$

(3)　$\theta = 180°$ 時：

如 (C) 的狀況，旋轉磁板位於 MR_1 和 MR_2 的上半部，則如(1)的情況，$V_P = 0$

(4)　$\theta = 270°$ 時：

如 (D) 的狀況，旋轉磁板位於 MR_1 上，將使得 $MR_1 = MR_{1(max)}$，而 $MR_2 = MR_{2(min)}$，將使得 V_P 得到最小值，$V_P = V_{P(min)}$

$$V_P = \frac{MR_{2(min)}}{MR_{1(max)} + MR_{2(min)}} \times V_{ref}$$
$$+ \frac{MR_{1(max)}}{MR_{1(max)} + MR_{2(min)}} \times (-V_{ref})$$

$$= -\frac{MR_{1(\text{max})} - MR_{2(\text{min})}}{MR_{1(\text{max})} + MR_{2(\text{min})}} \times V_{ref} < 0$$

(5)　$\theta = 360°$ 時，$(\theta = 0°)$

　　　如圖(5)的狀況，旋轉磁板所在位置和 $\theta = 0°$ 時一樣，所以 $V_P = 0V$

　　綜合上述分析得知在 $\pm 50°$ 的範圍內，V_0 與角度是成線性關係。所以我們能夠以 V_0 的大小代表 θ 的大小。

第 12 章

光電二極體及
轉換電路分析

在我們日常生活中所說的" 光"，是指人類眼睛所能看到的光線，我們稱之爲可見光。然在可見光的波長之外，尚有其它波長的光線存在，只是人的眼睛無法看到，例如：紅外線，紫外線……。若以波長來分類時，光源的分佈如圖 12-1。

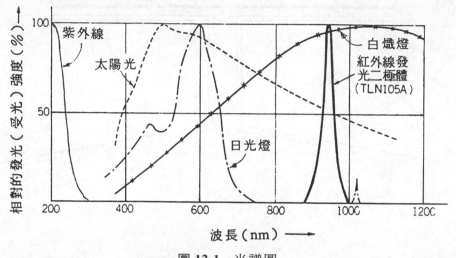

圖 12-1　光譜圖

從圖 12-1 中可以看到不同波長代表著不同顏色的光線。針對特定波長而開發出來的光感測器，於不同波長的光源，會有不同的反應。如光電二極體，光電晶體，紅外線感測器，紫外線感測器……。分別依其特性，對可見光，紅外線、紫外線產生不同的反應。所以在使用感測元件時，必須注意該光感測器，對那種波長的光線，有最佳的反應。

而各種光感測器，於受光照射時，光源的強弱，可能造成電流、電阻或電壓的改變。最典型的例子：爲光電二極體於受光後，其端電流的大小會改變。而光敏電阻於受光後，則是本身電阻值改變。太陽電池，則會因光的強弱而改變其端電壓。

　　對光電感測元件來說，當物理量（光的強弱或波長）改變時，可能造成電流變化，電阻變化或電壓變化。所以在第二、三章所學的轉換電路，亦可被用在光電感測元件上。

　　如下是一些常見的光電元件，於往後各章節中，我們將逐一說明其特性及相關應用方法與技巧。

⑴　　光偵測器：光電二極體，光電晶體，顏色感測器……。

⑵　　光發射器：LED、紅外線發射二極體，雷射二極體……。

⑶　　光控元件：光控 SCR，光控 TRIAC，光電開關，SSR……。

⑷　　光控電阻：光敏電阻，光控線性電阻……。

⑸　　光耦合器，光遮斷器，光反射器。

⑹　　太陽電池。

⑺　　焦電式紅外線感測器。

⑻　　紫外線感測器。

　　當然光電元件絕對不只這一些，若包括光電元件的應用組合，如光編碼器，光學尺……，一直到光纖通訊，都是光電元件的應用領域。其應用非常廣泛，舉凡家電控制，紅外線遙控，電視亮度自動調節，家庭保全防盜……都有光電元件的踪跡。而大家所熟悉的影印機，就用了許多的光電感測元件。又如各大樓的自動門也是光電感測器的應用實例之一。在工業界，光學尺用以量測極微小的長度，光編碼器用以量測精確的旋轉角度，光學轉速計……。想走自動化這條路，而不用光電感測元件，幾乎是不可能的事情。除了要認識許多光感測元件外，更需要了解其特性，並知道如何把光源的變化（強弱，波長），轉換成電壓的信號，且從光感測應用線路的分析中，學習如何設計光感測元件的應用線路。

　　選了一些光電感測應用實例，供你參考。從圖 12-1～ 12-9。將使你更確信，光電感測元件及其應用，是值得學習的科目。

圖 12-2 光資料傳送器

　　圖 12-2 光資料傳送器，乃把電氣信號經適當編碼，然後以串列通信模式做為資料的傳送。如此可以避免接線的困擾，使各種自動化的安排更為方便。

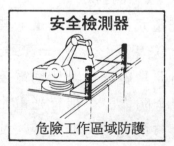

圖 12-3 安全檢測器

　　圖 12-3 安全檢測器，乃以光遮斷或光反射的方式完成安全偵測。便能達到當有人或手或物體，不慎進入或掉入危險性較高的工作區時，由於光被遮到，進而啟動煞車系統或切斷電源到安全防護的目的。

　　圖 12-4 光遙控器是我們最常見的光傳送模式。例如家裡電視用的紅外線遙控器，它必須有發射端和接收端。並經由編解碼器達到多目標的控制。

圖 12-4　光遙控器

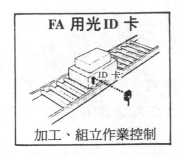

圖 12-5　光 ID 卡

　　圖 12-5 光 ID 卡，乃以光學方式讀取加工或組立中各項產品所貼 ID 卡的碼，用以判斷該產品應該做何種處置。是目前自動化生產中一項很重要的感測元件及系統。

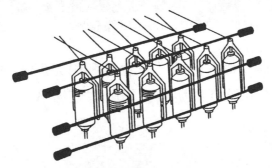

圖 12-6　斷線偵測

圖 12-6 斷線偵測器，乃於紡織工業中大量使用的偵測器，它能判斷那條線斷掉，並通知作業員迅速補線，才能生產出高品質的布匹。

圖 12-7　光檢測器

圖 12-7 光檢測器，分別能偵測標籤是否貼好，蓋子是否蓋好。以及線材加工時，該線材是否拉緊或是斷線。這也是告知了我們，愈細的物體想被偵測時，使用光電元件的機會愈大。

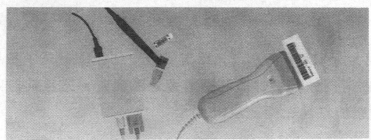

圖 12-8　光學條碼器

圖 12-8 是一般條碼閱讀機，它也是利用光反射的方式，判讀條碼的明暗變化，以得知該條碼所代表的數字或涵義。

圖 12-9　光電池相關產品

　　圖 12-9 是一些太陽能電池產品，有太陽能充電器，太陽能熱水器的集電板，及太陽能蓄電照明設備。太陽能電池，當然也是一種光電元件，它把光源（太陽光）轉換成電能。是一種最乾淨的能源。

12-1　光偵測器與光發射器

　　顧名思義光偵測器及用於偵測光源有無，光照射強度的大小，波長的長短，以結構來區分時，常分為兩大類：

⑴　光電二極體：Photo-diode。

⑵　光電電晶體：Photo-transistor

若以波長來區分時，將有紅外線、可見光、紫外線及特定波長之光感測器。因製造時，做不同的包裝，而有分立式光電二極體，分立式光電晶體、光電二極體片、光電二極體陣列……等各式各樣的產品。目前各種應用組合的光電產品已相繼大量生產，且廣泛地應用於各行各業。於感測器的學習中，不能不知怎樣使用光電感測器。

　　往後各章，我們對光電元件的製造，將不做深入的探討，而是著重於光電元件特性的認識，資料手冊所提供的曲線的解讀及其應用線路的分析與設計。

　　波長在可見光範圍的光偵測器，其所接收的光源為眼睛所能看見者，舉凡太陽光線，日光燈、LED……等光源，都能使用該波長的光偵測器偵測之。而若是做紅外線遙控時，就必須用紅外線波長 (700nm以上) 的光源。所以在光發射器中，紅外線發射二極體，就成為一個很重要的光電元件。經常被我們拿來當做指示燈的 LED，也是一種光發射器，而它所發的光為可見光波長。

　　簡言之，光偵測器乃把光信號轉換成電氣 (電流、電阻、電壓……) 的感測元件。而光發射器乃把電能信號，轉換成光的形態發射出去。圖 12-10 告訴我們光電元件所發射光線的波長各有不同，且代表著不同的顏色。當然，各接收器所能感應的波長也不盡相同。圖中各曲線所代表的性質分別為(1)：綠色，(2)：黃色，(3)：紅色，(4)：橙色，(5) K 紅外線，……。圖 12-10 提醒我們各光電元件都有其特定的波長範圍。

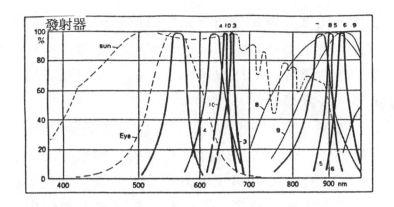

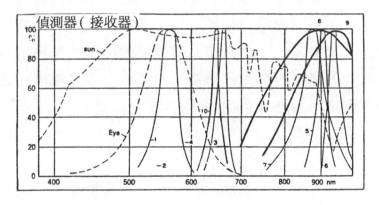

1 — GaP / green

2 — GaAsP / yellow

3 — GaAsP / red

4 — GaAsP on GaP / orangered high efficiency

5 — GaAs : Zn / Infrared

6 — GaAs : Si / Infrared

7 — GaAlAs / Infrared

8 — Sensor cell adapted to λ p = 870nm emitters

9 — Sensor cell adapted to λ p = 940nm emitters

10— GaAlAs / red 650 nm

圖 12-10　不同元件有不同的波長

12-2　光電二極體的基本認識

　　由英文 Photo-Diode 直接翻譯成中文時，應該叫做光二極體。其目的乃把光的變化轉換成電的變化，所以我們把它叫做光電二極體，也許比較恰當。光電二極體是所有光電感測器的基本零件，各式各樣的光電感測器，幾乎都包含一個到數個光電二極體。在往後各章你會了解到光電二極的重要性，所以請你務必把本章有關光電二極體的特性及應用方法，好好學會。

光電二極體主要是以矽 (Si) 爲材料，加入各種不同的雜質，如 GaAsP，InGaAs……等。而做成 PN 接面的二極體。用以偵測波長爲 400nm (紫外線) 到波長爲 $2\mu m$ (紅外線) 的光線。當光照射到 PN 接面時，會在 PN 接面產生電子、電洞對，且於電場的作用下，而流過接面形成電流，所以光電二極體，是一種能把光信號轉換成電流大小的感測元件。入射光的強弱及波長與照射的面積，都將引起不同的電流變化。因光的照射而產生的電流，我們稱之爲光電流。依近代物理理論及製造因素，可把光電流 I_P 的大小表示爲

$$\text{光電流} I_P = \eta \times q \times E \times A \times \frac{\lambda}{hC}$$

η : 光電效率 (入射光的光子數與所產生光電子數的比值)

q : 電荷量 $(1.6 \times 10^{-19}$ 庫侖$)$

E : 照度的大小 (LUX)

A : 有效照射面積

h : 浦朗克常數

C : 光速

λ : 波長

從光電流 I_P 的公式中，使用者所能掌握的因素，主要爲 (E：照度) 和 (λ：波長)。這代表了，想得到適當的光電流時，你必須提供足夠的照度，並且光源的波長，必須符合所用光電二極體的波長，如

此才能得到靈敏度較佳的情況。

　　光電二極體於逆向偏壓的情況下使用時，若沒有光照射的時候，光電二極體就像一般二極體，處於逆向偏壓的情況，依然會有微小的電流存在。這種在逆向偏壓又沒有光照射時，所存在的微小電流，我們稱之為暗電流 I_d：

　　暗電流 $I_d = I_s[e^{qV/KT} - 1]$

I_s　：　逆向飽和電流

q　：　電荷量

V　：　跨於光電二極體的逆向電壓，（是逆向，所以 $V < 0$）

K　：　波茲曼常數 $(1.38 \times 10^{-23} W \cdot \sec/°\mathrm{K})$

T　：　絕對溫度 $°\mathrm{K}$

　　從暗電流 I_d 的公式中，我們知道，在光源很弱的情況下，雖然不產生光電流 I_P，但光電二極體依然有暗電流 I_d 存在。並且光電二極體於使用時，以加逆向偏壓為主，其暗電流的大小約從數 PA 到數 nA。

練習：

1. 光電二極體，受光照射時，所改變的電氣量是什麼？

2. 你可以改變那些參數以控制光電流的大小？

3. 從暗電流 I_d 的公式中，如何看出暗電流非常小？

4. 所加的逆向電壓增加時，暗電流如何變化？

12-3　光電二極體的開路電壓

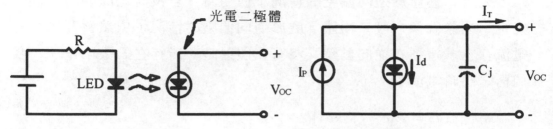

圖 12-11　光電二極體的開路電壓

　　圖 12-11 是將光電二極體開路，並接受光的照射，圖中是以 LED 代表光源。因光電二極體目前為開路狀態，所以 $I_T = 0$ 相當於暗電流 I_d 和光電流 I_P 大小相等，　$I_T = I_P - I_d$，$I_T = 0$。

$$I_d = I_P, \; I_s(e^{qV/KT} - 1) = I_P$$
$$V = \frac{KT}{q} \ln \left(\frac{I_P}{I_s} + 1 \right)$$
$$= V_{OC} \cdots\cdots 光電二極體的開路電壓。$$

　　這表示光電二極體在開路的情況下，當有光照射的時候於兩端會有一個電壓 V_{OC} 存在。而 V_{OC} 的大小將由 I_P 的大小所決定。即入射光的強弱，將影響 V_{OC} 的大小。

12-4　光電二極體的短路電流

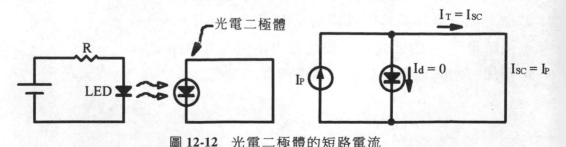

圖 12-12　光電二極體的短路電流

　　當光電二極體短路的時候，代表沒有加偏壓，即 $V = 0$ 的情況。此時的電流，我們稱之爲短路電流 I_{SC}。因 $V = 0$，所以

$$I_d \;=\; I_S(e^\circ - 1) = 0$$

$$I_{SC} \;=\; I_P\cdots\cdots 表示在沒有 I_d 的時候，只剩下光電流 I_P$$

綜合上述分析，得知光電二極體有如下的特性：

(1)　$I_T = 0$ 時，$V = V_{OC} = \dfrac{KT}{q} \times \ln\left(\dfrac{I_P}{I_s} + 1\right)\cdots\cdots$開路電壓。

(2)　$V = 0$ 時，$I_T = I_{SC} = I_P\cdots\cdots$短路電流。

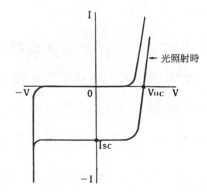

圖 12-13　光電二極體 $V - I$ 特性曲線

12-5　光電二極體的反應速度

　　當入射光照射到光電二極體的 PN 接面時，將由光子轉換成光電子而產生光電流。這種轉換過程所需的時間，就是光電二極體的反應速度了。轉換時間愈短，代表反應速度愈快。而影響光電二極體反應速度的因素，使用者不能不知道，才能避免不當的使用。

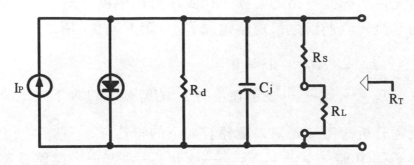

圖 **12-14**   光電二極體的等效電路

圖 12-14 中各參數的說明如下：

R_d ： 內部並聯電阻，代表逆向偏壓使用時之高阻抗

C_j ： 光電二極體 PN 接面的電容量

R_S ： 光電二極體半導體與引線的電阻。

R_L ： 負載電阻，目的在把光電流的變化轉換成電壓輸出。

分析圖 12-14 時，R_T 為其等效電阻

$$R_T = R_d // (R_S + R_L) \approx R_S + R_L \approx R_L$$

$$\tau = C_j \times R_T \approx C_j \times (R_S + R_L) \approx C_j \times R_L ，$$

τ：光電二極體時間常數

　　從時間常數的公式中，了解到 C_j 和 R_S 不是我們所能改變。但必須知道 C_j 是多大，以決定 R_L 的大小，若 I_P 不大時，又想得到較大的 V_O ，則必須使用較大的 R_L ，（因 $V_O = I_P \times R_L$)。而較大的 R_L 將使得 $\tau = C_j \times R_L$ 增加，反而降低了反應速度，若以頻率響應的觀點來看時，其截止頻率為：

$$f_c = \frac{1}{2\pi R_T C_j} \cong \frac{1}{2\pi R_L C_j}$$

從上述的分析得知，輸出電壓的大小和反應速度的快慢彼此相互矛盾。若想得到輸出電壓大，反應速度快的情況，必須用光電流 I_P 較大的光電二極體。你可使用 PIN 光電二極體，它有較大的光電流。或加大逆向偏壓以減少接面電容 C_j 及使用較小的 R_L。僅提供 PN 光電二極體及 PIN 光電二極體的相關特性曲線供你比較，以了解為什麼 PIN 光電二極體的反應速度較快。

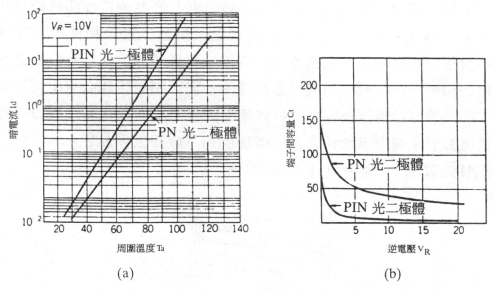

(a)　　　　　　　　　　　　　　(b)

圖 12-15　PN 型及 PIN 型光電二極體的特性比較

　　光電二極體因構造的不同而有蕭特基光電二極體，PN 光電二極體，PIN 光電二極體及 APD 累增光電二極體。而其材質有 Si，GaP，GaAsP，Ge，InGaAs⋯⋯。其中 PIN 及 APD 兩者具有較佳的反應速度。

練習：

1. 光偵測器與光發射器的主要功用為何？

2. 從各式資料手冊中，找到光偵測器及光發射器各 3 種。

3. 光電二極體的開路電壓 V_{OC} 和短路電流 I_{SC} 各代表什麼？

4. 爲什麼光電二極體所加的逆向偏壓較大時，其反應速度較快？

5. 可用那些方法以增加光電二極體系統的反應速度？

12-6　光電二極體特性曲線分析

　　光電二極體的製造廠商會提供許多有關其產品的特性曲線給使用者參考。從這些特性曲線中，我們可以了解該光電二極體的各項性能和規格。例如照度和短路電流的關係，波長的分佈，暗電流受溫度影響的情形⋯⋯。幾乎所有你想知道的一切，都在特性曲線中可以得到。所以學會由特性曲線去分析該產品的優劣或適用條件，對以後從事電路設計，將有莫大的幫助。僅提供如下數圖供你參考。

1.　順向電壓 V_F 與光電流 I_P 的關係

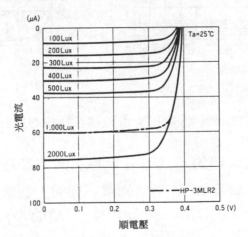

圖 12-16　$V_F - I_P$ 特性曲線

　　圖 12-16 只繪出 $V_F > 0$ 的部份，代表是順向偏壓時，不同照度下所得到光電流的大小。至於逆向偏壓的情況並沒有繪出來。但你必須

知道，當光電二極體處於逆向偏壓時，其暗電流 I_d 非常小，所以逆向電壓時，只要把目前的曲線，繼續向左邊 ($V_F < 0$) 的方向平行延伸，直到光電二極體逆向崩潰為止。

　　而當 $V_F = 0$ 時，其光電流 I_P，就是我們已經談過的短路電流 I_{SC}，從圖 11-16 中照度從 100LUX 到 200LUX 到 300LUX……的間隔幾乎相等。可歸納出一個結果：光電二極體的短路電流與入射光的照度成正比。如此一來光電二極體加逆向電壓的時候，其光電流與 $V_F = 0$ 時的短路電流也幾乎相等。並且加逆向電壓的時候，會使光電二極體的接面電容減少，可增加反應速度。所以在往後各種光電應用電路中，你將發現大部份電路中的光電二極體都使用逆向電壓。

2.　照度與短路電流的關係

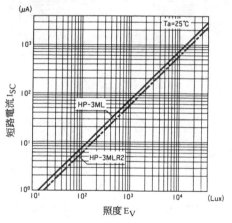

圖 **12-17**　$E_V - I_{SC}$ 特性曲線

　　圖 12-17 是由圖 12-16 中在 $V_F = 0$ 時把不同照度 (LUX) 所得到的光電流 I_P，（ 因 $V_F = 0$，$I_P = I_{SC}$）逐點繪製而成。我們可以把 I_{SC} 訂為

$$I_{SC} = \alpha \times E_V \times A = K \times E_V \cdots\cdots 短路電流與照度成正比。$$

α ：　比例常數約6nA/mm$^2 \times$ LUX

E_V ：　照度的大小，LUX

A ：　接面之有效照射面積，mm^2

其中 α 和 A 是由製告廠商所決定，使用者無法改變。而從 12-17 卻得到一個很棒的結果：短路電流 I_{SC} 和照度 E_V 成線性比例關係。也就是說，我們可以拿光電二極體來做各種波長的照度計，以偵測光源的強弱。

3.　溫度對暗電流的影響

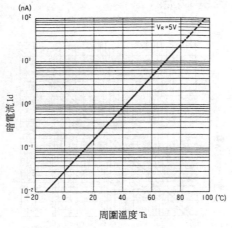

圖 **12-18**　$T_a - I_d$ 特性曲線

　　當光電二極體使用逆向電壓時，會有少許暗電流 I_d 存在。若暗電流太大時，將使得光電流 I_P 的作用不明顯，使得偵測靈敏度太差。圖 12-18 明白告訴我們，當溫度增加的時候，暗電流 I_d 也會跟著增加，則提醒了我們，不要讓光電二極體操作於溫度太高的環境中。

4. 波長與感度的關係

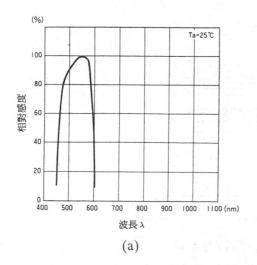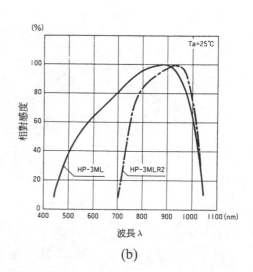

圖 **12-19**　$\lambda - S$ 的特性曲線

　　圖 12-19 我們也可以稱之為光電二極體的光譜圖。不同的光電二極體有不同的光譜圖。它提供我們該光電二極體於那一波長時，會有最大的感度。圖 (a) 和圖 (b) 分別為可見光及紅外線光電二極體的光譜圖。此圖提醒我們，針對不同波長的光源，我們必須選用與光源波長相近的光電二極體，才能得到最大的感度。

5. 逆向電壓與暗電流的關係

　　從圖 12-20 中，看到 I_d 所用的單位為 nA(或 PA)，表示一般光電二極體的暗電流非常小。且逆向電壓增加時，其 I_d 的改變量也很少。所以一般加逆向電壓使用時，幾乎都忽略 I_d 的存在，由光電流 I_P 決定其電流的大小。

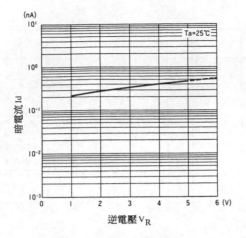

圖 12-20　$V_R - I_d$ 的特性曲線

6. 指向性

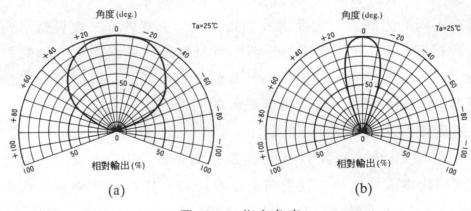

(a)　　　　　　　　　　　　(b)

圖 12-21　指向角度

　　光電二極體於接收光源信號時，因其接面的有效面積及其前端透鏡的不同，使得光電二極體在接收光源信號時，也有一定的角度及範圍，這就是光電二極體接收光信號的指向性。針對不同的使用，對指向性將有不同的要求。

7.　逆向電壓與接面電容的關係

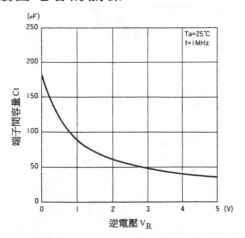

圖 **12-22**　$V_R - C_j$ 的特性曲線

　　圖 12-22 很清楚地看到，逆向電壓增加的時候，C_j 幾乎是以指數下降，能增快其反應速度。當 $V_R = 0$ 時，代表光電二極體兩端不加偏壓 [也相當於圖 11-16 的 $V_F = 0$] 。此時 C_j 變大。將造成反應速度最慢。

12-7　光電流的轉換

　　已知光電二極體受光照射後，會產生光電流 I_P，而於圖 12-16 得知，在 $V_F = 0$ 的時候，光電流與照度成正比及加逆向電壓時因暗電流 I_d 非常小，使得在逆向偏壓的情況下，光電二極體的電流也成正比於入射光的照度。所以在光電流的轉換方法上，有逆向偏壓法和零偏壓法兩種。幾乎不會用到順向偏壓的狀況。

12-7-1 逆向偏壓法

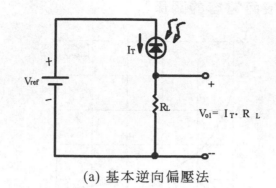

(a) 基本逆向偏壓法

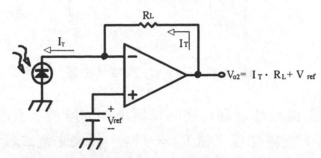

(b) OP Amp 逆向偏壓法

圖 12-23　逆向偏壓法之光電流轉換電路

　　圖 (a) 中的 V_{ref} 使得光電二極體處於逆向偏壓的情況，當光源入射到光電二極體的 PN 接面時，會產生光電流 I_P，加上逆向偏壓所存在的暗電流 I_d，即流經光電二極體的總電流 I_T。則其輸出電壓 V_{01}

$$V_{01} = I_T \times R_L \approx (I_P + I_d) \times R_L \approx I_P \times R_L，\because I_P \gg I_d$$

這代表光的強弱轉換成 I_P 的大小，然後再電阻 R_L 上產生壓降，達到把光信號轉換成電壓輸出的目的。

　　圖 (b) 中，因 R_L 是從 OP Amp 的輸出拉回輸入的 "－" 端，使得 OP Amp 具有負回授，故有虛接地現象存在。則 $v_- = v_+ = V_{ref}$。相

當於光電二極體兩端所加的是逆向偏壓 V_{ref}。對 V_{02} 而言

$$V_{02} = I_T \times R_L + V_{ref} \approx I_P \times R_L + V_{ref}$$

也達到了光信號轉換成電壓輸出的目的。

　　然光電流 I_P 一般乃以 μA 為單位，可說 I_P 雖然會依照度大小而改變，但 I_P 卻不大，想得到較大的輸出電壓必須與電晶體或 OP Amp 等主動元件併合使用。

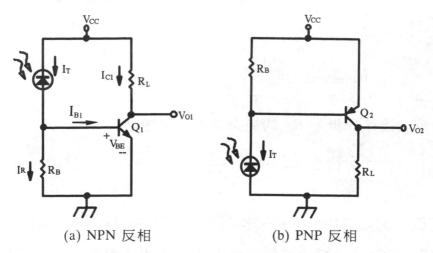

(a) NPN 反相　　　　　(b) PNP 反相

圖 12-24　逆向偏壓法配合電晶體放大

　　圖 12-24(a)，(b) 中的光電二極體均處於逆向偏壓的情況，其光電流 I_P 與暗電流 I_d 同方向，故 $I_T = I_P + I_d$。而圖中的 R_B 將影響電路的正常工作，若 R_B 太大則 Q_1 永遠 ON，R_B 太小則 Q_1 永遠 OFF。於下我們將詳細的分析 R_B 的範圍。

⑴　沒有光照射時，決定 R_B 的最大值，$R_{B(max)}$

　　沒有光照射時 $I_P = 0$，$I_T = I_d$，Q_1 OFF 有 I_{CBO} 存在，則必須

$$(I_{CBO} + I_d) \times R_B < V_{BE}$$

$$R_{B(\max)} \leq \frac{V_{BE}}{(I_d + I_{CBO})}$$

(2)　有光照射時，決定 R_B 的最小值 $R_{B(\min)}$。

有光照射時，將有光電流 I_P 產生，加上逆壓時的暗電流 I_d，使得 $I_T = I_P + I_d$，又 $I_P \gg I_d$，使得 $I_T = I_P$，Q_1ON，

$I_{C1} = \dfrac{V_{CC} - V_{CE(\text{sat})}}{R_L} \approx \dfrac{V_{CC}}{R_L}$，想讓 Q_1 ON，必須

$I_{B1} > \dfrac{I_{C1}}{h_{FE1}}$，而 $I_{B1} = I_T - I_R \approx I_P - I_R$，所以

$$\left(I_P - \frac{V_{BE1}}{R_B}\right) \geq \frac{V_{CC}}{h_{FE1}R_L}$$

$$R_{B(\min)} \geq \frac{V_{BE1}}{I_P - \dfrac{V_{CC}}{h_{FE1}R_L}}$$

綜合上述分析，R_B 的範圍必須限制在

$$\frac{V_{BE1}}{I_P - \dfrac{V_{CC}}{h_{FE1}R_L}} \leq R_B \leq \frac{V_{BE1}}{I_d + I_{CBO}}$$

從 R_B 的限制條件得知，若 $R_B > \dfrac{V_{BE1}}{(I_d + I_{CBO})}$ 時，表示縱使在沒有光源照射的情況下，單就暗電流在 R_B 上所產生的壓降，已經超過電晶體導通的 V_{BE1}。　$[(I_d + I_{CBO}) > V_{BE}]$，使得電晶體 Q_1 永遠 ON，而失去光控的目的。

當 $R_B < R_{B(\min)}$ 時，相當於 $I_R \times R_B < V_{BE}$，表示再強的照度，都無法使 I_P 大到足夠讓 Q_1 導通的條件。將使得 Q_1 永遠 OFF。

練習：

1. 某一光電二極體的電路如圖 12-24，光電二極體的規格及各零件規格為 $I_d = 20nA$，100LUX 時 $I_P = 20\mu A$，$h_{FE1} = 50$，$R_L = 2K$，$V_{BE1} = 0.5V$，$V_CC = 15V$，試問 R_B 的範圍是多少？

2. R_B 用太大時，會造成什麼影響？

3. 試比較圖 12-25(a)，(b) 輸出電壓的大小和反應速度的快慢。

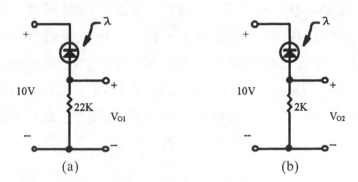

圖 **12-25**　不同的 R_L

12-7-2　逆向偏壓法參考電路

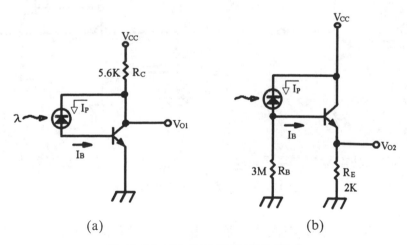

圖 **12-26**　組成光電晶體的型式

　　圖 12-26(a)，(b) 之光電二極體，接在一般 NPN 電晶體的集極和基極，構成光電晶體的組合。而真正的光電晶體，只是把光電二極體

和 NPN 電晶體做在同一個包裝裡。我們將於第十三章專章說明光電晶體的特性和應用線路分析。

　　圖 12-16(a)，(b) 當光線入射時，光電二極體將產生光電流 I_P，提供給電晶體當 I_B 使電晶體導通。圖 (a) 的電晶體為共射極組態的反相放大器。當有光線入射時，電晶體 ON，$v_{01} = V_{CE(\text{sat})} \approx 0.2V$，沒有光入射時，$I_P \approx I_B \approx 0$，則電晶體 OFF，$v_{01} \approx V_{CC}$。而圖 (b) 的電晶體為共集極組態的緩衝器，其作用和圖 (a) 正好相反。其中的 $R_B = 3M\Omega$ 是為了減少暗電流的影響。

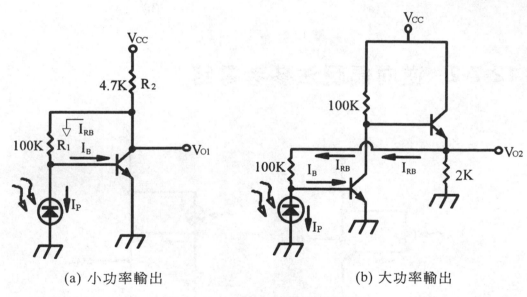

(a) 小功率輸出　　　　　　　　(b) 大功率輸出

圖 12-27　光電二極體轉換電路

　　圖 12-27(a)，(b) 均由 R_1 提供電流負回授型的偏壓，使電晶體擁有某一固定的 I_B，因而有固定的工作點。當有光照射時，將產生光電流 I_P，則 v_{01} 和 v_{02} 均可表示為

$$v_{01} = v_{02} = (I_P + I_B) \times R_1 + V_{BE}$$

光的照度將改變 I_P 的大小，使得 v_{01}，v_{02} 隨照度大小而改變。所以圖 12-27 (a)，(b)，可以拿來當光電信號的轉換電路。

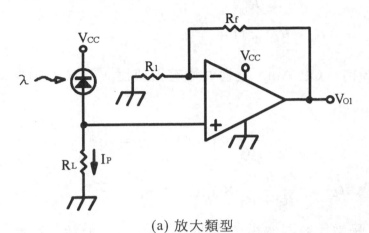

(a) 放大類型

(b) 比較類型

圖 12-28　光電二極體配合 OP Amp

圖 12-28(a)，OP Amp 是一個非反相放大器，用以放大光電流 I_P

在 R_L 上所產生的電壓，所以 V_{01} 為

$$v_{01} = v_+ \times (1 + \frac{R_f}{R_1})$$

$$= (I_P \times R_L) \times (1 + \frac{R_f}{R_1})$$

圖 12-28(b)，OP Amp 是當做比較器使用，且是反相型比較器，則 v_{02} 為：

$$I_P \times R_L \; > \; \frac{R_2}{R_1 + R_2} \times V_{CC}時，v_{02} = V_{CC}$$

$$I_P \times R_L \; < \; \frac{R_2}{R_1 + R_2} \times V_{CC}時，v_{02} \approx 0V$$

因 OP Amp 是當比較器使用，所以所選用的 IC 最好是電壓比較器的編號，如 LM311，LM339……。當然你也可以使用磁滯比較器，以克服各種閃爍雜訊。

12-7-3　零偏壓法

在圖 12-16 V_F 和 I_P 的特性曲線圖中，我們發現當 $V_F = 0$ 時的光電流為短路電流 I_{SC}，且 I_{SC} 和照度是成正比，如圖 12-17 所示。所以我們可以利用 OP Amp 虛接地的特性，完成零偏壓法的轉換。

圖 12-29(a)，當光線照射到光電二極體的時候，光電二極體兩端存在開路電壓 V_{OC} 經 R_L 構成閉回路，而有光電流 I_P 流通，將於 R_L 上產生壓降 V_{out}，不同的照度 E_V 將得到不同的 V_{out}。

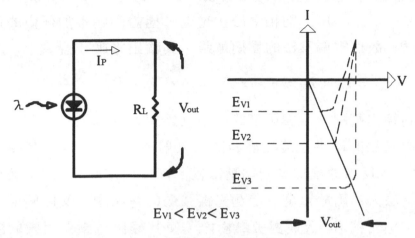

$E_{V1} < E_{V2} < E_{V3}$

(a) 零偏壓法基本電路

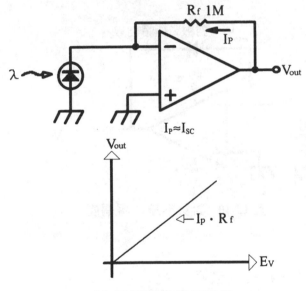

(b) 零偏壓法應用電路

圖 12-29　零偏壓法轉換電路

圖 12-29(b)，為零偏壓法的實用電路，從 OP Amp 輸出端得到

V_{out}，就不會對光電二極體產生負載效應。此時因 OP Amp 的虛接地，使得 $v_- = v_+ = 0V$，則相當於在光電二極體兩端不加任何的偏壓，即 $V_F = 0$，故為零偏壓法的轉換電路。其輸出電壓 V_{out} 為

$$V_{\text{out}} = I_P \times R_f = I_{SC} \times R_f = \alpha \times E_v \times R_f$$

就能得到輸出電壓 V_{out} 與照度的大小互為線性關係。

　　零偏壓法的優點是能測廣範圍的入射光，因 $V_F = 0$ 其接面電容 C_j 最大，故反應速度比逆向偏壓法慢。其輸出電壓可由 R_f 調整之。這種零偏法大都用於照度計等測光線強弱的電路中。又因照度的範圍太廣了。經常把 R_f 改成對數二極體，使其輸出電壓做對數的壓縮，而達到大範圍的量測。如圖 12-30。

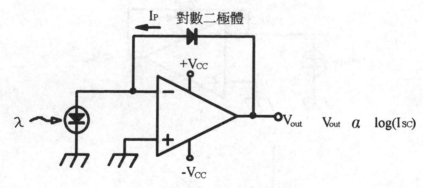

圖 12-30　對數壓縮之零偏壓法

練習：

1. LUX(流明) 是怎樣的定義呢？
2. 為什麼脈波式的光偵測大都使用逆向偏壓法？
3. 逆向偏壓法有那些重要的特性？
4. 為什麼類比式的光偵測大都使用零偏壓法？
5. 找到三種光電二極體，並搜集其特性資料。

6. 若光電二極體加順向偏壓，其結果如何？

7. 圖 12-31 及圖 12-32 是逆向偏壓法或零偏壓法？v_{01} 和 v_{02} 應該如何表示呢？

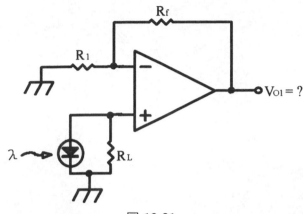

圖 12-31

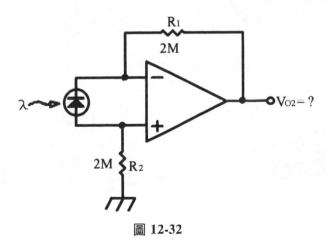

圖 12-32

第13章

光發射器及其轉換電路分析

　　能夠產生光源的，都可以稱之爲光發射器。則太陽就是一個最大的光發射器了。而於半導體光發射器的產品中，當做指示燈用的 LED 及紅外線發光二極體，是最常被使用的光發射器。光發射器所能發射的強度及波長，是使用者很在意的項目。發射強度愈大，其所能傳送的距離就愈遠。而各種不同的波長將產生不同顏色的光源。

13-1　光發射器

　　光電遙控或一般光電控制系統中，光發射器和光偵測器經常是成對使用，目的乃在於使發射器和接收器有相同的波長，以得到最佳的靈敏度，及減少其它波長光線的干擾。所以一般紅外線遙控的發射二極體和接收的光電二極體，廠商都是提供成對的組合。

　　除了發射器的強度與波長外，經常被我們忽略的是，光發射器的指向性如何？即光發射器所發射出來的光線，其輻射角度有多大？例如當指示燈的 LED，我們希它的指向性小一點，即 LED 的輻射角度大一點，則從任何一個角度，都能看到該 LED 是否亮著。而於遙控或防盜應用中，卻希望光發射器的指向性好一點，使發射光集中於一小角度。

　　而半導體光發射器，乃把電流轉換成光信號的元件。它也是一種二極體，由所流過的電流，產生光子外向發射。依材質與構造的不同，而產生不同波長的光線。所以光發射器，我們可以把它叫做發光二極體。一般指示燈的 LED 是可見光發光二極體，波長在紅外線範圍的就叫紅外線發光二極體。爲增強發射強度或改善指向性，而把光發射器，做成各種包裝，配合各種濾光透鏡，而做成各式各樣的光發射器。圖 13-1 提供一些光發射器與光接收器的實物照片供你參考。但請你記住，半導體光發射器的基本架構乃 " 兩端元件的二極體 "。至於

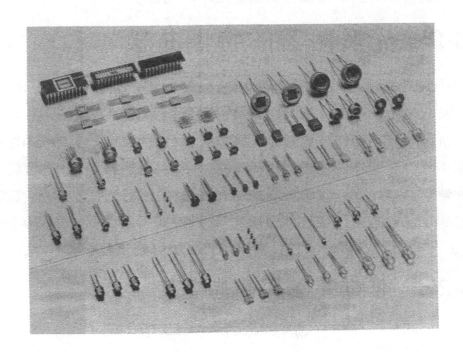

DETECTORS
Photo Diodes
PIN Photo Diodes
Position Sensitive Diode
Laser Detectors
Photo Diode Chips
Photo Diode Arrays
Photo Transistors
EMITTERS
Infrared Emitting Diodes
Emitters for Optical Fibers

圖 **13-1**　各種光偵測器和光發射器

光發射器的製造及半導體結構，請你參閱其它相關資料，我們著重於如何去用它，讓你了解其特性及應用電路的分析與設計。一般從外觀上，很難分別是發射器或偵測器 (光電二極體)。

13-2　光發射器的特性曲線

　　已知光發射器乃電流轉換成光信號的電子元件，例如一般紅、黃、綠…發光二極體 (LED) 及紅外線發射器都是半導體光發射器的一種。普通當指示燈使用的發光二極體，我們在意的是它的亮度夠不夠，並不在意它的指向性和波長等參數。所以我們將以紅外線發射二極體的特性曲線，逐一說明各曲線的含義及使用時的注意事項。其它相類似的產品，也有這些特性曲線，只是數據不同而已。了解圖 13-2～圖 13-7 各圖的含義後，將有助於你使用所有的光發射器。

13-2-1　順向電壓與順向電流

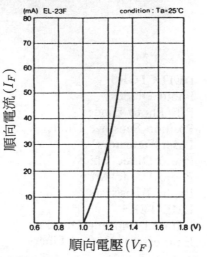

圖 **13-2**　$V_F - I_F$ 特性曲線

　　圖 13-2$V_F - I_F$ 特性曲線，明白的告訴我們，使用光發射二極體必須加順向偏壓。且在真正導通以後，其順向壓降為 1V 以上，比普通矽質二極體 0.7V 還大。一般在設計電路時，大都先決定要用多大的順向電流 I_F，然後從曲線中得其順向壓降 V_F 的大小，用以確定限流電阻的阻值。

　　例如使用 EL-23F 時，若選用 I_F =30mA，則從曲線上得知其 V_F =1.2V。

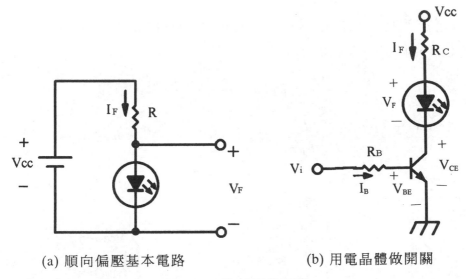

(a) 順向偏壓基本電路　　　　(b) 用電晶體做開關

圖 13-3　發射器的驅動

圖 13-3(a) 的限流電阻 R 為

$$R = \frac{V_{CC} - V_F}{I_F} = \frac{12\text{V} - 1.2\text{V}}{30\text{mA}} = 360\Omega$$

圖 13-3(b) 加了 NPN 電晶體當開關。$V_i = V_{CC}$ 時，電晶體 ON，則有 I_F 而發光，若 V_i =0V ，電晶體 OFF，沒有 I_F 不發光。其限流電阻

R_C

$$R_C = \frac{V_{CC} - V_F - V_{CE(\text{sat})}}{I_F} = \frac{12V - 1.2V - 0.2V}{30mA} = 353\Omega$$

若使用的 V_{CC} 改爲 V_{CC} =5V，爲達較遠的傳送，而加大 I_F，使 I_F = 60mA 時，從特性曲線中得到 I_F = 60mA 時的 V_F 爲 V_F =1.3V，所以 R_C 爲

$$R_C = \frac{5V - 1.3V - 0.2V}{60mA} = 58.3\Omega$$

而 R_B 應該使用多大的電阻呢？若電晶體的直流放大率爲 h_{FE}，爲使電晶體 ON，必須有足夠的 I_B

$$I_B > \frac{I_C}{h_{FE}} = \frac{I_F}{h_{FE}} \text{，而 } I_B = \frac{V_i - V_{BE(\text{sat})}}{R_B} \text{，所以}$$

$$\frac{V_i - V_{BE(\text{sat})}}{R_B} > \frac{I_C}{h_{FE}}, \quad R_B < \frac{V_i - V_{BE(\text{sat})}}{I_C} \times h_{FE} = \frac{V_i - V_{BE(\text{sat})}}{I_F} \times h_1$$

實例

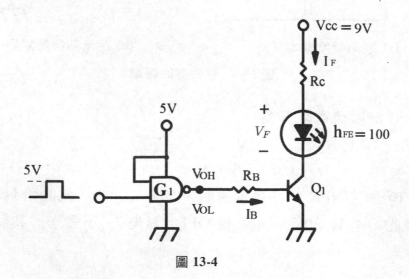

圖 13-4

　　圖 13-4 G_1 代表微電腦的輸出介面，G_1 的輸出電壓 $V_{OH} = 3.6$V，$V_{OL} = 0.4$V，紅外線發射器爲 EL-23F，其 $V_F - I_F$ 的特性曲線如圖 13-2，Q_1 的直流放大率 $h_{FE} = 100$。請計算 R_B 和 R_C 的阻值，以完成 G_1 控制 EL-23F 的動作，且 $I_F = 30$mA。

——解析——

　　因 $I_F = 30$mA，從圖 13-2$V_F - I_F$ 特性曲線得知 $V_F = 1.2V$，而 $V_{CC} = I_F \times R_C + V_F + V_{CE(\text{sat})}$，則 R_C 爲

$$R_C = \frac{V_{CC} - V_F - V_{CE(\text{sat})}}{I_F} = \frac{9\text{V} - 1.2\text{V} - 0.2\text{V}}{30\text{mA}} = 253\Omega$$

但卻找不到 253.3Ω 的電阻可用，則改用 $R_C = 220\Omega$ 的電阻，則造成 I_F 的增加，使得 I_F 約爲

$$I_F = \frac{V_{CC} - V_F - V_{CE(\text{sat})}}{R_C} = \frac{9\text{V} - 1.2\text{V} - 0.2\text{V}}{220^{\char`\^}} = 34.54\text{mA}$$

實際上新的 I_F 會比 34.54mA 小一點，因當電流增加時，V_F 也會加大一些。所以我們可以說當 $R_C = 220\Omega$ 時，最大的 I_F 爲 34.54mA，當 G_1 的輸出爲 V_{OL} 時，因比電晶體的 V_{BE} 還小，所以不會有光發射出去。若 G_1 的輸出爲 V_{OH} 時，$V_{OH} > V_{BE}$，將使 Q_1 導通，R_B 爲

$$R_B = \frac{V_{OH} - V_{BE(\text{sat})}}{I_F} \times h_{FE} = \frac{3.6\text{V} - 0.8\text{V}}{30\text{mA}} \times 100 = 9.3\text{K}\Omega$$

沒有 9.3K 的電阻，就用 8.6K 的電阻取代之。但不能用 10KΩ 的電阻，以免電晶體導通不確實，使得 I_F 不夠，發射強度變小。

13-2-2　脈波式順向電壓與順向電流特性曲線

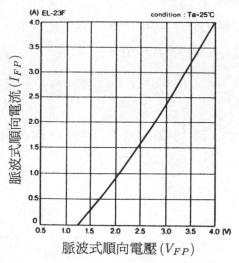

圖 13-5　$V_{FP} - I_{FP}$ 特性曲線

　　圖 13-5$V_{FP} - I_{FP}$ 特性曲線告訴我們，光發射器可以用脈波驅動。且脈波驅動時，順向壓降 V_{FP} 加大，順向電流 I_{FP} 可以用得更大。比較圖 13-2 和圖 13-5 中 I_F 和 I_{FP} 所用的單位，I_F 用的是 mA，I_{FP} 用的是 A。此即告訴我們想做遠距離的傳送時，可用增加瞬間發射功率的方法達成。即用脈波的方式控制光發射器的動作。

　　而所加的脈波，其寬度及週期必須加以限制。否則將因平均加率太大而使光發射器因散熱不及而受不了。使用脈波驅動時，必須注意其脈波寬度及週期的規定。

實例　圖 13-6

　　若以週期為 10ms，脈波寬度為 $100\mu s$ 的脈波信號控制光發射器，為達遠距離傳送，而提高 $I_{FP} =2A$。則圖 13-6 的 R_B 和 R_C 應該使用多大的電阻？

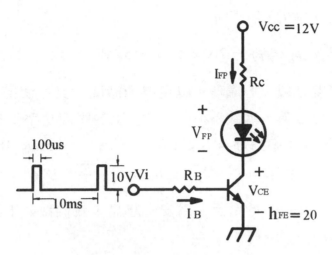

圖 13-6　脈波驅動的考慮

——解析——

當選用 $I_{FP} = 2A = 2000mA$ 時，從圖 13-5 $V_{FP} - I_{FP}$ 特性曲線中，得知 $V_{FP} = 2.8V$，則 R_C 為

$$R_C = \frac{12V - 2.8V - 0.2V}{2A} = 4.5\Omega$$

電晶體導通時的 I_B 應足夠大，使得 $I_B > \dfrac{I_{FP}}{h_{FE}} = \dfrac{2A}{20} = 100mA$，則

$$R_B \leq \frac{10V - V_{BE}}{I_B} = \frac{10V - 0.8V}{100mA} = 92\Omega$$

則光發射器所消耗的平均功率 P_{av} 為

$$P_{av} = \frac{I_{FP} \times V_{FP} \times t_w}{T} = \frac{2A \times 2.8V \times 100\mu s}{10ms} = 56mW$$

$P_{av} = 56\text{mW}$ 並沒有超過族光發射器功率損耗的額定值 100mW。但在發射時的瞬間功率 P_{id} 卻高達：

$$P_{id} = I_{FP} \times V_{FP} = 2\text{A} \times 2.8\text{V} = 5.6W$$

所以脈波的寬度必須小心處理，以免導通時間太長，使得光發射器因功率損耗太大而發熱，導致燒掉。在 R_C 上的瞬間功率損耗非常大。

$$R_C \text{ 最大瞬間功率損耗} = I_{FP}^2 \times R_C = (2\text{A})^2 \times 4.5\Omega = 18W$$

$$R_C \text{ 平均功率損耗} = \frac{t_w}{T} \times I_{FP}^2 \times R_C = \frac{100\mu s}{10\text{ms}} \times 18W = 180\text{mW}$$

所以 R_C 選用 $\frac{1}{2}$ 瓦以上的電阻。為安全起見，我們做如下的選擇

$$R_C = 4.5\Omega，1 \text{ 瓦特}$$

而 R_B 的功率損耗並不大，分別為

$$R_B \text{ 最大瞬間功率損耗} = (I_B)^2 \times R_B = (100\text{mA})^2 \times 92\Omega = 0.92W$$

$$R_B \text{ 平均功率損耗} = \frac{100\mu s}{10\text{ms}} \times 0.92W = 0.092W$$

所以選用 R_B 的規格為

$$R_B = 92\Omega，0.5 \text{ 瓦}$$

而所使用的電晶體必須其 $I_{C(\max)} > 2\text{A}$ 以上。並且要注意輸入信號 V_i 的輸出電流能否達到 100mA 以上。

13-2-3 順向電流與輸出功率

$I_F - P_O$ 提供了順向電流與輸出功率的關係。當順向電流愈大，其輸出功率也愈大。圖中實線部份是連續發射的特性。繼續延伸出去的虛線，代表脈波驅動時，順向電流與發射功率的關係。

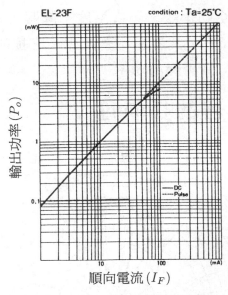

圖 13-7　$I_F - P_O$ 特性曲線

13-2-4　溫度對發射功率的影響

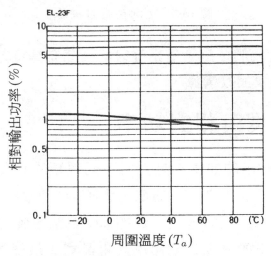

圖 13-8　溫度－相對功率特性曲線

　　圖 13-8 是溫度變化時,其發射功率與 25℃ 時的發射功率的比較情形。即 25℃ 時若做全功率發射,當溫度下降時,$T < 25℃$,其發射功率增加。而當 $T > 25℃$,其發射功率減少。它提醒我們不要使光發射器的溫度太高,以免減少發射功率。

13-2-5　發射器的指向性

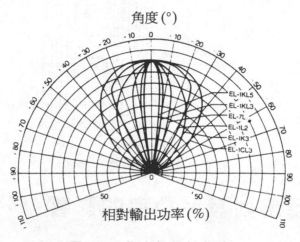

圖 **13-9**　指向性特性曲線

　　圖 13-9 告訴我們,每一種光發射器,都有其特定的輻射角度,必須依你實際的需求加以選擇。

13-2-6　波長與相對功率

　　圖 13-10 所繪出的曲線,是針對不同種類的光發射器,因材質等因素的不同,其發射出來光線的波長也不一樣。每一種發射器在某一特定的波長,才有最大的輸出。例如 EL 型號的發射二極體做為控制光源時,接收部份的光電二極體或光電晶體,最好也選用波長在 940

nm 左右有最大靈敏度的光電感測器。爲什麼一般紅外線感測器均成對購買，其道理就在此。

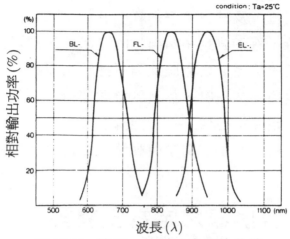

圖 13-10 波長－相對功率特性曲線

練習：

1. 搜集波長爲 456～ 600nm， 700～ 900nm 和 1000nm 以上的光發射器的資料，並影印存檔，供自己使用。

2. 連續驅動和脈波驅動的差別爲何？

3. 光發射器爲什麼是順向偏壓操作？

4. 溫度對發射器有何影響？

5. 圖 13-2$V_F - I_F$ 和圖 13-5$V_{FP} - I_{FP}$ 兩者的差異何在？

6. 當一般 LED ON 時，請測其順向電壓 V_F 及順向電流 I_F 的關係。

13-3　光發射器的使用

　　光發射器乃把電流轉換成光信號的光電元件，選用時在乎的是其發射功率，波長，指向性及其反應速度。而波長及指向性一般都不是使用者所能改變。所以我們將以如何控制其發射爲重點。

　　爲了產生較大的電流以激發光子的輻射，所有光發射器都必須加順向偏壓。並以一定大小的電阻控制其電流的大小，以免超出該光發射器的電流額定值，及減少功率損耗。

　　於做遙控時，除了波長和指向性的要求外，周遭光源的變化，將造成許多不必要的干擾。爲克服此種干擾，可以讓光發射器，以某一特定頻率的脈波控制其發射，然後於接收部份，以帶通濾波器處理，達到只接收該特定頻率的信號，便能抑制其它雜訊的干擾。光發射器的使用方法，可概分爲(1)定電壓驅動法，(2)定電流驅動法，(3)脈波驅動法。

13-3-1　光發射器之定電壓驅動

　　從 $V_F - I_F$ 的特性曲線，圖 13-2 中得知，光發射器於順向偏壓使用時，和一般普通二極體的特性相近，但必須注意，光發射器的切入電壓 (Cut-in Voltage) 約爲普通二極體的 2～3 倍。

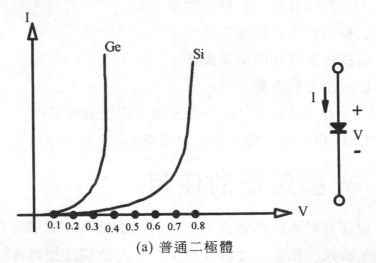

(a) 普通二極體

圖 13-11　$V_F - I_F$ 的特性比較

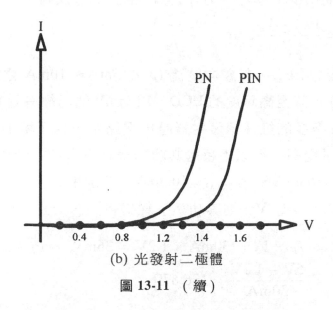

(b) 光發射二極體

圖 13-11 （續）

　　從圖 13-11(a)，(b) 的比較得知，光發射器具有較大的順向壓降，而此順向壓降的大小，將決定驅動電路中，限流電阻的阻值。

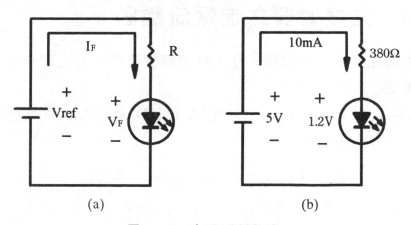

圖 13-12　定電壓驅動法

　　當 I_F 愈大時，發射的強度愈大，R 值愈小。圖 (a) 中，當選定

I_F 以後,就能由圖 13-2$V_F - I_F$ 的特性曲線中,找到 V_F 的大小,則

$$I_F = \frac{V_{ref} - V_F}{R}, \quad R = \frac{V_{ref} - V_F}{I_F}$$

普通發光二極體 LED,其順向電流 I_F 在 5mA～ 10mA 之間時,亮度已經相當足夠,甚至高輝度的 LED,用 1mA 就已經有足夠的亮度。

但在許許多多的紅外線發射器應用電路中,為了增加發射功率,大都把 I_F 盡量提高,但以不超過其功率損耗為原則。若以 EL-23F 為例,其 $I_{F(max)}$ =60mA, $P_{D(max)}$ =100mW,若選用 I_F =30mA 從 $V_F - I_F$ 特性曲線得知 V_F =1.2V。則其功率損耗為

$$P_D = I_F \times V_F = 30\text{mA} \times 1.2\text{V} = 36\text{mW} < P_{D(\max)}$$
$$R = \frac{5\text{V} - 1.2\text{V}}{30\text{mA}} = 126.67\Omega$$

所以你可以調整電阻 R 的大小,以改變 I_F,則能控制發射的強度。當然你也可以串聯數個光發射器一起使用,以增強其強度。

13-3-2 光發射器之定電流驅動

定電流驅動是比較複雜一點,雖然很少使用,但它卻有發射功率穩定的優點。

圖 13-13(a) 是利用齊納二極體 (Zener Diode) 提供電晶體固定偏壓,(也可以用電阻),則

$$V_B = V_Z = V_{BE} + Z_E \times R_E, \quad I_E = (1 + \beta)I_B$$
$$I_B = \frac{V_Z - V_{BE}}{(1 + \beta)R_E}, \quad I_F = I_C = \beta I_B \approx I_E$$

將使流過光發射器的電流 I_F 保持固定,則其發射強度,將保持相當穩定。圖 13-13(b) 是以 OP Amp 之虛接地特性達到 I_F 為定電流的目

的。

$$I_F = \frac{V_{ref}}{R} = \frac{1}{R} \times \frac{R_2}{R_1 + R_2} \times V_{CC}$$

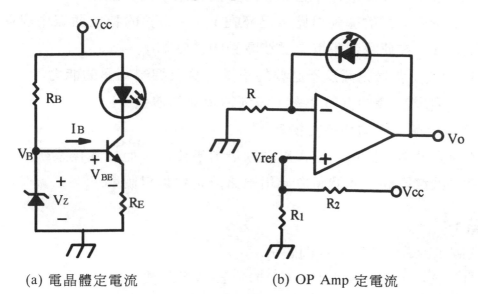

(a) 電晶體定電流　　　　　　(b) OP Amp 定電流

圖 13-13　定電流驅動法

13-3-3　光發射器之脈波驅動

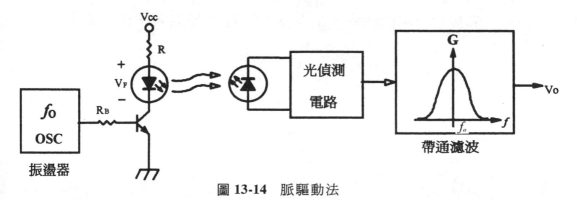

圖 13-14　脈驅動法

　　圖 13-14 是一組光發射與光接收系統，當光發射器以頻率為 f_o 的脈波發射時，接收電路先由光電二極體或光電晶體等光偵測器，接收

到所發射出來的光信號，然後送到中以頻率為 f_o 的帶通濾波器，則所接收到的信號只有頻率為 f_o 的信號可以通過帶通濾波器，其它不是 f_o 頻率的信號將被衰減掉，因而達到抑制雜訊干擾的效果。

以脈波方式的驅動電路，已經在 $V_{FP} - I_{FP}$ 的特性曲線中說明其設計方法。在此我們將重申脈波驅動的優點如下：

　(1)　減少背景光源及不必要的干擾，具有抑制雜訊的能力。

　(2)　能加大瞬間發射功率，達到遠距離的傳送。

　(3)　能減少平均功率的損耗。

在各種光發射電路中，定電壓驅動最常被使用，而於遙控系統中，勢必要用脈波驅動，我們將於應用線路分析中加以說明。

練習：

1. 依圖 13-15 回答下列各問題。

　(1)　A＝1 時，繪出 B，C，D，E 各點的波形。

　(2)　A＝0 時，繪出 B，C，D，E 各點的波形。

　(3)　流過光發射二極體瞬間電流 $I_{FP} =$ ？

　(4)　若 $G_1 \sim G_4$ 的 $V_{OH} =$ 3.6V，則 $I_B \approx$ ？

　(5)　其接收電路的頻率，是由 G_1 或 G_3 的振盪頻率決定之？

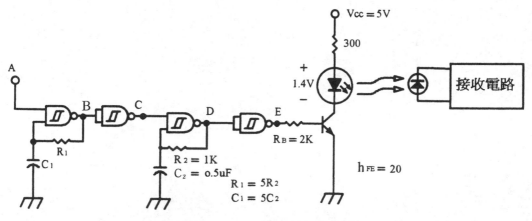

圖 13-15　脈波驅動應用電路

第14章

光電晶體及
轉換電路分析

　　光電二極體受光照射後，會產生光電流，然光電流 I_P 一般都非常小，不易被直接使用，而需要再做適當的放大。光電晶體就是把光電二極體和一般電晶體做在同一個包裝裡，由光電二極體擔任光信號的偵測而產生光電流 I_P，然後直接透過電晶體放大，以得到較大的電流變化。圖 14-1(a)，(b) 分別為光電晶體和光電達靈頓的基本架構。

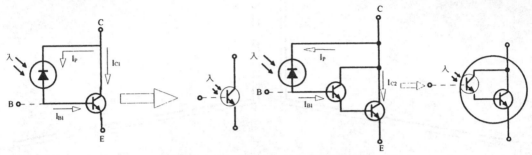

圖 14-1　光電晶體及光電達靈頓

　　圖 (a) 和圖 (b) 都把光電二極體接在電晶體的基極 (Base) 上，很明顯的是把光電二極體的光電流 I_P，提供給電晶體當 I_B，然後再由電晶體把 I_P 放大，則 I_{C1}，I_{C2} 分別為

$$I_{C1} \approx \beta_1 \times I_{B1} = \beta_1 \times I_P$$
$$I_{C2} \approx \beta_1 \times \beta_2 \times I_{B1} \approx \beta_1 \times \beta_2 \times I_P$$

所以光電晶體對光的靈敏度，遠大於光電二極體。因光電晶體把光電二極體的光電流放大了 β 倍。

14-1　光電晶體的損失

　　光電晶體雖然提高了對光的靈敏度，但似乎天下沒有白吃的午餐，增加了靈敏度，卻造成光電晶體的暗電流上升，及反應速度變慢的缺點。

　　當沒有光照射的時候，光電晶體的暗電流相當於電晶體的 I_{CEO}，則

$$光電晶體的暗電流\ I_{dT} = I_{CEO} = \beta I_{CBO}$$

而 I_{CBO} 即光電二極體的暗電流 I_d，相當於光電晶體的暗電流 I_{dT} 是光電二極體暗電流 I_d 的 β 倍。光電晶體的暗電流 I_{dT} 典型值約為數拾 nA，且隨溫度每上升 10℃ 而增加一倍，即光電晶體的暗電流受溫度的影響比較嚴重。

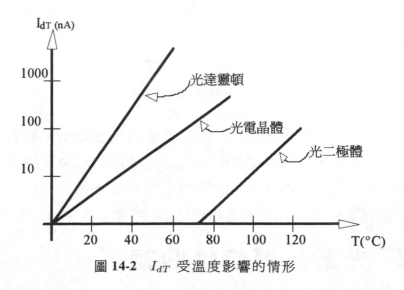

圖 14-2　I_{dT} 受溫度影響的情形

　　接著我們將分析另一種損失：反應速度變慢的原因。由圖 14-3 得知電晶體的 C_{cb} 和光電二極體的 C_j 為並聯關係，使得電容量增加為 $C_{cb} + C_j$，並且電晶體的 C_{be} 是一個較 C_{cb} 大很多的電容 (因 BE 順向，BC 逆向)。當入射光使光電二極體產生光電流時，必須於 $(C_{cb} + C_j)$ 和 C_{be} 上充電，且經過一段時間後，才能讓電晶體的 BE 達到順向。然於光源消失時，卻又必須經過一段放電時間，才能使電晶體截止。這麼一來一回的時間，將使電晶體的反應速度變慢。

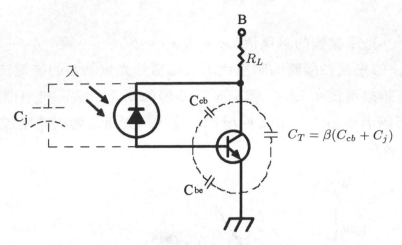

圖 14-3　反應速度變慢的原因

　　而 $C_{cb} + C_j$ 以密勒 (Miller) 效應反應於輸出端時的總電容為 $\beta \times (C_{cb} + C_j)$，亦將使得輸出波形的變化產生延遲的現象。所以在高速操作的情況下，必須留意光電晶體的截止頻率是多少？並且不要用太大的 R_L，但也不能太小，否則電晶體的 I_C 將會太大。

14-2　光電晶體特性曲線

　　光電晶體乃光電二極體加電晶體的組合，所以光電二極體的波長及指向性，在光電晶體中也依然會用到，其中最重要的是電晶體 V_{CE} 和 I_C 的特性曲線，再則其暗電流受溫度影響的情形及反應速度，都將是我們要說明的項目。

14-2-1　光電流 I_C 與集 (射極)V_{CE} 的關係

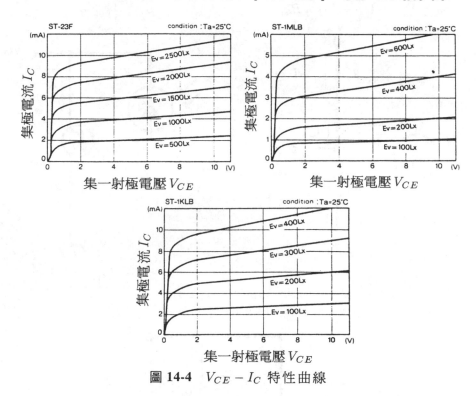

圖 14-4　$V_{CE} - I_C$ 特性曲線

　　從圖 14-4(a)， (b) 看到的特性曲線和一般 NPN 電晶體的特性曲線非常相似。但細看時，你將發現一般電晶體於每一條曲線上所標示的為 $I_B =$ 多少 μA。而目前光電晶體於每一條曲線上所標示的為 $E_V =$ 多少 Lx 。表示不同的照度，將得到不同的光電流 I_C。所以我們可以用 I_C 的大小，代表光照度的強弱。就能以圖 14-5(a)， (b)， (c) 的方式，把光電流 I_C 轉換成 V_O 的大小。

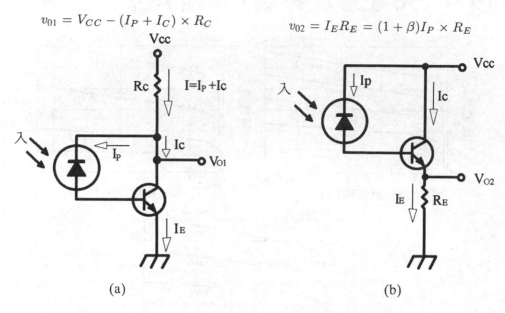

$$v_{01} = V_{CC} - (I_P + I_C) \times R_C$$

$$v_{02} = I_E R_E = (1 + \beta) I_P \times R_E$$

(a)

(b)

$$v_{03} = V_{CC} - I_C \times R_C = V_{CC} - \beta I_P \times R_C$$

(c)

圖 14-5　基本轉換電路

因光電晶體的包裝有兩支腳或參支腳的形式。兩支腳的產品表示只留

C、E 兩腳，如圖 (a)，(b)，三支腳者如圖 (c) 的接法。光電晶體的相關電路和一般 NPN 電晶體的相關電路，可說彼此有互換性，只是把 I_B 改成由 E_V 來控制電晶體導通的狀況。

14-2-2　溫度對暗電流的影響

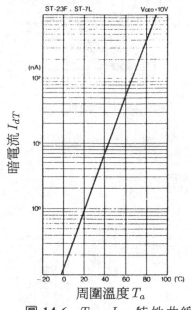

圖 14-6　$T_a - I_{dT}$ 特性曲線

圖 14-6 是溫度－暗電流的特性曲線，它說明了暗電流會隨溫度增加而增加，雖然暗電流 (nA) 和光電流 (mA) 相差甚遠。但還是希望暗電流愈小愈好，就像 NPN 電晶體一樣，希望 I_{CBO} 愈小愈好。

14-2-3　接收角度的範圍 (指向性)

圖 14-7 是光電晶體接收角度的範圍，每一種編號的光電晶體，都有它自己的指向性，於使用時，將由你決定要選用那一種最適合你的需要。

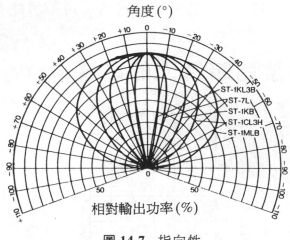

圖 14-7 指向性

14-2-4 反應時間

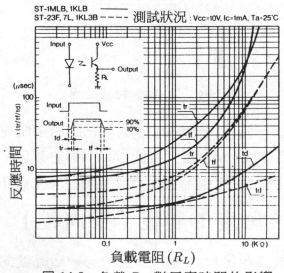

圖 14-8 負載 R_L 對反應時間的影響

我們已經說明光電晶體反應速度比光電二極體慢的原因。圖 14-8

中得知，負載電阻 R_L 將影響反應時間，R_L 愈大時，延遲時間變大，使得反應速度變慢。

14-2-5　波長與相對靈敏度

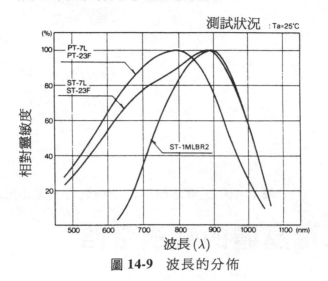

圖 14-9　波長的分佈

不同型號的光電晶體，對不同波長的光源會有不同的靈敏度。所以在使用時，必須了解你要偵測的光源其波長是多少？

練習：
1. 為什麼光電晶體的暗電流比光電二極體的暗電流大？
2. 為什麼光電晶體的反應速度比光電二極體慢？

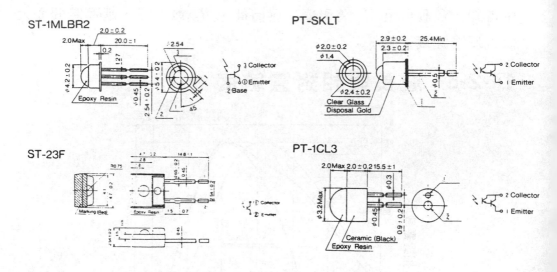

圖 14-10 光電晶體外觀結構圖（此圖由光電子提供）

14-3 光電晶體的轉換電路

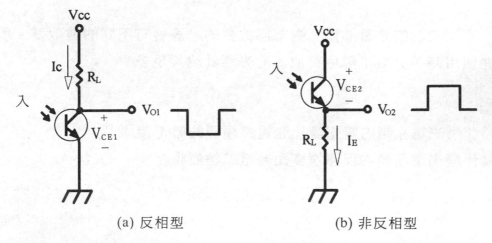

(a) 反相型   (b) 非反相型

圖 14-11 基本轉換電路

當光照射在光電晶體上的光電二極體後，將產生光電流 I_C，對圖

(a) 的輸出電壓 V_{01} 而言，

$$V_{01} = V_{CC} - I_C \times R_L = V_{CE_1}$$

即照度愈大時，所產生的光電流 I_C 愈大，將使得 V_{01} 愈小，所以稱之為反相型。對圖 (b) 而言，其輸出電壓 V_{02} 為：

$$V_{02} = V_{CC} - V_{CE2} = I_E \times R_L \approx I_C \times R_L$$

即照度增加時，光電流 I_C 也增加，V_{02} 愈大，所以稱之為非反相型。若把光電晶體看成是一般 NPN 電晶體時。

圖 (a) 為共射放大器 (CE Amplifier)，所以會反相。

圖 (b) 為共集極放大器 (CC Amplifier)，所以沒有反相。

> **實例**
>
> 圖 14-11(a)，若 V_{CC} =10V，R_L =2KΩ，光電晶體為 ST-1MLB。
>
> ⑴　多少照度 (Lx) 時，電晶體飽和，$V_{01} = V_{CE(sat)}$ =0.2V
>
> ⑵　所能產生的最大光電流為多少？

—— 解析 ——

$$V_{01} = V_{CC} - I_C \times R_L = V_{CE1}$$
$$I_C = \frac{1}{R_L}(V_{CC} - V_{CE1}) = -\frac{1}{R_L}V_{CE1} + \frac{V_{CC}}{R_L}$$

當 $I_C = 0$ 時，$V_{CE1} = V_{CC}$，當 $V_{CE1} = 0$ 時，$I_C = \dfrac{V_{CC}}{R_L}$。此時便能於 $V_{CE} - I_C$ 的特性曲線圖上做一條負載線，如圖 14-12 所示。

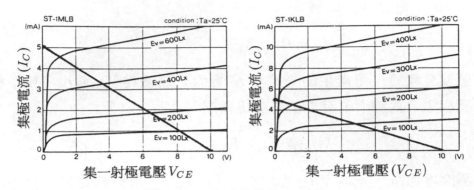

圖 14-12　光電晶體的負載線

從圖 14-12 得知，照度約 600 Lx 以後，光電晶體已經飽和了。且所能產生的最大光電流將受限於 R_L 的大小。

$$I_{C(\text{max})} = \frac{V_{CC} - V_{CE}}{R_L} = \frac{V_{CC}}{R_L} = \frac{10\text{V}}{2\text{K}} = 5mA$$

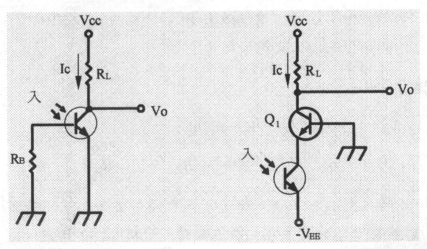

(a) 減少暗電流的影響　　　　　　(b) 快速反相型

圖 14-13　光電晶體轉換電路之一

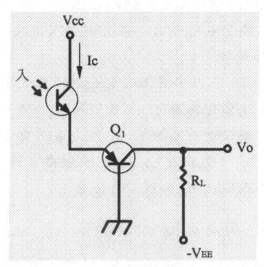

(c) 快速反相型

圖 14-13 （續）

　　圖 14-13(a) 多了一個電阻 R_B，用以減少高溫時暗電流的影響，圖 (b) 與圖 (c) 中光電晶體的光電流直接控制開關電晶體 Q_1 的電流，能達到高速的操作。

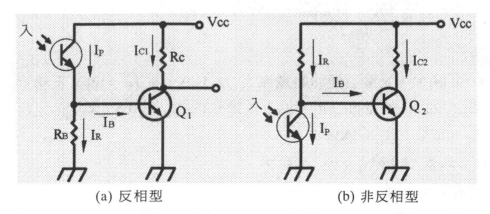

(a) 反相型　　　　　　　　　　　(b) 非反相型

圖 14-14 光電晶體轉換電路之二

　　圖 14-4(a) 是把原來同相型的轉換電路加一級反相放大器，圖 (b) 是把原來反相型的轉換電路再加一級反相放大而成。其目的都是在使 Q_1 或 Q_2 的輸出電流提升。

　　圖 14-14(a) 中 R_B 的大小必須限制在某一特定的範圍中，若不當的使用 R_B 時，將造成電晶體 Q_1 一直 ON 或一直 OFF。在沒有光照射的時候，光電晶體只剩下暗電流 $I_{dT} = I_{CEO}$。而光電晶體的暗電流會流經 R_B，將在 R_B 上造成 $I_{CEO} \times R_B$ 的壓降，為了使電晶體 Q_1 在沒有光照射時，保持 OFF 的狀態，則必須

$$I_{dT} \times R_B = I_{CEO} \times R_B < V_{BE(\text{cut－in})}，即 R_B < \frac{V_{BE(\text{cut－in})}}{I_{dT}}$$

　　而在一定照度的時候，光電流 I_P 必須大於 $I_R + I_{B(\text{min})}$，　$I_P >$
$$I_R + I_{B(\text{min})} = \frac{V_{BE(\text{sat})}}{R_B} + \frac{I_{C1}}{h_{FE}} = \frac{V_{BE(\text{sat})}}{R_B} + \frac{1}{h_{FE}} \cdot \frac{V_{CC} - V_{CE(\text{sat})}}{R_C}$$

$$R_B > \frac{V_{BE(\text{sat})}}{I_P - \dfrac{V_{CC} - V_{CE(\text{sat})}}{h_{FE} R_C}}$$

即
$$\frac{V_{BE(\text{sat})}}{I_P - \dfrac{V_{CC} - V_{CE(\text{sat})}}{h_{FE} R_C}} < R_B < \frac{V_{BE(\text{cut－in})}}{I_{dT}}$$

練習：

1. 圖 14-14(a)，光電晶體的暗電流 $I_{dT} = 1\mu A$，當 $I_P = 3mA$ 希望 Q_1 能導通，則 R_B 的範圍如何？$h_{FE} = 50$，$V_{BE(\text{sat})} = 0.8$，$V_{BE(\text{cut－in})} = 0.5V$，$V_{CC} = 12V$，$R_C = 2K\Omega$。

2. 試分析圖 14-14(b)，R_B 的範圍。
　　提示：$I_B = I_R - I_P$，$I_R = \dfrac{V_{CC} - V_{BE}}{R_B}$

　　為了偵測微弱的光信號，我們可以把光電晶體和一般 NPN 或 PNP 電晶體組成達靈頓電路。

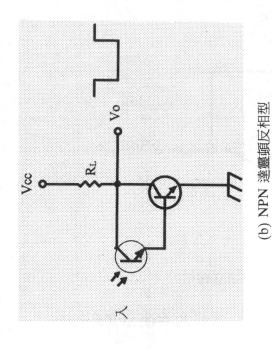

(b) NPN 達靈頓反相型

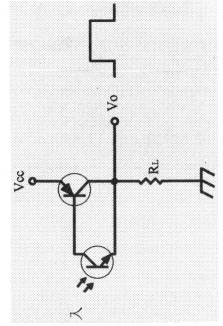

(d) PNP 達靈頓反相型

(a) NPN 達靈頓同相型

(c) PNP 達靈頓同相型

圖 14-15　達靈頓光電晶體

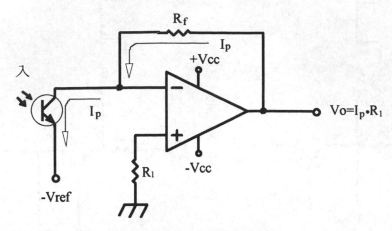

圖 **14-16** 光電流轉換電路

　　圖 14-16 在光電晶體射極加 $(-V_{ref})$，其目的在使光電晶體的 V_{CE} 保持固定電壓。而其輸出電壓 V_O 為：

$$V_O = I_P \times R_f + v_-,\ \ v_- = v_+ = 0,\ \ V_O = I_P \times R_f$$

所以我們說圖 14-16 是光電流感測器電路。

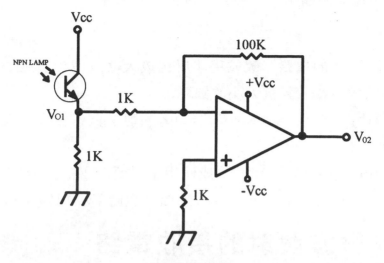

(a) 放大輸出

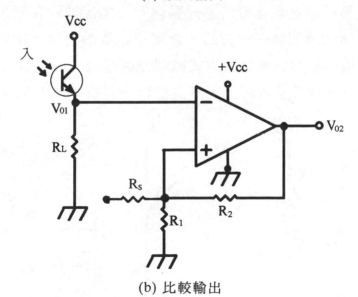

(b) 比較輸出

圖 14-17　光電晶體配合 OP Amp

圖 (a) 是光電晶體輸出 V_{01} 再加一級放大率為 100 倍的放大器。圖

(b) 是把光電晶體輸出 V_{01} 加到一個磁滯比較器。

練習：

1. 把圖 14-17(a) 的電路，改成用非反相放大器以減少負載效應。（克服反相放大器輸入阻抗太小的缺點）。

2. 圖 14-17(b)，若 $R_1 = 10K$，$R_2 = 30K$，則 V_{01} 等於多少時，$V_{02} = +V_{CC}$。

3. 圖 14-17(a)，若把 OP Amp 改成使用單電源 $(-V_{CC} = 0V)$，是否可行？且 $V_{01} = 0V$ 時，$V_{02} = ?$，V_{01} 大於多少時 $V_{02} = V_{CC}$。

14-4　脈波發射的接收電路

　　如果光發射器是以脈波的方式驅動時，則能消除背景光源變動的干擾，並以增加瞬間功率的方式，達到遠距離的發射，所以紅外線遙控系統或防盜器都是以脈波的方式處理發射信號。讓發射信號以 f_o 的頻率傳送出去，則於接收器上，將接收到一個頻率為 f_o 的交流信號。

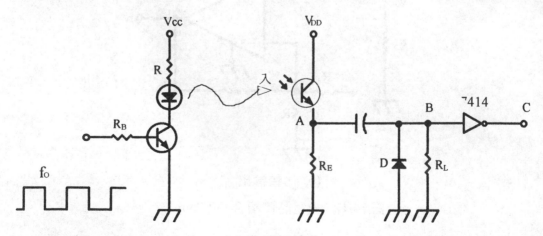

(a) 非反相接收

圖 14-18

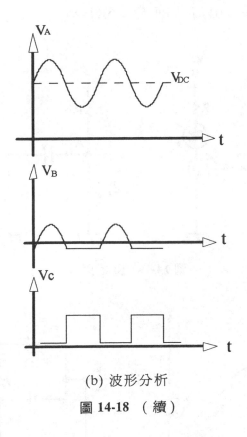

(b) 波形分析

圖 **14-18** （續）

　　圖 14-18 及圖 14-19 因接收部份可能會存在背景光源及光電晶體的漏電流 I_{CEO} ，使得輸出存在 V_{DC} 的直流電壓，可藉由電容器把直流電壓隔開。

　　而更好的方法是把接收到的交流信號，先經中心頻率為 f_o 的帶通濾波器 (BPF)，則能抑制 f_o 以外的雜訊干擾，如圖 14-20。 OP Amp 與 R_2 及 C_2 的電路構成一個雙 T 電阻網路之帶通濾波器（請參閱拙著 "OP Amp 應用＋實驗模擬" 一書之第 10 章）。其中以頻率 f_o 為

$$f_o = \frac{1}{2\pi R_2 C_2}$$

若 $R_2 = 3.3K$，$C_2 = 0.01\mu F$，則 $f_o \approx 5KHz$

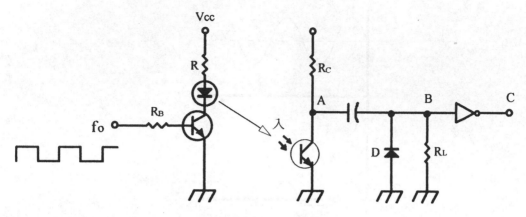

圖 **14-19** 反相接收

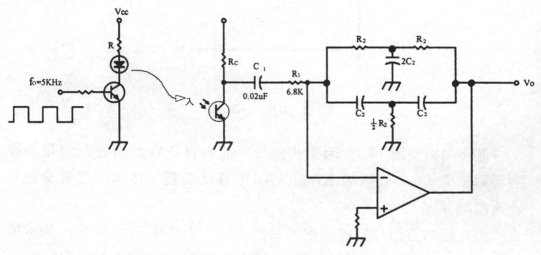

圖 **14-20** 含 BPF 之光接收電路

練習：

1. 以脈波發射光信號有何優點？

2. 脈波接收電路，理應只收到交流信號，為什麼圖 14-18(a)，A 點的輸出會有直流電壓存在？

3. 圖 14-20 雙 T 型帶通濾波器的主要功用爲何？

4. 請繪出圖 14-19 各點的波形，於其標示座標上。

第 15 章

光控元件及其轉換電路分析

　　微處理機做為自動化控制的應用愈來愈多，但所有微處理機均以直流電壓操作，無法直接控制直流高壓或大電流系統，更無法直接驅動交流 110V/60Hz 的馬達及各種交流系統。偏偏大電力控制系統都是交流電源。所以在微處理機和交流系統之間必須加上信號轉換介面，以達彼此信號傳遞的認知。

圖 15-1　信號處理介面所擔任的角色

　　若能把微處理機與 AC 系統的電源隔開（接地也不能共用）。就不會因 AC 系統中所產生的感應，而影響到 DC 的微處理機系統。我們可以用機械式的繼電器完成信號處理介面的工作。

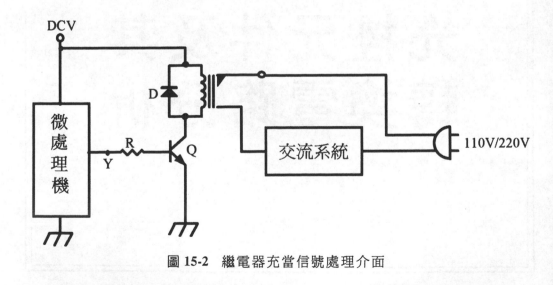

圖 15-2　繼電器充當信號處理介面

　　該圖 15-2 介面動作情形如下：

$Y = 1$ 時，Q ON，繼電器 ON，AC 系統 ON。

$Y = 0$ 時，Q OFF，繼電器 OFF，AC 系統 OFF。

雖然繼電器能達到隔離 DC 與 AC 的目的，但繼電器有如下的缺點：

⑴　機械動作，速度不夠快，能達 1ms 已經不太可能。

⑵　繼電器 ON，OFF 的轉換，將造成 DC 系統中，電流極大的變化，而產生各種突波或電磁感應的干擾。

⑶　繼電器的開關接點，將因高速的 ON，OFF 切換而急速氧化，使接點故障，而無法使用。

這些缺點將由光耦合器，光遮斷器，光反射器，光控 SCR，光控 DIAC，及固態繼電器等光控元件所改善。

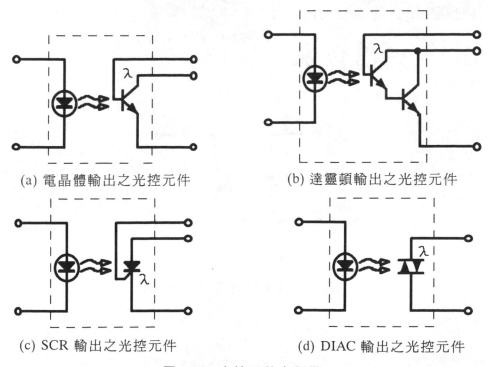

(a) 電晶體輸出之光控元件　　　(b) 達靈頓輸出之光控元件

(c) SCR 輸出之光控元件　　　(d) DIAC 輸出之光控元件

圖 15-3　光控元件之認識

　　圖 15-3 只是列出四種光控元件符號供你參考。圖 (a)～圖 (d) 乃把光發射器和光電晶體，光達靈頓光控 SCR……元件做在同一個包裝中，以方便使用的光電元件，我們將逐一說明之。

　　圖 15-3 的光控元件都是把光發射器和光偵測器做在同一個包裝內，其內部留有透明的光通道。當光發射器被驅動 (有順向電流時) 後，產生光源，經過光通道照射在光偵測器上。達到發射部份與接收部份完全隔離的效果，且因光通道是在 IC 包裝內部，則不受背景光源的干擾。所以圖 15-3 的光控元件，可以當做信號處理介面，或稱之為光電轉換介面。

　　當你已知道如何去使用光發射器 (第十三章的光發射二極體) 及光偵測器 (第十二章及第十四章的光電二極體和光電晶體) 時，你就會使用圖 15-3 的各種光控元件。

15-1　光耦合器

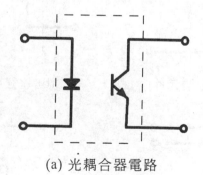

(a) 光耦合器電路

圖 15-4　光耦合器電路及實體圖

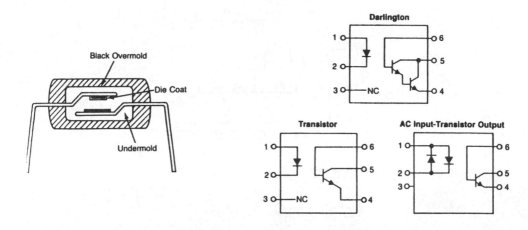

(b) 光耦合器的實體圖

圖 15-4　（續）

　　一般我們所談的光耦合器，指的是把光發射二極體和光電晶體或光電達靈頓電晶體做在同一個包裝的 IC，其目的在方便使用及減少背景光源變動的干擾。圖 15-5 是各種光耦合 IC 可能的包裝。

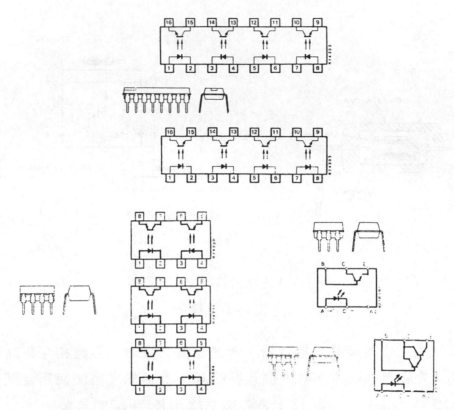

圖 15-5　各種光耦合器之電路安排

15-2　光耦合器的使用

圖 15-3 各種光控元件，都是由光發射器（光發射二極體）的亮與不亮控制光偵測器（光電晶體，光電 DIAC，光電 SCR……）的 ON 與 OFF，是一種單方向的控制元件，且所有輸入信號的處理都與單獨使用光發射二極體的方法相同。可以使用定電壓、定電流、脈波等方式驅動之。（請參考第十三章，光發射器及其感測器電路分析）。僅以圖 15-6 供你參考。

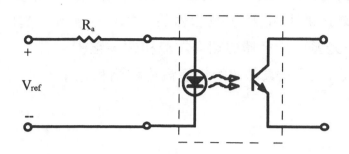

(a) 定電壓驅動

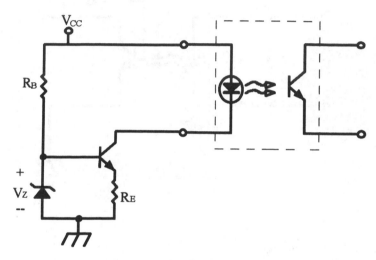

(b) 定電流驅動

圖 15-6　光耦合器之兩種驅動方法

　　即這些光控元件的輸入端，只被看成是一個獨立的光發射二極體，可依第十三章的方法處理之。

　　而各光控元件的輸出，就以其原來的功用為主。例如光耦合器和光遮斷器的輸出部份，就把它當做電晶體使用即可。光控 SCR 的輸出就看做是單向的交流矽控整流器，光控 DIAC 的輸出就當做雙向交流矽控整流器使用。所以各種光控元件的電氣規格會同時提供光發射器與光偵測器的數據資料。請參閱本章所提供之附錄資料。

於附錄提供了 4N35 光耦合器的電氣特性參數。其中

I_F 和 V_F：光發射二極體的順向電流和順向電壓。

I_C 和 $V_{CE(\text{sat})}$：是光電晶體的集極電流和飽和電壓。

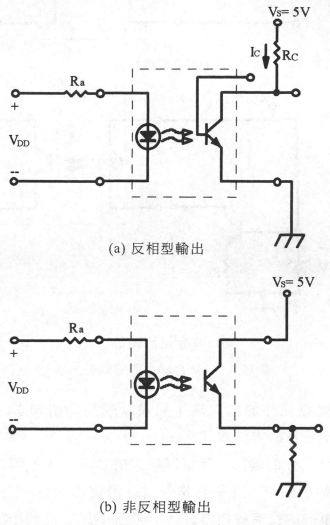

(a) 反相型輸出

(b) 非反相型輸出

圖 15-7 直流電壓驅動

　　圖 15-7(a)，(b) 的輸入部份（光發射二極體）是由直流電壓 V_{DD} 驅動，產生光信號經接收部份轉換成 V_{CC} 電壓的系統使用。而 V_{DD} 的大小只要能讓光發射二極體產生足夠的順向電流就可以。即改變 R_a 的大小，就能使用不同的 V_{DD}。

例如 $I_F = 10\text{mA}$，$V_F = 1.2\text{V}$，$V_{DD} = 12\text{V}$，則

$$R_a = \frac{V_{DD} - V_F}{10\text{mA}} = \frac{12\text{V} - 1.2\text{V}}{10\text{mA}} = 1.08\text{K}\Omega$$

若 $I_F = 10\text{mA}$，$V_F = 1.2\text{V}$，$V_{DD} = 24\text{V}$ 則

$$R_a = \frac{V_{DD} - V_F}{10\text{mA}} = \frac{24\text{V} - 1.2\text{V}}{10\text{mA}} = 2.28\text{K}\Omega$$

　　並且 V_{CC} 也能夠任意的使用，只要 $V_{CC} < V_{CEO}$，不讓光電晶體造成崩潰的電壓都能夠當作 V_{CC}。而 R_C 和 R_E 的大小，將以不造成 I_C 太大為原則。設計方法如同一般電晶體設計時，所必須考慮的事項一樣。（請參考 14 章，光電晶體及其轉換電路分析）。

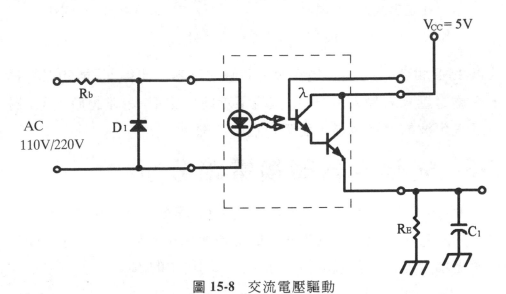

圖 15-8　交流電壓驅動

　　圖 15-8 為交流電壓的驅動，把 110V/60Hz 的交流電壓，經光耦

合器轉換成 V_{CC} 系統所能使用的電壓。電路中的 R_b 是降壓與限流電阻，D_1 當做負半波整流，同時用以保護光發射二極體，以免因負半波造成光發射二極體的崩潰。

　　當交流正半波時，光發射二極體為順向偏壓而導通。而交流負半波時，D_1 導通，使得光發射器兩端為逆向電壓而 OFF。且該逆向電壓只維持在 V_{D1}，而不致於因交流負半波電壓太大，把光發射二極體擊穿。所以我們說 D_1 具保護光發射二極體的功用。如圖 15-9 所示。

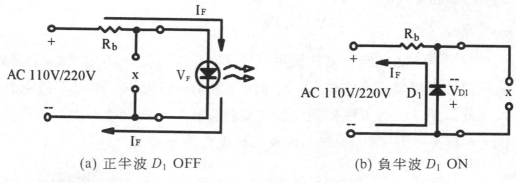

(a) 正半波 D_1 OFF　　　　　　　(b) 負半波 D_1 ON

圖 15-9　D_1 功用的說明

　　圖 15-8 電路中的 C_1，是當做一個濾波電容，使得 V_O 能夠保持穩定的平均電壓。若輸入是 60Hz 交流電壓時，當把 C_1 拿掉時，V_O 將是一個正半波的整流波形，而不是直流電壓。

15-3　光耦合器轉換電路分析

　　圖 15-10 G_1 是使用 15V 的電源系統，G_2 是使用 5V 的電源系統，使得 G_1 和 G_2 彼此之間無法做正確的信號傳遞。故於 G_1 與 G_2 之間加了一個光耦合器當做信號處理介面。圖 15-10 中的 R_1

$$R_1 = \frac{V_{01} - V_F - (-V_{ref})}{I_F}$$

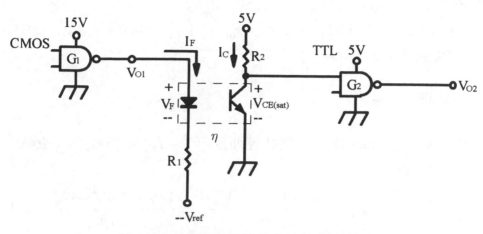

圖 **15-10**　光耦合器於數位系統之應用

其中的 V_{01} 為 G_1 的數位輸出電壓 (V_{OH})。I_F 是你想讓光發射二極體流過多少電流。當決定 I_F 以後，你就可以從特性曲線中查到其相對的順向壓降 V_F（請參閱 13 章），而所加的 $(-V_{ref})$ 是克服 V_F 的順向壓降，使得 I_F 能有更寬的使用範圍。若 $(-V_{ref}=0\text{V})$，依然可以使用，只是 R_1 變小一點，R_1 為

$$R_1 = \frac{V_{01} - V_F}{I_F}$$

當決定了 R_1 以後，則 I_F 也固定了。從資料手冊中得知 I_F 和 I_C 的電流轉換比，η 為

$$\eta = \frac{I_C}{I_F}, \text{ 則 } I_C = \eta I_F$$

則相當於決定 I_F 以後，I_C 也就知道了。所以 R_2 的值為

$$R_2 = \frac{V_{CC} - V_{CE(\text{sat})}}{I_C} = \frac{V_{CC} - V_{CE(\text{sat})}}{\eta I_F} \approx \frac{V_{CC}}{\eta I_F} = \frac{V_{CC}}{I_C}$$

實例

圖 15-10 若選用 $I_F = 2\text{mA}$，$V_{01} = V_{OH} = 14\text{V}$，$-V_{ref} = 0\text{V}$，則 R_1，R_2 的值應該為多少？

——解析——

(1) 當 $I_F = 2\text{mA}$ 時，若從特性曲線 $(V_F - I_F)$ 中得知 $V_F = 1.4\text{V}$，則 R_1 為

$$R_1 = \frac{V_{01} - V_F - (-V_{ref})}{I_F} = \frac{14\text{V} - 1.4\text{V} - 0\text{V}}{2\text{mA}} = 6.3K\Omega$$

(2) 若該光耦合器的電流轉換比 (Current Transfer Ratio，CTR)，η 為

$$\eta = \frac{I_C}{I_F} = \frac{50\text{mA}}{10\text{mA}} = 5, \text{則 } I_C = \eta I_F, \text{當 } I_F = 2mA \text{ 時}$$

$I_C = \eta I_F = 5 \times 2\text{mA} = 10\text{mA}$, 則 R_2 為

$$R_2 = \frac{V_{CC} - V_{CE(\text{sat})}}{I_C} = \frac{5\text{V} - 0.2\text{V}}{10\text{mA}} = 480\Omega$$

所以 R_1 和 R_2 的值並非唯一，完全依你的需要，以 I_F 的選用而決定適當的電阻值。

在光耦合器或光遮斷器及光反射器的轉換電路中，電路的設計方法都一樣。其步驟如下：

(1) 決定所要使用的 I_C 是多大？

(2) 由電流轉換比 CTR，(η) 反算回來，得到 $I_F = \dfrac{I_C}{\eta}$

(3) 知道 I_F 以後，從 $(V_F - I_F)$ 的特性曲線中，找到 V_F 的大小。

(4) 由各迴路計算 R_1 和 R_2 的電阻值。

實例

　　有一個光耦合器 IC，其輸出直接驅動 30mA 的負載，如圖 15-11 所示，請問 R_1 和 R_2 的阻值各是多少？

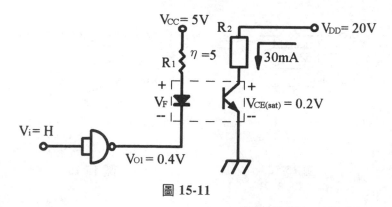

圖 15-11

──解析──

(1)　因 $I_C = 30\text{mA}$，則 $I_F = \dfrac{I_C}{\eta} = \dfrac{30\text{mA}}{5} = 6\text{mA}$

(2)　當 $I_F = 6\text{mA}$ 時，若從特性曲線 $(V_F - I_F)$ 中得知 $V_F = 1.2\text{V}$。

(3)　$R_1 = \dfrac{V_{CC} - V_F - V_{01}}{I_F} = \dfrac{5\text{V} - 1.2\text{V} - 0.4\text{V}}{6\text{mA}} = 600\Omega$

　　　$R_2 = \dfrac{V_{DD} - V_{CE(\text{sat})}}{I_C} = \dfrac{20\text{V} - 0.2\text{V}}{30\text{mA}} = 660\Omega$

　　下面各圖均為光耦合器 IC 的轉換電路及其應用，提供給你參考並當做練習題。

練習：

1. 圖 15-12，寫出 V_{out} 和 A、B 的邏輯運算關係（真值表）。

2. 圖 15-13，寫出 V_{out} 和 A、B 的邏輯運算關係（真值表）。

3. 圖 15-14，試說明該電路仍偵測電流之有無？

4. 圖 15-15，若 V_{in} 加正弦波，V_{out} 應該得到那種波形？

5. 圖 15-16，請搜集光達靈頓元件資料 3 種。

6. 圖 15-17，圖 D_1 的主要目的何在？

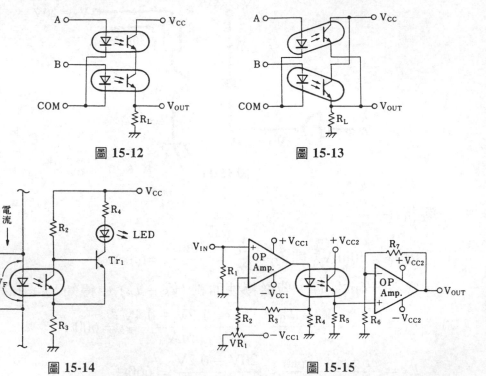

圖 15-12　　　　　　　　　　　圖 15-13

圖 15-14　　　　　　　　　　　圖 15-15

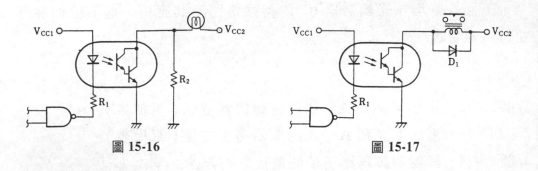

圖 15-16　　　　　　　　　　　圖 15-17

15-4　光耦合器之數位介面設計

　　若把光信號轉換成電壓以後，並接到數位電路時，必須考慮數位
電路的輸入要求。以確保系統的正常動作。

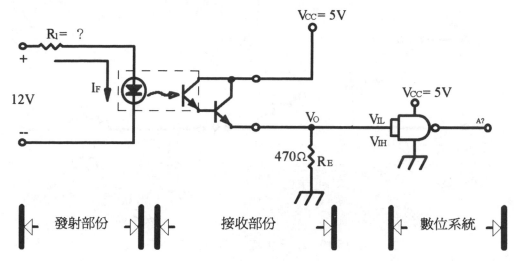

圖 15-18　光耦合器數位介面

　　從圖 15-18 加以分類時，我們可以把它分成光發射部份、光接收
部份和數位系統三部份。其中光接收部份的 V_O 用以驅動數位系統，
所以 V_O 必須滿足數位邏輯位準的要求。當 $V_O > V_{IH}$ 時，表示把邏輯
"1" 加到數位的輸入端。若 $V_O < V_{IL}$ 時，則表示把邏輯 "0" 加到數位
的輸入。所以我們必須把電路設計成能滿足：

　　邏輯 "1" 時：$V_O > V_{IH}$　　V_{IH}：邏輯 "1" 的輸入電壓

　　邏輯 "0" 時：$V_O < V_{IL}$　　V_{IL}：邏輯 "0" 的輸入電壓

茲分析 $I_F = 0$(沒有光發射的情況) 及 $I_F \neq 0$(有光發射的情況) 於
下，並從中完成設計時的要求。

　　⑴　$I_F = 0$ 時

　　當 $I_F = 0$ 時，表示發射部份不動作，沒有光信號射入接收部份，則接收部份將無法導通，使得 $I_C = 0$，如圖 15-19 所示。

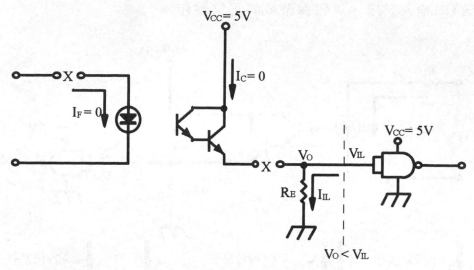

圖 15-19　$I_F = 0$ 時，必須使 $V_O < V_{IL}$

　　此時因 $I_C = 0$，則接收部份將沒有電流流進 R_E。但此時從數位系統流出的電流 I_{IL} 將在 R_E 上產生壓降，使得 $V_O = I_{IL} \cdot R_E$ 而 V_O 必須滿足 $V_O < V_{IL}$，所以

$$I_{IL} \cdot R_E < V_{IL} \quad , \quad R_E < \frac{V_{IL}}{I_{IL}}$$

若所驅動的數位電路是 7400 時，從 7400 的資料手冊中查到它的 $V_{IL} = 0.8V$，$V_{TH} = 2V$，$I_{IL} = -1.6mA$（負號表示電流的方向是由 7400 內部往外流出）。則此時所用的 R_E 必須滿足

$$R_E < \frac{V_{IL}}{I_{IL}} = \frac{0.8V}{1.6mA} = 500\Omega$$

也就是說 R_E 的最大值為 500Ω。使用 470Ω 已能確保邏輯 "0"

時 $V_O < V_{IL}$。

(2)　$I_F \neq 0$ 時

　　當 $I_F \neq 0$ 時，表示光發射部份有順向電流，使光發射部份動作，則接收部份亦將動作，而有 I_C 的產生。如圖 15-20 所示。

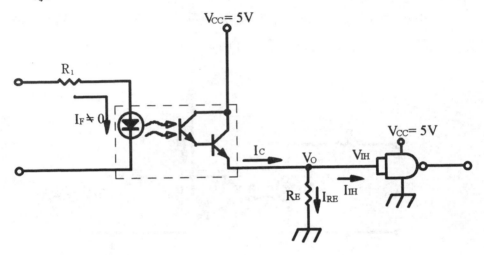

圖 **15-20**　$I_F \neq 0$，必須使 $V_O > V_{IH}$

　　由圖 15-20 得知 $I_C = I_{RE} + I_{IH}$，又 $I_C \gg I_{IH}$，（因 I_C 以 mA 為單位，　I_{IH} 是以 μA 為單位）。所以 $I_C \approx I_{RE}$，則 $V_O = I_{RE} \cdot R_E = I_C \cdot R_E$，又 V_O 必須滿足 $V_O > V_{IH}$，即

$$I_C \cdot R_E > V_{IH} , \quad I_C > \frac{V_{IH}}{R_E}$$

又從(1)的分析得知 $R_E < \dfrac{V_{IL}}{I_{IL}}$，故

$$I_C > \left(\frac{V_{IH}}{V_{IL}}\right) \cdot I_{IL}$$

即 $\left(\dfrac{V_{IH}}{V_{IL}}\right) \cdot I_{IL}$ 是 I_C 的最小值。必須使 $I_C > \left(\dfrac{V_{IH}}{V_{IL}}\right) \cdot I_{IL}$ 才能確

保 $V_0 > V_{IH}$。

　　若以驅動 7400 為例，於 $I_F = 0$ 的分析中我們使用 470Ω 的 R_E 則 I_C 的大小應滿足

$$I_C > \frac{V_{IH}}{R_E} = \frac{2V}{470\Omega} = 4.3mA$$

必須使 $I_C > 4.3mA$ 才能確保邏輯 "1" 時，$V_O > V_{IH}$，接著我們必須決定到底要用多少的 I_F 才能得到 4.3mA 的 I_C。

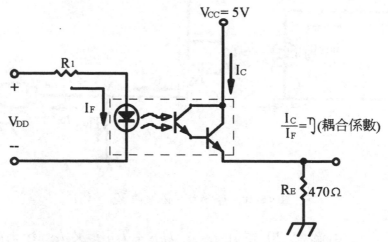

圖 15-21 I_C 及 η 決定 I_F 的大小

　　光耦合器的耦合參數，代表加多少的 I_F 能夠產生多大的 I_C，若耦合參數 $\eta = 5$，則想得到 4.3mA 的 I_C，必須使 I_F 為

$$I_F = \frac{I_C}{\eta} = \frac{4.3mA}{5} = 0.86mA$$

我們可以選略大一點的 I_F 以確保 I_C 一定大於 4.3mA，所以令 $I_F = 1mA$，有了 I_F 的值就能設計 R_1 的大小

$$R_1 = \frac{V_{DD} - V_F}{I_F} = \frac{12V - 1.2V}{1mA} = 10.8K\Omega$$

可以選用最接近的電阻 10KΩ 當做 R_1

　　雖然只以光耦合器來說明光控元件數位介面的設計，但在光感測器的應用中，所有介面的設計卻都必須依照上述的要求來完成，才不會因 V_O 的不準確，造成數位電路的誤動作。

練習：

1. 某一光耦合器，其 $\eta = 10$，$V_F = 1.3\text{V}$，若 $V_{DD} = 2.4V$，當驅動 7400 時，其電路應如何設計？
2. 耦合參數 η 代表什麼？

15-5　光遮斷器

　　事實上光遮斷器的電路和光耦合器的電路是一樣的，只是把光發射器和光偵測器分開處理，並做在同一個基座上。把光通道留給使用者控制。

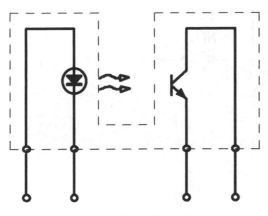

(a) 光遮斷器的電路

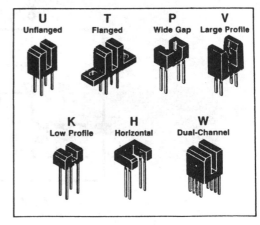

(b) 光遮斷器的實物

圖 15-22　光遮斷器

　　所以我們可以遮斷光源而控制輸出部份（光電晶體…）的 ON 和
OFF。所以光遮斷器已經是一個最基本的光電開關了。

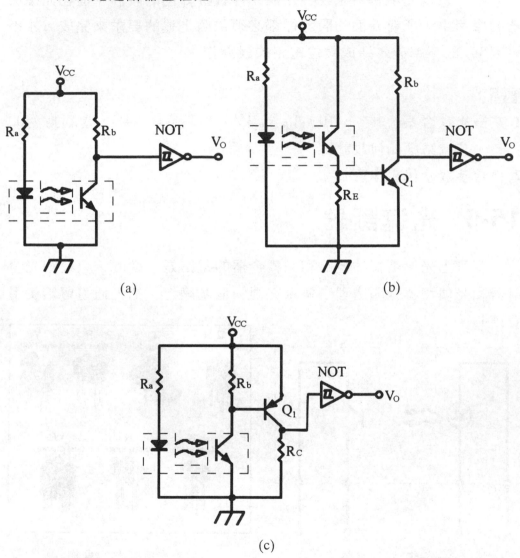

(a)

(b)

(c)

圖 15-23　光遮斷器的轉換電路

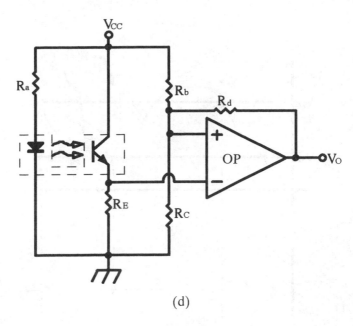

(d)

圖 15-23　（續）

練習：

1. 試分析圖 15-23，圖 (a)～圖 (d)，當光被遮住的時候，V_O 是什麼狀況？

2. 圖中的 NOT 及 OP 各擔任何種功用？

　　光耦合器是採密閉包裝，所以光源不受干擾，其光的強度依其本身光發射器順向電流 I_F 的大小而改變。光遮斷器雖然是發射和接收分開，但因其間隔的距離很短，且兩者是相對擺置，受干擾的情況也很少。所以光耦合器和光遮斷器一般採用固定電壓比較的方式處理，最多也只是在其輸出多加一級 " 史密特觸發邏輯閘，如圖 15-23(a)，(b)，(c) 或如圖 (d) 以 OP Amp 組成的史密特比較器置於其接收部份，以提高雜訊抑制能力。

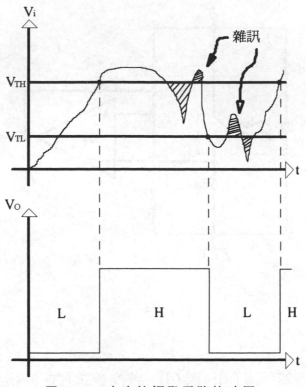

圖 15-24　史密特觸發電路的功用

　　從圖 15-24 中發現信號的變化必須是上升的信號要比 V_{TH} 還大時，能使 $V_O = H$，而下降的信號必須 比 V_L 還小時才能使 V_O 由 H 變成 L，所以當有雜訊在 V_{TH} 與 V_{TL} 之間時，輸出並不會改變，因而達到避免雜訊干擾的目的。

15-6　光反射器

　　光反射器和光耦合器及光遮斷器都有相同的電路結構，只是光反射器是把發光二極體和光電晶體以平面或相對傾斜擺置，所以經常被使用於條碼讀寫頭。

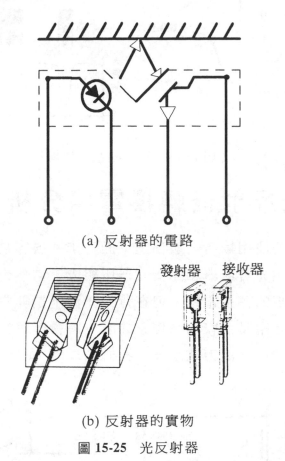

(a) 反射器的電路

(b) 反射器的實物

圖 **15-25**　光反射器

　　如圖 15-26 由於條碼的黑白產生不同的反射量，使得光反射器接收部份所產生的光電流將隨黑白的排列而依序變化，此乃條碼應用的基本原理。

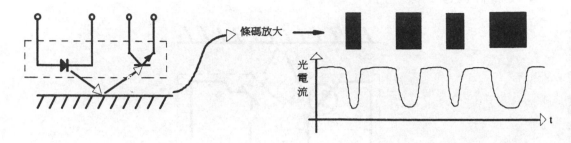

圖 15-26　光學條碼之應用

15-7　光反射器轉換電路分析

　　光反射器的使用場合一般都是平面安排，很容易受到背景光源的影響。它也是由光發射器和光接收器所組成，當然也可以使用如光耦合器或光遮斷器的轉換電路。但在背景光源不是非常穩定的情況下，若使用直流固定電壓比較的處理方式時，將會產生很多誤動作。所以光反射器大都使用交流方式處理。我們將以圖 15-27 加以說明。

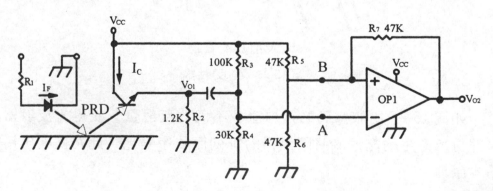

圖 15-27　光反射器之交流處理

1.　各元件的功用

⑴　PRD 是光反射器。

(2)　R_1 決定 I_F 的大小，用以控制發光的強度。

(3)　R_2 用以決定 V_{01} 的大小。因 $V_{01} = I_C \cdot R_2$

(4)　R_3，R_4 對 V_{CC} 分壓，使 OP Amp 的 "−" 端保持一固定直流電壓 $V_A = \dfrac{R_4}{R_3 + R_4} \times V_{CC}$

(5)　R_5，R_6，R_7 及 OP1 組成史密特觸發型的比較電路，用以克服背景雜訊的干擾。

2.　動作分析

(1)　反射光源不足時 (待測物離太遠，或光源被吸收而不反射)

此時接收器只接收很微弱的信號以及外界背景光源的干擾。則 V_{01} 只是一個很小的變動量。此時 A、B 兩點的電壓分別爲：

$$V_A = \frac{R_4}{R_3 + R_4} \times V_{CC}$$

$$V_B = \frac{R_6 // R_7}{R_5 + R_6 // R_7} \times V_{CC} + \frac{R_5 // R_6}{R_5 // R_6 + R_7} \times V_{02}$$

而 V_{02} 史密特比較器的輸出電壓，其值可能爲 $+E_{sat} \approx V_{CC}$ 及 $-E_{sat} \approx -V_{CC}$。若使用單電源時 $-E_{sat} \approx V_{CE(sat)} \approx 0.2V \sim 0.4V$ 而目前是使用單電源，所以 V_{02} 有兩種不同的輸出電壓 V_{CC} 及 $V_{CE(sat)}$，即 V_B 也有兩種電壓，分別爲 V_{TH} 及 V_{TL}

$$V_{TH} = \frac{R_6 // R_7}{R_5 + R_6 // R_7} \times V_{CC} + \frac{R_5 // R_6}{R_5 // R_6 + R_7} \times V_{CC}$$

$$V_{TL} = \frac{R_6 // R_7}{R_5 + R_6 // R_7} \times V_{CC} + \frac{R_5 // R_6}{R_5 // R_6 + R_7} \times V_{CE(sat)}$$

若 $R_5 = R_6 = R_7 = 47K\Omega$ 時

$$V_{TH} = \frac{2}{3} V_{CC} \text{ ，} V_{TL} = \frac{1}{3} V_{CC} + \frac{1}{3} V_{CE(sat)} \approx \frac{1}{3} V_{CC}$$

$R_3 = 100\text{K}\Omega$，$R_4 = 30\text{K}\Omega$，則

$$V_A = \frac{R_4}{R_3 + R_4} \times V_{CC} = \frac{30\text{K}}{130\text{K}} \times V_{CC} \approx 0.23V_{CC} < V_{TL}$$

則當電源啓動，且還留有足夠的反射光時，A 點真正的電壓爲

$$V_A = (R_3, R_4 \text{ 所造成的直流分壓 } 0.23V_{CC})$$
$$+(\text{ 背景光源所造成的干擾量})。$$

在背景光源的干擾無法達到 $V_{TH} = \frac{2}{3}V_{CC}$ 以上時，可以說 $V_A < V_{TL}$，則 $V_{02} = V_{CC}$。

(2)　反射光足夠時 (光源不被吸收而大量反射)

因 $V_{01} = I_C \times R_2$，當反射光足夠時，表示 I_C 增加，相對地 V_{01} 也加大，將促使 V_A 也上升，若使得 $V_A > V_{TH}$ 時，將使得 $V_{02} = V_{CE(\text{sat})}$，相當於 V_{02} 由原來的 V_{CC} 轉變成 $V_{CE(\text{sat})} \approx 0.2V$。因而知道有明暗或黑白的變化，存在於待測物上。(條碼的黑白變化)。

想達到這個結果，必須 $V_A > V_{TH}$，即

$$[(V_A \text{ 的直流電壓} = 0.23V_{CC} + V_{01}] > V_{TH} = \frac{2}{3}V_{CC}$$

所以 V_{01} 的變化量必須達到

$$V_{01} = I_C R_2 > (V_{TH} - 0.23V_{CC}) = 0.436V_{CC}$$

若 $V_{CC} = 5\text{V}$，$I_C = 2\text{mA}$，則

$$R_2 > \frac{V_{TH} - 0.23V_{CC}}{I_C} = \frac{0.436 \times 5\text{V}}{2\text{mA}} = 1.09K\Omega$$

而 I_C 是由光的反射量來決定，當反射距離固定時，反射量就由光的強度來決定，而光的強度是由 I_F 來決定。且最後 I_F 是

由 R_1 來決定。如此你便能調整 R_1 的大小，以決定順向電流 I_F，達到你所需要的發射強度。克服背景光源的干擾，可由 V_{TH} 及 V_{TL} 的設定來完成，即調整 R_5，R_6 或 R_7 的阻值，使能達到調整 V_{TH} 及 V_{TL} 的目的。

15-8　光敏電阻與光控線性電阻

我們所談過的光電二極體，光電晶體及其組合的光控元件：光耦合器，光遮斷器，光反射器等光電元件，都是由光的照度轉換成光電流的變化。可以說是一種物理量（光）的變化轉換成電流變化的感測元件。

而目前已經有因光照度不同而改變其本身電阻值的光感測器，我們稱之為光敏電阻，更有把光發射二極體和 FET 做在一起的 FET 光耦合器，能經由調整光發射二極體的順向電流，達到控制 FET 電阻的變化，並且呈線性變化，我們稱之為光控線性電阻。

15-8-1　光敏電阻

光敏電阻是利用光導效應而改變其本身電阻的光感測元件。有各種不同材質的產品，針對不同波長而使用。目前大部份為硫化鎘 (CdS)。光照射較強時，CdS 的電阻值變小，沒有光照射時，其電阻值變大。所以 CdS 可以稱之為光控可變電阻，依其材質及構造的不同，其阻值變化一般為數 KΩ 到數百 KΩ。

而 CdS 的反應速度比較慢，不像一般光電晶體以 μS 為反應時間單位，CdS 是以 mS 為反應時間單位。因是屬電阻變化的感測元件，非常方便使用，所以其應用範圍也非常廣。

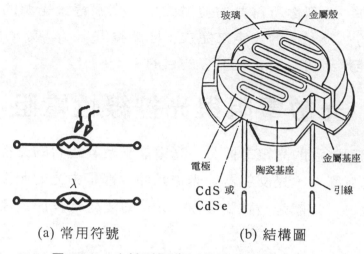

(a) 常用符號   (b) 結構圖

圖 15-28　光敏電阻常用符號及結構圖

　　僅提供下列三個應用線路供你參考，並分析其動作原理。希望你也能自行設計各式光感測元件的應用實例。

快門曝光計時電路

　　於照相時，當亮度不足，必須增加曝光時間，以使底片能有清析的圖像。所以不同的亮度，必須調整不同的快門。圖 15-29 是利用 CdS 本身受光而改變其電阻的特性，配合電容器所完成的快門計時電路。

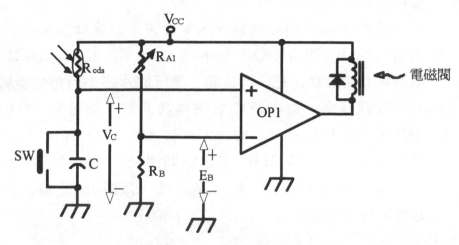

圖 **15-29**　快門曝光計時電路

1.　各元件的功能：

(1)　R_{Cds} 及 C：以 R_{Cds} 及 C 充電的時間，達到計時延遲的目的。

(2)　SW：照相機上之照相啟動按鈕開關。

(3)　R_A，R_B：用以做快門時間的設定。

(4)　OP1：該 OP Amp 目前是當作電壓比較器使用。

(5)　電磁閥：開啟快門的電磁鐵裝置。

(6)　D_1：用以保護 OP1 輸出電路，以免因電磁閥線圈的反電動勢太大而損毀 OP Amp。

2.　動作分析：

(1)　未按下快門按鈕 SW 時：

此時電容器 C 將被充電，電流由 V_{CC} 經 R_{Cds} 充到電容器 C，使電容兩端的電壓 V_C 最後維持在 V_{CC} 的位準。則相當於在 OP1 的 "+" 端加了一個大電壓，使得 OP1 的 $v_+ > v_-$ ，則 $V_O = V_{CC}$，電磁閥不動作，快門保持閉合狀態。

(2)　當按下快門按鈕 SW 時：

　　　則電容器 C 所存的電荷迅速被接地而快速放電。使得其電壓 $V_C = 0$，相當於 OP Amp 的 $v_+ < v_-$，則 $V_O = 0.2V$，電磁閥便立刻動作而把快門拉開。進行底片感光照相的步驟。

　　　在此同時，電容器 C 將被再次充電，使得 V_C 由 0V 往上升，一直到 $V_C > E_B$ 時，才使得 OP Amp 的 $v_+ > v_-$，則 $V_O = V_{CC}$，電磁閥 OFF，又迅速關閉快門，完成一次感光動作。而 V_C 充電的時間常數為 $R_{Cds} \cdot C$，以圖 15-30 波形分析得知其動作順序如下：

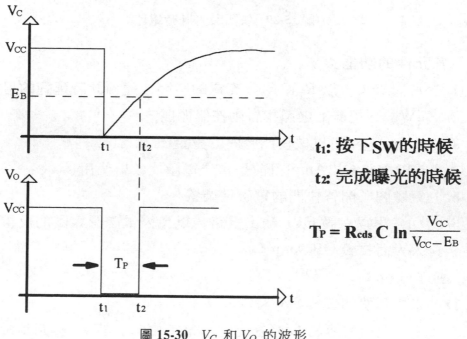

t₁: 按下SW的時候

t₂: 完成曝光的時候

$$T_P = R_{cds}\, C \ln \frac{V_{CC}}{V_{CC} - E_B}$$

圖 **15-30**　V_C 和 V_O 的波形

　　所以我們可以調整 R_A(或 R_B)，用以改變 E_B 的大小，就能調整 T_P 的大小，達到設定曝光時間的長短。

　　許多電視機的自動亮度調整系統就是以光敏電阻來完成,如圖 15-31 以環境的照度,自動調整電視亮度的強弱。

(1)　光的照度強時 $\longrightarrow R_{\mathrm{CdS}}$ 變小 $\longrightarrow v_O$ 變大。

(2)　光的照度弱時 $\longrightarrow R_{\mathrm{CdS}}$ 變大 $\longrightarrow v_O$ 變小。

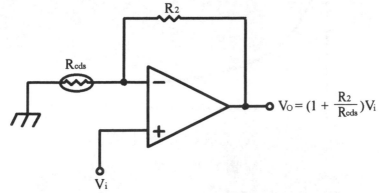

$$V_O = (1 + \frac{R_2}{R_{cds}})V_i$$

圖 **15-31**　亮度自動調整電路

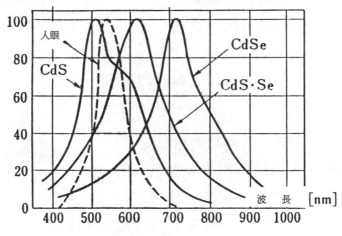

(a) 光敏電阻之光譜

圖 **15-32**　光敏電阻特性

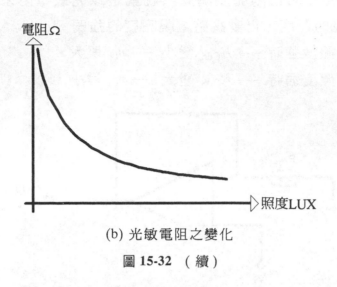

(b) 光敏電阻之變化

圖 15-32　（續）

圖 15-32 光敏電阻的特性，得知一般光敏電阻當光源強的時候其電阻值較小，而光源較弱的時候，其阻值變大。且因製造的材質及受光面積等因素，而有不同的電阻變化範圍。既然是電阻變化的感測元件，則於第三章所談的電阻轉換電路，均適用於光敏電阻。且圖 (a) 告訴我們於可見光中光敏電阻有很好的感度。

練習：

1. 光敏電阻設計一組，自動點燈電路。
   ⑴　傍晚時，電燈自動開啓，達照明的目的。
   ⑵　清晨時，電燈自動關閉，達省電的目的。
2. 光敏電阻，除了 CdS 外，還有那些材質被使用？
3. 光敏電阻和光電二極的反應速度各是如何？

15-8-2　光控線性電阻

光敏電阻 (CdS) 其電阻的變化與光源的強弱並非線性關係，所以光敏電阻經常使用於固定照度的偵測。而光控線性電阻，其電阻與光源強弱呈線性變化。因光控線性電阻是以 FET 當輸出元件，其電路如圖 15-33，以 GE 公司的 H11F3 為例。

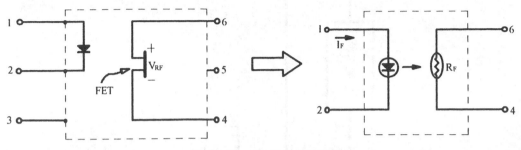

圖 **15-33**　光控線性電阻

由 I_F 的大小將控制光發射器強度，使 FET 的電阻變化於 $100\Omega \sim 300M\Omega$ 的範圍。使用 FET 本身 VVR(電壓改變電阻) 的特性，所以 V_{RF} 的電壓以不超過 50mV 為宜。

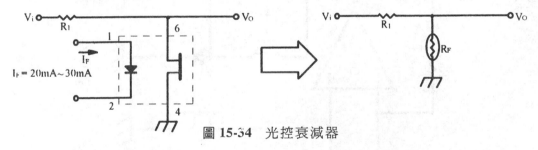

圖 **15-34**　光控衰減器

圖 15-34 是以光的強弱控制輸出電壓的衰減量。其中

$$v_O = \frac{R_F}{R_1 + R_F} \times v_i$$

當 I_F 增加時，將使光發射的強度增加，使 R_F 下降，而達到以不同的 I_F 就可以控制不同的衰減量。利用光控電阻線性變化的優點，可以做成各種自動增益控制的電路。

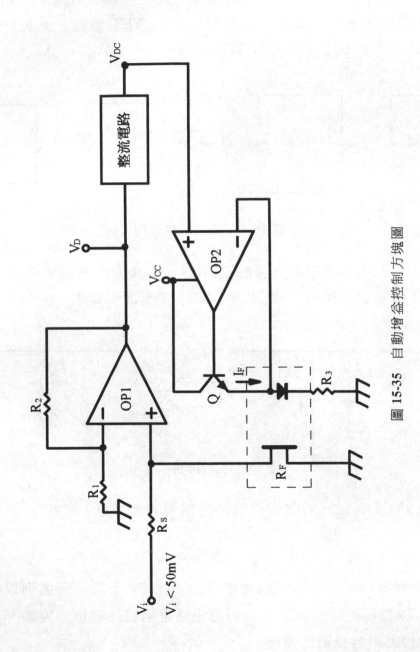

圖 15-35 自動增益控制方塊圖

　　圖 15-35 利用光控線性電阻的特性，達到自動增益控制的目的。其輸出電壓 v_O 爲

$$v_O = (\frac{R_F}{R_s + R_F})(1 + \frac{R_2}{R_1})v_i = A_v \cdot v_i$$

　　當輸入電壓 v_i 太大時，將使 v_O 變大，經整流電路得到直流電壓 V_{DC}，而 V_{DC} 加到 OP2，並由電晶體 Q 做電流放大，供給光發射器，因而使 R_F 下降，則電路的增益下降，進而使 v_O 變小，完成自動增益控制的作用。

練習：

1. 搜集光控線性電阻的資料，找到 3 種以上的光控線性電阻的編號。
2. 利用 OP Amp 及二極體完成全波整流電路。

15-9　光控 SCR 及 DIAC 與 TRIAC

　　光耦合器，光遮斷器及光反射器的輸出均是以電晶體爲主，使得這些零件不能直接控制 AC 110V 或 220V 的交流系統。而目前微電腦自動化控制中所用到的光控 SCR，光控 DIAC 及光控 TRIAC 都是以光控的方式直接驅動 110V 或 220V 的交流系統。

　　圖 15-36 說明電晶體當輸出元件的光耦合器，光反射器……無法直接控制 AC 110V/220V 的系統，必須透過轉換電路，如繼電器，才能控制 AC 110V/220 的系統。

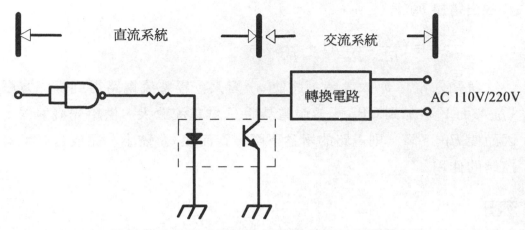

圖 15-36 光耦合器無法直接控制 AC 110V/220V

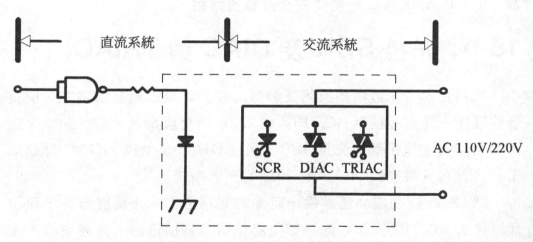

圖 15-37 光控工業電子直接控制 AC 110V/220V

圖 15-37 說明目前已經有各種光控工業電子元件，不必經由轉換電路就能直接控制 AC 110V/220V 的系統。使得自動化控制介面的電路更為簡化。且因係以光來做控制信號，使得直流系統和交流系統的電源完全隔離，因而達到很好的安全防護及減少相互間的干擾。茲繪

光控工業電子元件如下：

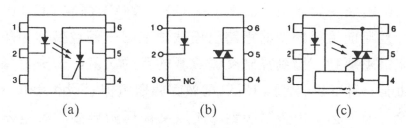

(a)　　　　　　　　(b)　　　　　　　　(c)

圖 15-38　光控工業電子元件

　　圖 15-38 是各種光控工業電子元件的基本電路結構，它們的輸出與原來各別的 SCR，DIAC，TRIAC 是一樣的，只是其控制或觸發信號，改成用光信號來處理。且其包裝也已經是 IC 型，故已大量被使用於微電腦自動控制系統中。

練習：

1. 繪出一般 SCR 的電路結構、等效電路及輸出特性曲線。

2. 繪出一般 DIAC 的電路結構、等效電路及輸出特性曲線。

3. 繪出一般 TRIAC 的電路結構、等效電路及輸出特性曲線。

15-10　光控工業電子元件應用分析

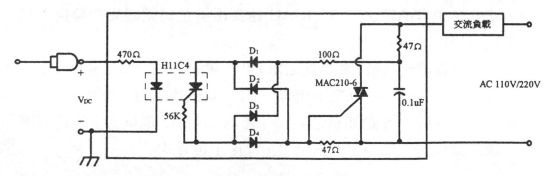

圖 15-39　光控 SCR 的應用 (SSR電路)

　　圖 15-39 是用光控 SCR (LASCR) 配合橋氏整流器 ($D_1 \sim D_4$) 和 MAC210-6 組成一個能由直流電 V_{DC} (3V～ 24V) 控制 AC 110V/220V 的電路。且目前這種類型的電路已經被做在同一個包裝裡，組成一個能以直流電壓驅動，達到控制交流負載的目的，就好像一般機械式繼電器的功能。所以我們把圖 15-39 稱做固態繼電器 (Solid state Relay)，簡稱 SSR。因不必使用金屬接點，所以又被稱做無接點繼電器。

　　又如圖 15-40 及 15-41 分別是摩托羅拉 (MOTOROLA) 公司的光控 DIAC 及光控 TRIAC。 (LADIAC 及 LATRIAC) 的應用線路。

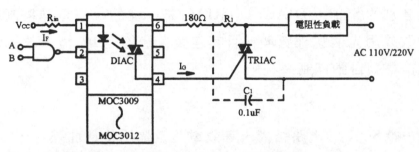

圖 15-40　LADIAC 基本應用

　　圖 15-40 中，R_{in} 代表光發射器的限流電阻，用以決定，光發射器的順向電流 I_F，　NAND 閘代表數位信號系統 (微電腦之類)。若數位輸出 $Y = 0$，則光發射器動作，使得其接收部份 DIAC 也正常動作，就能經由 DIAC 去觸發 TRIAC 達到由數位信號經光的轉換而控制交流 110V 的系統。

　　當使用電感性負載 (如馬達之類) 時，會有感應的反電動勢產生，特別加上 $C_1(0.1\mu F \sim 0.5\mu F)$ 的電容，以消除感應脈波。圖中的 R_1 乃限制 I_G 的大小。 R_1 的阻值端視你所用的 TRIAC 規格而定。這方面在一般工業電子書籍中已詳細說明，此處不再重複。

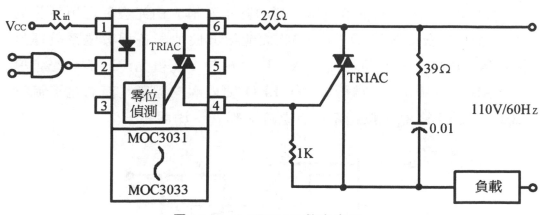

圖 **15-41**　LATRIAC 基本應用

15-11　光耦合史密特閘

目前許多光電廠家已經把光發射器和邏輯閘做同一個包裝中，使得與微電腦連接的工作更加方便。例如 H11L1～ H11L3，其電路配置如圖 15-42。並且其工作電壓為 3V～ 15V ，故適合驅動 TTL 或 CMOS 的數位系統。

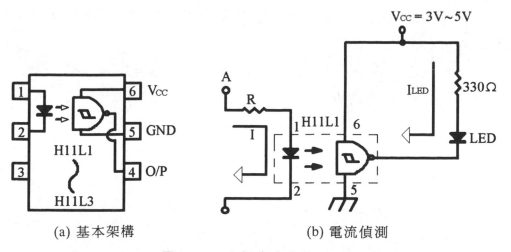

(a) 基本架構　　　　　　　　(b) 電流偵測

圖 **15-42**　光耦合史密特閘

圖 15-42(a) 是光耦合史密特閘的基本架構，由光發射器所產生的光，趨動史密特 NAND 閘。如此便能很方便地和各種數位系統連接。而圖 (b) 中，當有電流流經 A、B 兩點時，使得光發射器發光，導致 NAND 閘輸出 V_O 為低電位，LED 變成順向偏壓，而有電流流過 LED，致 LED 亮，以指示已有電流流經 A、B 兩點。

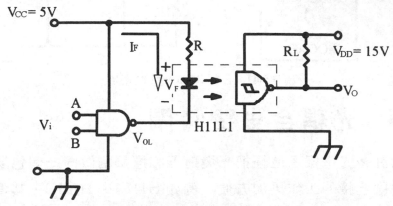

圖 **15-43** 位準轉換使用光耦合史密特閘

圖 15-43 乃把 5V 系統經 H11L1 轉換成 15V 系統使用。反過來把 V_{CC} 和 V_{DD} 的電壓互換時，就能把 15V 系統轉換成 5V 系統使用。只是 R 的大小必須加以修正。

$I_F = \dfrac{V_{CC} - V_F - V_{OL}}{R}$，若 $I_F = 10\text{mA}$ 時，$V_F = 1.2\text{V}$，則

⑴　$V_{CC} = 5\text{V}$ 時的 R 值為：

$$R = \frac{5\text{V} - 1.2\text{V} - 0.2\text{V}}{10\text{mA}} = 360\Omega$$

⑵　$V_{CC} = 15$ 時的 R 值為：

$$R = \frac{5\text{V} - 1.2\text{V} - 0.2\text{V}}{10\text{mA}} = 1360\Omega$$

練習：

1. 如何把 AC 110V 的電壓，經 H11L1 送給 5V 的微電腦系統。

2. 圖 15-44，兩個邏輯符號，其功用與特性，相同與相異處各是什麼？

圖 15-44

3. 找到 H11L1～ H11L3 的資料，並列出其反應速度 t_r 和 t_f。

15-12　光耦合 4N35 資料

4N35
4N36
4N37

**6-PIN DIP
OPTOISOLATORS
TRANSISTOR
OUTPUT**

**CASE 730A-02
PLASTIC**

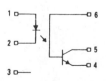

MAXIMUM RATINGS (T_A = 25°C unless otherwise noted)

Rating	Symbol	Value	Unit
INPUT LED			
Reverse Voltage	V_R	6	Volts
Forward Current — Continuous	I_F	60	mA
LED Power Dissipation @ T_A = 25°C with Negligible Power in Output Detector Derate above 25°C	P_D	120 1.41	mW mW/°C
OUTPUT TRANSISTOR			
Collector-Emitter Voltage	V_{CEO}	30	Volts
Emitter-Base Voltage	V_{EBO}	7	Volts
Collector-Base Voltage	V_{CBO}	70	Volts
Collector Current — Continuous	I_C	150	mA
Detector Power Dissipation @ T_A = 25°C with Negligible Power in Input LED Derate above 25°C	P_D	150 1.76	mW mW/°C
TOTAL DEVICE			
Isolation Source Voltage (1) (Peak ac Voltage, 60 Hz, 1 sec Duration)	V_{ISO}	7500	Vac
Total Device Power Dissipation @ T_A = 25°C Derate above 25°C	P_D	250 2.94	mW mW/°C
Ambient Operating Temperature Range	T_A	− 55 to + 100	°C
Storage Temperature Range	T_{stg}	− 55 to + 150	°C
Soldering Temperature (10 seconds, 1/16″ from case)	—	260	°C

(1) Isolation surge voltage is an internal device dielectric breakdown rating.
For this test, Pins 1 and 2 are common, and Pins 4, 5 and 6 are common.

ELECTRICAL CHARACTERISTICS (T_A = 25°C unless otherwise noted)

Characteristic		Symbol	Min	Typ	Max	Unit
INPUT LED						
Forward Voltage (I_F = 10 mA)	T_A = 25°C T_A = −55°C T_A = 100°C	V_F	0.8 0.9 0.7	1.15 1.3 1.05	1.5 1.7 1.4	V
Reverse Leakage Current (V_R = 6 V)		I_R	—	—	10	μA
Capacitance (V = 0 V, f = 1 MHz)		C_J	—	18	—	pF
OUTPUT TRANSISTOR						
Collector-Emitter Dark Current (V_{CE} = 10 V, T_A = 25°C) (V_{CE} = 30 V, T_A = 100°C)		I_{CEO}	— —	1 —	50 500	nA μA
Collector-Base Dark Current (V_{CB} = 10 V)　T_A = 25°C T_A = 100°C		I_{CBO}	— —	0.2 100	20 —	nA
Collector-Emitter Breakdown Voltage (I_C = 1 mA)		$V_{(BR)CEO}$	30	45	—	V
Collector-Base Breakdown Voltage (I_C = 100 μA)		$V_{(BR)CBO}$	70	100	—	V
Emitter-Base Breakdown Voltage (I_E = 100 μA)		$V_{(BR)EBO}$	7	7.8	—	V
DC Current Gain (I_C = 2 mA, V_{CE} = 5 V)		h_{FE}	—	400	—	—
Collector-Emitter Capacitance (f = 1 MHz, V_{CE} = 0)		C_{CE}	—	7	—	pF
Collector-Base Capacitance (f = 1 MHz, V_{CB} = 0)		C_{CB}	—	19	—	pF
Emitter-Base Capacitance (f = 1 MHz, V_{EB} = 0)		C_{EB}	—	9	—	pF
COUPLED						
Output Collector Current (I_F = 10 mA, V_{CE} = 10 V)	T_A = 25°C T_A = −55°C T_A = 100°C	I_C	10 4 4	30 — —	— — —	mA
Collector-Emitter Saturation Voltage (I_C = 0.5 mA, I_F = 10 mA)		$V_{CE(sat)}$	—	0.14	0.3	V
Turn-On Time	(I_C = 2 mA, V_{CC} = 10 V, R_L = 100 Ω, Figure 11)	t_{on}	—	7.5	10	μs
Turn-Off Time		t_{off}	—	5.7	10	
Rise Time		t_r	—	3.2	—	
Fall Time		t_f	—	4.7	—	
Isolation Voltage (f = 60 Hz, t = 1 sec)		V_{ISO}	7500	—	—	Vac(pk)
Isolation Current (V_{I-O} = 3550 Vpk)　4N35 (V_{I-O} = 2500 Vpk)　4N36 (V_{I-O} = 1500 Vpk)　4N37		I_{ISO}	— — —	— — 8	100 100 100	μA
Isolation Resistance (V = 500 V)		R_{ISO}	10^{11}	—	—	Ω
Isolation Capacitance (V = 0 V, f = 1 MHz)		C_{ISO}	—	0.2	2	pF

TYPICAL CHARACTERISTICS

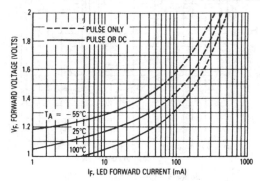

Figure 1. LED Forward Voltage versus Forward Current

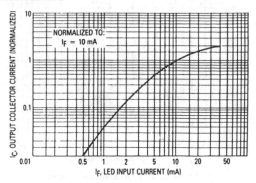

Figure 2. Output Current versus Input Current

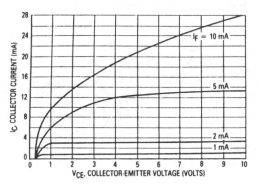

Figure 3. Collector Current versus
Collector-Emitter Voltage

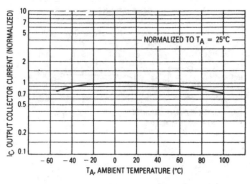

Figure 4. Output Current versus Ambient Temperature

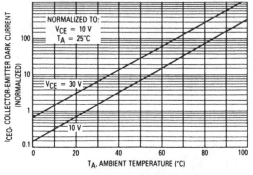

Figure 5. Dark Current versus Ambient Temperature

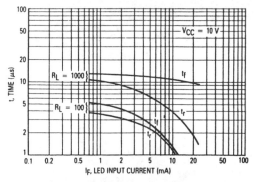

Figure 6. Rise and Fall Times

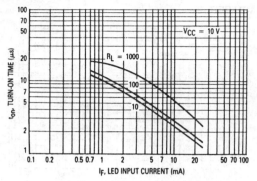

Figure 7. Turn-On Switching Times

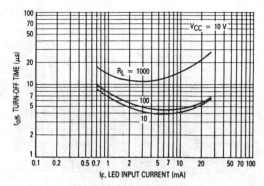

Figure 8. Turn-Off Switching Times

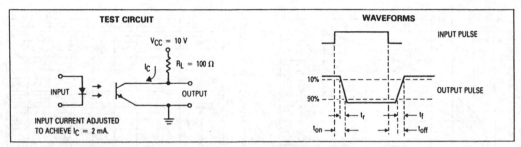

Figure 9 . Switching Times

第 16 章

光感測
應用線路分析

16-1 投幣計數器

圖 16-1 是一個偵測是否有物體通過的電路，常見於自動販賣機的投幣計數，先說明各元件功能如下：

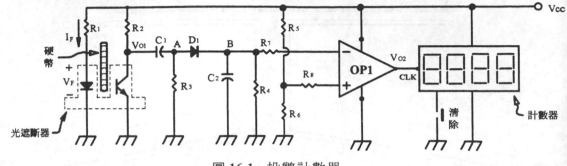

圖 16-1 投幣計數器

1. 各元件功能說明：

(1) R_1：光發射器的限流電阻，用以決定發射器順向電流 I_F 的大小。 $I_F = \dfrac{V_{CC} - V_F}{R_1}$

(2) R_2：光電晶體的負載電阻。 $V_{01} = V_{CC} - I_C \cdot R_2$，其中的 I_C 由光耦合參數 η 所決定。 $I_C = \eta I_F$

(3) C_1，R_3：C_1 乃交流耦合電容，並與 R_3 構成微分電路，使 A 點得到一個變化較為陡峭的輸出波形。

(4) D_1：當做半波整流使 B 點得到正電壓。

(5) C_2，R_4：是一個低通濾波，將由 C_2 的充電及經 R_4 的放電，達到時間延遲的效果，以改變 V_{02} 輸出脈波的寬度。

(6) R_5，R_6：分壓電阻，使得 OP Amp 的 "+" 端電壓 $V_{(+)} = \dfrac{R_6}{R_5 + R_6} \times V_{CC}$，相當於 OP Amp "+" 端加了一個參考電壓。

(7) R_7，R_8：串聯電阻，且有阻尼效果，用以抑制振鈴 (ring) 的現象發生，及減少偏壓電流對 OP Amp 的影響。

(8)　OP1：當做基本電壓比較器 $V_{(+)} > V_{(-)}$，$V_{02} = V_{CC}$，$V_{(+)} < V_{(-)}$，$V_{02} = 0V$

1.　動作分析：

⑴　沒有硬幣通過時……$(t_0 \sim t_1)$

　　　當沒有物體通過時，光發射器所發射的光，直接照射在光電晶體上，使光電晶體 ON。$V_{01} = V_{CE(sat)} \approx 0.2V$，A 點爲低電壓，沒有信號經 D_1 向 C_2 充電，則 C_2 的電荷經 R_4 放電，使得 B 點也爲低電壓。而 OP1 的 $V_{(+)}$ 有 R_5，R_6 對 V_{CC} 的分壓，致 $V_{(+)} > V_{(-)}$，則 $V_{02} = V_{CC}$。

⑵　硬幣進入時……$(t_1 \sim t_2)$

　　　硬幣進入，則發射器的光被擋住了，則在 t_1 這一瞬間光電晶體要由 ON 變成 OFF，且 V_{01} 由 0.2V 變成 V_{CC}，即此一瞬間 A 點的電壓 $V_A = V_{CC}$。並經 D_1 向 C_2 充電，使得 B 點的電壓快速上升。t_1 以後，因 C_1 與 R_3 是微分電路，故 V_A 乃出現微分的結果，其電壓波形因而下降。一直到 $V_A < V_B$ 時，D_1 將 OFF，則 C_2 上的電荷將經 R_4 而放電。在 V_B 的電壓大於 $V_{(+)}$，$(V_B > V_{(+)})$ 的期間，相當於 OP1 的 $V_{(-)} > V_{(+)}$，使得 V_{02} 爲低電壓。

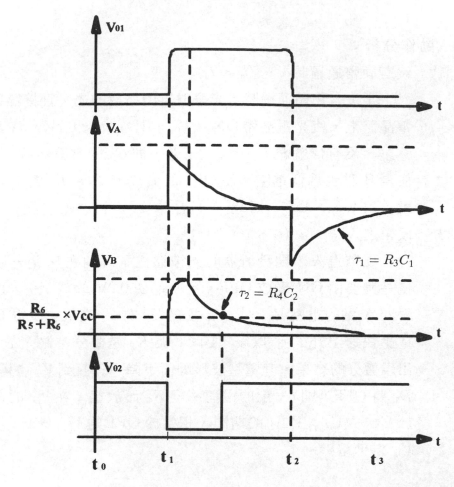

圖 16-2 各點波形分析

(3) 硬幣離開的那一瞬間……t_2

在硬幣離開那一瞬間 (t_2) 時,光電晶體由 OFF 又變回 ON 的狀態,則 V_{01} 由 V_{CC} 降為 0.2V 。此時因微分的結果,使得 V_A 往下降,為負電壓。但因有 D_1 存在,只能順向導通,所以負電壓不會通往 B 點。所以我們說 D_1 是半波整流,確保 B 點為正電壓。

(4)　硬幣離開以後 $(t_2 \sim t_3 \cdots\cdots)$

又恢復到沒有硬幣經過時的情況。

總結上述(1)〜(4)的分析，得知每一次硬幣進入又離開（即通過一個硬幣），在 V_{02} 上會得到一個脈波，該脈波加到計數器，當做計數器的時脈 (CLOCK)，便能計算所投入硬幣的數量有多少？

練習：

1. 請設計一個光計數電路，當每計算 12 個，就送出一個正脈波。（代表每 12 個，做一次包裝，該正脈波就是啟動打包機的控制信號）。

16-2　馬達轉速計（光電計數器）

如果我們在馬達的軸心上加裝一個圓形柵，如圖 16-3 所示，而其光感測電路，依然使用圖 16-1，如此的安排就能用以偵測馬達的轉速。

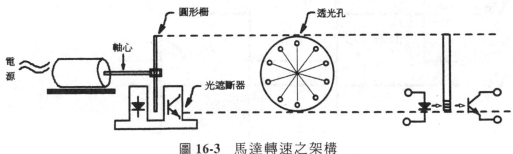

圖 16-3　馬達轉速之架構

因目前所使用的圓形柵共有 10 個透光孔，則馬達每轉一圈，將得到 10 個脈波輸出。

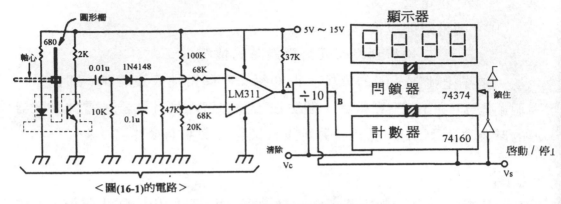

圖 16-4　馬達轉速計電路

　　馬達每轉 1 圈在 A 點會得到 10 個脈波，若把 A 點的信號除以 10(如 74LS90 的 IC)，則於 B 點將只得到 1 個脈波，則 B 點的每一個脈波就代表馬達正好轉了 1 圈。

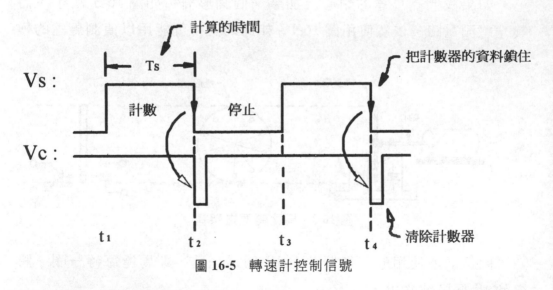

圖 16-5　轉速計控制信號

　　我們可以用 V_S 的信號控制計數器的動作。在 t_1 與 t_2 之間，計數器能夠動作，必開始計算脈波的個數，一直到 t_2 時，計數動作停止，

同時以負緣觸發的方式，把計數器所計算的值，存入閂鎖器中，並加以顯示。若計數器的計數值為 N，則馬達的轉速為

$$rps = \frac{N}{T_S(\text{sec})} \qquad rps：每秒轉多少圈$$

若 $T_S = 0.1\text{sec}$，$N = 40$ 時，代表 $rps = \dfrac{40}{0.1\text{sec}} = 400$ 轉 / 每秒。而我們常用的轉速單位為 rpm(每分鐘多少轉)。 $rpm = 400 \times 60 = 24,000$ 轉 / 每分鐘。

　　而 t_2 之後，又立刻把計數器清除為 0，以準備下一次的轉速測量。在 $t_2 \sim t_3$ 之間，計數停止計算，一直使計數器保持在從 0 開始。到了 t_3 以後，計數器又恢復計數功能，一直到 t_4 為止。在 t_4 之後，又迅速把所計數的轉速鎖住，並由顯示器顯示出來。如果所看到的數據每次都一樣，則表示該馬達的轉速非常平穩。

練習：

1. 請繪出圖 16-4 完整的電路，並包含 V_S 和 V_C 的產生電路，不限制所使用的 IC。
2. 若 $T_S = 0.5\text{sec}$，$N = 60$，則 $rps = ?$ ， $rpm = ?$
3. LM311 為什麼要於其輸出接一個 $3\text{K}\Omega$ 的電阻到 $V_{CC}(=5 \sim 15\text{V})$。

16-3　影印機中之紙張通過偵測

　　在影印機中，把紙張都放在紙框盆裡，由滾輪帶入影印機的內部，當紙張到達定位時，必須告訴影印機的控制中心，以進行下一步工作。所以在影印機中使用了相當多的光感測器，紙張通過的偵測，只是其中之一。我們使用光反射器來偵測平面紙張，其電路如下：

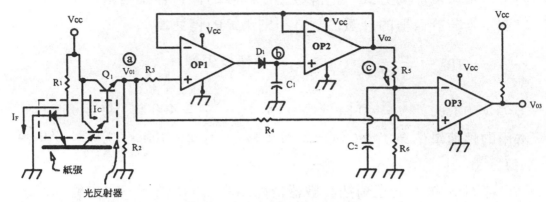

圖 16-6　紙張通過偵測電路

1.　各元件功能說明：

(1)　光感測器乃採用反射器。

(2)　Q_1：外加電晶體，使之與光電晶體，組成達靈頓電路。

(3)　R_1：控制光發射器的順向電流 I_F。

(4)　R_2：光反射器輸出部份的負載。於 R_2 上會產生 V_{01} 的電壓
　　　$V_{01} = [\beta_1 \times I_C(光電流)] \times R_2$　　β_1：Q_1 的直流放大率。

(5)　R_3，R_4：可視爲阻尼電阻，用以減少振鈴 (ring) 現象。

(6)　OP1，D_1，C_1，OP2 組成峰值偵測電路。 (Peak Detector)

(7)　R_5，R_6：分壓電阻，使 OP3 的負端得到 $v_{(-)} = \dfrac{R_6}{R_5 + R_6} \times V_{02}$
　　　的電壓，而 V_{02} 是峰值偵測電路所得到的最高電壓。

(8)　C_2：是一個平滑電容，使 C 點的電壓更爲穩定。

(9)　OP3：基本電壓比較器。

(10)　R_7：提昇電阻，使 V_{03} 的輸出電壓儘量接近 V_{CC}，若 OP3 爲集
　　　極開路型的輸出，則 R_7 一定要加，不能省略。

2.　動作分析：

⑴　有紙張的時候：$(t_1$ 時$)$

當紙張進入時，因白色紙的反射量增加，使得接收部份的光電流 I_C 增加，將使 V_{01} 的電壓上升。且因紙張移動時之振動使得 V_{01} 有微小的波動，如圖 16-7 a 的電壓波形，而 V_{01} 的最大電壓，將因峰值偵測電路的存在，而保持在 C_1，又 OP2 是一個緩衝器，使得 V_{02} 也得到 V_{01} 的最大電壓。（峰值偵測電路的詳細分析，請參閱拙著"OP Amp 應用＋實驗模擬"第六章）。所以圖中 b 點的電壓乃 V_{01} 的最高電壓。而 c 點的電壓乃以 V_{02} 的分壓而得到。則此時 a 點電壓大於 b 點電壓，即 OP3 的 $v_{(+)} > v_{(-)}$，則 $V_{03} = V_{CC}$。

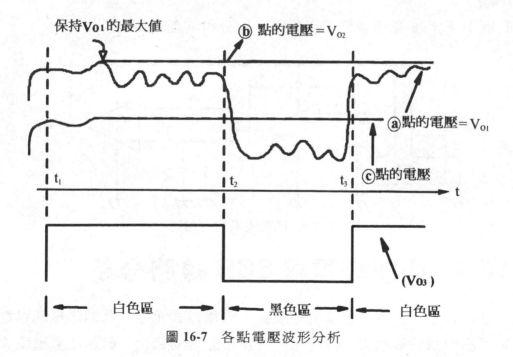

圖 16-7　各點電壓波形分析

(2) 沒有紙張的時候……(t_2 時)

當沒有紙張(或紙張通過時),發射器所發射的光,將照在黑色的基座上,使得被反射的光信號非常少,則光電流 I_C 下降,使得 V_{01} 變小。但此時 b 點的電壓將因峰值偵測動作而保持在 V_{01} 的最大值,則 c 點的電壓也幾乎不變。使得 V_{01} 於 t_2 時將比 c 點的電壓小,即 OP3 的 $v_{(-)} > v_{(+)}$,則 $V_{03} = 0V$。

該電路在連續影印時,能發揮最佳的效果,當紙張的材質,色澤,厚薄不一及振動等因素發生時,b 點和 c 點的電壓將會一起浮動,達到自動調整其比較電壓的位準,以減少誤動作的發生。

練習:

1. 圖 16-8 也是紙張通過偵測電路,試分析其動作原理。

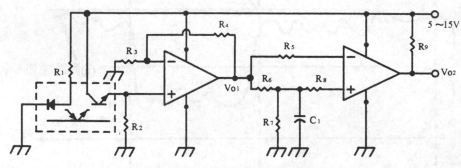

圖 16-8 紙張通過偵測電路

16-4 固態繼電器 SSR 線路分析

一般所指的繼電器是由線圈繞成的電磁式元件。我們已經談過電磁式繼電器的體積大,反應速度慢及接點容易氧化,動作時線圈電流變化很大而產生突波干擾,斷路時會產生反電動勢造成電弧現象。但一般繼電器卻有製造容易，價格低的優點，所以目前各種線路中，也經常使用電磁式繼電器。

我們所學過的光控元件（如 LASCR，LADIAC，LATRIAC…）能夠用以控制 AC 110V 或 AC 220V 之小電流負載，若想用以控制大電流負載，就必須如圖 15-40，圖 15-41，於小功率的光控元件之後，再加大功率的工業電子元件（如 SCR、TRIAC…）。而目前製造廠商已經把光耦合元件和大功率的工業電子元件做在同一個密封的包裝裡，達到以很小的直流電流控制很大的交流電流，就有一般電磁式繼電器的功用。如此一來便能相當方便地使用於微電腦自動化控制系統中，並且達到無接點控制的好處。圖 16-9 是各種 SSR 的實物照片。

圖 16-9　SSR 的實物照片

而各廠家所設計的 SSR 種類及線路繁多，於今我們僅以由 SCR 和整流器所組成的 SSR 電路加以說明各元件功能及其動作原理。

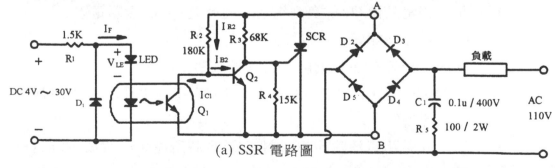

(a) SSR 電路圖

圖 16-10　固態繼電器 SSR 實際電路

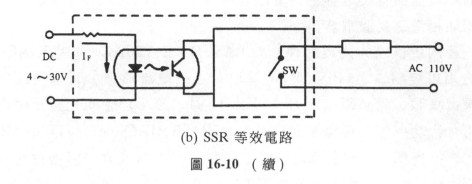

(b) SSR 等效電路

圖 16-10 （續）

　　圖 16-10(b) 是 SSR 的等效電路，相當於用小的直流電壓，產生順向電流 I_F，使光發射器發光而驅動光接收器，進而達到控制開關 SW 的 ON 和 OFF。而此時的開關 SW 是由半導體 SCR 來擔任，並沒有使用一般的金屬接點，我們說 SSR 又叫無接點繼電器，其原因在此。

圖 16-10(a) 各元件的功用如下：

(1)　$R_1(1.5K)$：光耦合器中，光發射器的限流電阻，使順向電流
$$I_F = \frac{V_{CC} - V_{LED} - V_F}{R_1}$$

(2)　D_1：保護二極體，防止因輸入被不小心加進負電壓，而造成光耦合部份的損壞。

(3)　LED：指示燈，用以指示有沒有輸入信號。

(4)　R_2：光電晶體 Q_1 的負載電阻，同時是 Q_2 的偏壓電阻。

(5)　Q_2：電晶體開關，用以控制 SCR 能否導通。

(6)　SCR：SSR 的主控開關，具有零電壓偵測的功用。

(7)　$D_2 \sim D_5$：構成橋氏整流電路，使 AC 電源之正、負半波都能正常地工作。

(8)　C_1，R_5：用以消除 SCR ON、OFF 時所產生的突波，避免干擾。

(9)　R_3，R_4：分壓電阻，用以控制 SCR 所需的觸發電壓。

SSR 的動作分析如下：

(1)　沒有輸入信號時

　　　當沒有加 4V～ 30V 的直流電壓於輸入端時，沒有順向電流 I_F，LED 不亮，光發射器不動作，Q_1 不產生光電流，$I_{C1}=0$，其等效電路如圖 16-11。

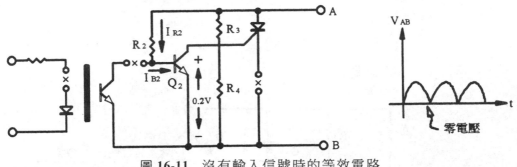

圖 16-11　沒有輸入信號時的等效電路

　　　因 Q_1 OFF，使得 I_{R2} 的電流全部提供給 Q_2 當做 I_{B2}，使得 Q_2 ON，而 $V_{CE2}=0.2V$，不足以觸發 SCR，在 A、 B 兩點的電壓只要任何一個零電壓存在，都將使 SCR 一直 OFF。除非有觸發，否則不管 A、 B 兩點的電壓怎樣變化，SCR 都不會 ON。

(2)　有輸入信號時

　　　當加 4V～ 30V 於輸入端時，就有順向電流 I_F 產生。則 LED 亮，光發射器把光發射出去，且由光電晶體 Q_1 接收，則 Q_1 將有光電流 I_{C1} 的產生，使得 Q_1 ON，且 Q_1 的 $V_{CE1}\approx 0.2V$，致使 Q_2 的 V_{BE2} 無法達到 0.7V 而無法 ON，造成 Q_2 OFF。則加於 SCR 閘極 (G 腳) 的電壓將由 0.2V 變成 $V_G=$

$\dfrac{R_4}{R_3 + R_4} \times V_{AB}$ ，使得 SCR ON，相當於把橋氏整流器短路，
使得交流負載上的電流，不管正半波或負半波都能經由 SCR
而形成導通的迴路。其電流的走向為

① 正半波時：

   負載電流由 AC 電源 $\longrightarrow$ 負載 $\longrightarrow D_3 \longrightarrow$ SCR $\longrightarrow D_5 \longrightarrow$
   AC 電源

② 負半波時：

   負載電流由 AC 電源 $\longrightarrow D_2 \longrightarrow$ SCR $\longrightarrow D_4 \longrightarrow$ 負載
   $\longrightarrow$ AC 電源

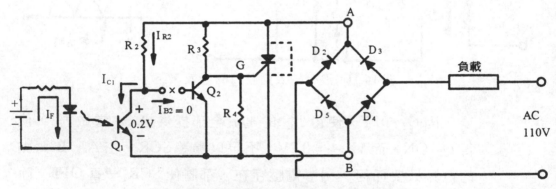

圖 16-12　有輸入信號時的等效電路

尚有許許多多 SSR 的電路及光控 SCR……等應用線路。僅提供於
下供你參考。

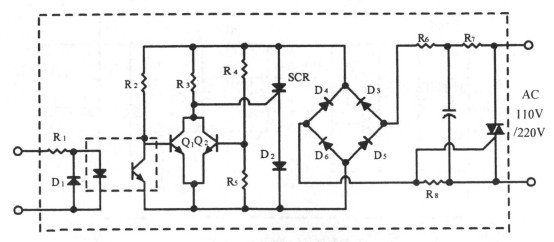

圖 16-13　SSR 內部電路結構圖

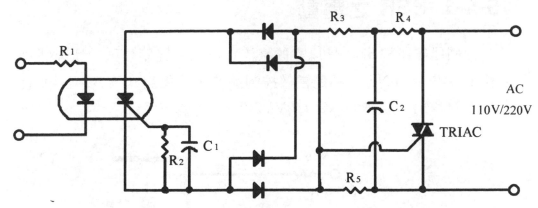

圖 16-14　光控 SCR 應用線路 (組成 SSR)

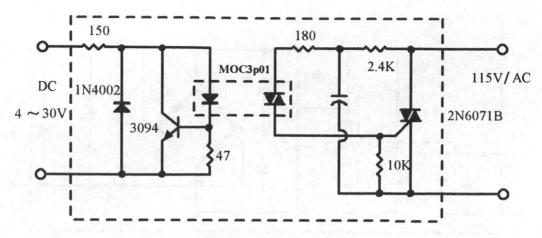

圖 16-15　SSR 參考線路

16-4-1 SSR 之驅動

我們已經了解 SSR 是以小的直流電壓做為控制信號，所以我們可以利用 NPN 或 PNP 電晶體當做控制開關，或使用數位 IC。到能直接由微電腦輸出信號控制 AC 110V/220V 的目的。

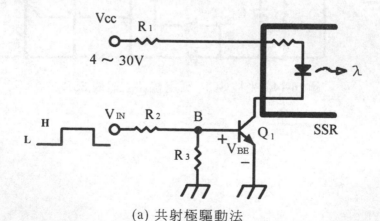

(a) 共射極驅動法

圖 16-16　NPN 電晶體驅動 SSR

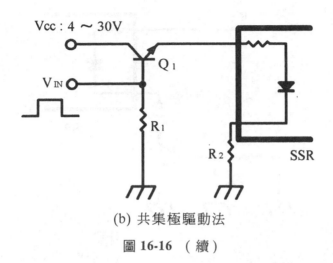

(b) 共集極驅動法

圖 **16-16** （續）

　　若以 16-16(a) 共射極驅動法來分析時，圖 (a) 中 R_1 為限流電阻，（也可以不加，因 SSR 內部已有限流電阻。）R_2，R_3 是分壓電阻，並達限流的目的。當 V_{IN} 為低電壓 "L" 時，將因 B 點電壓太小，無法使 Q_1 ON，SSR 不動作。若 V_{IN} 為高電壓時，B 點將有足夠的電壓使 Q_1 的 V_{BE} 為順向偏壓，則 Q_1 ON，SSR 動作。其動作的等效電路，如圖 16-17 所示。

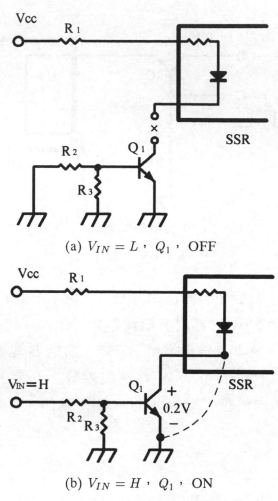

(a) $V_{IN} = L$，Q_1，OFF

(b) $V_{IN} = H$，Q_1，ON

圖 16-17 驅動時的等效電路

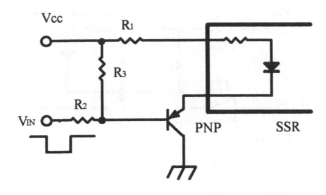

(a) 共集極驅動法

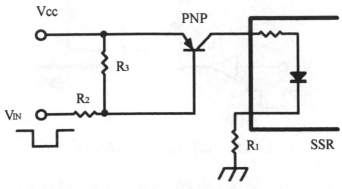

(b) 共射極驅動法

圖 16-18　PNP 電晶體驅動 SSR

　　若以數位 IC 直接驅動 SSR 時，因數位 IC 的 I_{OL} 較大，所以在應用線路中，幾乎都採用數位 IC 輸出為邏輯 0 時，SSR 動作。

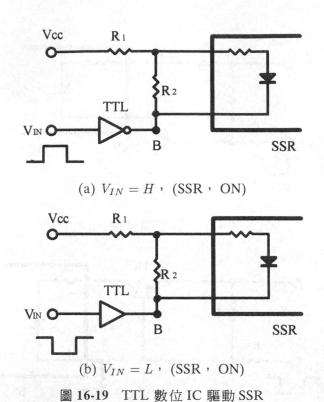

(a) $V_{IN} = H$，(SSR，ON)

(b) $V_{IN} = L$，(SSR，ON)

圖 16-19　TTL 數位 IC 驅動 SSR

　　圖 16-19 是把 TTL 系統 (或 5V 的微電腦輸出) 的輸出信號直接驅動 SSR 電路，圖 (a) 中當 $V_{IN} = H$，B 點爲低電壓，SSR ON。圖 (b) 必須 $V_{IN} = L$ 時，SSR ON。而所用的數位 IC 最好選用集極開路的數位 IC，例如 7406，7407。或其它集極開路的數位 IC。若所用的數位 IC 屬 CMSO 系列時，因 CMOS 的輸出電流能力較小，可於 CMOS 的輸出之後，再加電晶體做電流放大的目的，如圖 16-20 所示：

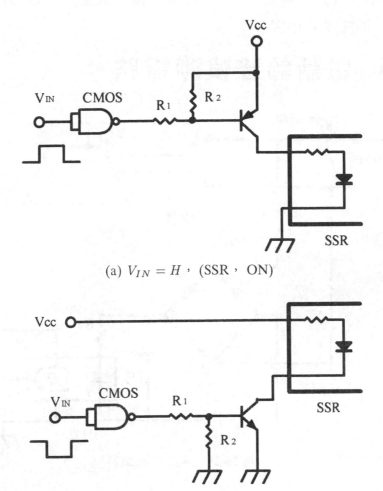

(a) $V_{IN} = H$，(SSR，ON)

(b) $V_{IN} = L$，(SSR，ON)

圖 **16-20**　CMOS 數位 IC 驅動 SSR

練習：

1. 找到能用於 AC 110V，15A 的 SSR 三種，並搜集其相關資料。

2. 找到能用於 AC 220V，15A 的 SSR 三種，並搜集其相關資料。

3. 圖 16-19，16-20 各圖中的 R_2 若被拿掉，電路是否依然能正常動作
　？　R_2 的主要功用何在？

16-5　電話鈴聲偵測電路

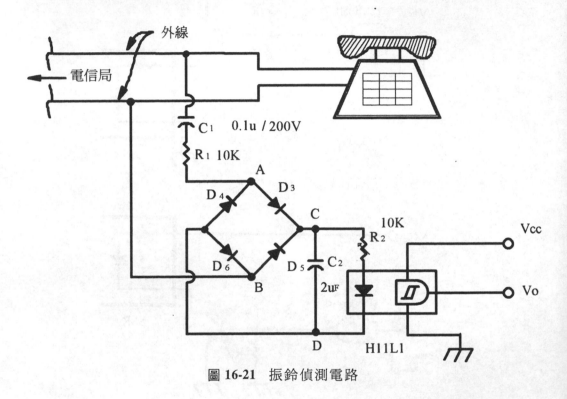

圖 16-21　振鈴偵測電路

　　家庭自動化的領域中，以電話當做家電控制的通路。我們可以從
外面打電話回家，讓鈴聲響某一定次數以後，把電話系統自動接通，
然後用電話上的按鍵輸入控制密碼，以控制家電或了解家中的情況。

　　所以在電話家庭自動化控制系統中，第一件要做的事，就怎樣偵
測電話的鈴聲。目前常用的方法是以光耦合器處理振鈴信號，以達
到電話系統與控制系統的電源互相隔離。各國振鈴信號有所不同，

約為 $70V_{\mathrm{rms}} \sim 86V_{\mathrm{rms}}$，其頻率約 16Hz～ 20Hz。圖 16-21 使用光耦合 IC (H11L1) 完成振鈴信號的轉換。

1. 各元件功能說明：

(1) C_1(1.5K)：耦合電容，用以隔離電信局所提供的 48V 直流電壓，並讓 $70V_{\mathrm{rms}}$， 16Hz 的振鈴信號通過。因 $70 \times 1.414 = 98.98$V，所以選用耐壓為 200V 的電容。

(2) R_1：降壓與限流電阻。因振鈴信號的振幅高達 98.98V，並且振鈴響的時候，電話尚未接通，必須在額定電流以下。所以 R_1 是用來降壓，並限制電流。

(3) $D_1 \sim D_4$ 四個二極體構成橋氏整流電路，就可以不管電話線上電壓極性的差異，並把 16Hz 的振鈴信號做全波整流。

(4) C_2：濾波電容，用以把全波整流後的交流信號，加以濾波使之變成較平穩的直流脈波。

(5) R_2：光發射器的限流電阻，用以調整光發射器的順向電流。即控制光發射的輸出量。

(6) H11L1：光耦合 IC，讓最後輸出信號能夠直接和微電腦系統一起使用。

2. 電話振鈴線路動作分析：

(1) 沒有振鈴的時候

電話線上只有電信局所提供的 48V 直流電壓，無法通過耦合電容 C_1。所以橋氏的輸出沒有電壓，光發射器沒有順電流，則光耦合 IC 的輸出為低電壓。 $V_O = L$。

(2) 有振鈴的時候

振鈴信號將通過耦合電容 C_1 和 R_1，再經 $D_1 \sim D_4$ 橋氏全波整流，並由 C_2 濾波電容加以濾波而成為脈波。

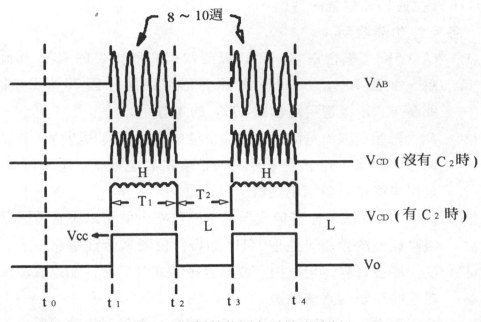

圖 16-22　振鈴偵測各點波形分析

① 　$t_1 \sim t_2$ 時：

該段期間 V_{CD} 為 H，將使光發射器有順向電流 I_F，使得光
耦合 IC 的輸出 $V_O = H$。

② 　$t_2 \sim t_3$ 時：

$V_{CD} = L$，$I_F = 0$，$V_0 = L$

綜合①，②的情況，只要有振鈴信號進入，在 V_O 上就會依振鈴
的次數，得到相對的脈波。

圖 16-23 是電話自動化控制的基本架構。當有振鈴進入時，振鈴
偵測將得到相對的脈波，並加到微電腦的計數單元，當計算到所設定
的個數時，讓 Q_A ON，而把電話迴路接通。其中假負載乃取代原本電

話，讓電信局知道該迴路已被接通。接著再按密碼……。達到以電話系統控制家電的目的。

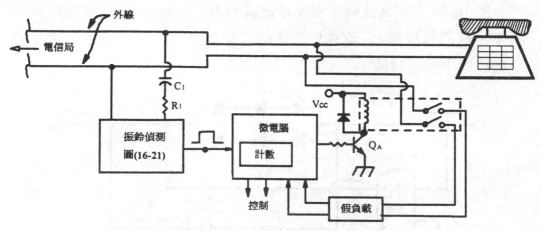

圖 16-23　電話自動化控制方塊

16-6　線電流方向偵測電路

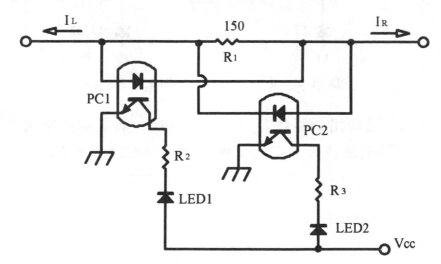

圖 16-24　電流方向偵測電路

當線電流由左到右流動 (I_R) 時，在 R_1 上所產生的壓降，將使得

PC1 動作，LED1 亮。若電流由右向左 (I_L) 時，PC2 動作，LED2 亮。則由 LED1 和 LED2 的指示，便能知道電流的方向。

　　圖 16-24 有一個缺點，那就是電流的大小，將於 R_1 上產生不同的壓降。我們可以把 R_1 改成用快速的二極體取代之，則電流的大小將不會造成不同的壓降。

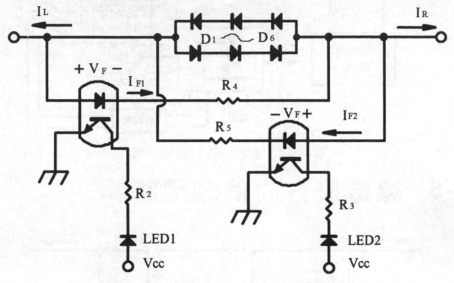

圖 16-25　電流方向偵測電路之改良

　　圖 16-25 乃利用二極體 $D_1 \sim D_6$ 導通後，其端電壓變化很小的特性，達到不因電流大小而改變線路壓降的優點。若 $R_4 = R_5$，則 $| I_F | = | I_{F2} |$，不會因 I_L 或 I_R 的大小而改變。其中

$$| I_F | = | I_{F2} | = \frac{3V_D - V_F}{R_4}$$

16-7　信號合成電路

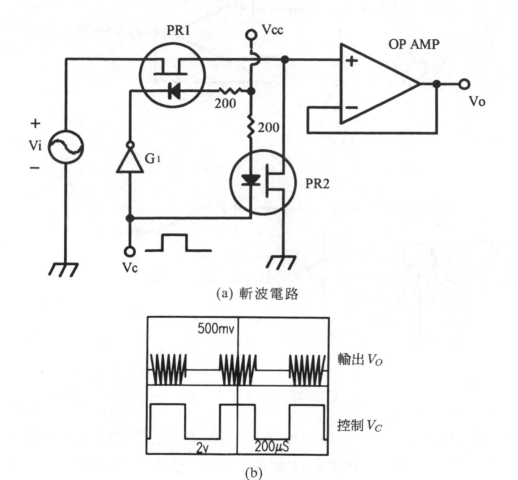

(a) 斬波電路

(b)

圖 16-26　光控線性電阻斬波應用

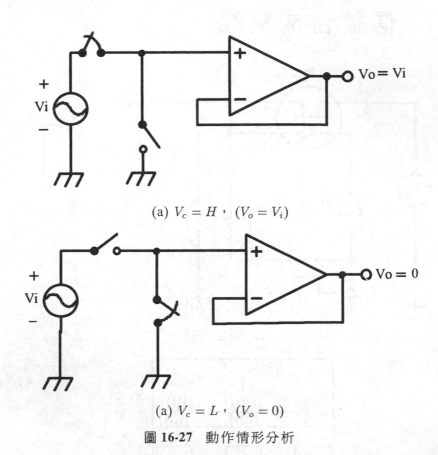

(a) $V_c = H$，$(V_o = V_i)$

(a) $V_c = L$，$(V_o = 0)$

圖 16-27　動作情形分析

　　圖 16-26 當 $V_C = H$ 時，經 G_1 反相器後，使得 PR1 動作，PR2 不動作，其結果如圖 16-27(a)，使得 $v_0 = v_i$。若 $V_C = L$ 時，則反過來 PR2 ON，PR1 OFF，其結果如圖 16-27(b)，$v_O = 0$，所以該電路乃把連續的正弦波（或其它波形）切成一段一段的信號。所以把它取一個名稱爲斬波電路。如此做有一個好處，控制信號 V_C 和放大器 OP Amp 本身的電源系統完全隔離互不相干。

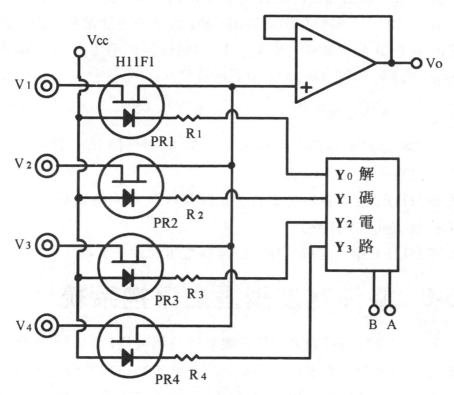

(a) 四通道多之電路

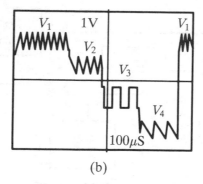

(b)

圖 16-28　四通道 TDM 電路

　　圖 16-28 是四通道時間分割調變電路 (TDM)，由連續數值 BA，00，01，10，11 的變化，使得 $Y_0 \sim Y_4$ 依序得到低電壓輸出，則相當於 PR1～ PR4 依順動作。則 $V_1 \sim V_4$ 的信號被依順送出，故 V_0 得到的波形依序為 V_1，V_2，V_3，V_4 做循環排列。

練習：

1. 圖 16-28 之解碼電路，可以選用 TTL 的那一個 IC。若選用 CMOS 時，應該用那一個 IC？
2. 搜集 H11F1 的電氣特性資料，試問 H11F1 ON 時及 OFF 時的電阻 R_{ON} 及 R_{OFF} 各是多少？
3. 除了 H11F1 外，再找 3 種光控線性電阻元件的資料。

16-8　脈波寬度調變之溫控系統

　　若以一般電磁式繼電器做為電熱器的溫度控制開關，該繼電器將因溫度的變化而一直處於開開關關的狀態，勢必加速繼電器接點的氧化及損耗。所以我們改用光控 TRIAC 來完成無接點的控制。並以脈波寬度調變的方式達到定溫的控制。

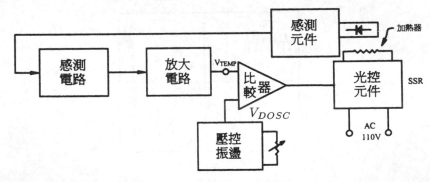

圖 16-29　PWM 溫控系統

　　圖 16-29 是脈波寬度調變 (PWM) 方式的溫度控制系統。而 PWM 的溫控系統比一般 ON-OFF 兩段式的溫控系統來得好。由感溫元件所查覺到的溫度,經感測電路轉換成電壓形態,再由放大器加以放大,然後轉成相對的輸出電壓 V_{TEMP}。該信號並與振盪器的輸出 V_{DOSC} 做比較,以決定加熱和不加熱的時間。然後控制光控元件所組成的無接點開關,達到較佳的溫控系統。

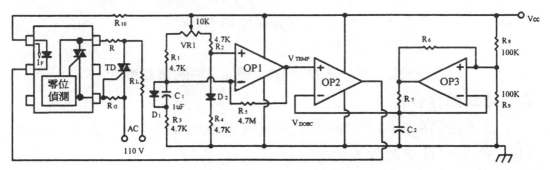

圖 16-30　PWM 溫控電路

1.　各元件的功用:

⑴　$R_1 \sim R_4$:惠斯登電阻電橋。

⑵　D_1,D_2:兩者都是使用一般 1N4001 整流二極體。它們的溫度係數約為 $-2mV/℃$。其中 D_1 當做溫度感測元件,置於待測點。D_2 是為了得到環境溫度的感測元件。詳細說明於動作分析中說明之。

⑶　OP1,R_5:為反相放大器,其放大率約 -1000 倍。

⑷　OP2:基本電壓比較器,用以比較 V_{TEMP} 和 V_{DOSC},以得到不同的脈波寬波,用以控制光控 TRIAC (LATRIAC) 的 ON 和 OFF。

⑸　OP3,R_6,R_7,R_8,R_9,C_2:是一個壓控振盪器 (VCO),於

C_2 上輸出波形 V_{DOSC} 爲鋸齒波。

⑹ R：光控 TRIAC 的限流電阻，依所使用的型號，而決定應該使用多大的電阻。

⑺ R_G：外加大電流 TRIAC (TD) 的閘極電阻，依 TRIAC 的規格而決定 R_G 的大小。

⑻ R_L：電熱器。

⑼ R_{10}：光控 TRIAC 之光發射器限流電阻。

⑽ VR_1：用以設定所需要的溫度。

⑾ C_1：用以減少高頻干擾，進而穩定 D_1 的電壓變化。

2.   電路動作分析：

首先我們來說明 D_1 和 D_2 在該電阻電橋中所擔任的角色，並配合 OP1 完成 1000 倍的放大。

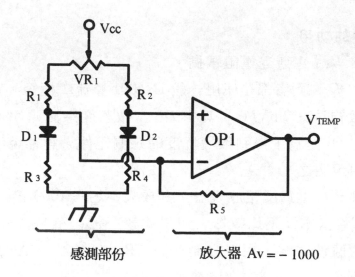

圖 16-31   溫度感測及信號放大部份

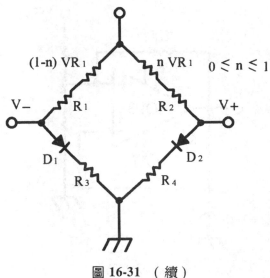

圖 16-31　（續）

　　請參閱第二、三章有關電阻電橋放大器，你將發現其放大率約為 $\left(-\dfrac{R_5}{R_3}\right)=\left(-\dfrac{4.7M}{4.7K}\right)=-1000$ 倍。而 D_1 和 D_2 的溫度係數為 $-2mV/℃$，其中 D_2 是置於電路中，相當於偵測當時環境的溫度，所以 V_+ 可視為加了一個固定偏壓，以符合 OP Amp 之單電源操作的要求。其中 D_1 是用以當做溫度感測器使用，被安排於待測電熱裝置上。因有了 D_2，所以環境溫度變化的影響將被低消。而 D_1 就能真正偵測到電熱裝置的溫度改變量。

$$\Delta V_{D1} = -2mV/℃ \text{ , } V_{TMEP}=\Delta V_{D1} \times A_V$$

$$V_{TEMP} = (-2mv/℃)\times(-1000)=2V/℃$$

表示溫度變化 1℃ 時，在 V_{TEMP} 會得到 2V 的變化。

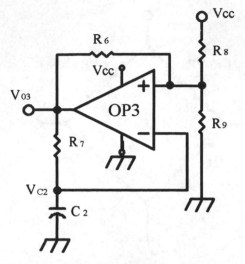

(a) 原線路

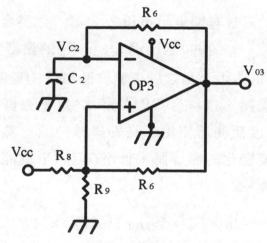

(b) 另一種劃法

圖 16-32　OP3 是一個單電源方波產生電路

　　從圖 16-32(b) 很清楚地看到 OP3 是一個單電源方波產生器（詳細分析，請參閱拙著 "OP Amp 應用＋實驗模擬"，全華圖書編號 02470 第 153 頁和 376 頁的說明）。該電路 V_+ 上的高低臨界電壓 V_{TH} 和 V_{TL} 分別爲

$$V_{TH} = \frac{(R_9//R_6)}{R_8 + (R_9//R_6)} \times V_{CC} + \frac{(R_8//R_9)}{(R_8//R_9) + R_6} \times E_{\text{sat}}$$

$$V_{TL} = \frac{(R_9//R_6)}{R_8 + (R_9//R_6)} \times V_{CC} + \frac{(R_8//R_9)}{(R_8//R_9) + R_6} \times V_{CE(\text{sat})}$$

其中 $E_{\text{sat}} \approx V_{CC}$，$V_{CE(\text{sat})} \approx 0.2\text{V}$，又 $R_6 = R_8 = R_9 = 100\text{K}\Omega$，所以 $V_{TH} \approx \frac{2}{3}V_{CC} \approx 8\text{V}$，$V_{TL} \approx \frac{1}{3}V_{CC} \approx 4V$

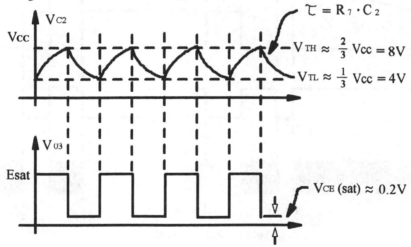

圖 **16-33**　OP3 方波產生器之波形

　　圖 16-32 方波產生器的振盪頻率由 R_7，C_2 決定之。其輸出波形 V_{03} 和 V_{C2} 的波形如圖 16-33 所示。當 R_6，C_2 固定的時候，也可以改變 R_9 以改變其振盪頻率。OP2 是把 V_{TEMP} 和 OP3 和 V_{C2} 做電壓比較，以得到控制光控 TRIAC 的 ON，和 OFF，達到控制加熱器的動作

與否,而 V_{C2} 就是圖中所標示的 V_{DOSC}。茲分析其動作如下:

(1) 若 $V_{TEMP} < V_{DOSC}$ 時,代表溫度太低

因 $V_{TEMP} < V_{DOSC}$,表示 OP2 的 $V_+ < V_-$,則 $V_{02} = L$,光發射器導通而有順向電流,所發的光,使 TRIAC ON,則加熱器進行加熱,使溫度上升。

(2) 若 $V_{TEMP} > V_{DOSC}$ 時,代表溫度太高

因 $V_{TEMP} > V_{DOSC}$,表示 OP2 的 $V_+ > V_-$,則 $V_{02} = H$,光發射器無法導通,因而使 TRIAC OFF,停止加熱,使溫度下降。

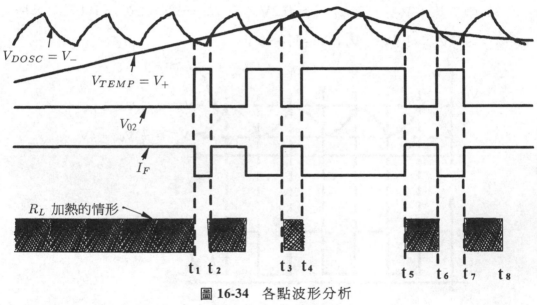

圖 16-34 各點波形分析

從圖 16-34 的分析得知加熱的期間並非固定,而是以機動調整,達到不同的加熱時間,溫度由小而大,加熱期間由長而短,反之溫度由大而小時,加熱期間由短而長。所以我們稱之為 " 脈波寬度調變之溫控系統"。

練習：

1. 若把 OP2"－" 端的輸入信號改成固定電壓時，即形成 ON-OFF 控制的模式，試分析光控 TRIAC ON、OFF 的情形。

2. 圖 16-30，R_7 和 C_2 用以決定 OP3 的振盪頻率，且其振盪頻率一定要小於 AC 電源的頻率 (60Hz)。若相振盪頻率為 10Hz，則 R_7，C_2 應用多大？

第17章

焦電與熱電堆及
紫外線感測器應用

17-1　焦電式紅外線感測器

　　我們所談過的光發射器及光電二極體，光電晶體等接收器，有許多是工作在紅外線的波長，稱之為紅外線發射器和紅外線接收器（例如電視機的遙控裝置）。此種感測元件都是把紅外線轉換成光電流的電流變化之光電感測器。

　　然目前有一種以 TGS（三甘氨酸硫酸鹽）或 PZT（鈦酸系壓電材料）等強介電材質所做成的光感測器。該種感測器當受到紅外線照射時，會造成溫度的變化，且於其表面產生電荷，此乃熱電效應之一，利用這種效應所做成的各式紅外線感測器。如圖 17-1。但因電荷不易直接利用，所以用一個電阻 R_g 與焦電板並聯。當溫度有變化的時候，焦電板上電荷的變化將於 R_g 上產生電壓的變化。並用一個高輸入阻抗的 FET 做為阻抗轉換。然後以電壓當該感測器的輸出。更有以兩塊焦電板做成的焦電式紅外線感測器如圖 17-1(b)，以克服環境溫度的影響。

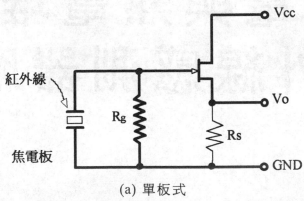

(a) 單板式

圖 17-1　焦電式紅外線感測器基本結構

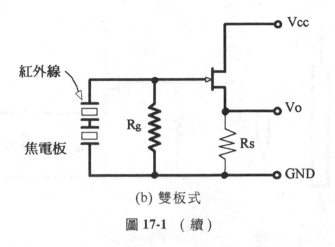

(b) 雙板式

圖 17-1　(續)

　　因焦電式紅外線感測器，其表面電荷的估算不易，所以不宜使用於定量量測系統。通常使用於偵測紅外線 (熱、溫度) 的 " 變化"。

　　所以焦電式紅外線感測器最主要是用來偵測溫度的變化。它在使用時，並不必外加紅外線發射器，它能接收所有熱體 (包括人體的溫度) 所輻射出來的紅外線。只要有溫度變化的場合，都能用它當偵測器，所以目前許多自動門或防盜系統中，均已大量使用焦電式紅外線感測器。

　　如圖 17-2(a) 接好電路後，以手代替發熱體於焦電式紅外線感測器上移動，我們發現，有溫度的變化時，其輸出會得到交流脈波的變化，且脈波的大小僅有數 mV 到數拾 mV。隨距離 L 的長短而不同，也隨熱體溫度的高低而不同。並且當手停止移動時，輸出 v_O 並沒有變化，於此實驗得知焦電式紅外線感測器，主要是用來偵測有無溫度的變化。距離愈近，溫度愈高，v_O 愈大。圖 17-3，圖 17-4 為實驗的結果。

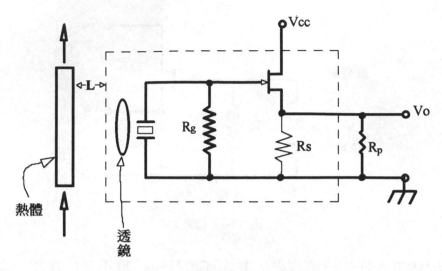

(a) 實驗電路

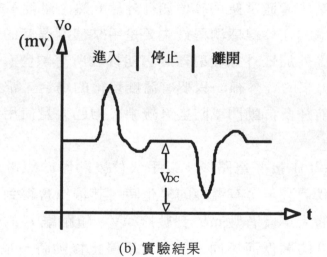

(b) 實驗結果

圖 17-2 焦電式紅外線感測器實驗

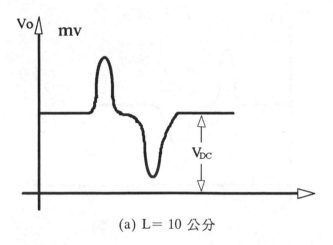

(a) L= 10 公分

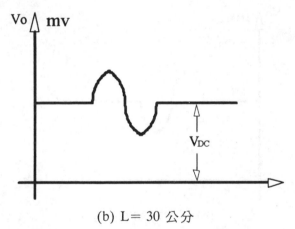

(b) L= 30 公分

圖 **17-3**　不同距離將有不同的結果

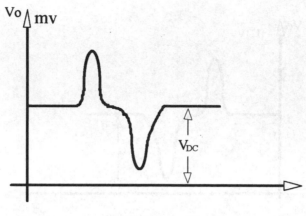

(a) 烙鐵當熱體（高溫）

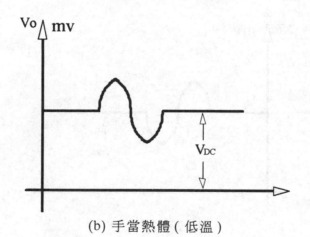

(b) 手當熱體（低溫）

圖 17-4　不同溫度將有不同的結果

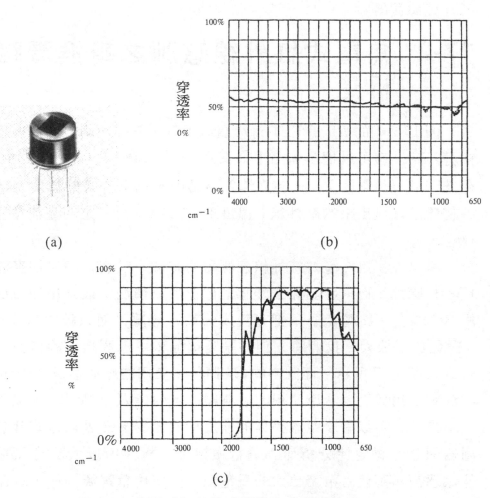

圖 17-5　焦電式紅外線感測器及其波長特性

從圖 17-5(b)，(c) 提供了兩種不同的紅外線焦電感測器的波長特性。它告訴我們，每一種焦電式感測器將因其透鏡視窗的不同而對不同的波長反應。所以在使用焦電式感測器的時候，必須注意你所要偵測的光源其波長是多少？而選用適合的產品，偵測人體所發出的紅外線和偵測熔爐所發射的紅外線於設計時，就會考慮使用不同的焦電式紅外線感測器。

17-2 焦電式紅外線感測之轉換電路分析

圖 17-2 中的 R_P 為 FET 源極負載電阻，若你所購買的感測器已經內建R_s時，就可以把R_P省略。而從圖 17-3 及圖 17-4 中，我們發現 v_O 存在一個直流電壓 V_{DC}。該直流電壓乃因感測器本身的溫度及環境中各物體所散發出來的紅外線（溫度），導致 v_O 有一定的直流電壓 V_{DC} 存在。

所以在使用焦電式紅外線感測器的時候，我們會設法把直流成分 V_{DC} 扣除掉，而只針對脈波變化的部份加以偵測。最常用的方法是利用 RC 耦合，靠電容器 C 把直流成分 V_{DC} 隔離，而只針對脈波（交流）變化加以放大。我們將分別討論雙電源和單電源操作的情況。如圖 17-6 及圖 17-7 所示。而圖中的 R_P 將依所使用的感測器是否內建 R_S，而決定使用與否。若所使用的感測器已經內建 R_S，則 R_P 可以省略。

當然也可以用雙電源操作的非反相放大器。然因焦電式紅外線感測器只適合做定性分析而不適合做定量分析。所以大部份焦電式紅外線感測器不使用精密放大的雙電源，而使用單電源操作，以節省成本。所以你所看到的電路幾乎都是單電源操作，其道理在此。

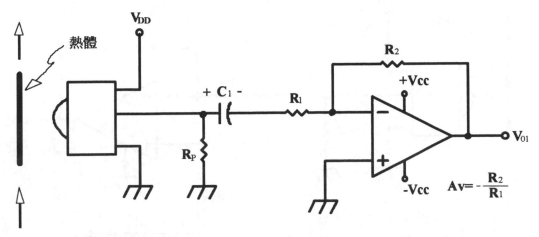

(a) 雙電源反相放大

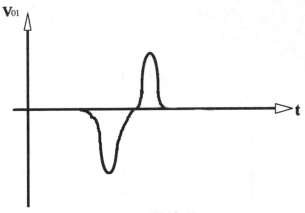

(b) V_{01} 的波形

圖 17-6　雙電源操作之放大器

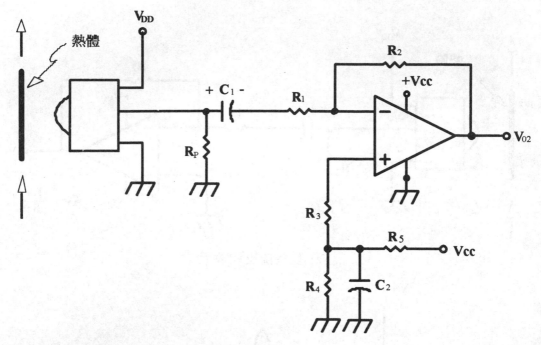

(a) 單電源反相放大

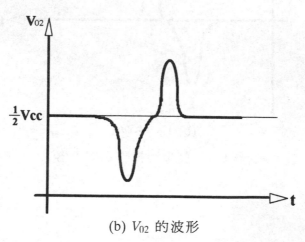

(b) V_{02} 的波形

圖 17-7 單電源操作之放大器

一般單電源放大電路,都希望把輸出直流工作偏壓設計在 $\frac{1}{2}V_{CC}$,則輸入信號正負半週將得到最大且不失真的放大。 $\frac{1}{2}V_{CC}$ 的工作偏壓是由 R_4 和 R_5 分壓而來, C_2 是確保 $\frac{1}{2}V_{CC}$ 的直流偏壓更穩定, R_3 可以減少偏壓電流的影響, $R_3 = R_1//R_2$。而 R_1 和 R_2 用以控制放大率, $A_v = -\dfrac{R_2}{R_1}$。 C_1 乃隔離感測器的直流成分。

然焦電式紅外線感測器,只在乎有沒有物體通過(有沒有溫度變化)。而不考慮波形是否失真,所以經常不考慮工作偏壓,而只做正電壓的放大輸出。則如圖 17-8 所示。

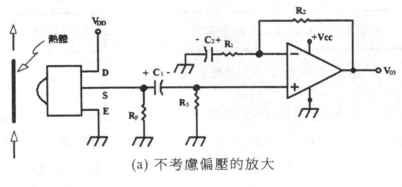

(a) 不考慮偏壓的放大

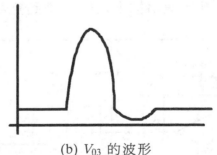

(b) V_{03} 的波形

圖 17-8　焦電式紅外線感測器常用放大電路

焦電式紅外線感測器,常被用來做人體感知器,因移動的速度較慢，相當於所感應的交流變化也很慢，則電路中耦合電容 C_1，必須大一點。建議你使用鉭質電容，可以減少使用電解電容因漏電流而造成的許多困擾。C_1，C_2 的電容約從 $10\mu F \sim 100\mu F$，並請注意其極性。

17-3　人體感知器電路分析

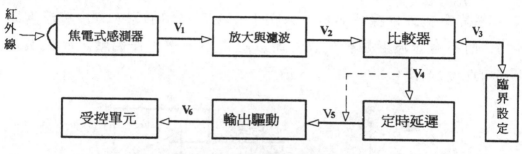

圖 17-9　人體感知器方塊圖

由焦電式紅外線感測器偵測到人體靠近或遠離時溫度的變化，轉換成 V_1 的大小，然後加到放大器放大，並設法濾除高頻干擾，而得到 V_2 的信號。再與 V_3 做比較，以確定是否有人進入，此時比較器的輸出可做定時延遲或直接送給輸出驅動，達到控制受控單元的目的。

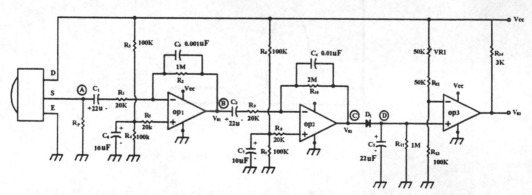

圖 17-10　人體感知器電路之一

1. 各元件的功用：

(1)　R_P：焦電式紅外線感測器的源極 (S) 負載。若焦電式紅外線感測器已經有 R_S 時，R_P 就可省略。

(2)　C_1，C_2：RC 耦合的耦合電容，用以隔離各級間的直流偏壓。

(3)　R_3，R_4：提供 OP1 的直流工作偏壓使 v_{01} 有 $\frac{1}{2}V_{CC}$ 的直流電壓。

(4)　R_1，R_2：控制 OP1 的放大率 $A_{v2} = -\dfrac{R_2}{R_1}$。

(5)　R_6，R_7：提供 OP2 的直流工作偏壓使 v_{02} 有 $\frac{1}{2}V_{CC}$ 的直流電流。

(6)　R_9，R_{10}：控制 OP2 的放大率 $A_{v2} = -\dfrac{R_{10}}{R_9}$。

(7)　R_5，R_8：用以減少 OP1 和 OP2 偏壓電流對電路的影響。

(8)　C_3，C_4：使 OP1 和 OP2 除當放大器外，同時具有低通濾波器的功用，以減少高頻干擾。

(9)　D_1，C_5，R_{11}：構成一個時間延遲的電路。於電路分析中說明之。

(10)　VR_1，R_{12}，R_{13}：提供參考設定的直流電壓。

(11)　C_6，C_7：當做平滑電容，用以穩定 OP1 和 OP2 的工作偏壓。

(12)　R_{14}：OP3 的提昇電阻，使 OP3 的輸出 v_{03} 提高到 V_{CC}。

(13)　OP1，OP2：反相放大器。

(14)　OP3：基本電壓比較器。

2. 電路動作分析：

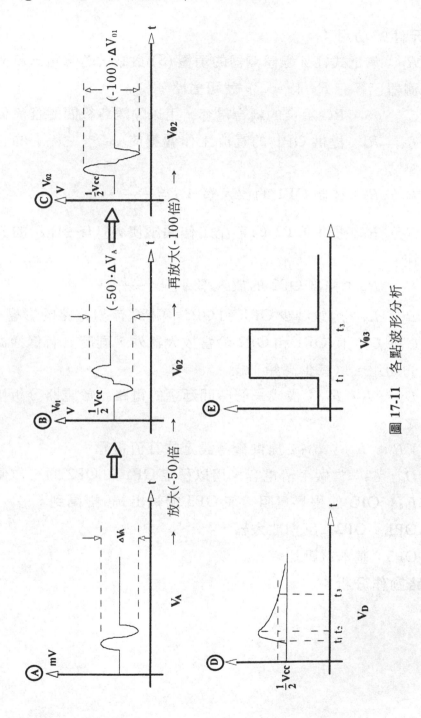

圖 17-11　各點波形分析

A : 焦電式紅外線感測器，偵測到外界溫度的變化。表示有人進入
　　或通過。其電壓非常小，故使用 mV 爲單位。

B : 把 V_A 的脈波放大 (− 100 倍)，$v_{01} = \Delta V_A \times (-100)$

C : 把 v_{01} 的脈波再放大 (− 50 倍)，$v_{02} = v_{01} \times (-50) = \Delta V_A \times 5000$
　　倍。

D : 當有正脈波超出 $\frac{1}{2}V_{CC}$ 以上時，經 D_1 迅速向電容器 C_4 充電，
　　使得 OP3 的 v_+ 上升，致使 $v_+ > v_-$，而當脈波消失的時候，
　　$t_2 \sim t_3$ 之間，D_1OFF，C_4 的電荷將經 R_{11} 放電，故可以改變
　　C_4 和 R_{11}，以控制延遲時間的長短。

E : 當有脈波時，於 $t_1 \sim t_3$ 之間，OP3 的 $v_+ > v_-$，使得 $v_{03} = V_{CC}$。
　　　綜合上述的分析，發現只要有人進入時，能於 v_{03} 得到一個正脈
波，便能用這個正脈波去控制各種受控單元。

17-4　自動燈光控制電路分析

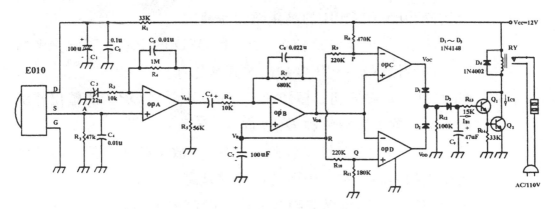

圖 17-12　自動燈光控制電路

1. 各元件的功用:

(1) R_1,C_1,C_2:是一個反交連電路,用以消除電源上的高頻干擾到焦電式紅外線感測器的動作。並保持穩定的直流工作電壓。

(2) R_2:焦電式紅外線感測器的源極負載。

(3) C_4:消除焦電式紅外線感測器的高頻雜訊干擾。

(4) C_3,R_3,R_4:C_3 使 OPA 只能放大交流信號,R_3,R_4 用以控制 OPA 的放大率。$A_{v(OPA)} = (1 + \dfrac{R_4}{R_3})$。

(5) R_5:OPA 的直流負載,加適當的小負載,能使 OP Amp 的動作更加穩定,且不易受干擾。

(6) C_6:耦合電容,用以隔離 OPA 輸出直流成分。使得 OPB 只做交流信號的放大。

(7) R_6,R_7:用以控制 OPB 的放大率,$A_{v(OPB)} = -(\dfrac{R_7}{R_6})$。

(8) C_5,C_8:使 OPA 和 OPB 構成具有低通濾波效果的放大器,以消除 OPA 和 OPB 的高頻雜訊干擾。

(9) $R_8 \sim R_{11}$:提供窗形比較器 OPC 和 OPD 的上限和下限參考電壓。同時提供給 OPB 當輸出的直流工作偏壓。

(10) D_1,D_2:當做開關二極體使用,使 OPC 和 OPD 的輸出電流不會流入對方,只流經 D_3 並向 C_9 充電。

(11) D_3:可視為半波整流二極體。確保 C_9 放電時,只能經達靈頓電晶體的回路放電。因而進入時間延遲的效果。

(12) R_{13},R_{14}:分別為達靈頓電晶體的限流電阻和偏電電阻。

(13) Q_1,Q_2:達靈頓電晶體組合,以得到能由很小的電流控制大電流的負載。因 $I_{C2} \approx \beta_1 \times \beta_2 \times I_{B1}$。

(14) D_4:用以保護達靈頓電晶體,以免繼電器 (RY) OFF 時的反電動勢太大，而把 Q_1，Q_2 損壞。

⒂　RY：一般電磁式的繼電器，你可以把它換成 SSR。

⒃　C_9：時間延遲電路之主控元件。C_9 愈大則延遲時間愈長。

2.　電路動作分析：

⑴　OPC 和 OPD 的動作情形

OPC 和 OPD 構成窗型比較器，其參考電壓分別為 V_P 和 V_Q。

$$V_P = \frac{R_9 + R_{10} + R_{11}}{R_8 + R_9 + R_{10} + R_{11}} \times V_{CC}$$

$$= \frac{220K + 220K + 180K}{470K + 220K + 220K + 180K} \times 12V = 6.82V$$

$$V_Q = \frac{R_{11}}{R_8 + R_9 + R_{10} + R_{11}} \times V_{CC}$$

$$= \frac{180K}{470K + 220K + 220K + 180K} \times 12V = 1.98V$$

此時窗型比較器的研判狀況將有三種情形：① $v_{OB} > V_P$ ② $V_Q < v_{OB} < V_P$ ③ $v_{OB} < V_Q$，茲依三種狀況分析於下。

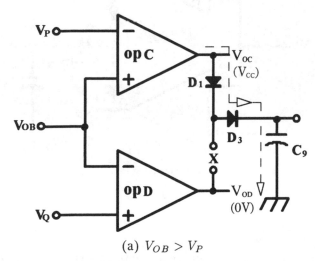

(a) $V_{OB} > V_P$

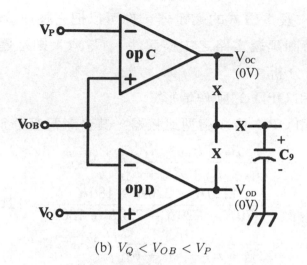

(b) $V_Q < V_{OB} < V_P$

圖 17-13 窗型比較器的動作情形

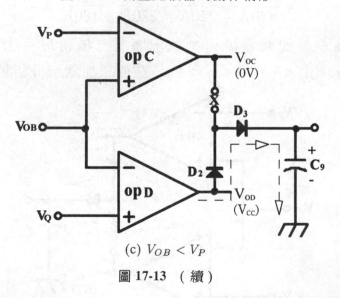

(c) $V_{OB} < V_P$

圖 17-13 （續）

① $V_{OB} > V_P$ 時

此時因 $V_{OB} > V_P$，相當於 OPC 的 $V_+ > V_-$，OPD 的 $V_+ <$

V_-，對 OPC 和 OPD 的輸出而言，$V_{OC} = H$，$V_{OD} = L$。
則 D_1 ON，D_2 OFF，電流不會流入 OPD 的輸出端。此時
電流由 OPC 提供，經 D_1，D_3 向電容器 C_9 充電，並且充到
V_{OC} 的最大值 (約為 V_{CC})，如圖 17-13(a) 所示。

② 　$V_Q < V_{OB} < V_P$ 時

此時因 V_{OB} 位於 V_Q 和 V_P 之間，使得 OPC 的 $V_- > V_+$，
OPD 也是 $V_- > V_+$，導致 OPC 和 OPD 的輸出電壓 $V_{OC} = L$，$V_{OD} = L$，則 D_1，D_2，D_3 OFF，將沒有電流向 C_9 充
電。如圖 17-13(b) 所示。

③ 　$V_{OB} < V_Q$ 時

此時因 $V_{OB} < V_Q$，使得 OPC 的 $V_- > V_+$，OPD 的 $V_+ >
V_-$，則 OPC 和 OPD 的輸出電壓為 $V_{OC} = L$，$V_{OD} = H$。
將使得 D_2 ON，D_1 OFF，則由 OPD 所提供的電流也將
經 D_2，D_3 向 C_9 充電，也會充到 V_{OD} 的最大值，(約為
V_{CC})。

綜合上述三點分析，不難發現 OPC 和 OPD 所組成的窗
形比較器，其轉換特性曲線將如圖 17-14 所示。

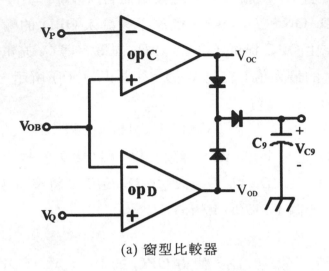

(a) 窗型比較器

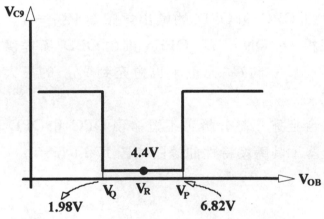

(b) 轉換特性曲線

圖 17-14 OPC，OPD 窗型比較及其特性

⑵ OPA 和 OPB 的動作情形

① OPA 的電路分析

OPA 是一個單電源交流放大器，它的輸入信號是焦電式紅

外線感測器的輸出信號。(v_A)，而我們已經知道 v_A 除了含有因溫度變化的脈波外，尚含有一定的直流成分。但 OPA 只做交流放大器，直流成分並沒有被放大。

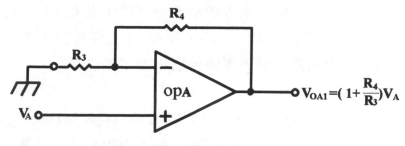

(a) OPA 交流等效電路

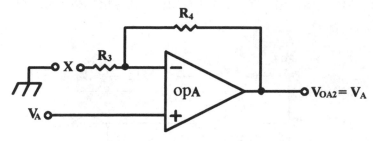

(b) OPA 直流等效電路

圖 17-15　OPA 的放大動作分析

對交流而言 OPA 放大率為 $\left(1 + \dfrac{R_4}{R_3}\right)$，如圖 17-15(a)，對直流而言，OPA 視同一個電壓隨耦器，如圖 17-15(b)，放大率只有一倍。

② 　OPB 電路分析

v_{OA} 的信號經 C_6 隔離直流成分後被加到 OPB 反相放大器。此時 v_{OB} 已經把 v_A 放大了 $\left(1 + \dfrac{R_4}{R_3}\right)\left(-\dfrac{R_7}{R_6}\right) = (101) \times (-68) = -6868$ 倍，並且更值得注意的是 OPB 的直流工作偏壓位於

V_Q 和 V_P 之間，因 V_R 為

$$V_R = \frac{R_{10} + R_{11}}{R_8 + R_9 + R_{10} + R_{11}} \times V_{CC} = 4.4V$$

在沒有外物或人進入的時候，OPB 的輸出 $v_{OB} = V_R = 4.4V$，且 $V_Q < V_R < V_P$，使得 V_{C9} 沒有被充電，則 Q_1，Q_2 達靈頓電晶體不導通，繼電器不動作。

(3) 輸出結果之分析

當有人進入焦電式紅外線感測器的偵測範圍以內時，焦電式紅外線感測器的輸出 v_A 被 OPA 放大 (101) 倍，接著又被 OPB 放大 (-68) 倍。則於 OPB 的輸出會得到 v_{OB} 的波形，如圖 17-16 所示。

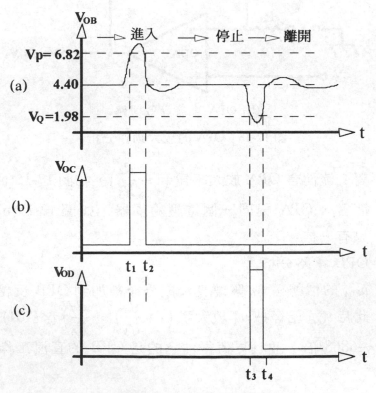

圖 17-16 各點波形分析

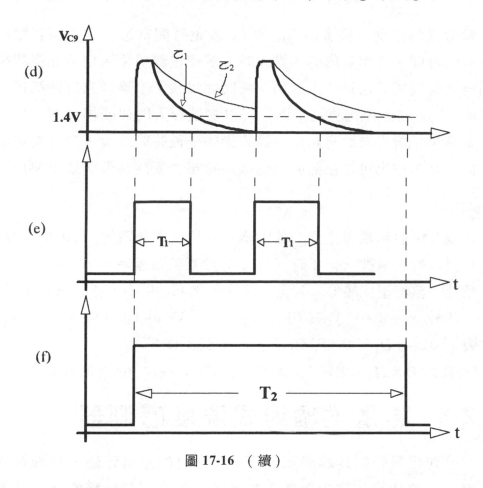

圖 17-16　（續）

(a)：感測信號被放大到大於 V_P 或小於 V_Q。

(b)：$v_{OB} > V_P$，使得 V_{CC} 得到正脈波。

(c)：$v_{OB} < V_Q$，使得 v_{OD} 得到正脈波。

(d)：v_{OC} 和 v_{OD} 的正脈波向 C_9 充電，當正脈波消失的時候，C_9 由達靈頓的 I_{B1} 放電，直到 $V_{C9} < 1.4V$。（$V_{BE1} + V_{BE2} = 1.4V$）

(e)：放電時間常數 τ_1，將使達靈頓電晶體 ON，延遲時間為 T_1。

(f)：若放電時間常數加長，$\tau_2 > \tau_1$，將延長時間為 T_2。

　　綜合上述分析，當有人進入時，V_{C9} 將被充電到足夠使達靈頓電晶體導通的電壓，接著由 R_{11} 和 C_9 放電時間常數決定達靈頓電晶體導通的時間。即相當於有人進入時，讓繼電器 ON，使燈光亮起來，隔一段時間後（相當於人走開一段時間以後）才讓燈光自動滅掉。所以圖 17-12 自動燈光控制電路，可以安裝於大門口或樓梯間，只要有人走進來，燈光自動亮起來，等人走開一段時間以後，又自動把燈光切掉。當然你也可以把照明設備改用警笛，便能當做防盜器使用。

練習：

1. 請設計兩個單電源操作的放大器，其放大率分別為 − 50 和 + 100，且要求輸入信號 $v_i = 0$ 時，或 v_i 等於直流電壓時，$v_O = \frac{1}{2}V_{CC}$。

2. 設計一組窗型比較器，其上下限分別為 V_P 和 V_Q，並要求 $v_i > V_P$ 時，及 $v_i < V_Q$ 時，$V_O = 0V$，$V_Q < V_i < V_P$ 時 $V_O = V_{CC}$。

3. 圖 17-12 中 D_1，D_2 及 D_3 各擔任那種工作？

4. OPB 的直流工作電壓 V_R 被安排在 $V_Q < V_R < V_P$ 有何好處？

17-5　熱電堆輻射式溫度感測器

　　已知焦電式紅外線感測器乃電荷變化的感測元件，只針對溫度有變化才能使用，常用於做人體偵測。而目前有一種稱之為熱電堆 (THERMOPILE) 的紅外線感測器。它主要是由許多（數拾個～數百個）熱電偶接點串聯而成，此積體化的技術把它們置於一個透鏡之下。如此一來，溫度不同時，入射的紅外線也不同。將於各熱電偶接點產生不同的熱電效應，而得到不同的電壓。又因是一串的電壓相加，使得最後熱電堆的輸出有相當的電壓，代表溫度的大小。如此一來，是靠紅外線的輻射，而得知溫度的高低，不必與待測系統接觸到。所以該種熱電堆溫度感測器，才會被稱做 " 輻射式溫度感測器 "。經常被使用於高溫的量測。圖 17-17 爲熱電堆的示意圖及其結構圖。

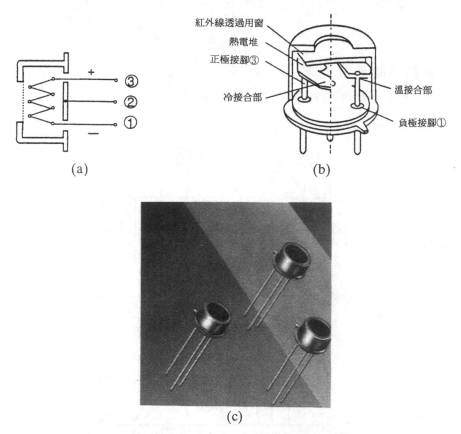

(a)　　　　　　　　　　　　　　(b)

紅外線透過用窗
熱電堆
正極接腳③
冷接合部
溫接合部
負極接腳①

(c)

圖 17-17　熱電堆之認識

　　由於是由熱電偶串聯而成，所以熱電堆溫度感測器是一個因溫度不同而能產生不同電壓的感測器。所以使用熱電堆時，不必額外提供偏壓和電流。

　　熱電堆溫度感測器，經常被用來當作非接觸的光學輻射式溫度計，實際上是許多熱電偶堆在一起的意思。所以使用熱電堆時，就像使用熱電偶一樣，必須有冷接點之參考溫度。熱電堆拿來當溫度計，乃依據任何有溫度的物體，均會有紅外線的輻射且其輻射的能量爲 P。

$$P = \eta \sigma T^4$$

η：物體之能量輻射率

σ：(Stefan-Boltzmann) 常數 5.673×10^{-12}

T：絕對溫度 $^\circ K$。

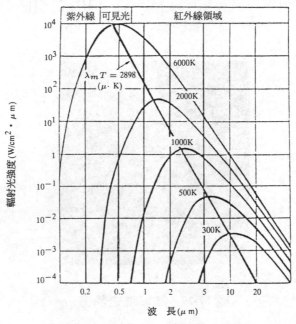

圖 17-18 物體因溫度而輻射的情形

在使用熱電堆時，因有冷接點參考溫度 T_0，所以

$$P = \eta \sigma T^4 - \sigma T_0^4$$

若以三菱公司 MITSUBISHI YUKA 的 MIR-100 爲例，不同型號的產品將有不同的波長特性如圖 17-19。

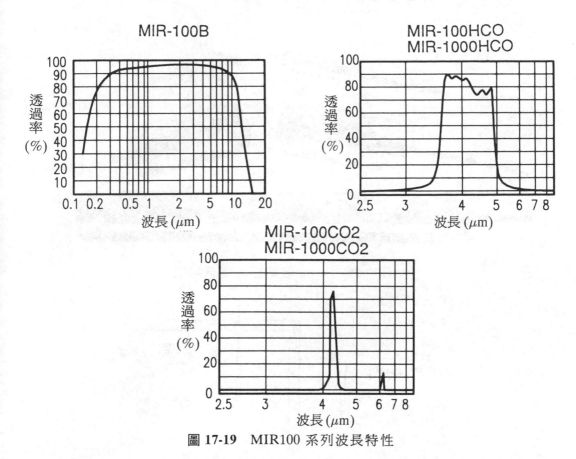

圖 17-19　MIR100 系列波長特性

　　有關 MIR-100 系列之相關產品，請洽擎罡實業。我們將再介紹溫生工業所代理之紅外線熱電隅鍋（熱電堆的另一稱呼），該系列產品以 IR t/c 命名，且做適當的保護包裝其實物如圖 17-20。

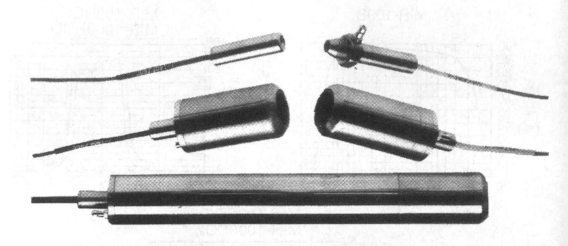

圖 17-20　IR t/c 紅外線溫度感測頭

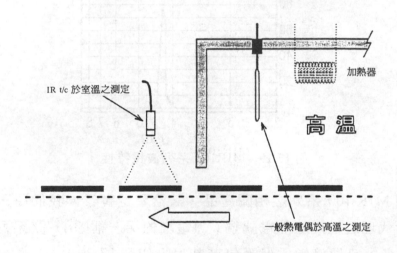

圖 17-21　不同的溫度量測方法

　　紅外線熱電堆（熱電偶）主要用於非接觸式的溫度量測，能於室溫中對熱體的溫度做良好正確的量測，茲以圖 17-21 說明傳統熱電偶與 IR t/c 對溫度量測的不同安排。一般熱電偶必須置於待測之高溫區相當於直接受高溫加熱易產生許多不同的偏移或漂移。

於圖 17-22 提供數個非接觸型溫度量測的方法供你參考。

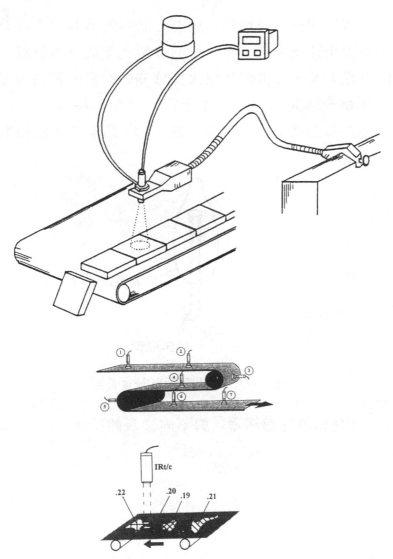

圖 **17-22**　非接觸式的溫度偵測

17-6　紫外線感測器

　　顧名思義，紫外線感測器乃針對光譜中的紫外線有反應，已被廣泛的應用在火災監視系統。尤其目前各種化學成分的材質，燃燒時所產生的紫外線更多，使得紫外線火災感測的應用已相當普遍。

　　紫外線是一種充入氣體的電子管，具有陰極 (K) 和陽極 (A) 的二極管。其外部是透明的石英罩。圖 17-23 為紫外線感測器的實體照片。

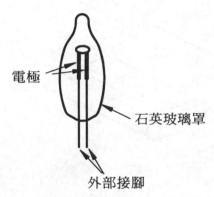

電極

石英玻璃罩

外部接腳

圖 17-23　紫外線感測器實物圖

　　圖 17-23 是紫外線感測器，對不同波長的反應。

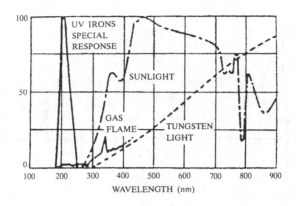

圖 17-24 紫外線感測器之波長分佈圖

　　使用紫外線感測器時，於陽極和陰極之間加上數百伏特的直流電壓，使內部氣體處於預備電離的狀態。當有火災發生時，紫外線的光子將撞擊陰極而產生光電子，使得充入的氣體電離，有如瞬間的放電，因而有電流 I_A，從陽極流向陰極，並在 R_L 上產生壓降。此時因電離現象，使得 A、K 兩極間的電壓下降，當 A、K 的電壓小於電離所需的最小電壓時，電離現象會自動停止，隨著管內殘餘電離子的消失，A、K 的電壓將會上升，直到預備電離的電壓時，將因紫外線繼續照射，而產生另一次的電離，所以 V_O 會成一連串的尖狀脈波。直到紫外線光源消失為止。圖 17-25 是紫外線感測器的基本使用方法。

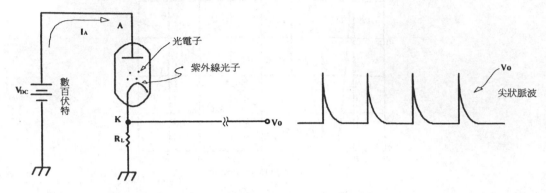

圖 17-25　紫外線感測器基本使用方法

　　但因紫外線感測器所能承受的電流只有數 mA，甚至小到數百 μA，所以必須於迴路中加上足夠大的限流電阻，使得紫外線感測器之實際應用線路如圖 17-26 所示。

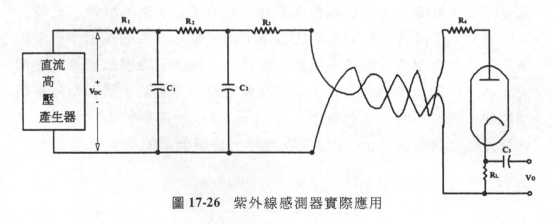

圖 17-26　紫外線感測器實際應用

　　圖 17-26 各零件的功用如下：

(1)　直流高壓產生器：爲提供數百伏特直流電壓給紫外線感測器使用。它可以是 AC 110V 經變壓器升壓，整流而來。也可以由乾電池（小直流電壓），先產生振盪得到交流信號，然後再由升壓變壓器把電壓提升到數百伏特，再整流而得到直流高壓。
實際電路如圖 17-27 及圖 17-28 所示。

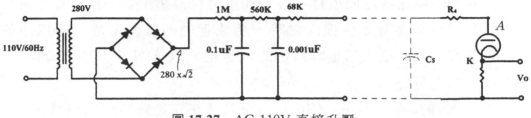

圖 **17-27**　AC 110V 直接升壓

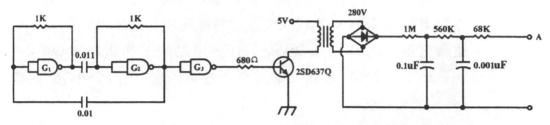

圖 **17-28**　由小直流電壓產生直流高壓

(2)　R_1，R_2，R_3：主要是當做限流電阻使用，用以限制紫外線感
測器於電離時的最大電流，確保紫外線感測器的使用年限。

(3)　C_1，C_2：當做濾波電容使用，讓所提供給紫外線感測器的直
流電壓更為穩定。

(4)　R_4：當紫外線感測器必須置於遠處時，勢必要使用較長的引
線，此時在引線上的雜散電容 C_S，將於電離時，把 C_S 所存的
電荷一起經紫外線陽極及陰極放電，將導致電流之大量增加，
使得紫外線感測器的氣體及陰極損耗更多，而減少紫外線感測
器的壽命，此時 R_4 就能發揮其限流及消耗 C_S 所存電荷的功
用。

(5)　R_L：是紫外線感測器的負載電阻，當電離時，將有電流 i_A 流
經 R_L，而在 R_L 上產壓降。即 $V_O = i_A \times R_L$。

17-7　紫外線感測器使用分析

　　紫外線感測器於使用時，必須加上直流高壓 V_{DC}，且該直流電高壓也必須保証當有紫外線入射時，能使管內的氣體電離。所以所使用的直流高壓必須大於電離所需的規定值。以 UN TRON-R2868 為例：

(1)　頻譜反應：185～260nm 的波長，正好是紫外線的波長。

(2)　最大電源：$400V_{DC}$，代表所加的直流高壓必須小於 $400V_{DC}$。

(3)　電離電壓：$280V_{DC}$，代表要產生電離現象，必須大於 $280V_{DC}$。

(4)　建議電壓：$325V_{DC} \pm 25V_{DC}$，代表所加的工作電壓在 300V～350V 之間。則符合小於 $400V_{DC}$ 大於 $280V_{DC}$ 的要求。

(5)　峰值電流：30mA，表示電離時的最大電流必須在 30mA 以下。且其電離放電的時間限制在 $10\mu S$ 以內。這只是一項安全規格，並不是代表可以使用 30mA。

(6)　平均電流：1mA，表示流過紫外線感測器的平均電流約在 1mA 左右，就能確保其使用年限。

(7)　建議電流：$100\mu A$，表示真正使用時，只要有 $100\mu A$ 就能動作，而不必用到 1mA。例如若 $R_L = 30K$，則 V_O 的最大值 $V_{O(max)} = i_A \times R_L = 100\mu A \times 30K = 3V$，已足夠代表邏輯 "1" 的位準了。

　　若以圖 17-29 紫外線感測器電路之等效電路圖，來分析其使用情形，及各點波形分析，將使你更了解怎樣把紫外線感測器應用在火災監視系統中。然後於下一節我們再分析實際火災監視電路時，你就很容易了解電路的動作原理及設計方法。

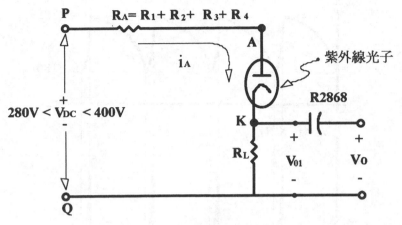

圖 17-29　紫外線感測器等效電路

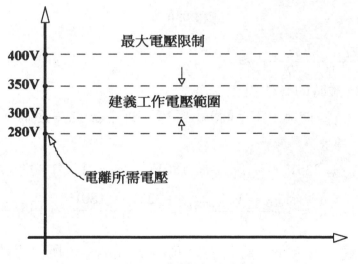

圖 17-30　各點波形分析

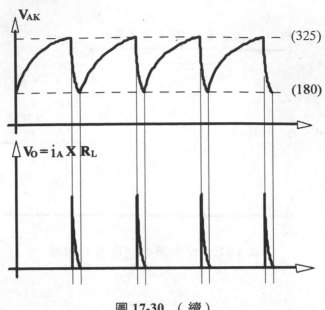

圖 17-30 （續）

$$i_{A(\max)} = \frac{V_{DC} - V_{AK(\min)}}{R_A + R_L} \approx \frac{V_{DC} - V_{AK(\min)}}{R_A}$$

$i_{A(\max)}$：電離時的峰值電流。

$V_{AK(\min)}$：電離時 A、K 間最小電壓。即小於此電壓時，電離現象將
　　　　　停止。

若 $V_{DC} = 325V$， $V_{AK(\min)} = 180V$， $R_A = 1M\Omega$，則 $i_{A(\max)}$ 約為

$$i_{A(\max)} = \frac{V_{DC} - V_{AK(\min)}}{R_A} = \frac{325V - 180V}{1M} \approx 145\mu A$$

所以實際電流的大小，將取決於 R_A 和 $V_{AK(\min)}$，所以電離時的最小電壓，在紫外線感測中是一項很重要的因素。

　　i_A 的大小及紫外線光子的多寡將改變電離的速度，使得輸出尖狀脈波的頻率改變。而有如圖 17-31 所示的情況。所以你可以改變 $R_A(R_1, R_2, R_3, R_4)$ 的阻值，以得到你所需要的狀況。

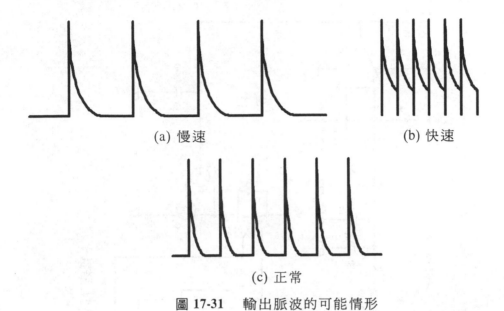

(a) 慢速　　　　　　　　　　(b) 快速

(c) 正常

圖 17-31　輸出脈波的可能情形

17-8　火災監測系統㈠：線路分析

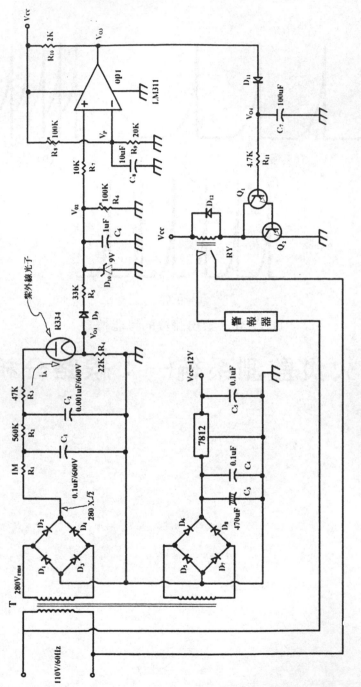

圖 17-32　火災偵測系統(一)

1. 分析各元件的功用如下：

(1) T 變壓器：有兩組二次線圈，一組用以產生高壓，另一組用以產生低壓，分別提供給紫外線感測器及 V_{CC} 使用。

(2) $(D_1 \sim D_4)$，$(D_5 \sim D_8)$：分別是高低壓的橋式整流子。

(3) (C_1, C_2)，(C_3, C_4, C_5)：分別是高低壓電源電路的濾波電容。其中 $C_3 // C_4 = 470.1 \mu F$，好像 C_4 對電容值的提高並沒有幫助。事實上，C_4 的主要目的乃在補償 C_3 電解質電容高頻特性不好的缺點。達到濾除高頻干擾的目的。

(4) (R_1, R_2, R_3)，(R_4)：分別是限流電阻和紫外線感測器的負載電阻。已經談過，R_1，R_2，R_3 可用以改變 i_A 的大小。想改變 V_{01} 的大小，可直接由改變 R_4 而得到不同大小的 V_{01}。

(5) D_9：可被視為正半波整流二極體。

(6) D_{10}：是一個 9V 的齊納二極體 (Zener Diode)，是當做截波二極體使用。避免因紫外線太強時，V_{01} 變大，使得 V_{02} 也太大，造成 OP1 損耗，目前因 $V_Z = 9V$，所以 V_{02} 的最大值被限制在 9V。

(7) R_5，C_6，R_6：組成一個積分電路，其中 $R_5 \cdot C_6 = \tau_1$，為充電時間常數，$R_6 \cdot C_6 = \tau_2$ 為放電時間常數。

(8) R_7：只是一個阻尼電阻，以防止振鈴現象。不接也可以。

(9) OP1：在這個線路，OP1 被當做基本電壓比較器使用。

(10) R_8，R_9：分壓電阻，用以提供直流電壓給 OP1 當 "−" 端的參考電壓，而該 "−" 端的電壓 V_P 就已經代表紫外線的強弱。相當於代表火災的大小了。

(11) R_{10}：因使用 LM311 電壓比較器，它是一個集極開路的 IC，所以必須外加一個提升電阻 R_{10} 到 V_{CC}。

⑿ D_{11}：當做一個半波整流二極體。用以達到 C_7 只能由 OP1 充電，而不會經 OP1 放電。

⒀ C_7：是一個用以達到時間延遲目的的電容器，先分析其動作原理如下：

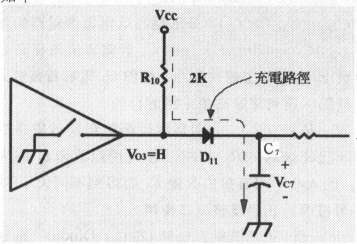

(a) $V_{O3} = H$，C_7 充電

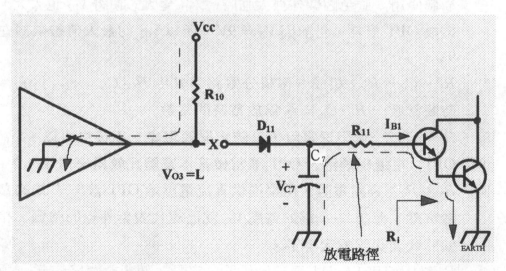

(b) $V_{O3} = L$，C_7 放電

圖 17-33 C_7 的動作情形

當 $V_{03} = H$ 時，充電電流由 V_{CC} 經 R_{10} 經 D_{11} 向 C_7 充電，其充電時間常數爲 $R_{10} \cdot C_7 = \tau_C$，將於 C_7 上產生 V_{C7} 的電壓。該電壓足以讓 Q_1，Q_2 導電。而當 $V_{03} = L$ 時，$V_{C7} > V_{03}$，使得 D_{11} 變成逆向電壓，則 D_{11} OFF，C_7 的電荷不會倒流到 OP1，放電的路徑只能由 C_7 經 R_{11}，Q_1，Q_2 的 BE，則此放電電流正好提供 Q_1，Q_2 達靈頓電路的 I_{B1}，使得 Q_1，Q_2 ON。且因達靈頓的 I_{B1} 非常小，所以 C_7 所存的電荷，足夠提供 I_{B1} 的電流，一段相當長的時間。若以放電的時間常數來分析時，放電的時間常數爲 $(R_{11} + R_i) \cdot C_7 = \tau_D$

$$R_i = (1 + h_{fe1})[h_{ie1} + (1 + h_{fe2})h_{ie2}] \approx h_{fe1} \cdot h_{fe2} \cdot h_{ie2}$$

導致於 R_i 是一個很大的電阻，所以

$$(R_{11} + R_i) \cdot C_7 \gg R_{10} \cdot C_7，即 \; \tau_D \gg \tau_C$$

也就是說充電充的很快，而放電要放很久的意思。所以我們才說 C_7 是一個用以達到時間延遲目的的電容器。

(14)　D_{12}：用來保護 Q_1，Q_2 以免因繼電器，線圈所感應的反電動勢而把 Q_1，Q_2 擊穿。

(15)　C_8：是一個濾波電容，主要目的是讓 OP1 "＋" 端的電壓更穩定。所以又叫平滑電容。用以避免高頻干擾。

2.　電路動作原理：

(1)　沒有火災發生時

因沒有火災，則紫外線感測器，將因沒有紫外線的照射而無法電離，使得紫外線感測器形同斷路，則 $i_A = 0$，使得 $V_{01} = 0$，$V_{02} = 0$，且 $V_P > V_{02}$，使得 OP1 的輸出 $V_{03} = 0$，則 D_{11} OFF，$V_{04} = 0$，Q_1，Q_2 OFF。繼電器無法動作。

⑵ 火災發生的時候

有火災發生時，大量紫外線光子照射下，將使得電離現象發生。V_{01} 將得到一連串的尖狀脈波，使得 D_9 ON，並經 R_5 向 C_6 充電，由於 $R_5 \cdot C_6 = \tau_1$，表示必須用一點時間才能把 C_6 上的電壓往上提高，但又因尖狀脈波很窄，使得充電的時間很短，接著當尖狀脈波消失時，使得 D_9 變成逆向偏壓而 **OFF**。導致 C_6 只能透過 R_6 和 R_7 放電，但因 R_7 是接到 OP1 的 "+" 端，其阻抗非常大，最後 C_6 放電的速度就取決於 $R_6 \cdot C_6 = \tau_2$ 的時間常數。調整 $\tau_2 > \tau_1$，將使得充電快一點而放電慢一點。所以在 V_{02} 上會得到一個充電又放電，且累積上升的波形。

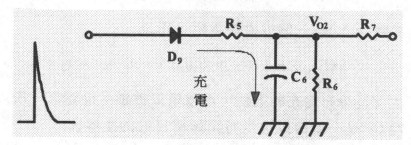

(a) 充電時間常數 $R_5 \cdot C_6$

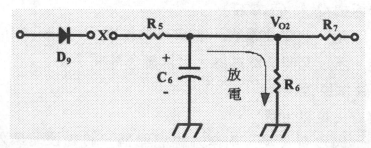

(b) 放電時間常數 $R_6 \cdot C_6$

圖 17-34 C_6 充放電的情形

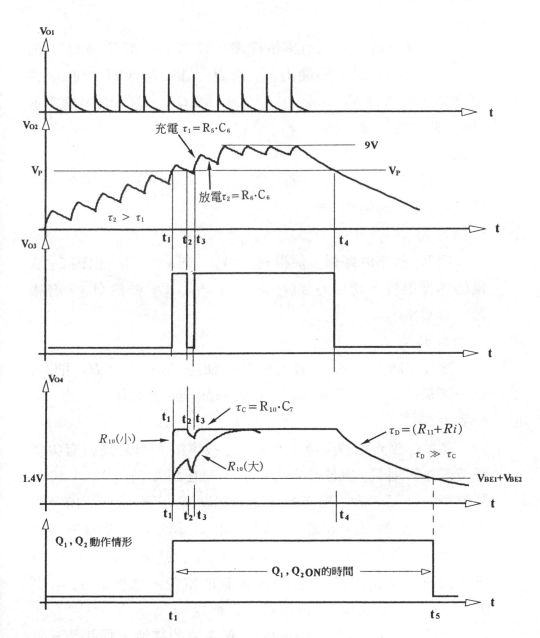

圖 **17-35**　各點波形分析

各點波形分析如下：

(1) t_1 時：

V$_{02}$ 經充電又放電而累積電壓，達到 V_P，將使得 OP1 的 $v_+ > v_-$，使得 OP1 的輸出 V_{03} 為 H，則 D_{11} ON，向 C_7 快速充電，同時使 $V_{04} > V_{BE1} + V_{BE2}$，則 Q_1，Q_2 ON，繼電器 ON，此時警報器大作。

(2) t_1 到 t_2 時：

這段時間 $v_{02} > V_P$，則 OP1 的 $V_{03} = H$，V_{04} 也達到能讓 Q_1，Q_2 ON 的情形。

(3) t_2 到 t_3 時：

因 V_{02} 放電的關係，使得 $v_{02} < V_P$，則 $V_{03} = L$。但因 C_7 放電的速度很慢，使得 t_2 到 t_3 之間，Q_1，Q_2 依然 ON，警報器一直 ON。

(4) t_3 到 t_4 時：

該段時間內，V_{02} 一直大於 V_P，使得 V_{03} 一直為 H。則 V_{04} 也一直保持固定的高壓，Q_1，Q_2 及繼電器一直動作。

(5) t_4 到 t_5 時：

當紫外線光源消失時，(火災已被撲滅)。V_{01} 將沒有尖狀脈波產生。則 V_{02} 處於放電的狀況，一直到 t_4 時，$V_{02} < V_P$，將使得 $v_{03} = L$。D_{11} 勢必變成逆向電壓而 OFF。而 C_7 所存的電荷就由 Q_1 的 I_{B1} 放電，已經說明 I_{B1} 非常小，使得放電的速度很慢。直到 t_5，V_{04} 才比 $V_{BE1} + V_{BE2}$ 還小。雖然在 t_4 時已經沒有尖狀脈波了。但因 C_7 所存的電荷，使得 t_4 到 t_5 之間，Q_1，Q_2 繼續 ON，警報器一直動作。

電路中的 R_5，R_6，C_6 尚有一個主要的特性，那就是減少誤動作。如圖 17-35 V_{02} 所示。若有紫外線瞬間的干擾，依圖所示，必須連續發生 6 次尖狀脈波才會使警報器動作。如此便能消除許多不必要的誤動作。再則若是一般性陽光反射或打火機，瓦斯爐等所產生的紫外線干擾，也將被 R_5，R_6，C_6 所組成的積分電路抑制掉。如圖 17-36 所示，這些干擾的紫外線遠較火災時的紫外線少。使得 V_{02} 始終無法被積分到 V_P 以上。

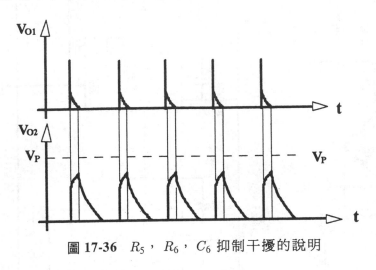

圖 17-36　R_5，R_6，C_6 抑制干擾的說明

練習：

1. 當火災發生時，希望警報器，就一直動作，除非有人重新設定，否則警報器一動作就不會停止。欲達此目的你會怎樣修改圖 17-32 火災偵測系統㈠的電路？
2. 搜集目前國內所能買得到的紫外線感測器三種，並影印其資料，留給自己來日使用或參考。

17-9　火災偵測系統㈡：線路分析

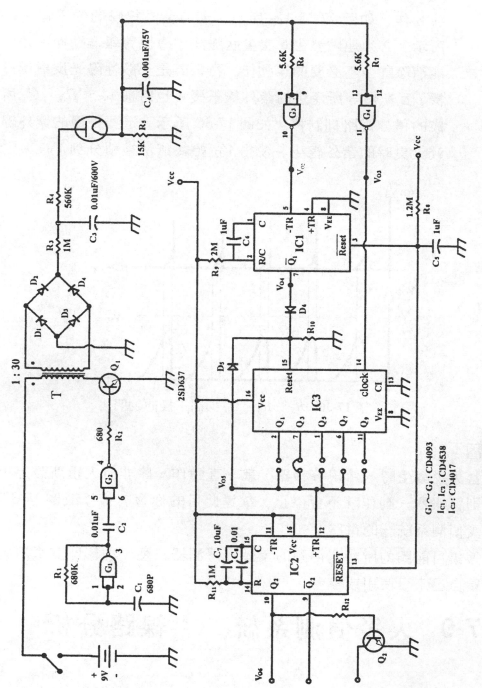

$G_1 \sim G_4$：CD4093
I_{C1}，I_{C2}：CD4538
I_{C3}：CD4017

圖 17-37　火災偵測系統（二）（乾電池驅動）

初看圖 17-37 好像不知從可下手分析，但若先由各 IC 下手分，將很快的了解該電路的動作原理。

各 IC 及各元件的功用如下：

(1)　$G_1 \sim G_4$：是 CD4093 為 CMOS 的 NDND 閘，其中 G_1 是振盪器，由 R_1 和 C_1 決定其振盪頻率。G_2 只是當做反相器，避免 G_1 的輸出直接提供電流給 Q_1，則能減少 G_1 的負載效應，才不會對 G_1 的振盪頻率產生影響。G_3 和 G_4 目前都只是當做反相器使用。同時完成波形整型，而得到如圖 17-38 的 V_{02}。

(2)　$IC1$ 和 $IC2$：是 CD4538，它是一個雙單穩態多階振盪器，其中 $IC1$ 是由 $(-\,TR)$ 當觸發，屬於後緣觸發，而 $IC2$ 是由 $(+\,TR)$ 當觸發，屬於前緣觸發。它們分別會得到一定寬度的脈波。T_1 和 T_2。

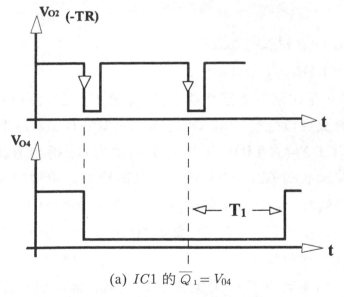

(a) $IC1$ 的 $\overline{Q}_1 = V_{04}$

圖 17-38　$IC1$ 和 $IC2$ 的輸出

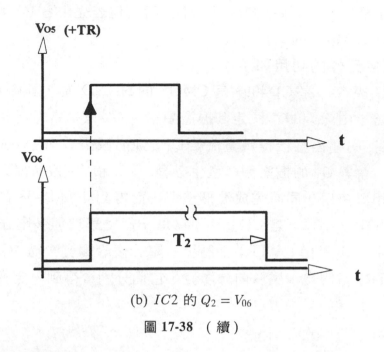

(b) $IC2$ 的 $Q_2 = V_{06}$

圖 17-38　（續）

$T_1 \approx 1.1 R_9 C_6 \approx 2.2\text{sec}$

$T_2 \approx 1.1 R_{11} C_7 \approx 11\text{sec}$

而 V_{02} 是由紫外線感測器輸出 V_{01} 經 G_3 反相而得到，也就是說當有火災發生時，V_{02} 會得到一連串的負脈波，且該負脈波觸發 $IC1$ 的 $(- \text{TR})$，使得 $IC1$ 的輸出 $\overline{Q_1}$ 得到邏輯 "0" 的狀態。又因此時 $IC1$ (CD4538) 爲可再觸發之單穩態多諧振盪器將使得觸發一次，V_{04} 就維持一段 T_1 的邏輯 "0"，使得有火災發生的時候，V_{04} 一直保持邏輯 "0"。則 D_6 OFF，才能確保 $IC3$ 可以正常動作。

　　偵測到真正有火災發生時，V_{05} 會送出一正脈波，加到 $IC2$ 的 $(+ \text{TR})$，使得 $IC2$ 的輸出得到一個寬度爲 T_2 的脈波，如果火災繼續下去，則 V_{05} 會再送出一個脈波，因 $IC2$ 是個可再觸發的單穩態，將使得 T_2 的時間繼續拉長。則相當於有火災發生後 V_{06} 會保持一段時間為邏輯 "1"。

(3) 　$IC3$：CD4017 是一個十進制計數器，且以 10 個輸出指示其計數的狀態。其接腳圖及動作時序圖，如圖 17-39 所示。

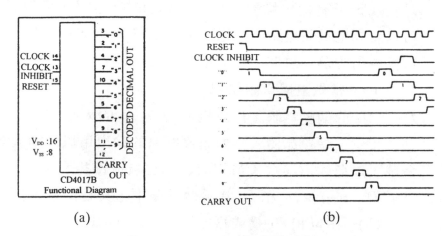

圖 17-39　CD4017 的動作資料

於圖 17-36 中，CD4017 的 Clock 是由 G_4 所提供，而 G_4 是把紫外線感測器的尖狀脈波反相，即相當於 CD4017 的 Clock 是由紫外線感測的尖狀脈波所提供。且目前 V_{05} 是由 CD4017 的 Q_3 所產生。而由圖 17-38 的圖 (b) 得知，CD4017 接收 3 個尖狀脈波後，Q_3 變成 H，D_5 ON 會使 CD4017 的 Reset $= H$，將使 CD4017 的 $Q_0 \sim Q_9$ 都變成 L。必須再等三個尖狀脈波才會再次使 $Q_3 = H$，也就是說，如果不是火災時，就沒有連續三個尖脈波，則 Q_3 永遠不會變成 H。而 $IC2$ 也不會被觸發，則 $IC2$ 的 V_{06} 就一直為 L，表示沒有火災發生。

(4) 　(R_9, C_6)，(R_{11}, C_7, C_8)：R_9 和 C_6 用以調整 $IC1$ 的延遲時間 T_1，R_{11} 和 C_7 用以調整 $IC2$ 的延遲時間 T_2，其中 $C_8(0.01 \mu F)$

是用來補償大電容 $C_7(10\mu F)$ 的高頻反應速度。

(5)　$(R_8，C_5)$：其目的乃在電源啟動時，讓 $IC1$ 和 $IC2$ 的 Reset 先保持一段時間為邏輯 0，相當於在電路正常動作以前，先做清除 (重置) 的工作。則 $V_{04} = \overline{Q_1} = H$，$D_6$ ON，$IC3$ 的 Reset＝H，$IC3$ 所有輸出均為 L，同時 V_{06} 的 $Q_2 = L$，所以 R_8，C_5 可以看成是這個電路的 " 電源啟動重置"(Power-Up Reset)，使電源啟動的那一瞬間，把系統清除為預備狀態。

(6)　R_6，R_7：當做阻尼電阻使用。

(7)　R_{12}：Q_2 的偏壓電阻，用以控制 Q_2，I_B 的大小。

(8)　Q_2：提供一個電晶體，當做集極開路的輸出用以驅動大電流的負載，以免因 $IC2$ 是 CMOS IC 輸出電流不夠大。

(9)　$(D_5，D_6，R_{10})$：D_5 和 D_6 在這個電路中，其動作有如 OR 閘。

(10)　$(R_1，C_1)$：用以和 G_1 構成振盪器，R_1，C_1 以決定振盪頻率。

(11)　C_2：耦合電容以隔離 G_1 和 G_2 的直流，避免影響振盪頻率也可以拿掉 C_2，只是頻率會略微偏移。

(12)　R_2：Q_1 的偏壓電阻，以決定 Q_1 的 I_B。

(13)　T：(1：30) 的升壓變壓器。

　　若把這個電路的方塊圖整理出來，並以各點波形分析其動作情形，將更容易了解。

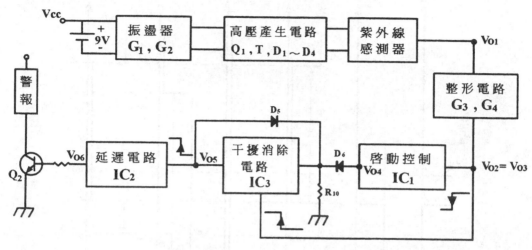

圖 17-40　火災偵測器之方塊圖

　　直流電源由 9V 的乾電池提供，經振盪器產生方波，並由 Q_1 驅動變壓器 T 的一次端，則經二次端升壓產生約 270V 的交流信號，再由 $D_1 \sim D_4$ 整流得到約 380V 的直流高壓給紫外線感測器使用。接著的動作分析，將以各點波形的變化說明之。

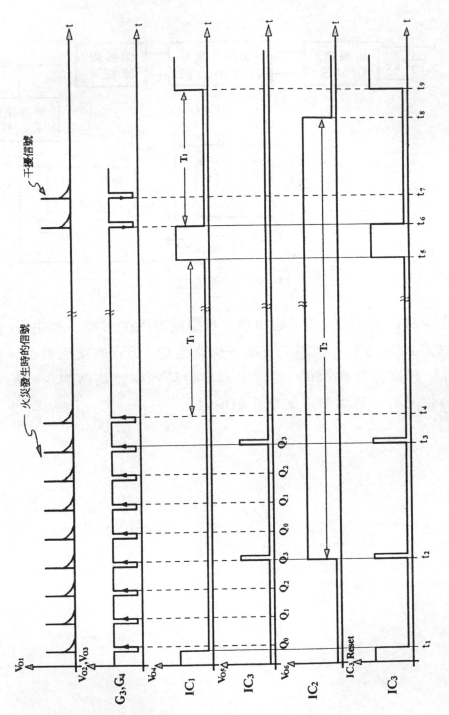

圖 17-41　各點波形分析

當火災發生時，紫外線感測器的輸出信號 V_{01} 將是一連串的尖狀脈波，經 G_3，G_4 反相整型後，得到 V_{02} 和 V_{03} 的負脈波。V_{02} 當做 $IC1$ 的觸發信號，V_{03} 當做 $IC3$ 的 Clock。其中 $IC1$ 和 $IC3$ 的輸出 V_{04} 和 V_{05} 經 D_5，D_6 做 OR 運算，得到 $IC3$ 的 Reset 信號，該 $IC3$ 的 Reset 信號為 H 時，會把 $IC3$ 計算器清除為 L，（即每次都從數目 0 開始算起），而 V_{05} 同時當做 $IC2$ 的觸發信號，使 $IC2$ 的輸出能得到寬度為 T_2 的時間延遲，達到確定為火災時，至少能讓 V_{06} 保持 T_2 的期間內，都為 H。使得 Q_2 ON 警報器最少會響 11sec.($R_{11} \times C_7 \approx$ 11sec.)。

我們將由 $t_1 \sim t_9$ 做更詳細的分析：

(1)　t_1 時：

G_3 的輸出 V_{02}，其後緣觸發 $IC1$ 的 $(- \text{TR})$ 使得，$IC1$ 的輸出 $\overline{Q_1}$，變成 L，並且會保持寬度的 T_1 時間。而當 V_{04} 為 L 時，D_6OFF，代表 $IC3$ 可以正常動作。

(2)　t_2 時：

當 $V_{04} = L$ 時，$IC3$ 正常計數，因目前是以 Q_3 當做 $IC3$ 的 Reset，代表計數器接收到第 4 個 Clock 時，$Q_3 = H$，即 $V_{05} = H$，此時 V_{05} 會做兩件事，其一為：觸發 IC_2 的 $(+ \text{IR})$，使得 $IC2$ 的輸出，V_{06} 會得到一個寬度為 T_2 的邏輯 "1"，便能使 Q_2 ON，則警報器將動作。其二為：V_{05} 經 D_5 加到 Reset，使得 $IC3$ 做重置的動作，將使得 $IC3$ CD4017 所有輸出都變成邏輯 "0"。則往後再來的 Clock，將使 $IC3$ 由 0 開始算起，一直到另一次 $Q_3 = H$。

(3)　t_3 時：

因 V_{01} 一直有尖狀脈波，即 $IC1$ 一直被觸發，則 V_{04} 的邏輯 "0"，一直以 T_1 的寬度向後延伸。使得 $IC3$ 也一直保持可以計數的狀態。在 t_3 時又是第二次得到 $Q_3 = H$。將再次觸發 $IC2$ ，使 $V_{06} = H$ 再往後延伸 T_2 的時間，也就是說，警報器會繼續叫一段時間 (約 11 秒)。

(4)　t_4 時：

代表此時已不再有尖狀脈波。

(5)　t_5 時：

從 t_4 到 t_5 ，代表 $IC1$ 的延遲時間 T_1 ，用以確保 $t_4 \sim t_5$ 之間 $IC3$ 也還能繼續計數。

(6)　t_6 時：

此時又有尖狀脈波，將使 $IC1$ 再被觸發，使得 $V_{04} = L$ ，則 $IC3$ 將從 0 開始計數。

(7)　t_7 時：

第二次尖狀脈波， $IC3$ 計數器接收到第二個 Clock。

(8)　t_8 時：

從 t_3 到 t_8 代表 T_2 的時間，到 t_8 時 $V_{06} = L$ 警報器 OFF。

(9)　t_9 時：

因只有兩個尖狀脈波 (相當於干擾信號)， $IC3$CD4017 計數只算了兩個 Clock，無法使 $Q_3 = H$ ，即 Q_3 一直為 L ，將無法再次觸發 $IC2$ ，一直到 t_9 時， $IC1$ 的 V_{04} 又恢復為邏輯 "H"。將使 D_6 ON，而把 $IC3$ 的輸出清除為 0。

　　從上述的分不難發現，必須有連續四個尖狀脈波，才被視為火災狀況。若背景的紫外線干擾較多。你可以用 Q_9 當做 V_{05} 如此一來則必須有 (0~ 9) 共拾個尖狀脈波，才被看成是火災狀況。所以 $IC3$ 可以看成是雜訊消除電路。

練習：

1. 若把尖狀脈波的頻率轉換成電壓時，將更容易加以控制請你回答下列問題。

　(1)　有那些 IC 可以把頻率的大小轉換成電壓的大小。 (F/V C)

　(2)　用你自己所找到的 F/V C(頻率對電壓轉換器)，做成馬達轉速計。

　(3)　用 F/V C 與紫外線感測器做成一套火災偵測系統。

第18章

音波感測及其
應用線路分析

　　物體的振動或聲帶的振動，將壓縮空氣而產生音波。我們聽得到的音波（聲音），其頻率在 20KHz 以下。而超過 20KHz 以上的音波。我們稱它為超音波，本章將分成聲音感測器及超音波感測器兩大類來說明音波感測的原理及其應用。

18-1　聲音感測器

　　偵測聲音（音波）的元件，都是以音波對空氣產生壓縮而造成膜片隨音波而相對振動，並牽引電場或磁場的變化，以得到相對的電壓輸出。然後再把輸出的電壓經前置放大與功率放大，去推動喇叭或蜂鳴器等負載，其方塊圖如圖 18-1。

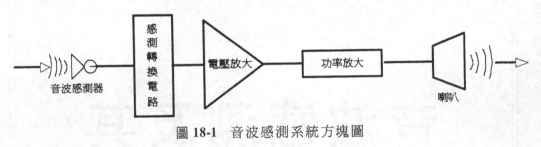

圖 18-1　音波感測系統方塊圖

　　目前常用於一般音響或電話機話筒上的聲音感測器，就是我們俗稱的 " 麥克風"(Micor-Phone) 。雖有多種類別，若依原理區分時，主要有兩種。其一為電容式麥克風，其二為動圈式麥克風。

1.　電容式麥克風

　　電容式麥克風的架構簡圖，如圖 18-2。它是於富彈性之膠質薄膜上蒸鍍極薄的金屬膜，當做電極之一，另一電極以金屬片固定於絕緣材料上，並使兩電極間的距離非常短，則電極間就構成一個空氣式的電容器。當膠質薄膜受到音波壓縮而振動時，相當於改變了電極間的距離，則其電容量亦將隨之變化。

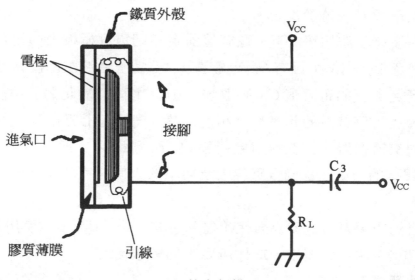

(a) 基本架構

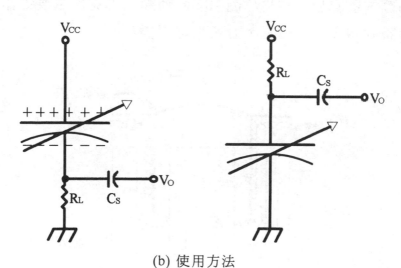

(b) 使用方法

圖 18-2　電容式麥克風及使用方法

圖 18-2(b) 把電容式麥克風畫成可變電容的符號，算是相當合適，

（它受音波而改變其電容量）。目前電容式麥克風與電阻 R_L 串聯，並以直流電源 V_{CC} 施於其上。

在沒有音波的情況下，電容值固定，則電容極板上的電荷沒有變化，理應 $V_O = 0V$（因有 C_S 隔離直流）。當有音波壓縮膠質薄膜時，電容麥克風上的電容值 C_P 將改變，則其電荷的變化將於 R_L 上產生壓降，並隨著音波的頻率和大小而改變，則 R_L 上將得到一個隨音波變化的交流信號，該交流信號將經 C_S 而得到 V_O，把 V_O 的交流信號依圖 18-1 的方式，送到電壓放大及功率放大使能完成音波信號的偵測與轉換。

目前市售電容式麥克風使用之 V_{CC} 約 3V～15V，所使用的 R_L 約 2K～30K。視原廠規定，或你所要求的靈敏度而定。

2. 動圈式麥克風

動圈式麥克風其結構如圖 18-3。動圈式麥克風主要工作原理為振動薄膜帶動線圈切割磁場，而產生電壓變化。

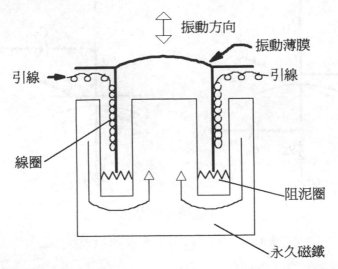

圖 18-3 動圈式麥克風結構

　　當有音波的時候，將造成振動膜上上下下的改變而牽引附於振動膜下面的微細線圈，造成線圈上下移動而切割磁場。則於磁電效應作用時，將於線圈上產生相對的電壓輸出。而達到把聲音轉換成電壓的目的。

　　因動圈式麥克風主要電流回路是微細線圈 (直徑 0.1mm 以下)，所以在使用的時候切忌直接加直流電壓。以免因電流太大而造成損壞。更不可逆向操作 (把麥克風當成喇叭，於線圈上加電)，將因振動膜過份變形而無法恢復或燒壞線圈。

　　當三用電表歐姆檔量測動圈式麥克風時，有如把麥克風當喇叭使用，你將聽到 " 卡卡 " 的聲音，表示線圈是好的。而最好使用 1KΩ 那一檔，避免使用 X1Ω 那檔，因 X1Ω 檔的電流太大了一點，而使線圈燒掉。

　　動圈式麥克風的輸出是隨音波而變化的交流電壓，只是該電壓很小，必須加以放大，並注意不要讓直流電流入線圈，其轉換電路如圖 18-4。

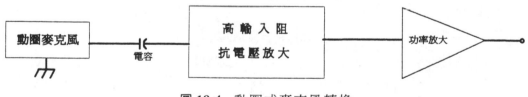

圖 18-4　動圈式麥克風轉換

　　圖 18-4 裡的電容器目的在確保動圈式麥克風不會有被直流電流入。高輸入阻抗電壓放大目的在減少對動圈式麥克風造成負載效應。

練習：

1. 拿一個電容式麥克風。完成一組擴音器。

2. 換成動圈式麥克風，完成一組擴音器。

18-2 超音波感測之認識

　　能夠被用在偵測 20KHz 以上之音波，或發射 20KHz 以上之音波的感測元件，大都被統稱爲超音波感測元件。所以在談超音波感測時，經常分爲超音波發射器及超音波接收器兩類。而若以使用方式來區分時，可概分爲如下四種。

1. 單一發射型

　　只使用超音波發射器產生 20KHz 以上之某一固定音波，可應用於熔接機，洗碗機……等大功率超音波振動設備。或超音波美容振動儀、超音波驅蚊、驅鼠器。如圖 18-5(a) 所示。

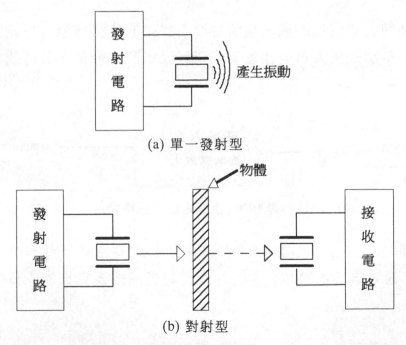

(a) 單一發射型

(b) 對射型

圖 18-5　超音波感測之應用組合

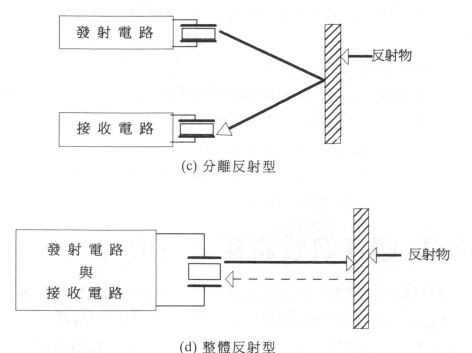

(c) 分離反射型

(d) 整體反射型

圖 **18-5** （續）

2.　對射型

　　如圖 18-5(b) 超音波發射器和接收器分別置於不同地方，若有物體置於兩者之間時，超音波將被擋住，則接收器將無法收到超音波信號，便能知道有物體進入或侵入。所以對射型可用於偵測物體之有無或安全防護。

3.　分離反射型

　　如圖 18-5(c) 超音波發射與接收器被擺在同一邊，發射出去的超音波若遇到物體將反射回來，則接收器便能收到超音波信號，用以表示有物體靠近，或是由超音波發射到被接收到的時間，計算距離的遠近。所以分離反射型可以用於偵測物體之有無，遠近或防盜……。許多電動門就是用超音波偵測有人進出而啓動馬達做自動門的開啓與關閉。

4.　整型反射型

接收與發射乃同一個包裝的超音波感測元件，與分離反射型的功用是一樣的。並且是以脈波方式驅動，然後接收回波信號 (ECHO) 之有無以判斷是否有反射物或計算其距離。

從圖 18-5 我們已經知道超音波感測可用於判斷物體有無及是否有物體接近，更可用於防盜、測距……。

18-3　超音波感測器之類別

目前超音波感測元件大都以壓電材料做成，用以做波之傳送及接收，已知概分發射器與接收器。實乃因爲壓電材料可加電氣信號而產生振動並發出超音波，反之超音波對空氣壓縮時的振動，加諸於壓電材料時，會產生電壓輸出。簡單說明爲：

(1)　超音波發射器

加 20KHz 以上某一固定頻率的交流信號於壓電材料之上時，該壓電材料將產生相對的振動，並發出一種人耳無法聽到的音波，此即超音波發射器。

(2)　超音波接收器

當壓電材料受到 20KHz 以上之某一特定頻率波動（超音波的波動壓力）時，壓電材料兩端會產生相同頻率的交流電壓輸出，此即超音波接收器。

而目前各廠家所開發的超音波感測器，大約可分爲下列數種，於使用時，請依你的需要選用適當的產品。

(1)　開放型 (Open Type)

如圖 18-6，其發射器和接收器之感測面由細網覆蓋，一般使用於室內或濕氣較低的場合。如 250STXXX，250SRXXX

(2)　密閉型 (Enclosed Type)

如圖 18-6，整個超音波感測器均被密閉封裝。適用於室外或環境較差的場合。如 400ETXXX，400ERXXX。

(3)　脈波傳送型 (Pulse Transit Type)

如圖 18-6，外表與一般開放型並無太大差別。但這種類型之超音波感測是屬發射與接收一體。主要是它具有很短的衰退時間 (Decay Time)，並使用脈波驅動。而所加的脈波電壓可達數拾甚致數百伏特。故能得到瞬間大功率的發射以進行達距離的傳送。如 400PTXXX，328PTXXX。

(4)　寬頻帶型 (Wide Bandwidth Type)

這類超音波感測器的頻寬較大，若中心頻率為 40KHz，其頻寬可達 ±5KHz，所以對中心頻率可能漂移較多的場合中，很適合使用寬頻帶型，以免超音波發射與接收因頻率漂移而失效。如 40WBXXX。

(5)　振盪內建型 (Buillt-in Crystal Type)

該類型的產品乃把超音波壓電材料與所需要的振盪電路做在一起，都屬發射器，只要加上直流電源，其內部振盪電路使能自動產生驅動信號，使壓電材料產生超音波之振動。是一種非常方便使用的產品。如 400CTXXX，328CTXXX。

(6)　高頻型 (High Frequency Type)

該類型頻率可高達 120KHz 或 210KHz。因頻率高，使得其指向性特別明顯。大約只在 ±10° 的範圍以內。

各類型之超音波感測器，均有其適用的場合，以符合不同的需求。所以不是隨便買一組超音波感測器，就什麼功用都想達到。

圖 18-6　各種超音波感測元件

18-4　超音波感測器之等效電路

雖然已經知道各種類之超音波感測器及其可能的使用方法與使用場合。但若不了解其等效電路也是無法設計相關的配合電路。所以本節將就超音波元件之等效電路詳加分析。

不論是超音波發射器或接收器，都是工作於某一特定的頻率。發射器乃振動出該特定頻率的超音波，而接收器亦針對該特定頻率有最大的靈敏度，並產生該特定頻率之交流信號輸出。故其等效電路與石英晶體振盪子或陶磁振盪子相似。如圖 18-7(a) 所示。其阻抗與頻率之關係如圖 18-7(b) 所示。則由一般振盪子得知，將有串聯諧振頻率 f_s 及並聯諧振頻率 f_p 之存在。但其頻率約如公式 18-1 所列。

公式 18-1：

$$
\begin{cases}
f_s \approx \dfrac{1}{2\pi\sqrt{L_s C_s}} & \text{……串聯諧振頻率} \\[2ex]
f_p \approx f_s(1 + \dfrac{C_s}{2C_p}) & \text{……並聯諧振頻率}
\end{cases}
$$

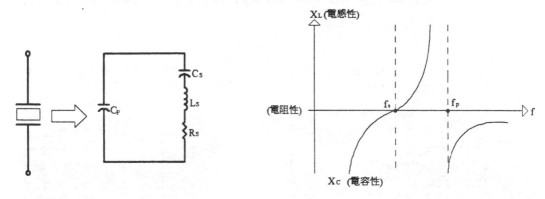

圖 18-7　超音波感測等效電路與阻抗特性

　　目前市售常用之超音波感測器的操作頻率大都為 25KHz 到 40KHz(也有達百 KHz 以上的產品)。若以 25KHz 的超音波感測器而言。已知它的等效結構是一個諧振電路，所以我們可以用振盪器產生 25KHz 的交流信號加於超音波感測器之上。以驅動超音波發射器，它將發出 25KHz 的音波。而接收器乃把所接收到的 25KHz 音波振動轉換成交流電壓輸出。好像不用在乎 f_s 或 f_p 的不同，但超音波感測器的 f_s 及 f_p 並不一樣，卻是不爭的事實。若發射器與接收器錯誤使用時（兩者對調使用），將造成效果不佳靈敏度太小，甚致無法使用。此乃因發射器與接收器有著不同的諧振點。事實上：

※發射器的操作頻率位於 f_s（串聯諧振頻率）。

※接收器的操作頻率位於 f_p（並聯諧振頻率）。

　　因為發射器乃被加入交流信號當驅動源，我們希望有最大能量產生，則其阻抗應該愈小愈好。於圖 18-7(b) 看到 f_s 時的阻抗最小，且是電阻性。反之接收器希望其端電壓愈大愈好，故頻率值應該位於並聯諧振點 f_p，以得到最大的阻抗。

18-5　超音波感測器阻抗特性曲線分析

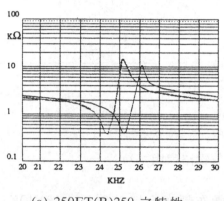

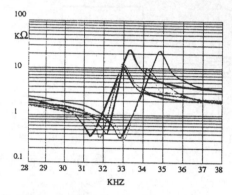

(a) 250ET(R)250 之特性　　　　　(b) 328ET(R)180, 250 之特性

圖 18-8　超音波感測器阻抗特性說明

圖 18-8(a) 中有兩條曲線，實線者為發射器的阻抗特性，虛線者為接收器的阻抗特性。它是 250ET250 及 250ER250 之超音波感測器，是工作在 25KHz 的產品。但你將發現，對發射器特性曲線（實線）而言，靠近 25KHz 的是該曲線的 f_s（串聯諧振頻率）。對接收器特性曲線（虛線）而言，位於 25KHz 的是該曲線的 f_p（並聯諧振頻率）。也就是說廠商於製造時已設計成發射器的 f_s =25KHz，接收器的 f_p =25KHz，使得：

發射器的 f_s ＝接收器的 f_p……（理想配對情況）

> ※ ※所以使用超音波感測器時，發射器與接收器
> 請勿對調※

練習：

1. 圖 18-7(a)，對超音波感測元件來說，C_P，C_S，L_S，R_S 分別代表是那些因素造成的？

2. 找一對 40KHz 的超音波感測器，並分析發射器及接收器的 f_s 和 f_p 各是多少？

18-6　靈敏度與音波壓力準位

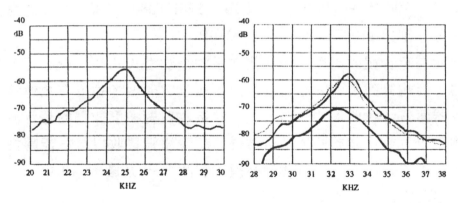

(a) 250ER250 之靈敏度　　　(b) 3278ER80, 180, 250 之靈敏度

圖 18-9　超音波接收器的靈敏度

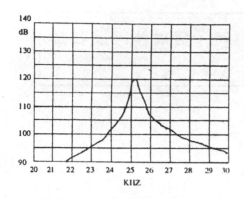
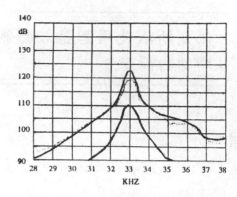

(a) 250ET250 之音波壓力準位　　　(b) 328ET80, 180, 250 之音波壓力準位

圖 18-10　超音波發射器之音波壓力準位

若單看圖 18-9 及圖 18-10 的特性曲線，只知道 250ETXXX 及 250ERXXX 的中心頻率為 25KHz。 328ER080，180，250 最大靈敏度分別為－70dB，－60dB 及－58dB，328ET080，180，250 之最大音壓準位分別為 110dB，119dB 及 123dB。

然而在超音波的應用中，我們在乎的是加多大的輸入驅動信號到發射器，能夠得到多強的超音波輸出。並且它能做多遠的有效傳送？對接收器而言，我們最想知道的是，該接收器對多麼微弱的超音波依然能夠接收，並且急於知道這麼微弱的超音波被接收以後，能轉換成多大的交流信號輸出。所以我們必須了解圖 18-9 及圖 18-10 中，垂直座標的 dB 值代表了什麼？

當廠商提供這些特性曲線和數據時，它一定有一個量測系統和量測的標準，才能訂出該產品相對的各項參數。我們將以斯闊公司 (S. Sqaure) 之產品來說明圖 18-9 和 18-10 的意義。

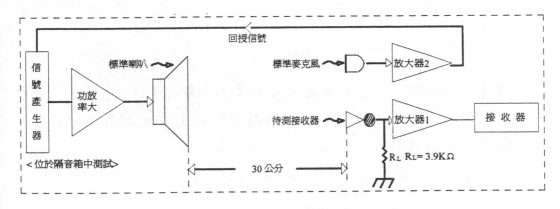

圖 18-11　測試靈敏度之系統架構

　　靈敏度之測試乃於隔音箱中進行，以免受干擾。信號產生器振盪的頻率被調在接收器的中心頻率。例如測 250ERXXX 時，則可訂 25KHz 為振盪頻率。然後將信號產生器的輸出經功率放大加於標準喇叭，使之產生相對的超音波發射。而標準麥克風所接收到的超音波經放大器 2 放大以後，回授到信號產生器，將達到自動位準控制的目的，使得測試時的驅動信號保持固定且穩定。則待測接收器所接收的超音波信號將維持固定。而將頻率改變，使能逐點測試各不同頻率所接收到的信號有何不同，如此逐點測試，才能繪出圖 18-9 靈敏度的特性曲線。

　　而標準參數中最重要的是：定義 0dB 為 1V/μBar，其意義為超音波接收到 1μBar (Bar 是壓力的單位) 時，若產生 1V 的輸出，則定為 0dB。以 250ER250 為例。在中心頻率時，其接收靈敏度為 − 56dB。[請看圖 10-9(a)]。則於測試時，接收器的輸出靈敏度應該多少呢？

$$-56\text{dB} = 20\log_{10}\frac{x}{1\text{V}/\mu\text{Bar}}, \quad -\frac{56}{20} = \log_{10}\frac{x}{1}$$

$$x = 10^{-\frac{56}{20}} \times 1\text{V}/\mu\text{Bar} = 1.585 \times 10^{-3}\text{V}/\mu\text{Bar}$$
$$= 1.585\text{mV}/\mu\text{Bar}$$

　　表示 250ER250 的最大靈敏度位於中心頻率 25KHz 的地方，且其值 1.585mV/μBar，意思是說該接收器再接到 1μBar 的音壓能產生 1.585mV 的輸出電壓。

　　若接收到的音波壓力為 20μBar 時，就有：

$$1.585mV/\mu\text{Bar} \times 20\mu\text{Bar} = 31.7mV$$

從上述的分析不難發現當接收到的音波壓力愈大時，其所轉換出來的輸出電壓也愈大。只是這些電壓幾乎是以 mV 為單位，必須加以放大才能符合實用階段的需求。

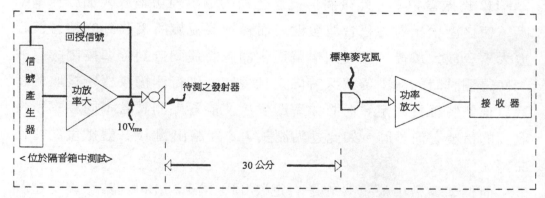

圖 18-12 測試發射音壓準位之系統架構

　　圖 10-12 音壓準位之量測，主要是信號產生器與功率放大器間由回授信號穩定功率放大之輸出電壓，並保持固定的 $10V_{rms}$，當然振盪頻率位於中心頻率 25KHz 時，將有最強的超音波被發射出去。而所訂定 0dB 的標準為：

輸入加 $10V_{rms}$ 的交流信號，於 30 公分處測得音壓爲 0.0002μBar 代表其音波壓力準位 (SPL) 爲 0dB。簡言之 0dB 爲：

$$0dB = 0.0002\mu\text{Bar} \quad 在 30 公分/10V_{rms}$$

以 250ET250 爲例，當頻率爲 25KHz 時，其 SPL 爲 120dB，表示加 $10V_{rms}$ 之 25KHz 交流信號給它時，於 30 公分的地方，會有 Y 的音壓。而 Y 的計算如下：

$$120dB = 20\log_{10}\left(\frac{Y}{0.0002\mu\text{Bar}}\right), \quad \frac{120}{20} = \log_{10}\left(\frac{Y}{0.002\mu\text{Bar}}\right)$$

$$Y = 10^6 \times 0.0002\mu\,\text{Bar} = 200\mu\,\text{Bar}$$

實例

250ET250 被以 $15V_{rms}$，頻率爲 25KHz 的交流信號驅動，試問在 2 公尺位置的接收器 250ER250 能得到多大的輸出電壓？

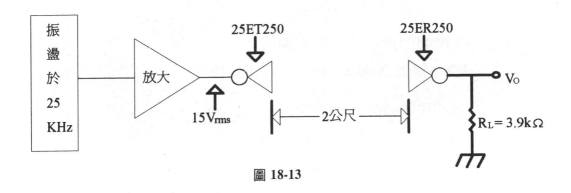

圖 18-13

——解析——

標準測試規格中，所加的驅動信號爲 $10V_{rms}$，目前所加的驅動信號爲 $15V_{rms}$，勢必增加發射能量。而測試的標準距離爲 30 公分，目前卻是兩公尺。則於 2 公尺地方所接收到的音壓一定會有所衰減。首先我們必須計算出在 2 公尺地方的音壓有多少，才能進一步算出接收器的輸出電壓有多少？

(1)　$15V_{rms}$ 所增加的音波壓力準位為 A_{dB}，則

$$A_{dB} = 20 \log_{10} \left(\frac{15}{10}\right) = 3.522 dB$$

(2)　2 公尺處音壓位準衰退量為 B_{dB}

$$B_{dB} = 20 \log_{10} \left(\frac{30 \text{ 公分}}{200 \text{ 公分}}\right) = -16.4 dB$$

(3)　2 公尺處實際的音壓位準為 T_{dB}

$$
\begin{aligned}
T_{dB} &= (\text{原測試標準值}) + (15 v_{rms} \text{的增加量}) \\
&\quad + (2 \text{ 公尺的衰退量}) \\
&= 120dB + 3.522dB + (-16.478dB) \\
&= 107.044dB
\end{aligned}
$$

(4)　107.044dB 相當於多少 μ Bar？

因標準定義為 0dB $= 0.0002 \mu Bar$，則

$$107.044dB = 20 \log_{10} \left(\frac{Z}{0.002 \mu \text{Bar}}\right)$$

$$
\begin{aligned}
Z &= (10^{\frac{107.044}{20}}) \times 0.0002 \mu \text{Bar} \\
&= 45.00 \mu \text{Bar} \cdots\cdots (2 \text{ 公尺處超音波之} \\
&\qquad\qquad\qquad\qquad \text{音波壓力})。
\end{aligned}
$$

(5)　接收器的靈敏度

250ER250 在中心頻率處的靈敏度為 -56dB。我們已算出其輸出電壓的靈敏度為 $1.585\text{mV}/\mu\text{Bar}$。

$$-56dB = 20\log_{10}\left(\frac{x}{1\text{V}/\mu\text{Bar}}\right),\ x = 1.585\text{mV}/\mu\text{Bar}$$

(6)　接收器的實際輸出電壓

從(4)計算得知，250ET250 加 $15V_{\text{rms}}$ 時，於 2 公尺處將有 45μBar 的音波壓力，正好被接收器接收，所以接收器的實際輸出電壓 V_O 為

$$V_O = 1.585mV/\mu\text{Bar} \times 45\mu\text{Bar} = 71.325mV$$

若想讓後接收到的信號能有 5V 的大小，勢必要把 71.325mV 加以放大，其放大率應設為 A_V

$$A_V = \frac{5000\text{mV}}{71.325\text{mV}} = 70.1倍$$

從上述實例的分析及計算中，我們就能充分了解圖 18-9 和圖 18-10，靈敏度和音波壓力準位特性曲線的重要及該曲線之實際含義，所以希望以後你不要直接問人家，這對超音波感測器能做多少距離的應用？因為

(1)　發射器其原本標準音波壓力準位特性外，所加的驅動信號大小不同時，有效的傳送距離就不一樣。

(2)　接收器有其一定的靈敏度，但若你本身所用的放大器，放大率不夠，或 S/N 比太差，也是無法符合你的需求。

當你想用超音波感測器時，若無法確定規格，你可求助廠商，但你必須告知：

(1)　你所用的電源電壓有多大？

⑵　最後輸出電壓要多大？

⑶　你想操作的距離有多遠？

如此廠商才能為你挑選適合的產品及提供你相關的電路及放大器的設計依據。但最好你能實際計算出你該有的規格直接向廠商訂購，更能贏得廠商對你專業能力的尊重，而不敢亂開價。所以下面練習，盼您真正算它一算。

練習：

1. 圖 10-9(a) 及圖 10-10(b) 中，若發射器與接收器分別使用 328ET180 及 328ER250，發射器使用乾電池 6V，兩者相距 3 公尺，試問 3 公尺處音波壓力是多少？接收器的輸出電壓有多大。在接收端想得到有 $3V_{rms}$ 的輸出時，接收端放大器應具備多大的放大率？

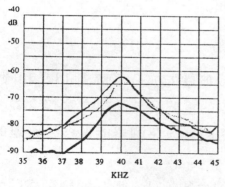 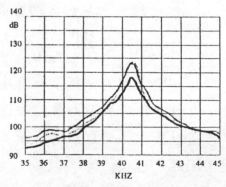

(a) 400ERXXX 接收靈敏度　　　　　(b) 400ET 音波壓力準位

圖 18-14　400ET/R 特性

2. 圖 18-14 中，使用 400ET250 及 400ER250 為發射器與接收器，若驅動發射器的電壓為 $12V_{rms}$，又兩者相距 2 公尺，試問

⑴　發射部份振盪電路的頻率應該調在多少 Hz？

⑵　2 公尺處的音波壓力有多大？

(3)　400ER250 接收端的輸出電壓為多少？(註負載 $R_L = 3.9\text{K}\Omega$)

(4)　盼接收端能有 $5V_{\text{rms}}$ 的輸出信號時，應做多少倍的放大器？

18-7　超音波感測器之指向性

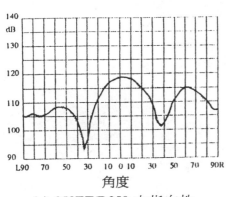

(a) 250ET/R250 之指向性

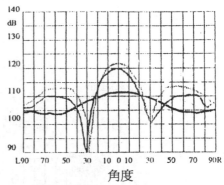

(b) 328ET/RXXX 之指向性

圖 18-15　指向性特性曲線之一

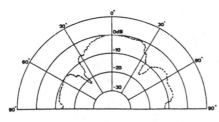

(a) 250ET/R250 之指向性

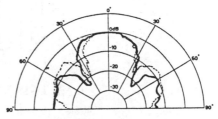

(b) 328ET/RXXX 之指向性

圖 18-16　指向性特性曲線之二

　　圖 18-15 及圖 18-16 為兩種不同的表示方法。但從圖中我們都可以看到當角度不同時，其靈敏度或音壓準位也不一樣。當發射器與接收器在同一直線上，相向操作時 (為 0°)，將得到最佳的結果，此乃因超音波感測器具有指向性。

　　使用於防盜系統和使用於距離量測之超音波感測器，對指向性的要求也勢必不一樣，所以除了操作頻率要正確以及發射器和接收器不應該對調以外，請也留意一下，你所需要的指向性如何？

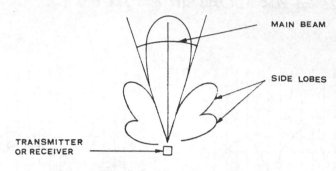

圖 18-17　指向性之模型

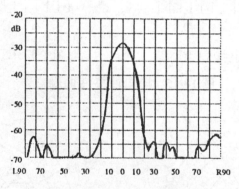

圖 18-18　120HF250 之指向性

　　圖 18-17 為一般超音波感測器具有指向性之通用模型。而圖 18-18 明白告訴我們頻率愈高 (120HF250 之中心頻率為 120KHz)，其指向性愈明顯。

18-8　影響超音波感測器性能之因素

　　超音波可於空氣中，或水中，或固體中傳送，只是其傳送速度不同。而發射器將因所加的驅動電壓不同，而產生強度不同的音壓，甚致因不同的驅動電壓，造成振動時，中心頻率的漂移。而溫度對電子線路的影響又無所不在，當然也會對超音波感測器造成不良的影響。而空氣中濕度所造成的不良影響也必須加以留意。再則接收器所加的負載，也會造成不同的結果。

　　我們將以下列各特性曲線來說明各種因素對超音波感測器的影響。用以提醒我們，使用或設計超音波感測器應用系統時，所必須留意的事項。

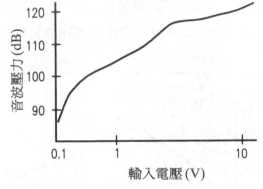

圖 **18-19**　驅動電壓與發射強度

　　圖 18-19 更具體的告訴我們，驅動電壓的大小，將決定發射器音壓準位的大小。而驅動電壓為振盪電路的輸出信號。此乃直接提醒我們，所用的電源電壓 (Power Supply Voltage) ，將決定驅動電壓的大小，相對的也掌控了超音波發射器的發射能量。所以在決定有多大的音波壓力時，必須考慮要用多大的 V_{CC}。

　　圖 18-20 發現在安全範圍 (20V 以下) 使用時，驅動電壓的大小，對中心頻率的影響很少，(除非使用到 20V 以上)，這項穩定的特性，使我們能很放心的增加其驅動電壓，以達較強的發射。

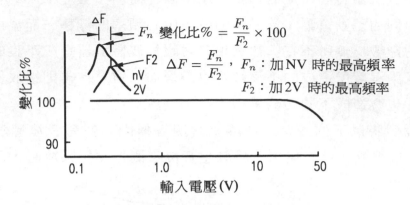

圖 18-20 驅動電壓對中心頻率的影響

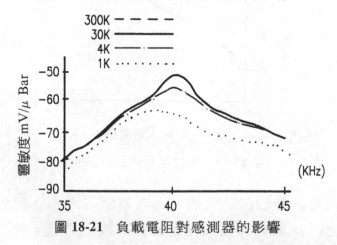

圖 18-21 負載電阻對感測器的影響

　　圖 18-21 指的是超音波接收器負載的大小，對感測器的影響。圖中看到阻值愈大，靈敏度愈好。但大阻值的負載，所產生的熱雜訊也較大，且易受其它雜訊干擾。圖中顯示 4KΩ～ 30KΩ 之間的負載電阻，其中以頻率並沒有太多漂移。使得常見到超音波接收電路大都使用 3.9KΩ～ 18KΩ 之間的負載電阻，一則具有足夠的靈敏度，再則避免因阻值太大而受雜訊干擾。

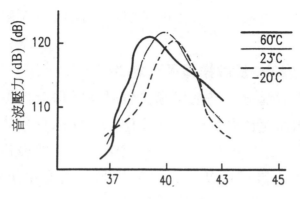

圖 18-22　溫度對超音波感測器的影響

　　從圖 18-22 發現溫度將造成中心頻率的漂移，溫度愈高，其中心頻率愈低，將因中心頻率的漂移，使得發射與接收對不上。此圖除了提醒我們，操作環境的溫度不要有太大的變動外，同時給我們一個啓示，若環境溫度有較大變化的情況存在時，應該選用寬頻帶型的產品，較能保證，縱有中心頻率的漂移也能正常的使用。

18-9　超音波發射器的轉換電路

　　不論對射型或反射型方式之使用，超音波感測器的轉換電路都應該分爲發射器的轉換電路（振盪器）及接收器的轉換電路（電壓放大器）。本節將先就發射器的轉換電路加以分析。

　　在做轉換電路的設計時，首先必須知道該超音波發射器的中心頻率（串聯諧振頻率 f_s）是多少？再則它的最大耐壓是多少？並且由所設訂的條件：在多少距離的地方，能有多大的音波壓力。以決定驅動電壓必須多大，相對的才能決定電路的電源電壓 V_{CC} 要用多大。然後才是考慮用什麼轉換電路。

因超音波感測器的等效電路已被視爲一種諧振器的結構。所以可以把超音波感測器看成是一個振盪子使用。因而可採用自激方式驅動或它激方式驅動。

1. 自激方式驅動＜當做振盪子看待＞

所謂自激方式驅動，乃把超音波發射器當做振盪電路的一部份，利用其等效之諧振電路的特性（如圖 18-7），使振盪器的振盪頻率位於串聯諧振點 (f_s)，此時頻率爲 f_s 的交流電壓就會激發超音波發射器的壓電材料，使得壓電材料以 f_s 的頻率振動，而產生頻率爲 f_s 的超音波，自激方式驅動電路，如圖 18-23。

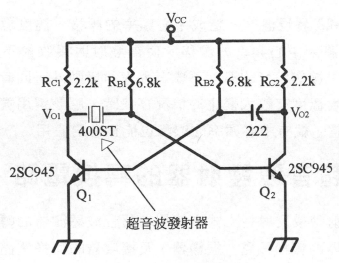

(a) 發射器隻自激驅動

圖 18-23　自激方式驅動……電晶體多諧振盪器

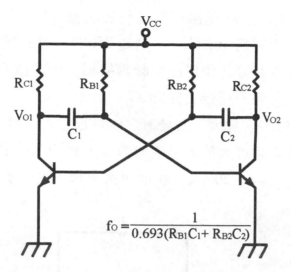

$$f_O = \frac{1}{0.693(R_{B1}C_1 + R_{B2}C_2)}$$

(b) 傳統電晶體多諧振盪器

圖 18-23　（續）

圖 18-23(a) 乃把超音波發射器的諧振電路，當電容性使用。則圖 (a) 的等效電路，就相當於圖 (b) 傳統電晶體多諧振盪器，其振盪頻率 f_o 為

$$f_o = \frac{1}{0.693(R_{B1}C_1 + R_{B2}C_2))}$$

以圖 (a) 而言，400ST 的中心頻率視為 40KHz，而廠訂電容值為 2500PF(1KHz)。當然我們所要的振盪頻率不是 1KHz。所以其電容值會有所偏差。但目前我們就以 2500PF 看成是 C_1 的大小。則振盪頻率 f_o 為

$$f_o = \frac{1}{0.693(6.8K \times 2500PF + 6.8K \times 2200PF)} \approx 44KHz$$

由此知道電路將振盪於 40KHz 附近。只要從 R_{B1}，R_{B2} 或 C_2 略做

調整，便能得到 40KHz 的振盪頻率。你可以用示波器觀看 V_{01} 或 V_{02}。你將發現 V_{01} 和 V_{02} 互為反相。你可設法調整 $(R_{B1}$，R_{B2} 或 $C_2)$，直到 V_{01}，或 V_{02} 的頻率為 40KHz。（若是 250ST，就應該定在 25KHz)。如此便能確定該發射器乃作用於串聯諧振點，就能讓 400ST 有最大的音壓位準，輸出最強的超音波振動。

　　圖 18-23 中的 V_{CC} 愈大，其發射之能量也愈大，然而你所用的 V_{CC} 切記一定不要超過其最大輸入電壓的限制。以 400ST 為其最大輸入電壓（驅動電壓）$V_{I(\max)} = 20V_{rms}$，故當使用 400ST 時，你的 V_{CC} 最好在 20V 以下。

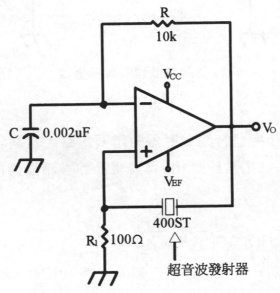

(a) OP Amp 自激電路

圖 18-24　自激方式驅動……OP Amp 方波產生

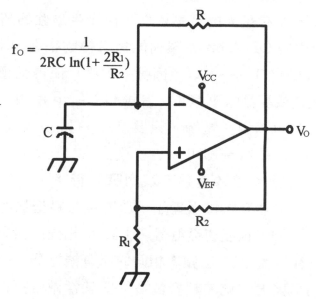

(b) OP Amp 方波產生電路

圖 18-24　（續）

　　圖 18-24(a) 的等效電路如圖 (b) 所示，爲一個 OP Amp 多諧振盪器電路（方波產生器）（參閱全華 2470，第八章），其振盪頻率 f_o 爲

$$f_o = \frac{1}{2RC \ln \left(1 + \dfrac{2R_1}{R_2} \right)}$$

就 400ST 而言，於串聯諧振點，有最小的阻抗約爲 $200\Omega \sim 350\Omega$ 左右，則圖 18-24 的振盪頻率約爲

$$\begin{cases} \dfrac{1}{2 \times 10K\Omega \times 0.002\mu F \times \ln(2)} < f_o < \dfrac{1}{2 \times 10K\Omega \times 0.002\mu F \times \ln(1.7)} \\ 36KHz \qquad\qquad\qquad\qquad\quad < f_o < \qquad\qquad\qquad\qquad\qquad 47KHz \end{cases}$$

則得知振盪頻率位於 40KHz 上下，故能設法調整 $R(10K\Omega)$ 的阻

值，使 V_O 得到 40KHz 的振盪頻率，將使 400ST 之發射頻率位於串聯諧振點 f_s，使其能有最大的音壓位準，而產生最強的超音波振動。

圖 18-24 中的 OP Amp 希望你能選用轉動率在 $10V/\mu s$ 以上的電壓比較器，如 LM311……。以免因轉率太小，使得反應速度不夠，而使頻率漂移或造成驅動電壓減小。其中 OP Amp 所用的電源電壓，可以是單電源，也可以用雙電源，只要 $(V_{CC} - V_{EE})$ 小於該產品之最大輸入量電壓 $V_{I(max)}$ 的限制即可。

2.　它激方式驅動＜當做是超音波喇叭看待＞

因超音波發射器及壓電振盪子，於壓電材料施加與串聯諧振頻率 f_s 相同的交流信號，也能使發射器產生與 f_s 相同的振動，因而發出超音波。所以各種能產生與 f_s 頻率相同的所有振盪器，都能拿來當做它激方式驅動的信號源。此時超音波發射器就當做各振盪電路的負載。因而可以把發射器看做是一個能發出超音波的喇叭。茲提供下列線路供你參考。

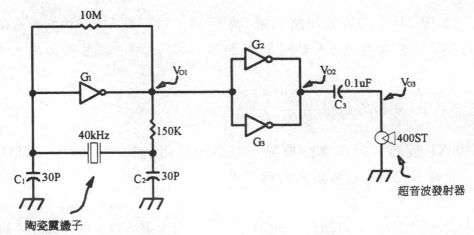

圖 18-25　40KHz 振盪器之驅動線路

圖 18-25 主要是以 40KHz 的陶磁振盪子與反相器 (G_1)，配合相關

的 R 和 C 組成振盪器，使得 V_{01} 具有 40KHz 的方波，並經並聯之 G_2 和 G_3 以提昇其驅動能力。使用 C_3 的目的爲隔離直流電壓，達到縱使振盪器不振盪，超音波感測器也不會被一直施加直流電壓。（若把 C_3 拿掉，它還是可以正常動作，試試看就知道了。）

　　圖 18-24 是以兩個 CMOS 閘 G_1 和 G_2 配合 R_1 和 C_1 組成邏輯閘的多諧振盪器，可調整 R_1 或 C_1 以校正其振盪頻率爲 40KHz，圖中 400ST 發射器並沒有接地，而是由 (G_3, G_4) 與 (G_5, G_6) 共同驅動，如此便能達到正半週與負半週都能有最大的驅動電壓。與圖 18-25 比較時，圖 18-26 具有更大的驅動能力。

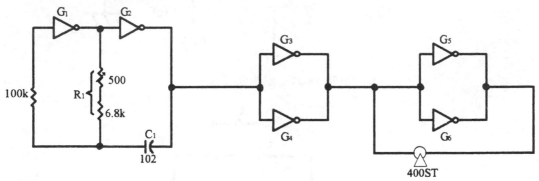

圖 18-26　CMOS 閘 R、C 振盪器之驅動線路

　　圖 18-27 及圖 18-28 是我們常見的線路，分別爲 555 振盪器和 OP Amp 方波產生器。其振盪頻率分別爲 f_{01} 和 f_{02}，公式分別爲

$$f_{01} = \frac{1}{0.693(R_A + 2R_B) \times G} \cdots\cdots \text{555 的振盪頻率}$$

$$f_{02} = \frac{1}{2RC \ln(1 + \dfrac{2R_1}{R_2})} \cdots\cdots \text{OP Amp 方波振盪頻率}$$

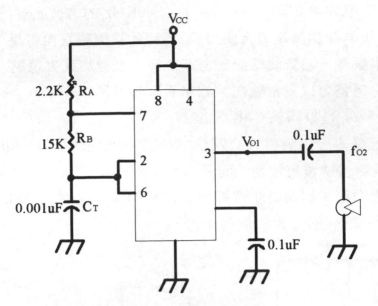

圖 18-27　振盪器之驅動

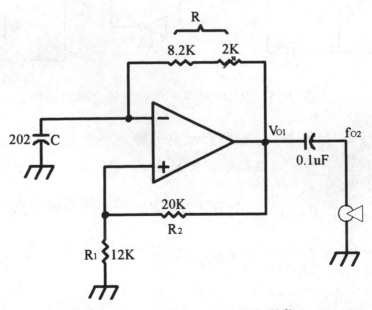

圖 18-28　OP Amp 方波振盪之驅動

所以你可以調整電阻或電容，就能得到你所想要的振盪頻率。綜合以上述自激方式和它激方式驅動的特性，整理成如下的要點：

⑴　不管自激或它激方式驅動，振盪器的頻率 f_o 必須被設定在發射器串聯諧振點 f_s，使得 $f_o = f_s$，並必須維持穩定的振盪，以避免中心頻率漂移。

⑵　自激方式的驅動，乃以超音波本身諧振特性決定振盪器的頻率，如圖 18-23 和圖 18-24。當做好調校以後，頻率的漂移量將很小。

⑶　它激式的振盪頻率乃由其它相關零件所決定，與發射器本身無關，發射器只依振盪頻率產生相對的超音波。若振盪器的頻率漂移，則發射器的效率將被大打折扣，它激方式的驅動，硬把超音波發射器當做喇叭使用，加什麼信號到喇叭，它就叫什麼聲意一樣。所以它激方式之驅動，必須要求其振盪器的穩定性。

⑷　爲避免因輸出驅動而對振盪器本身造成負載效應，可於振盪之後加以適當的放大，及提高其驅動級功率。

18-10　振盪電路之最大功率傳輸

雖然我們已經知道，提高驅動電壓能增加發射器的音波壓力準位 (SPL)，使超音波發射得更遠。然而若僅以提高驅動電壓並不代表振盪電路能提供最大的功率給發射器。我們應該應用最大功率傳輸的理念，達到最有效的驅動。

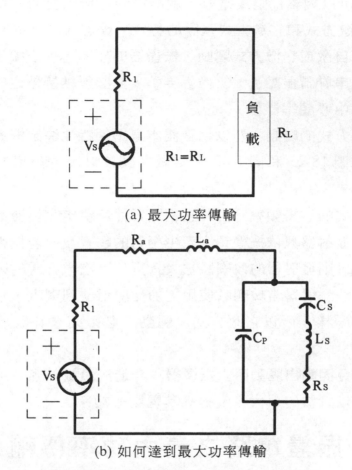

(a) 最大功率傳輸

(b) 如何達到最大功率傳輸

圖 18-29　超音波發射電路之最大功率傳輸

　　圖 18-29(a) 中當負載電阻與信號源 (v_s) 的內阻 (R_1) 相等時，v_s 能於 R_l 上產生最大的功率 $P_{L(\max)}$

$$P_{L(\max)} = \left(\frac{v_s}{R_1 + R_L}\right)^2 \times R_L$$

$$= \left(\frac{v_s}{2R_L}\right)^2 \times R_L \text{當 } R_1 = R_L \text{ 時，最大功率傳輸}$$

$$= \frac{1}{4}\frac{v_s^2}{R_l} \cdots\cdots 只能說效率達 25\%$$

　　對超音波發射器而言，若所加的 v_s 其頻率正好是串聯諧振點 f_s 的頻率時，我們希望超音波之產生完全由 C_S 和 L_S 來決定的話，就必須把 C_P 的影響減到最小，所以於驅動回路中加入 L_a 用以調諧 C_P，使得 $|X_{L_a}|=|X_{C_P}|$，便能得到不受 C_P 影響的串聯特性。又因驅動頻率等於 f_s，相當於達到 $|X_{L_S}|=|X_{C_S}|$，則串聯諧振部份應該只剩下純電阻 R_S。又驅動級一般為數位 IC 輸出級或電壓放大器的輸出級，其內阻都非常小。所以我們於驅動回路中加入 R_a 的電阻，若調整 R_a 使得 $(R_1 + R_a) = R_S$ 時，v_s 便能對發射器做最大功率傳輸，以得到最有效的驅動。茲整理各要件如下：

(1)　v_s 的頻率為發射器串聯諧振頻率 f_s，則 $|X_{L_S}|=|X_{C_S}|$。

(2)　L_a 用以調諧 C_P，並且 $|X_{L_a}|=|X_{C_P}|$。

(3)　$(R_1 + R_a) = R_S$，以達最大功率之傳輸。

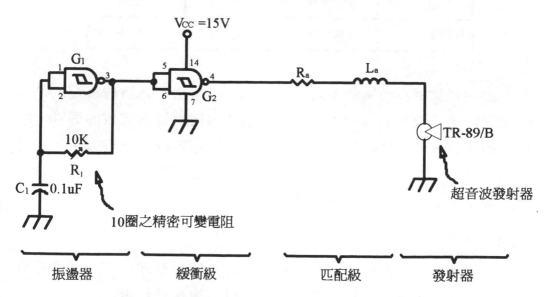

圖 **18-30**　最大功率傳輸之實例

① 振盪器：G_1，R_1，C_1 組成以史密特觸發邏輯閘為主的方波產生器，R_1 為精密可調電阻，用以設定不同的振盪頻率，使之能得到 23KHz，31KHz 和 40KHz。

② 緩衝級：G_2 只當反相器使用，避免由 G_1 直接驅動 TR-89/B 系列的超音波發射器，就能避免因負載效應，使得 G_1 的振盪頻率不穩定。

③ 匹配級：L_a 調諧等效電路中的 C_P，並使得該發射器於 f_s 的頻率下為純電阻性。R_a 的設定乃為得到最大的功率傳輸。

④ 發射器：TR-89/B 系列產品

表 18-1　R_a 和 L_a 的選用

型號TR-89/B	中心頻率	Ra	La
TYPE-23	23K±2K	620Ω	17mH
TYPE-31	31K±2K	510Ω	12mH
TYPE-40	40K±2K	620Ω	6.5mH

　　因超音波中心頻率的不同，使得 R_a 和 L_a 必須適當的修正。使得具有不同中心頻率的發射器，都能有最佳的使用及最有效的驅動。本節提醒我們，除了能動作以外，希望能把電路設計得更有效率。如圖 18-25～圖 18-28，你可於驅動回路中，加入最適當的 R_a 和 L_a，使你所設計的電路更具專業的考量。

練習：

1. 為了使超音波發射器之應用，更加順心，請你整理如下各條件的要求，並把各種線路，集中劃在一起，以方便隨手用。

(1)　繪電晶體產生方波的線路，並列出其頻率表示式。

(2)　繪 FET 產生方波的線路，並列出其頻率表示式。

(3)　繪 74123 產生方波的線路，並列出其頻率表示式。

(4)　繪 555 產生方波的線路，並列出其頻率表示式。

(5)　繪 OP Amp 產生方波的線路，並列出其頻率表示式。

(6)　繪 TTL IC 產生方波的線路，並列出其頻率表示式。

(7)　繪 CMOS IC 產生方波的線路，並列出其頻率表示式。

18-11　超音波接收器的轉換電路

　　當接收器的壓電材料感受到發射器所發出來的超音波波動時，壓電材料的兩端會產生一微小的電壓。代表超音波接收器已經是一受到物理量變化而產生電壓變化的感測元件，所以對接收器而言，不必做任何的轉換，只要把微小的輸出電壓加以放大即可。

　　超音波感測之應用乃操作於固定頻率，是故中心頻率以外的其它音波信號，對該系統而言，可視為是干擾雜訊。故可於接收電路中以 LC 諧振當輸出或加一級帶通濾波器 (Band-Pass-Filter)，以濾除中心頻率以外被視為雜訊的任何信號。所以完整的接收器電路方塊，會如圖 18-31 所示。（亦可放大器與濾波器兩者位置互調的方式處理）。

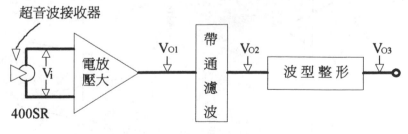

圖 18-31　超音波接收器之電路方塊

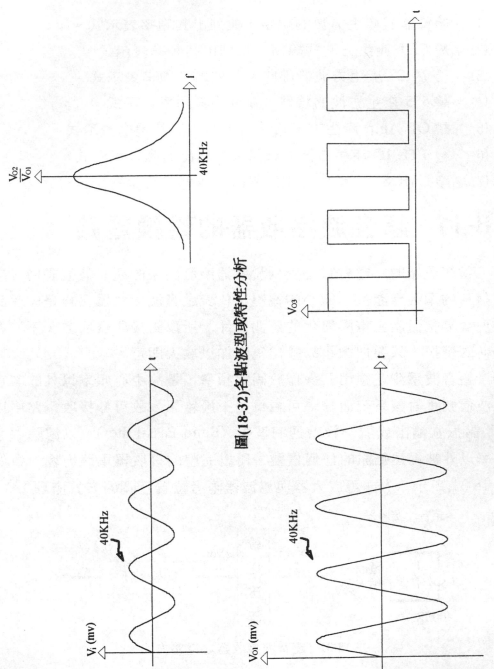

圖(18-32)各點波型或特性分析

圖 18-32 各點波形或特性分析

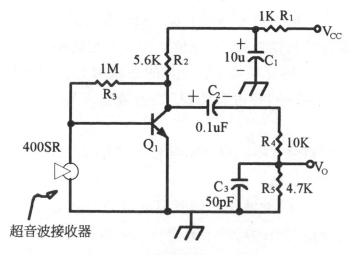

(a) 電阻負載

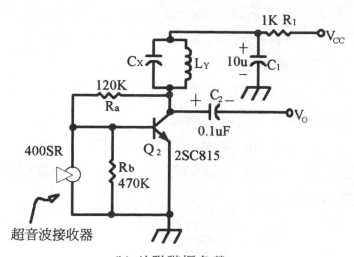

(b) 並聯諧振負載

圖 **18-33**　電晶體接收電路

圖 18-33(a) 各元件的功用：

(1)　Q_1，R_2，R_3：構成簡易的共射極放大器，其中 R_2 是 Q_1 的負

載，R_3 是 Q_1 的偏壓電阻。因主要乃針對 40KHz 放大，頻率不高，一般普通的 NPN(或 PNP) 電晶體都能使用。使用不同的電晶體只要把 R_3 的阻值改變一下也能動作。

(2)　R_1，C_1：為反耦合電路，目的在減少 V_{CC} 的高頻干擾跑到 Q_1 放大器中，同時也避免 Q_1 的信號進入 V_{CC}，而干擾到其它各級。

(3)　C_2：為耦合電容，用以隔離 Q_1 工作點的直流偏壓，使得 V_O 得到純交流信號。

(4)　R_4，R_5，C_3：構成一個簡單的低通濾波器，並且 R_4，R_5 也具有分壓電阻的功用，改變彼此阻值將可調整 V_O 的大小。C_3 用以濾除大於 40KHz 以上的高頻干擾。

若 V_O 太小，則於其後再加一級或數級放大器，使得接收電路最後的輸出電壓，能夠符合你的需求。

圖 18-33(b) **各元件的功用：**

(1)　R_a，R_b：Q_2 的偏壓電阻。當更換電晶體時，只要修改這兩個電阻，使能正常地使用該電路。

(2)　C_X，L_Y：C_X 和 L_Y 構成並聯諧振電路，並且使其諧振頻率等於超音波接收器的中心頻率。目前為 400SRXXX，其中心頻率為 40KHz，即

$$40\text{KHz} = \frac{1}{2\pi\sqrt{L_Y C_X}}$$

當接收到 40KHz 的超音波信號時，將使並聯諧振電路具有最高的阻抗，相當於此時 $(f = 40\text{KHz})$ ，電晶體具有最大的負載電阻，同時也代表此時電晶體的放大率最大。如此一來將使並聯諧振電路 (C_X, L_Y) 具有帶通濾波的效果。意味著：有 C_X

和 L_Y 時，Q_1 將只放大 40KHz 的信號。

(3)　(R_1, C_1)，(C_2)：和圖 18-33(a) 中相同元件具有同樣的功用。不再重複說明了。

　　圖 18-33 只繪一級電晶體放大，事實上並不足以承擔超音波接收器使用。因我們已看到接收器所得到的電壓都非常小，往往要放大數百倍，數仟倍，甚致數萬倍，才能得到實用的輸出。然而放大倍數的大小，必須取決於(1)發射器的音壓位準。（事實上是驅動電壓的大小）。(2)距離的遠近，(3)接收器的靈敏度，(4)你所需要的輸出電壓。

　　提出這些說明其目的乃：只要第一級能有效地接收超音波信號，往後各級要放大多少，只剩調放大率的工作而已，就變得比較容易。且要用那種放大器也是你高興就好。完整的接收電路，我們將於超音波應用線路分析時再詳細說明之。

　　圖 18-34(a) 乃使用單電源操作之 **OP Amp** 反相放大器做爲接收器的放大電路。因該反相放大器的輸入阻抗 R_i 大約等於 R_1。目前超音波接收器的負載電阻就是 R_1 了。所以 R_1 的阻值不能太小，以免造成接收靈敏度下降及中心頻率漂移的現象，如圖 18-21 所示。所以我們選用 $R_1 = 3.9\text{K}\Omega$。（有關圖 (a) 之線路與分析請參閱全華 2470，第二章）。

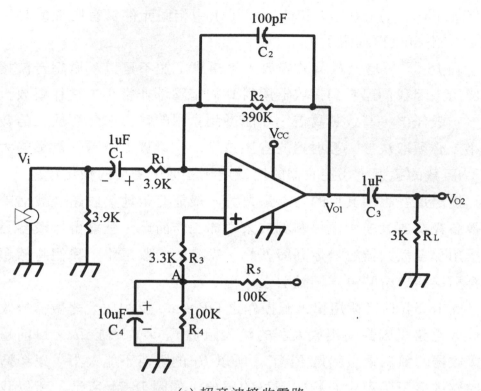

(a) 超音波接收電路

圖 18-34　OP Amp 接收電路

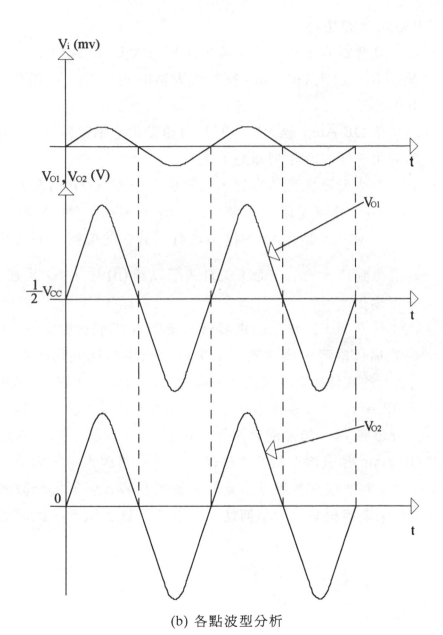

(b) 各點波型分析

圖 18-34 （續）

圖 18-34 **各元件的功用：**

(1)　C_1：耦合電容，確保單電源電路只放大交流信號。

(2)　R_1，R_2：決定 OP Amp 反相放大器的放大率。目前放大率為 100 倍。

(3)　C_2：使 OP Amp 放大器同時具有積分器（相當於低通濾波器）的效果，便能濾除高頻的干擾。

(4)　R_3：減少偏壓電流的影響，其阻值…… $R_3 = (R_1 // R_2)$。

(5)　R_4，R_5：分壓電阻，目前 $R_4 = R_5 = 100K$，則 A 點將得到 $\frac{1}{2}V_{CC}$，使得 OP Amp 的輸出具有 $\frac{1}{2}V_{CC}$ 的偏壓。則正負半波均能得到最大的輸出而不失真。所以圖 (b) 中，v_{01} 是在 $\frac{1}{2}V_{CC}$ 上下變化。

(6)　C_4：是一個平滑作用的電容器，確保 A 點能有穩定的 $\frac{1}{2}V_{CC}$。

(7)　C_3：耦合電容，讓被放大 100 倍的交流信號通過，卻隔離了 $\frac{1}{2}V_{CC}$ 的直流電壓。使得 v_{02} 爲純交流信號。如圖 (b) 所示。

　　當以 OP Amp 當做接收器的放大電路時，希望你能選用頻寬足夠大的 OP Amp 使用。最好能夠避免一個 OP Amp 就一次放大好幾百倍。因 OP Amp 頻寬與增益的乘積是一定的。當放大率太大時，勢必要犧牲頻寬，將造成許多不易察覺的困擾或故障。若能每一級放大數拾倍最恰當，多用幾級放大又何妨，一樣能夠達到數千、數萬倍的放大。

第 19 章

各種 ON-OFF
感測開關

　　所有電氣系統中，ON-OFF 控制用的開關被使用得最多。除了一般手動開關當做電源 ON-OFF 的控制外，許多與各種感測元件配合而組成的感測開關，已經被廣泛的使用於各種自動化控制的場合中。例如

近接開關：用於物體接近的偵測，當物體接近到一定距離時，將有 ON-OFF 的開關動作。它有電磁式，靜電電容式，磁力式及光電式等近接開關。

溫度開關：用於溫度的偵測，當溫度達到所設定的上限或溫度超過額定溫度時，就能進行 ON-OFF 動作，達到切斷電源的目的。

光電開關：大都用於較長距離的場合，以偵測物體的有無。可概分為對射式及反射式兩種。

電流開關：用於偵測電流的大小，當使用電流超出開關的額定容許時，它會自動切斷電源，以免造成電線走火。

　　尚有其它種種使用於感測系統中的開關，如磁簧開關，水銀開關，微動開關……。我們將於本章中逐一說明其動作原理和使用與應用的方法。

19-1　感測開關的可能架構

　　在感測開關中，除了由物理量（溫度、壓力、磁力……）直接使開關接點動作的元件外，大部份配合感測元件而做成的感測開關，都將有如圖 19-1 的電路架構。由感測元件配合適當的轉換電路及輸出裝置，共同組成一種很方便使用的控制元件。

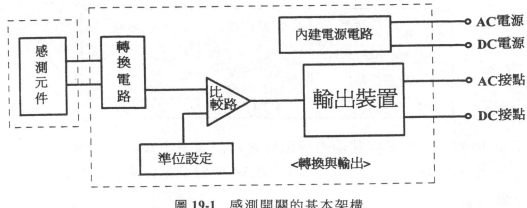

圖 19-1　感測開關的基本架構

　　圖 19-1 是一般感測開關的基本架構，有把（感測元件）與（轉換與輸出）兩部份包裝在一起的整體型，及兩部份各別包裝的分離型。但不管是那一型，都由感測元件偵測物理量的變化，然後經轉換電路，轉換成適的電壓或電流，並和準位設定（設定物理量的大小）做比較。當物理量超過準位設定所設定的值時，比較器的輸出將啟動輸出裝置，達到 ON-OFF 控制的目的。

　　在目前的感測開關中，因積體電路技術的提昇，大部份都把電源電路內建於開關之內，以提供穩定的工作電壓。而不同產品將有不同的設計，有的必須提供直流電源 (DC POWER)。有的可以直接加交流電源 (AC POWER)，當視產品的規格而定。

　　至於輸出裝置中，大約可分為如下數種類別（表 19-1 所列），故於使用時必須注意它所提供的是直流或交流控制開關。更重要的是必須小心看清楚感測開關的接點容量。所謂接點容量，乃指感測開關輸出裝置所能承受的耐壓和電流。千萬不可超負荷使用。

表 19-1　輸出接點類別與容量

類　別 ＼ 接點容量	電壓規格	電流規格
電晶體,FET	$V_{CE0(max)} = 30V$	$I_{C(max)} = 200mA$
金屬接點	AC 250V DC 200V	AC 15A DC 10A
矽控管	AC 110V	AC 20A

※※ 例如某一溫度開關輸出接點容量為耐壓 AC 250V，電流 3A，而你把它拿來控制 AC 110V， 600W 的電熱器將有何後果呢？

【解：】

　　雖然 AC 250V 已達耐壓的安全範圍，但 600W 的功率，必須流過約 6A 左右的電流，遠大於接點容量 3A 的限制，將使感測開關燒毀，造成接點熔化，而無法達到超溫斷電的功能。甚致可能因而電線走火，發生火災。一般選用接點容量的要求，大都採安全係數 1.5 倍。即 AC 110V， 600W 的電器，其電流要求為 6A × 1.5＝ 9A。所以可以選用接點容量為 AC 250V， 10A 的溫度開關使用。

19-2　不同類型的輸出接點

19-2-1　電晶體輸出

　　電晶體輸出的感測開關，是一種直流動作的類型。大部份都是於開關的輸出端提供一個集極開路的電晶體，當做輸出開關，如圖 19-2 有 NPN、 PNP 及直流兩線式參種。

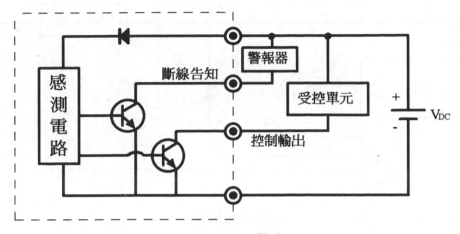

(a) NPN 輸出

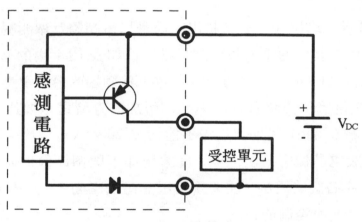

(b) PNP 輸出

圖 19-2　電晶體輸出的種類

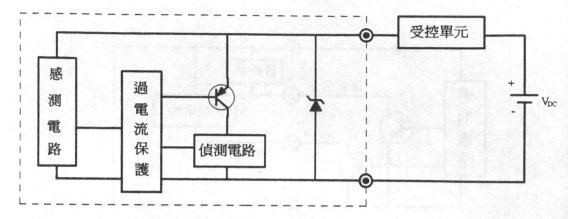

(c) 直流兩線式

圖 19-2 （續）

　　不管 NPN、 PNP 或兩線式輸出，都是以電晶體當做開關，所以其接點容量乃以電晶體的電氣規格來制訂。例如表 19-1 中的 $V_{CE0(max)} = 30V$， $I_{C(max)} = 200mA$。意思是說：加在 CE 兩端的最大電壓不要超過 30V，流過的電流不要超過 200mA。即所加的直流電源要比 30V 小，且所用的負載 (Load) 其工作電流不能大於 200mA。其接線及使用方法，就和一般電晶體的用法一樣。僅繪出如下數個範例供你參考。

　　圖 19-3 中各圖的用法，主要是用電晶體去驅動各式各樣的負載，而達到信號傳遞與控制的目的。

　　圖 (a) 和圖 (b)：是驅動 LED，用以指示感測開關所偵測的結果。

　　圖 (c)：驅動一般電磁鐵式的繼電器，乃金屬接點，故可控制 AC或 DC 的負載。（ 有關繼電器於 19-3 詳細說明之。）

　　圖 (d)：驅動 SSR(固態繼電器)，大部份 SSR 以 AC 控制為主。詳細用法請參閱第十五章、 SSR 的部份。

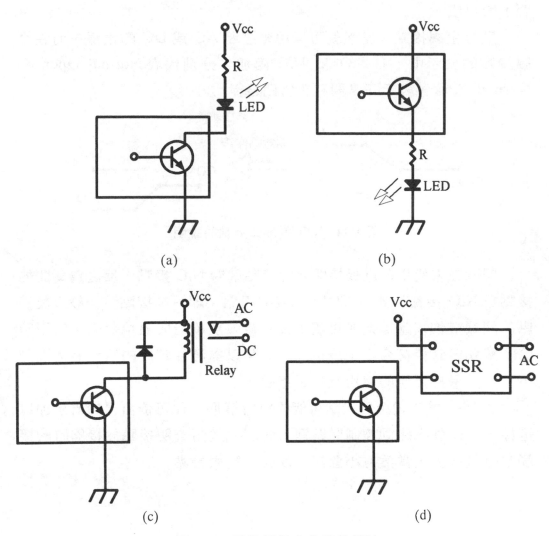

圖 19-3　電晶體輸出負載的接法

19-2-2　金屬接點輸出

　　感測開關的輸出若是金屬接點，則大部份乃把圖 19-3(c) 的繼電器與感測電路都做在一起，或搭配體積更小的磁簧開關（於 19-3-2 說明）所組成。

　　既是金屬接點，當然就可以用來控制 AC 或 DC 的電源，而在金屬接點的表示中，有 N.O 和 N.C 兩種，分別代表 Normal Open 和 Normal Close，表示正常開和正常閉合。

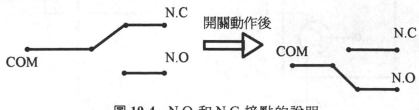

圖 19-4　N.O 和 N.C 接點的說明

　　開關在未使用前就保持閉合的接點就叫 N.C 接點，反之為斷開的接點為 N.O 接點。其中 COM 代表共用點，即活動接點。一般金屬接點的開關最怕灰塵等造成接觸不良及電弧現象造成熱熔氧化。使用時除了接點容量要符合安全規格外，經常以揮發性較好的清潔液清洗一下，將其保持更佳的使用及延長年限。

　　圖 19-5 為各式金屬接點可能的組合情形，你可依自己的需求加以選擇，將使許多連動控制問題迎刃而解。並請查明接點於接觸時的接觸電阻是多少，當然愈小愈好，或要求純銀接點。

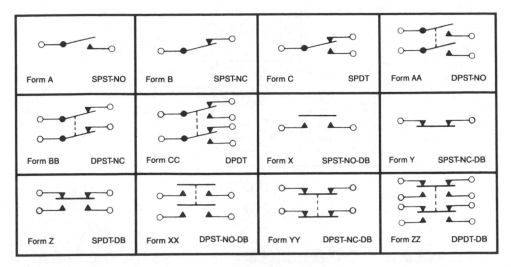

圖 19-5　各式金屬接點組合情形

19-2-3　矽控管輸出

　　感測開關的輸出若是矽控管時，大部份是以 SCR 或 TRIAC 兩種工業電子元件當作輸出裝置，用以控制 AC 負載的 ON-OFF。其架構如圖 19-6

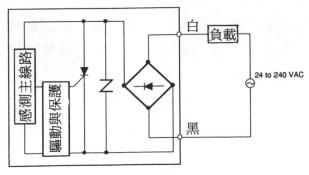

(a) SCR 輸出

圖 19-6　矽控管輸出部份

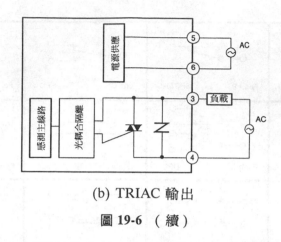

(b) TRIAC 輸出

圖 19-6 （續）

也就是說使用矽控管當輸出裝置的感測開關，可以直接控制 AC
110V 或 AC 220V 等交流負載。只要查明其接點容量中的電壓規格和
電流規格各為多少，就能很方便的使用。

19-3 電磁鐵式繼電器

電磁鐵式繼電器及磁簧開關都是以磁力控制金屬接點的 ON-OFF。
在各種控制系統中，它們是最常被使用的控制元件。既是金屬接點的
開關，所以它們能用來控制交流或直流負載。本節將先就電磁鐵式繼
電器（一般俗稱繼電器）加以說明，下一單元再談磁簧開關。圖 19-7
為各式繼電器的實物圖。

圖 19-7　各種繼電器

　　繼電器和磁簧開關都是由磁力控制金屬接點的 ON-OFF。所以產生磁力的單元和金屬接點並沒有任何的接觸。因而可以達到電源隔離的效果。從圖 19-8 繼電器的基本結構圖，就能很清楚地看到產生磁力的線圈，其電源和金屬接點彼此完全隔開。它乃由線圈通過電流產生磁場，吸住導磁材料，並帶動金屬接點，達到 ON-OFF 控制的目的。

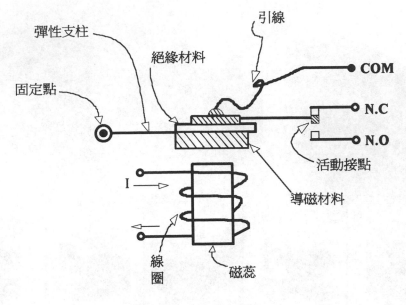

(a) 基本架構

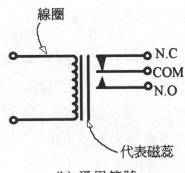

(b) 通用符號

圖 19-8　繼電器基本架構及符號

在沒有加電流給線圈的情況下，$(I = 0)$，線圈不會產生磁場，則活動接點被彈性支柱往上頂，因而在 $(I = 0)$ 的情況下，共用接點 (COM) 和 N.C 接點接觸，N.O 接點則斷開。

　　當加線圈所規定的電壓時，於線圈上將產生電流 I，並使之產生磁場，而吸住導磁材料，同時活動接點被往下拉，使得 N.C 接點變成斷開，且 COM 和 N.O 接點互相連接，達到 ON-OFF 控制的動作。

　　繼電器的線圈，將因製造廠商不同而提供不同電壓規格，有直流驅動和交流驅動兩大類。交流驅動者，目前大都針對 AC 110V 和 AC220V，而直流驅動者，就有各種不同的電壓規格。常見的有 3V，5V，6V，9V，12V，24V，48V。也就是說，使用繼電器的時候，除了要知道接點的容量外，還要清楚線圈的額定工作電壓是多少。最好也能知道線圈的工作電流有多大。

實例

　　若你想把微電腦的輸出去控制 AC 110V，3A 的交流負載，而又選用繼電器當控制開關，應該如何處理呢？

—— 解析 ——

(1)　繼電器的工作電壓該爲多少呢？
　　因微電腦 I/O 的輸出乃以 5V 的 TTL 爲主，所以繼電器該選用直流驅動，且額定工作電壓爲 5V 最好。

(2)　接點容量要用多大的？
　　因交流負載會使用到 3A，在安全係數 1.5 倍的要求下，必須選用 3A × 1.5＝ 4.5A 以上。所以可選用線圈工作電壓爲 DC 5V；接點容量爲 AC 110V，5A 的繼電器來使用。

(3)　是否需要增加微電腦 I/O 的驅動能力？
　　一般微電腦的輸出能一次驅動 5 個 TTL 負載，已經很不容易。但 5 個 TTL 的輸出電流也只不過 10mA 左右。這麼小的電流將不足以驅動繼電器的線圈。因大部份繼電器線圈的工作電流約在數拾 mA 到數百 mA。若直接由微電腦去驅動，將導致驅動能力不足，甚至因電流太大，而把微電腦燒毀，則此時，你必須增加驅動電路，以減少微電腦的負擔。

常用的方法，乃以電晶體做電流放大，或以達靈頓電晶體對為之。

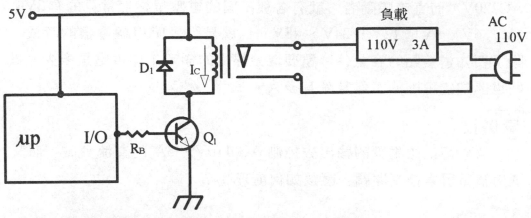

圖 19-9　以電晶體增加驅動能力

技巧

若你手上有一個繼電器，它只標明 AC 110V，5A，其它資料都看不清楚了，你要如何使用這個繼電器？

——解答——

(1)　先確定各接腳的功用

首先用三用電表，撥在歐姆 (Ω) 檔，然後測量相互兩腳的阻值，你會量到三種狀況，0Ω 時代表 COM 和 N.C 接點，∞Ω 時代表 N.O 接點，數拾 Ω 到數百 Ω 時代表目前所測的兩支接腳為線圈的兩個輸入。

(2)　該繼電器的工作電壓爲多少伏特？

　　把線圈的兩個輸入點，接在 DC 電源供應器上，並從 0V 開始把電壓往上調，當聽到 "嘀嗒" 一聲或看到接點已往另一邊動，則表示該繼電器已經能夠動作。此時的電壓可視爲其最小的工作電壓。而一般繼電器的工作電壓往往比最小工作電壓大上 3V 左右，都還無所謂，只是較大的工作電壓，將使流經繼電器線圈的電流變大。

　　若該繼電器於 5V 時，就能動作，則可訂其工作電壓爲 5V，同時看看工作電流是多少 mA，若假設線圈的電流爲 50mA，那麼圖 19-9Q_1 的 $I_{C(\max)}$ 最好是 50mA×1.5＝75mA 以上。一般小電晶體 $I_{C(\max)}$ 大都有 100mA 以上，所以將很方便的得到所要的 Q_1，圖中的 D_1 主要目的在於保護電晶體 Q_1，以免因線圈於斷電時，因電感效應而於線圈兩端產生極大的反電動勢。

　　若 Q_1 的 $\beta = 100$，因 $I_C = 50mA$，所以 $I_{B(min)} = \dfrac{I_C}{\beta} = \dfrac{50mA}{100} = 0.5mA$，也就是說只要 $I_B > 0.5mA$，就能使 I_C 達到 50mA 的要求。所以

$$I_B = \frac{V_O - V_{BE}}{R_B} > I_{B(min)} = 0.5mA$$

因 Q_1 要飽和，則 V_{BE} 可訂爲 0.8V，而 V_O 是數位邏輯 1 的電壓 V_{OH}，大都希望 $V_{OH} > 3.6V$ 以上，則 R_B 必須小於

$$R_B < \frac{V_{OH} - V_{BE}}{I_{B(min)}} = \frac{3.6V - 0.8V}{0.5mA} = 5.6K\Omega$$

故可以選用 $R_B = 5.6K\Omega$ 或 $R_B = 5.1K\Omega$，以確保輸出電流達 50mA。但 R_B 也不要太小，以免增加微電腦輸出電流的負擔。

練習：

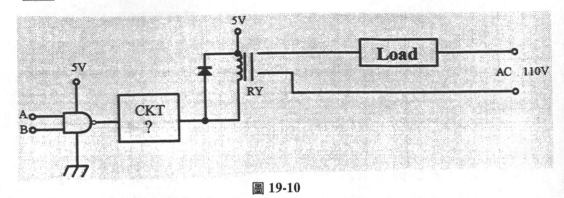

圖 19-10

1. NAND 的電氣規格為 $V_{OH} = 3.6V$，$I_{OH} = -400\mu A$，$V_{OL} = 0.2V$，$I_{OL} = 10mA$，繼電器線圈的工作電壓為 DC 5V，工作電流為 50mA

(1) 若 A 或 B = 0 時，希望繼電器 RY 動作，CKT 應如何處理？

(2) 若 A = B = 1 時，也希望 RY 動作，則 CKT 應如何設計？

(3) 說明 D_1 的功用，並分析為什麼 D_1 有你所說的功用。

2. 搜集三種不同的感測開關，並規劃其應用。

19-4 磁簧開關

　　磁簧開關是由磁場產生器和磁簧管所組成。磁場產生器可以是線圈通過電流所產生的磁場，也可以是永久磁鐵所產生的磁場。

　　磁簧管乃是將導磁金屬材料延展成簧片，並於簧片上電鍍金，白金⋯⋯等導電性及抗氧化性更好的金屬。然後把簧片置於充滿惰性氣體的玻璃管中，如圖 19-11。

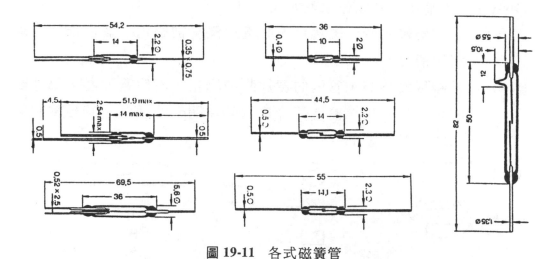

圖 **19-11**　各式磁簧管

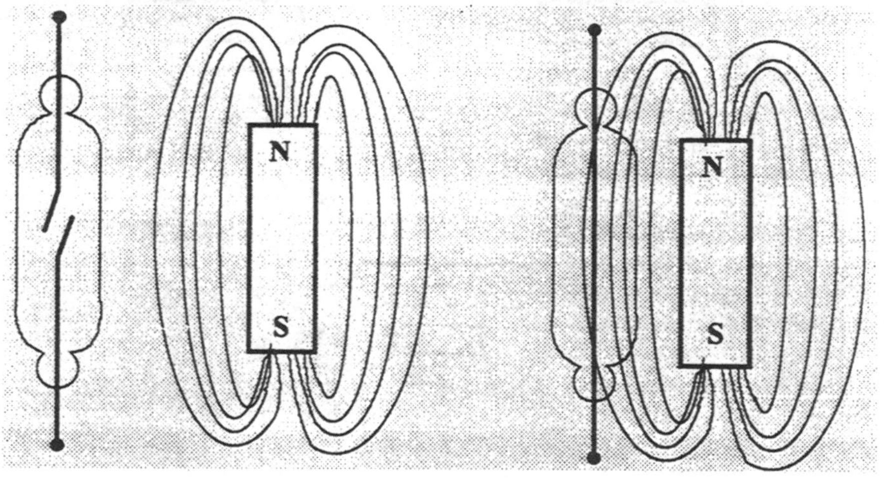

(a) 磁場較弱　　　　　　　　(b) 磁場較強

圖 **19-12**　磁簧開關的作

　　因簧片已電鍍導電性更好的金屬，並且管內充滿惰性氣體，除了有良好的導電性外，並且不易氧化，使得其壽命比一般繼電器長。且體積也大大的減少。當磁簧管與磁場交互作用時，就能控制管中簧片 ON-OFF 的動作。其動作原理如圖 19-12。

圖 (a)： 當磁場較弱時，磁簧管內的簧片沒有被磁化，簧片維持在斷開的情況。

圖 (b)： 當磁場較強時，管內的簧片將被磁化，而使簧片產生異性磁極相吸的作用，使得簧片接觸而達閉合的狀況。其經常被使用的情形如圖 19-13。

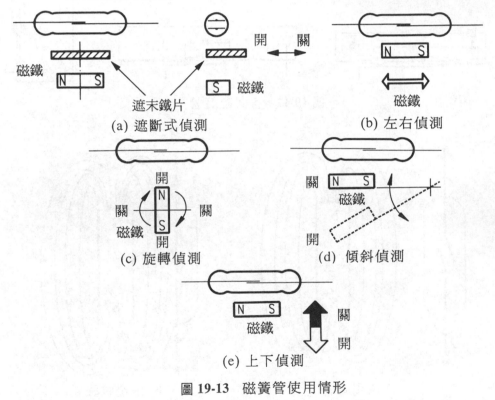

(a) 遮斷式偵測

(b) 左右偵測

(c) 旋轉偵測

(d) 傾斜偵測

(e) 上下偵測

圖 19-13 磁簧管使用情形

磁簧管必須配合磁場的存在，才能變成有用的開關，其大約可分為兩類：

1.　線圈驅動之磁簧開關

　　磁簧管置於線圈之中，當有電流流過線圈的時候，將產生平行於簧片的磁力線，故能控制簧片的 ON-OFF。其基本結構如圖 19-14。

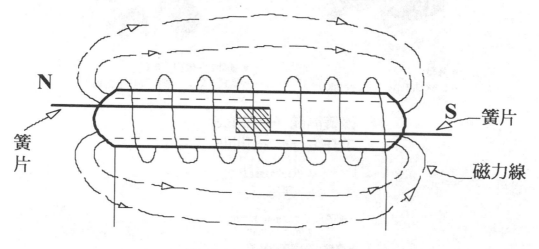

圖 19-14　線圈驅動的情形

　　而驅動線圈的電流 I 可以非常小，加諸磁簧管的體積很少，使得由線圈驅動的磁簧開關已經被縮小到 IC 型的包裝，並可以直接按裝於 PC 板之上。如此一來就是一個由磁簧片達到 ON-OFF 的控制。因而由線圈驅動磁簧管所完成的開關我們稱之為磁簧繼電器。一般都簡稱為簧片繼電器 (Reed Relay)。圖 19-15 為各式 Reed Relay 的實物圖。

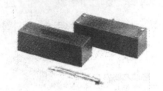

高壓磁簧繼電器

●高壓
●1.5KV、5KV、7.5KV、10KV

IC 型磁簧繼 電器
Reed
Relay

●種類：一般型，水銀
●型式：單排、雙排及表面黏著

磁簧開關 FORM B
TYPE

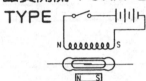

●玻璃尺寸：14mm、19mm、
　　　　　27mm、52mm
●優點：①可節省電源
　　　　②價格較FORM C便宜

圖 **19-15** 各種 Reed Relay

在使用 Reed Relay 時，其線圈的工作電壓和工作電流，和接點容量必須知道，尤其是接點容量一定不要超負荷使用，而 IC 型的 Reed Relay，因使用於 PC 板上，其線圈的工作電壓經常小到 5V 以下，且其工作電流也能小到數 mA。因此可以使用一般集極開路的邏輯閘去驅動 Reed Relay 的線圈。如圖 19-16。

圖 19-16 中當 $A = 0$，$B = 1$ 時 Reed Relay 會動作。而電路中的 V_{DD} 可依你所用 Reed Relay 線圈的工作電壓而決定。若工作電壓是 5V，那麼就可以和 74 系列 5V 的電源共用了。

一般製造廠商都會在線圈上並聯一個二極體，用以保護線圈的驅動電晶體。使得 Reed Relay 的線圈接點變成有極性的區分，於使用時請特別留意。以免接反時，會造成驅動電路的燒毀。

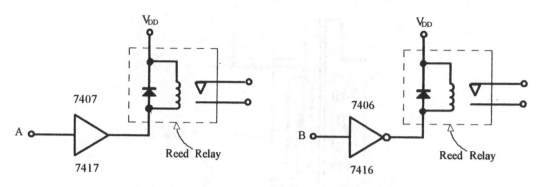

圖 19-16　O.C 閘驅動 Reed Relay

2.　永久磁鐵驅動的磁簧開關

　　因磁簧管中的簧片，只要有相對平行的磁力線，就能使簧片磁化而相吸。所以目前有許多廠商利用磁簧管和永久磁鐵分別做成各別獨立的兩個元件。一個裝磁簧管，另一個裝永久磁鐵。當兩者靠在一起的時候，簧片會因磁場而相吸，當兩者接開的時候，簧片不被磁化而彈開。

　　這種裝置常被使用於防盜系統，其使用方法乃把永久磁鐵和磁簧管兩部份，分別安裝於活動的門窗及固定門柱或窗樑上。當門窗關好的時候，如圖 19-17 圖 (a)，簧片閉合，$V_O = 0V$。若門窗被打開了，如圖 (b)，$V_O = V_{CC}$。我們就能依 $V_O = 0V$ 及 $V_O = V_{CC}$ 判斷門窗是否被打開，並進而啟動警報器，達到防盜的效果。圖 19-17 是 N.O 接點，若改成 N.C 接點，將更方便使用，可以直接用簧片當做交流電的開關，以控制交流警報器。

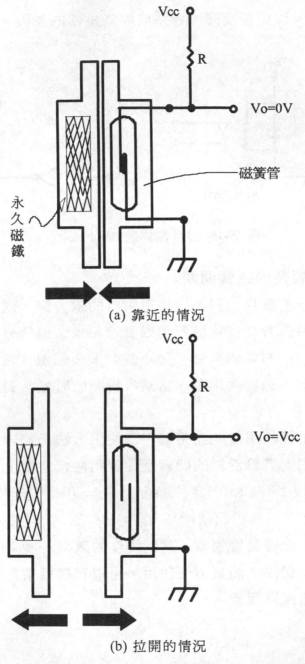

(a) 靠近的情況

(b) 拉開的情況

圖 19-17 永久磁鐵驅動

練習：

1. 去買一個磁簧開關及一塊磁鐵，自己做一個防盜器。

2. 到材料店看看繼電器及 Reed Relay，最好也買一個回家用看看。

19-5　近接開關

　　近接開關乃是一種能感應物體接近而進行 ON-OFF 控制的感測開關。因為是用感應的方式偵知物體否靠近。並不必觸碰到待測物體，所以近接開關沒有碰撞或是摩擦的壞處。並且目前各廠家所做的近接開關，不論是用那一種感測原理，所有近接開關所使用的元件都被密封包裝。大都為圓柱形也有長方形，並且做到防塵甚至防水。使得近接開關可於惡劣的環境下工作。

　　所謂的近接，乃指其感應的距離非常近。典型近接距離大約為 2mm～15mm 之間。若想長距離的監控或偵測，大都使用光電開關。(於 19-7 節說明之)。

　　近接開關最常引用的原理計有(1)光學反射式(2)電磁感應式(3)磁場感應式(4)靜電電容感應式。其它尚有氣壓，超音波等感應方式。我們將以常用的方法逐一說明之。

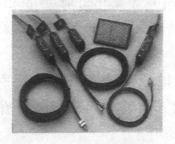

圖 19-18　各種近接開關實物圖

19-5-1　光學反射式近接開關

　　光學反射式近接開關所使用的原理和光反射器（第 15 章）一樣。把光發射器 (LED，紅外線發射二極體，雷射二極體) 及接收器 (光電二極體，光電晶體……)。做在同一個包裝裡面。只是近接開關做得更精密，其發射部份和接收部份都經過適當的透鏡處理。使光源的發射和接收有一定的立體角。即代表了在一定的距離範圍時，發射光經

待測物體表面反射後，能被接收器偵測到。當超過此範圍時，將無法
接收到反射光。如圖 19-19 是一般光學反射式近接開關的示意圖。

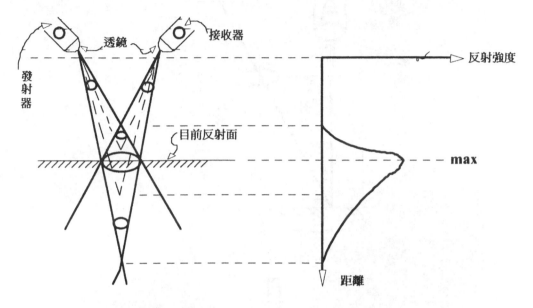

圖 **19-19**　光學反射式近接開關示意圖

　　從圖 19-19 可以看到，反射強度隨距離的變化代表了物體表面和
近接開關相互運動的關係。所以我們可以利用光學反射的原理，做成
近接感測元件。

　　另一種用三角定位測量的方法，以紅外線二極體或雷射二極體當
做光源，經過透鏡及透光針孔，使光源集束發射。當集束光源碰到物體
表面後，其反射光經透鏡投射在位置偵測器 (PSD： Position Sensitive
Detector)，如圖 19-20 所示。

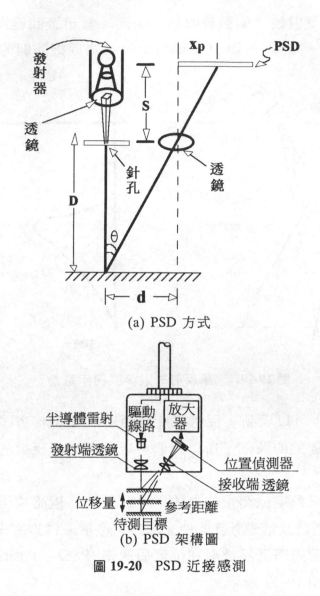

(a) PSD 方式

(b) PSD 架構圖

圖 19-20 PSD 近接感測

由圖 (a) 相似三角形的比例關係可以得知 D 的大小。我們以集束

光的開始爲計算基礎。所以

$$\frac{S}{D} = \frac{x_P}{d}, \quad D = \left(\frac{d}{x_P}\right) \times S$$

式子中的 d 和 S 乃由製造廠商做好統一精確的標準，所以最後乃由 x_P 的大小決定 D 的遠近了。

茲因目前使用者不可能再自行去做一個近接開關來使用，而是直接使用各式已做好完善包裝的近接開關，故有關近接開關的內部電路，不再一一說明。當使用近接開關時，只要知道近接的特性（原廠資料會提供，或自己試），並了解其所加的電源及輸出接點類別，你就能依 19-1， 19-2 所談過的方法，很方便地使用近接開關。

19-5-2　電磁感應式近接開關

該種近接開關主要是由其內部 LC 振諧振電路產生高頻振盪信號，且有一個檢出線圈當做感測頭。當有金屬物體靠近的時候，將改變振盪線圈的導磁係數。且於金屬表面產生渦流現象而消耗振盪電路所發射的能量，並導致振盪線圈的阻值變大，使得檢出線圈所感應的信號變小。如此便能由檢出線圈所感應信號的大小判斷物體接近的程度。圖 19-21 爲電磁感應式近接開關的基本方塊圖。圖 19-22 爲檢出信號大小和距離遠近的關係圖。

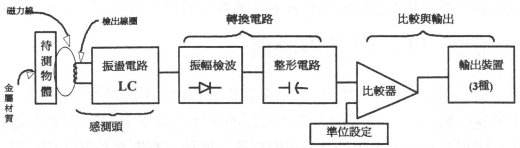

圖 19-21　電磁感應式近接開關方塊圖

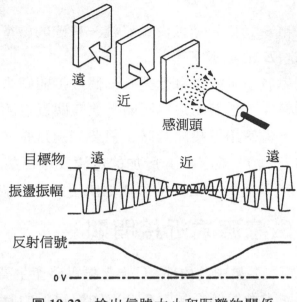

遠
近
感測頭

目標物　遠　　　近　　　遠
振盪振幅
反射信號
0 V

圖 19-22　檢出信號大小和距離的關係

　　圖 19-21 能詳細分析時，檢出線圈就是感測元件，振幅檢波和整形電路為轉換電路。故其架構與圖 19-1 的說明相同。只是目前使用高頻電磁感測的原理。

　　圖 19-22 能很清楚地看到電磁感應式近接開關的動作情形。但必須注意，此種感測開關，只能針對金屬物體使用。

19-5-3　磁力型近接開關

　　能偵測磁力大小的感測元件，如霍爾感測器，磁阻感測器（第十、十一章）或 19-2 的磁簧管都會因磁力的大小而改變其 ON-OFF 的狀態。這些材料也被使用於近接開關感測頭部份。有關霍爾元件和磁阻的方法，此處不再重複說明 (請回顧第十、十一章)。我們將僅就磁簧管做成的磁力型近接開關加以說明。

　　圖 19-23 為磁簧管的近接開關。由其正面結構清楚地看到，磁簧管內旁並排四個永久磁鐵。並調整使其保持磁力平衡的狀況。則簧片不受任一方磁力的牽引，而保持不動作 OFF 的狀態。

　　當有導磁物體接近的時候，磁力線將受到導磁材料的影響，而重新分佈。勢必破壞原本磁力平衡的狀態，使簧片偏向，而變成 ON 的狀態。若導磁材料遠離，則簧片又恢復 OFF 的狀態。

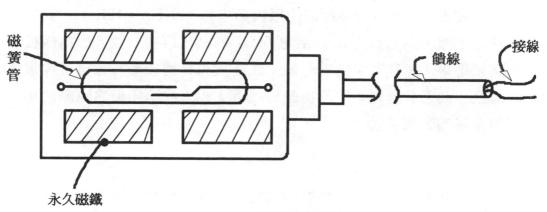

圖 19-23　磁簧近接開關

19-5-4　電容感應式近接開關

　　電容感應式近接開關的電路架構與電磁感應式近接開關相似，只是電磁感應式所用的感測頭為檢出線圈。而電容感應式所用的感測頭為電極板。如圖 19-24 所示。

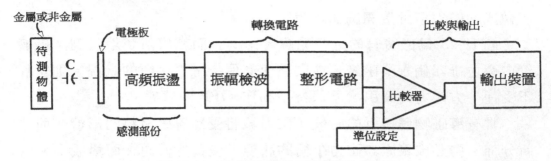

圖 19-24 電容感應式近接開關方塊圖

　　一般電磁感應式近接開關的振盪頻率約 3.3KHz～ 10KHz，而電容感應式卻產生高達數百 KHz 到數 MHz 的高頻信號。並且於電極板產生高頻電場，當物體接近的時候，電極板和物體表面將各自形成電容的兩極，此乃分極現象。於物體靠近時，相當於兩極板的距離減小，則由電容的公式：

$$C = \epsilon_O \frac{V}{d}$$

　　得知 d 減小的時候，相對的是電容增加，使得輸出振幅上升。即待測物表面和兩極板間距離的遠近，將改變電容量，進而由電容的大小控制輸出振幅，以代表距離的遠近。

　　電容感應式近接開關乃利用待測物接近時，所產生的分極現象，所以近接的物體不限金屬物質，非金屬，塑膠，木材，紙張，甚至是液體，只要是介電物質均能偵測。

　　各家所做的電容感應式近接開關的工作電壓大約爲 9V～ 36V 之間。而所感應的距離各有不同，請依原廠資料規格爲主。

19-5-5　有效的近接

　　圖 19-25 告知待測物體感應面積的大小 B(mm) 將影響動作距離的遠近。所以在使用各式近接開關的時候，不能只顧及近接的距離，必須留意待測物體表面與感測頭表面有效感應面積的大小，才不會發生拿近接開關去偵測一條線靠近的情形，且不同的材質其近接的有效距離也不一樣。

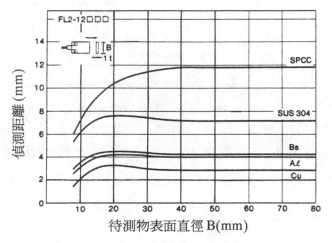

圖 19-25　感應面積與近接距離

　　圖 19-26 我們以 FL2-20 感測頭為例，說明當物體近接通過感測頭時，其有效的動作範圍是多少？若假設物體表面位於 8mm 的地方，當物體由左往右移動時，必須進入感測頭 − 12mm 以內，才視為有效。而物體離開感測頭必須到 + 12mm 以後才算完全離開。

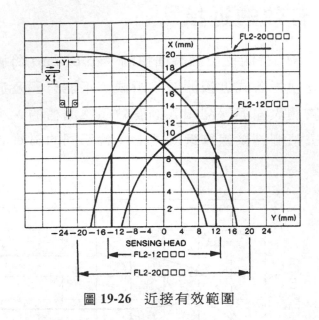

圖 **19-26** 近接有效範圍

　　所以當使用近接開關的時候除了在乎近接的距離外，你必須留意，待測物的大小及其運動方向如何，以決定有效的近接控制。

19-6 微動開關

　　目前所要談的微動開關，光從字義上來看，就能明瞭它是一種只要輕微動一下就能達成 ON-OFF 動作的開關。可分為機械式和光電式兩種。首先我們介紹機械式微動開關。

1. 機械式微動開關

　　它是一種以精密機械架構的開關為主，其結構圖如圖 19-27，並以圖 19-28 說明其動作情形。

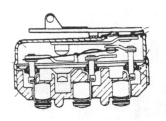

圖 19-27　機械式微動開關結構圖

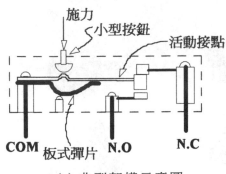
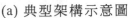

(a) 典型架構示意圖

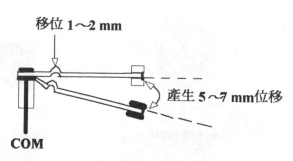

(b) 受力產生位移

圖 19-28　微動開關動作原理說明

　　當小型按鈕受力下壓的時候，將對板式彈片加壓，有如桿槓原理，同時使板式彈片迅速反轉，連帶使得活動接點也迅速向下移動，並接觸到 N.O 接點。因受力點移動 1～2mm 時，活動接點可移動 5～7mm，而達到只要小小的用力，短短的動一下，就能完成開關 ON-OFF 的動作，所以稱之為微動開關。當受力消失的時候，板式彈片會迅速的彈回而恢復原來的狀態。

　　目前各廠家所生產的微動開關，均於小型按鈕上附有延伸桿或加裝圓形轉輪，以適合各種場合的應用。而其接點容量的設計規格，小從數百 mA 大到數百安培都有生產，圖 19-29 為各種微動開關的實物圖。

圖 19-29　各式微動開關實物圖

　　而有的廠商是把 COM 接點擺在中間，或橫向擺接點。總之在購買的時候，要留意一下，各接腳的排列情形。

　　圖 19-30 只是提供數種可能的用法，你可以依你的需求而設計成其它不同的用法。圖 19-31 以抽水馬達自動控制為例，說明微動開關的應用。

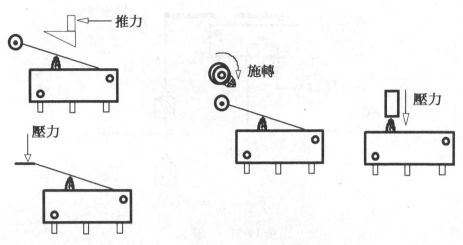

圖 **19-30** 　 各種可能的使用方法

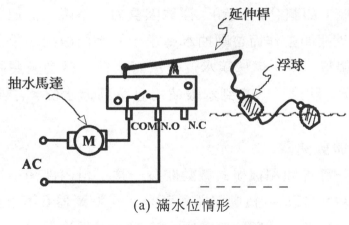

(a) 滿水位情形

圖 **19-31** 　 抽水馬達自動控制

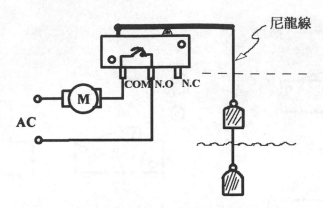

尼龍線

COM N.O N.C

AC

M

(b) 低水位情形

圖 19-31 （續）

　　一般抽水馬達自動控制所用的微動開關均屬較大型的微動開關。當水位太低時（如圖 (b) 所示），浮球因重力而下降，並把延伸桿向下拉，使得微動開關動作而啟動抽水馬達。待水位漲到所設定的高水位（由尼龍線調整）時，浮球隨水位上漲而上升，微動開關將因施力消失而恢復 OFF 狀態。一直到水被使用且降到低水位，才再次啟動抽水馬達。

2. 光電式微動開關

　　目前有一種外觀和機械式微動開關一樣，但內部卻不是靠板式彈片控制開關 ON-OFF 的微動開關。而是以光遮斷器（第十五章）的方法，用電晶體當輸出裝置的精密微動開關。這種光電式微動開關，經常以留出引線（三條電線並排）供使用者直接使用。

　　圖 19-32 是光電式微動開關的實物圖及可選用延伸桿的種類。圖 19-33 是光電式微動開關電路結構，很清楚地了解，其基本結構與光遮斷器並沒有不一樣。在發光二極體和接收部份（光電二極體和磁帶

比較器）之間，有一片遮光葉片，當小型按鈕被壓下去的時候，就把光源遮住，因而有光遮斷器的功能。所以我們說光電式微動開關乃光遮斷器的應用，使我們用的更方便。其使用方法和光遮斷器是一模一樣。請參閱第十五章，並回答下列問題。

圖 19-32　　光電式微動開關實物圖

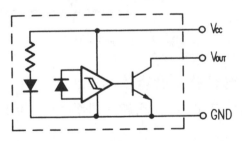

圖 19-33　　光電式微動開關電路結構

練習：

1. 若想用光電式微動開關的輸出信號，直接送給 5V 微電腦當輸入信號時，$(V_{CC}，V_{OUT}，GND)$ 三支腳應如何處理？

2.若想用光電式微動開關的輸出信號，直接驅動 SSR 時，三支接腳應如何處理？

3.光電微動開關乃以電晶體當輸出裝置，其接點容量應該以那些電氣量為主？

　　一般機械式開關用於微電腦或數位電路時，將因接點的關係而產生彈跳現象，使得開關在 ON-OFF 的瞬間，產生許多不必要的脈波。可能造成相關電路的誤動作。於此我們將說明彈跳的原因和消除彈跳的方法。

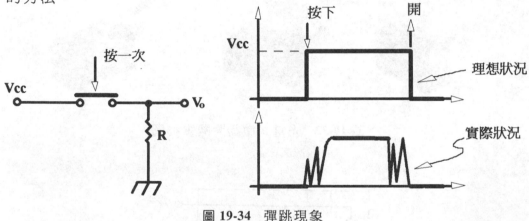

圖 19-34　彈跳現象

　　彈跳現象，除機械式振動產生的原因外，主要乃兩接點並沒有完全接觸所致。可以說兩接點彼此靠得非常近，而此時在非常近的接點兩端有電壓 V_{CC} 存在，則相當於該非常近的兩接點間的電場非常大，將發生不規則的放電現象，有如陰雨天看到高壓鐵塔上斷斷續續的火花，使得在 ON-OFF 的瞬間，會有不規則的脈波發生。如圖 19-34 所示。這種不規則的脈波將造成電路的誤動作。例如每按一次，應該只代表一個信號，但因彈跳的關係，使得數位電路誤判為 3 個或 4 個⋯⋯信號。

　　有關消除彈跳的方法，請參閱拙著 " 數位 IC 應用與實習 " 一書，單一脈波產生器部份，該書亦由全華圖書公司出版。

練習：

1. 說明圖 19-35 微動開關 ON-OFF 時，於接點地方會產生彈跳現象，而此時每按一次，在接點地方一定有彈跳脈波，但該電路的輸出 v_{01}，v_{02} 卻只會得到唯一的負脈波和正脈波。

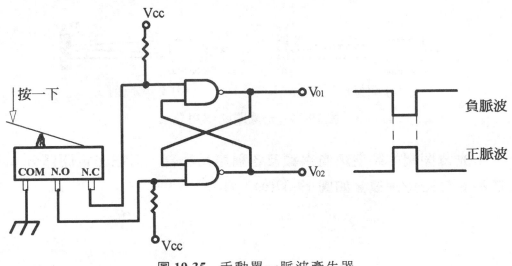

圖 **19-35**　手動單一脈波產生器

2. 若把圖 19-35 中的 NAND 閘改用 NOR 閘時，電路應如何接線？

3. 請使用 NAND 和 NOR 以外的 IC，配合微動開關（不一定三個接點都全部使用）設計手動按鈕式單一脈波產生器。

19-7　光電開關

　　光電開關和光反射器（第 15 章），光學式近接開關 (19-4) 所用的原理大致相同。只是光電開關乃應用於遠距離 (15mm 以上) 的偵測。其電路結構和光學式近接開關一樣。差別在於光電開關有功率較大的發射器。而其應用組合上，可分為對射式和反射式兩大類。如圖 19-36 所示。

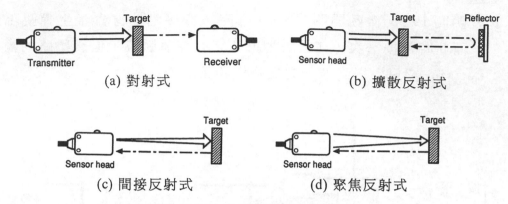

(a) 對射式　　　　　　　　　　　　(b) 擴散反射式

(c) 間接反射式　　　　　　　　(d) 聚焦反射式

圖 19-36　光電開關使用類別

　　光電開關的製造廠商為顧及各種應用場合，而把光電開關分成整體型和分離型兩種。如圖 19-37(a)，(b)。

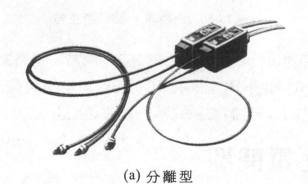

(a) 分離型

圖 19-37　各種光電開關

(b) 整體型

圖 19-37　（續）

整體型：　感測頭和其它轉換電路，輸出裝置都做在同一個包裝中，其
　　　　　輸出就能依接點容量的規格，直接控制負載。

分離型：　感測頭和其它電路分開包裝，兩者再以光纖連接，如此一來
　　　　　，很小的感測頭就能應用於細縫狀的工作場所，達到不佔空
　　　　　間的目的。

光電開關的輸出部份，大都爲電晶體或 TRIAC(如 9-2 所示)，使用起
來非常方便，只要加上額定電源，固定光電開關，拉好接線，光電開
關使用於自動控制變得非常容易。

練習：

　　　如下各圖爲各種光電開關及近接開關的應用實例，請你依圖說明
各圖應用的情形，也順便回想一下 " 小學時的看圖寫作 "。

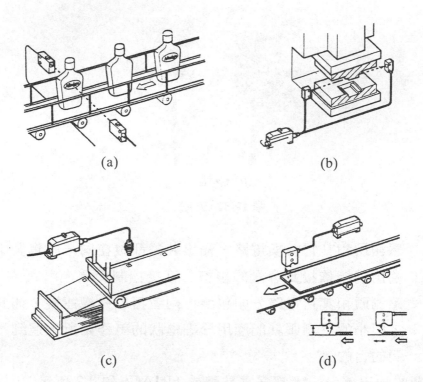

(a)

(b)

(c)

(d)

圖 19-38   光電開關在產業界的應用

19-8   溫度開關

　　目前市售的溫度開關並非以溫度感測器（如感溫電阻，感溫 IC……）的方式完成。而是利用雙金屬受熱膨脹變形的原理。達到 ON-OFF 控制的目的。飯煮熟後，電鍋能自動斷電就是雙金屬應用中最常見的例子。為了安全起見，目前各式電器產品常附裝雙金屬溫度開關。例如電風扇，吹風機，電冰箱的壓縮機，馬達……。用以防止溫度太高而損耗電器或發生火災。當溫度太高時，雙金屬溫度開關會自動切斷電源，進而達到保護的目的。

　　雙金屬乃以兩種膨脹係數不一樣的金屬，拼合熔接在一起。當加溫受熱的時候，膨脹係數大的材料其伸長度較長，造成熔接在一起的兩種金屬造成偏向擠壓而彎曲，形成一定的位移。我們就能利用這種變形的推力和位移去頂起或撥動開關，達到 ON-OFF 的目的。

　　利用雙金屬熱膨脹原理所做成的溫度開關，將因各家設計的考慮，而使機械架構有所不同，然其動作原理和組裝型態均大同小異。

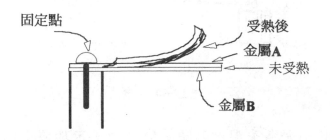

圖 **19-39**　雙金屬基本構造

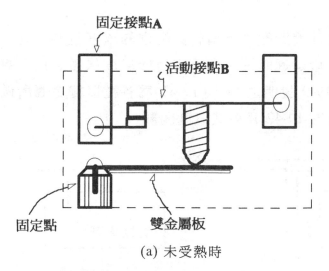

(a) 未受熱時

圖 **19-40**　雙金屬溫度開關結構

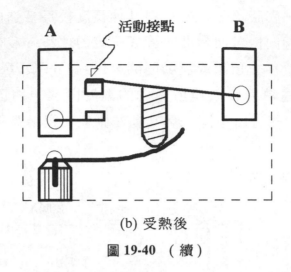

(b) 受熱後

圖 19-40　（續）

　　圖 19-40 只是各家溫度開關結構之一。未加溫受熱時，雙金屬板沒有變形，A、B 接點閉合。當溫度上升時，雙金屬板變形彎曲而把活動接點頂開，使得 A、B 接點斷開，切斷電源而達到過熱保護的目的。

　　而雙金屬溫度開關並不適於做精密的溫度量測，且其變形彎曲的反應時間有一段延遲時間，大都使用於溫度保護之用，更甚者已做成電流開關。(19-9 說明之)。圖 19-41 為各種以雙金屬所做成的溫度開關接線方法及圖 19-42 為各式溫度開關。

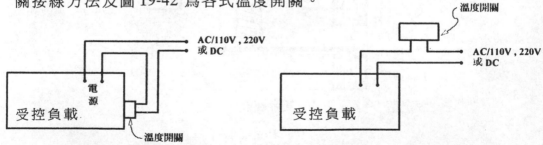

圖 19-41　溫度開關的接法

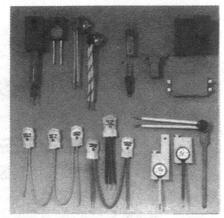

圖 19-42　各式溫度開關

　　溫度開關的使用，只要選好你要的溫度規格，然後把溫度開關與使要偵測的部位靠在一起或貼在一起，以便快速偵知溫度上升，然後把溫度開關與電源迴路串聯即可。

19-9　電流開關

　　當線路電流超過額定範圍時，會把電源切斷的開關爲電流開關，這種開關也是雙金屬的應用之一。早期電流開關的主要原理乃於電流迴路串接一個大功率小阻值（如一小段鎳鉻線）的電阻。當電路啓動後，電流也會流經串接的小電阻，將於其上產生 I^2R 的功率損耗。使得溫度上升，並對雙金屬加熱，而使雙金屬產生變形及位移，同時使開關成 OFF 狀態。

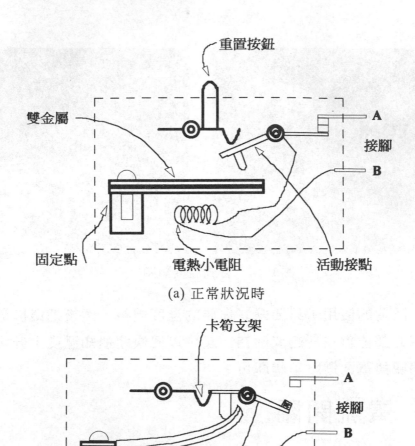

(a) 正常狀況時

(b) 電流太大時

圖 19-43　電流開關示意圖

　　當造成電流太大的因素消失以後，雖然雙金屬也因溫度下降而恢復沒有變形的狀態。但此時活動接點並沒有恢復成 ON 的狀態，因活動接點被卡筍支架給鉤住了。必須把重置按鈕壓一下，才能恢復為正常狀況。這是一種發生超額電流，而做永久性切斷電源的安全措施。

　　然目前的電流開關因材料科學及量測技術的進步，使得結構中的小電阻，可被雙金屬本身的電阻所取代，使得電流開關實際上只是純粹的雙金屬開關。其電流的大小除取決於金屬的材質外，其長短厚薄，將決定內阻的大小，也同時決定電流規格的準確性。

圖 19-44　各種電流開關

　　電流額定規格愈大，其內阻一定愈小，才不會對迴路造成壓降，而影響了電路正常的工作電壓。僅提供內部阻值的大小供你明瞭。且從圖 19-45(b) 反應時間得知，當電流愈大時，其反應速度愈快，以達安全保護的要求。此乃因愈大的電流，於內部電阻所產生的功率損耗愈大，$(I^2R，I$ 乃以平方倍計算)，使得溫度上升加快的原因。

最　大　內　阻	
1.5A-2A	0.500Ω
2A-2.5A	0.320Ω
2.5A-3A	0.180Ω
3A-4A	0.100Ω
5A-6A	0.050Ω
7A-9A	0.020Ω
10A-12A	0.016Ω
13A-16A	0.012Ω
17A-20A	0.012Ω

(a) 內阻參考表

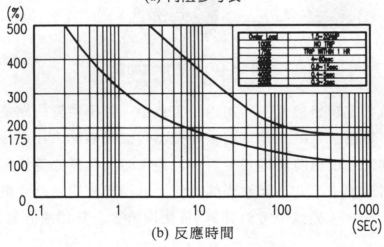

(b) 反應時間

圖 19-45 內阻與反應時

　　所以使用雙金屬電流開關的時候，只要選好你要的電流規格之產品，然後與線路串接就好。如圖 19-46 所示。

圖 19-46　電流開關使用之接線圖

19-10　水銀開關 (傾斜感測)

　　若記憶還清晰的話，當記得曾經發生過麥當勞爆炸案，那時歹徒就是利用水銀開關當做引爆開關。而水銀開關又是什麼呢？它是把水銀 (優良的液態導體)，裝入密閉的玻璃管中，並以引線埋入玻璃管內，當做固定接點，則此時水銀就成了活動接點了，因水銀爲液體狀態，當傾斜的時候，將造成水銀的流動，而把引線的固定接點浸泡在水銀之中，形成 ON-OFF 控制的功用。

　　因液態的水銀，將隨傾斜角度的不同，而有不同的動作。使得水銀開關被大量地使用於傾斜狀態的偵測。現在你應該明瞭爲什麼警察取下麥當勞那顆炸彈，會造成引爆的原因了。

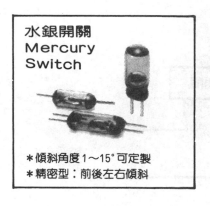

水銀開關
Mercury
Switch

＊傾斜角度1〜15°可定製
＊精密型：前後左右傾斜

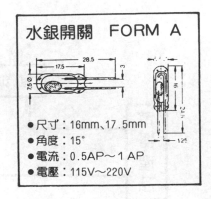

水銀開關　FORM A

●尺寸：16mm、17.5mm
●角度：15°
●電流：0.5AP〜1 AP
●電壓：115V〜220V

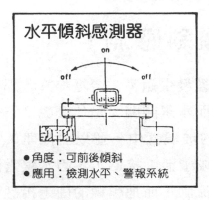

水平傾斜感測器

●角度：可前後傾斜
●應用：檢測水平、警報系統

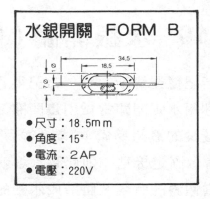

水銀開關　FORM B

●尺寸：18.5mm
●角度：15°
●電流：2AP
●電壓：220V

水銀開關360°

●角度可前後左右360°傾斜
●應用：檢測水平、警報系統

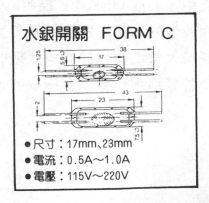

水銀開關　FORM C

●尺寸：17mm、23mm
●電流：0.5A〜1.0A
●電壓：115V〜220V

圖 19-47　各式水銀開關

19-11　固態繼電器

　　Solid State Relay (SSR) 固態繼電器，我們已經在第 15 章中詳細的說明其電路原理與使用方法。本單元不再重複說明，但卻要提醒你 SSR 並非只能控制 AC 110V/AC 220V 等之交流負載，目前已經有使用 MOSFET 做為輸出控制的 SSR，且是用來控制直流負載。

　　此處僅提供相關的圖片資料供你參考，有大，有小，有交流使用，也有直流使用，更有交流三相一體者。

高壓固態繼電器 H.V.S.S.R

負載電壓：480VAC
尖峰電壓：1200VAC

●負載電流：
　10A、25A、40A
　50A、75A、90A

馬達正反轉固態繼電器

3φ
S.S.R.R.

馬達正反轉頻繁

●應用於PLC、CNC、NC系統
●負載電流：10A、25A、45A

三相固態繼電器
3φSSR

●負載電壓：480VAC
●負載電流10A、25A、45A

DC. POWER FET輸出S.S.R.

負載電流：DC10A、15A、30A
負載電壓：50VDC～200VDC
適用於：直流馬達、步進馬
　　　　達、電磁吸筒、馬
　　　　達直流、煞車系統

FET輸出

GF-D系列

DC. POWER FET輸出S.S.R.

負載電流：DC 5A
負載電壓：50VDC～200VDC
適用於：直流馬達、步進馬
　　　　達、電磁吸筒、馬
　　　　達直流、煞車系統

FET輸出

ODC5M系列

圖 19-48　各式 SSR

第 20 章

壓力感測及其
轉換電路分析

希望讀這本書的時候，沒有給你帶來任何的壓力，這是一種心境上的感受，沒有辦法以量的形式來表達。而目前本章所要探討的壓力，指的是有形，有單位，有大小的壓力。例如重量，氣液壓……等。而首先我們將就壓力感測器可能的應用場合加以介紹，希望你對這種陌生的感測元件產生興趣，進而了解其轉換方式及應用方法。

20-1　壓力感測之應用範例

1.　電子稱

電子稱能量測物體重量的大小，它是以荷重元件 (Load Cell) 為壓力感測器。主要用於重量量測，如電子稱，地磅……等場所。依不同的荷重元件，可測重量達數百噸。

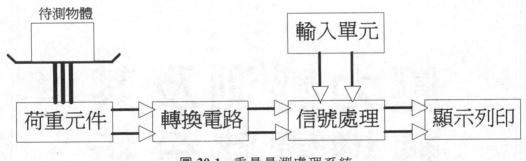

圖 20-1　重量量測處理系統

2.　氣液壓量測與控制

大部份壓力感測器使用於直接壓力量測，例如量大氣壓力，量血壓，量真空壓……等。而把它做成氣壓計，血壓計，以及真空計。除了直接用於壓力大小的量測外，亦能把所測得的壓力應用在各種自動化控制中。

⑴　流量控制

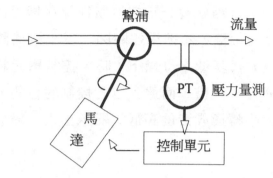

圖 20-2　氣體液體流量控制

泵浦輸出管路中壓力的大小代表著流速的快慢。所以可以量測
輸出管路中的壓力，並送給控制單元以調整馬達的轉速，達到
定量且安全的操作。

(2)　水位高低之量測

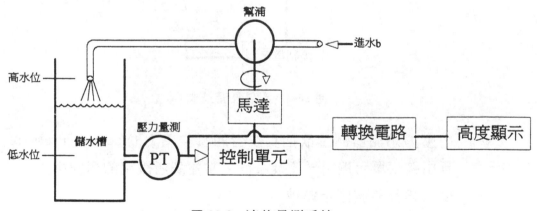

圖 20-3　液位量測系統

在許多工業應用中，液位量測是非常重要的工作，例如石油儲
槽，水塔蓄水……等。而液體所造成的壓力與液體的密度及液
位高度成正比。所以我們可以把液體所產生的壓力轉換成液位

的高低。圖 20-3 當壓力小時表示液位低，控制單元將令馬達繼續運轉，泵浦就會一直把液體往儲存槽裡流，直到所設定的高度（壓力）時，才把馬達關閉，停止泵浦動作。當壓力低到某一程度（代表低水位以下）時，控制單元將再度令馬達啓動，使泵浦打水入槽，而達到自動控制的目的。當然你也可以把壓力的大小轉換成液位高低並顯示出來，變成液位量測的高度計。

⑶　真空泵浦

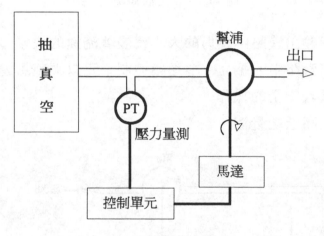

圖 20-4　真空泵浦控制

由壓力感測器測量欲抽真空者的真空壓力 (Vacuum Pressure) 且由控制單元控制馬達及泵浦，當達到所設定的真空壓力，才使馬達及泵浦停止運轉。

⑷　漏壓偵測

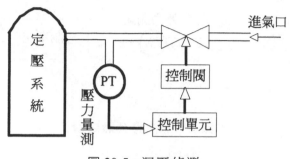

圖 20-5　漏壓偵測

在許多工業應用中，常用到定壓系統，若系統中的壓力不足時，代表有漏氣或氣體被消耗的現象，則由壓力量測得知，並通知控制單元，令控制閥打開以補充氣體，才能保持一定的壓力。

(5)　空氣壓縮機

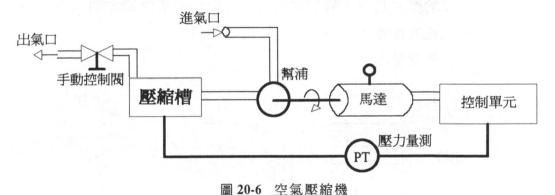

圖 20-6　空氣壓縮機

空氣壓縮機已大量用於各種氣動工具中（如氣動噴漆槍，氣動螺絲刀……等）。而壓縮機其壓縮槽必須存滿被壓縮的空氣。當壓力不足時，控制單元馬上啓動馬達，使泵浦進行空氣壓縮，直到所設定的壓力爲止。

⑹ 檢查物體之有無

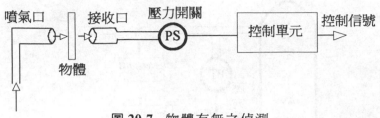

圖 20-7 物體有無之偵測

物體有無之偵測經常使用光電開關 (19 章) 的方式進行。但當該物體為透明材質時，光電開關產生誤判的情況大增，此時可使用壓力感測系統為之。

當沒有物體存在的時候，噴氣口所送出的氣體，由接收口接收並傳給壓力開關，此時壓力開關承受一定的壓力。而當有物體通過時，物體把噴氣口所送出的氣體擋住了，致壓力開關所受的壓力減少。我們就能由壓力開關所承受壓力的大小，判斷物體的有無。

⑺ 精密流量量測

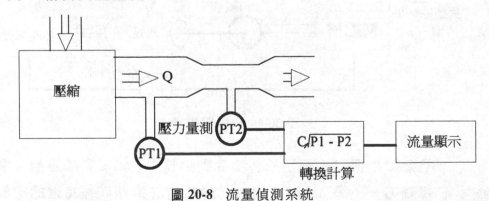

圖 20-8 流量偵測系統

依伯努利定理 (Bernoulli's Theorem)，在有一定壓力 (壓縮)

的管狀通道中，兩個不同管徑之間會產生壓力差，且其流量與壓力差的平方根成正比，即

$$流量\ Q = C \times \sqrt{P_1 - P_2}$$

所以我們可以測其壓力差，然後轉換計算成流量的大小。

　　壓力感測器使用當然不止這些，我們僅提供上述應用方法供你參考，希望提高你的興趣，進而鼓勵你多學一些有關壓力感測的轉換及其應用方法與應用線路的分析。

20-2　壓力感測器基本原理及架構

　　雖然有各種不同的方法可以做為量測壓力的原理，然這並非本書的重點，我們強調的項目為，容易買到，容易使用及線路分析和實作與校正，所以本單元將以電阻式壓力感測器之原理說明為主要對象。而事實上，實用的壓力感測系統幾乎百分之九十以上，其壓力感測器，均為電阻變化的感測元件。

　　當金屬細線受到外力作用時，會產生電阻值的變化。反過來說，電阻值的變化量可以代表作用力的大小。除了金屬線細外，尚有金屬箔膜型及半導體型的壓力感測器。而這些感測器的基本原理為：

$$R = \rho \frac{l}{A}$$

R：電阻值的大小，　　ρ：電阻係數

A：截面積　　　　　　l：長度

圖 20-9　應變計基本原理

這種以電阻變化量代表作用力大小的壓力感測元件,我們稱之為應變計 (Strain Gauge),其原意乃受機械應力而改變其電阻值的感測器。

若受外力作用後,金屬細線各項改變量為:電阻改變量 ΔR,長度改變量 Δl,截面積改變量 ΔA,電阻係數變化量 $\Delta\rho$,其中 ΔR 因 Δl 增加,ΔA 減少,$\Delta\rho$ 增加而增加,所以變化率可以寫成

$$\frac{\Delta R}{R} = \frac{\Delta l}{l} - \frac{\Delta A}{A} + \frac{\Delta\rho}{\rho}$$

又長度和截面積的改變量,造成體積的變化量 ΔV

$$\frac{\Delta V}{V} = \varepsilon \cdots\cdots 體積的變化率$$

我們將不做數學理論的推導,而直接引用其結果,最後電阻變化率將和體積變化率成正比,即

$$\frac{\Delta R}{R} \approx K\varepsilon$$

也就是說作用力造成體積的變化,而體積的變化造成電阻的變化。如此便能以電阻的變化量,代表作用力的大小。

除了早期使用金屬細線做成的應變計外,目前金屬箔膜式的應變計及半導體型的應變計,已被大量的製作,尤其是半導體型的應變計是以半導體技術所完成,能同時提供溫度補償的效果。是目前於氣液壓量測中最廣泛使用的壓力感測器。

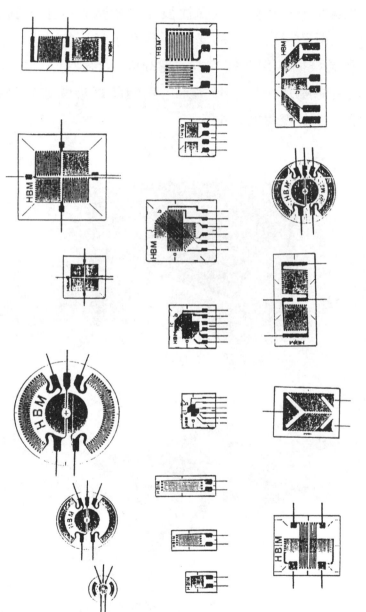

圖 20-10　各種金屬箔膜應變計

　　箔膜式應變計，乃把極薄的金屬膜 (5～ 10μm) 以光蝕刻的方法做成各種形狀的膜片，然後附著於彈性很好的特殊膠片上，其材質，製作方法及黏貼技術乃一門高深的學問，非本單元所能述及。半導體應變計，以 IC 製造技術，用蒸鍍等方式完成膜片的製造。這些技術均非吾等應用人員所能觸及。於下一單元，我們將直接闡述其轉換電路，讓你很快地達到馬上應用的目的。

(a) 電子稱、拉力計、扭力計

(b) 壓力計、氣壓計、壓力開關

圖 20-11　應變計相關產品

20-3　應變計轉換電路分析

　　已知應變計是一種受力而改變其本身電阻的感測元件。理應可以使用各種電阻變化的轉換電路 (第 2、3 章)，分壓法，定電流法，有橋電橋法⋯⋯。

　　但因應變計於使用時，受力的範圍不能太大，否則會造成無法恢復原狀的永久性破壞，致使應變計電阻的變化量非常小 (mΩ)，且溫度的變化，將影響整體電阻變化量的準確度。最好能馬上抵消溫度所造成的誤差。所以應變計幾乎都被做成電阻電橋的架構，綜合其原因可歸納為三點：

(1)　電阻電橋能偵測電阻微小的變化量 (第 3 章已說明)。

(2)　電阻電橋能很方便地設定待測量的下限值。(第 3 章)

(3)　把溫度補償電阻與應變計做在一起，能同時達到溫度補償與電橋偵測的特性。

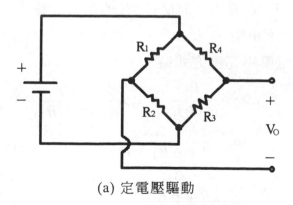

(a) 定電壓驅動

圖 20-12　電阻電橋驅動方式

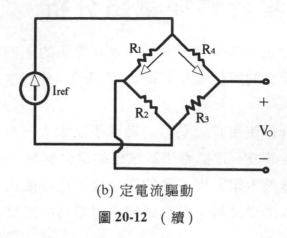

(b) 定電流驅動

圖 20-12 （續）

電阻電橋就是我們所熟知的惠斯登電橋，當電橋平衡的時候，其輸出電壓為 $V_O = 0V$，且 $R_1 \times R_3 = R_2 \times R_4$。若僅 R_3 當做受力單元時，可以把 R_1，R_2，R_4 拿來做溫度補償。當 $R_1 \times R_3 = R_2 \times R_4$，$V_O = 0$ 時，即待壓力的下限，一般完整的設計，常是 $R_1 = R_2 = R_3 = R_4 = R$，必定 $V_O = 0V$。若 R_3 受力，將使得 R_3 的電阻改變，致 $R_3 = R + \Delta R$，因而造成電路的不平衡。

⑴　若以定電壓為驅動方式時：

$$V_O = \frac{R_3}{R_3 + R_4} \times V_{ref} - \frac{R_2}{R_1 + R_2} \times V_{ref}$$

$$= \frac{R + \Delta R}{(R + \Delta R) + R} V_{ref} - \frac{R}{R + R} V_{ref}$$

$$V_O = \frac{R + \Delta R}{2R + \Delta R} V_{ref} - \frac{1}{2} V_{ref} = \frac{\Delta R}{4R + 2\Delta R} V_{ref}$$

應變計中 $2R \gg \Delta R (\text{m}\Omega)$ 必定能夠成立，使得

$$V_O \approx \frac{\Delta R}{4R} \times V_{ref}，而 \frac{\Delta R}{R} = K\varepsilon，則$$

$$V_O = \frac{1}{4}K \times \varepsilon \times V_{ref}\cdots\cdots 定電壓驅動時的輸出$$

(2)　若以定電流驅動方式時

$$V_O = I_2 R_3 - I_1 R_2 = (I_2 - I_1) \times R，而$$

$$I_2 = \frac{(R_1 + R_2)}{(R_1 + R_2) + (R_3 + R_4)} \times I_{ref} = \frac{2R}{4R + \Delta R} \times I_{ref}$$

$$I_1 = \frac{(R_3 + R_4)}{(R_1 + R_2) + (R_3 + R_4)} \times I_{ref} = \frac{2R + \Delta R}{4R + \Delta R} \times I_{ref}$$

$$V_O = (I_2 - I_1) \times R = \frac{\Delta R}{4R + \Delta R} \times R \times I_{ref}$$

，勢必$4R \gg \Delta R$，則

$$V_O = \frac{\Delta R}{4} \times I_{ref}，\Delta R = R \times K \times \varepsilon，則$$

$$V_O = \frac{1}{4} \times R \times K \times \varepsilon \times I_{ref}\cdots 定電流驅動時的輸出$$

　　從定電壓與定電流驅動時，所設定的條件，$4R \gg \Delta R$ 比 $2R \gg \Delta R$ 更能表示其正確性。即以定電流驅動時，其準確性與線性度更好。而不管是定電壓或定電流驅動，我們都希望應變計的輸出電壓 V_O 與受力及電橋兩端的電壓成正比。我們將以半導體壓力感測器為例，說明大多數壓力感測器使用時的依據。即

$$V_O = S \times P \times V_B，\quad V_O：mV(表示輸電壓很小)$$

S：壓力感測器的靈敏度。　mV/V・Psi……(廠商提供)

P：壓力的大小。　Psi，Bar，mmHg……(待測壓力)

V_B：橋式電路的端電壓……(實際端電壓)

所以一般壓力的輸出電壓靈敏度，表示為在端電壓為 V_B 的情形下，每壓力單位所能產生的輸出電壓有多少。mV/Psi，mV/Bar……其中 Psi，Bar，……是壓力的單位，表 20-1 為各種壓力單位的換算表。

表 20-1　各種壓力換算表

	PSI[1]	In. H$_2$O[2]	In. Hg[3]	kPa	millibar	cm H$_2$O[4]	mm Hg[5]
PSI[1]	1.000	27.680	2.036	6.8947	68.947	70.308	51.715
In. H$_2$O[2]	3.6127×10^{-2}	1.000	7.3554×10^{-2}	0.2491	2.491	2.5400	1.8683
In. Hg[3]	0.4912	13.596	1.000	3.3864	33.864	34.532	25.400
kPa	0.14504	4.0147	0.2953	1.000	20.000	20.2973	7.5006
millibar	0.01450	0.40147	0.02953	0.100	1.000	1.01973	0.75006
cm H$_2$O[4]	1.4223×10^{-2}	0.3937	2.8958×10^{-2}	0.09806	0.9806	1.000	0.7355
mm Hg[5]	1.9337×10^{-2}	0.53525	3.9370×10^{-2}	0.13332	1.3332	1.3595	1.000

Notes: 1. PSI — pounds per square inch　2. at 39°F　3. at 32°F　4. at 4°C　5. at 0°C

　　於此對應變計當做壓力感測元件做一總結：壓力感測乃以應變計組成電阻電橋網路做為轉換電路，可用定電壓及定電流的方式驅動之。而定電流驅動的方式具有較佳的特性。並請注意其有效補償的溫度範圍是多少℃？

20-4　壓力感測器的溫度補償

　　由應變計組成電阻電橋的壓力感測器，可以用定電壓或定電流的方式來驅動，把電阻的變化量轉換成電壓輸出。而幾乎各廠家所生產的壓力感測器，都已經做了適當的溫度補償，此時所使用的定電壓源或定電流源對溫度的穩定性就顯得格外重要。首先談論的是溫度對輸出電壓的影響。

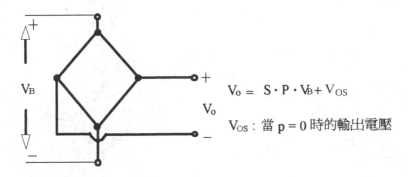

$$V_O = S \cdot P \cdot V_B + V_{OS}$$

V_{OS}：當 p = 0 時的輸出電壓

圖 **20-13**　　溫度對電橋的影響

不論是定電壓或定電流驅動，當溫度改變時，將造成

$$\frac{\partial V_O}{\partial T} = \frac{\partial S}{\partial T} \times P \times V_B + S \times P \times \frac{\partial V_B}{\partial T}$$

表示溫度將造成 S 及 V_B 的變化，而使 V_O 改變。所以大部份壓力感測器生產廠商都先做好溫度補償電路，以減少溫度的影響。而當所用的感測器沒有溫度補償電路時，使用者必須依其所給的溫度係數，以外加電路的方式做相對的溫度補償。

　　例如 Sen Sym 公司所生產的壓力感測器，概分為基本壓力感測器和具溫度補償及校正之壓力感測器兩項。

　　且各廠家所用的補償電路也不盡相同。又如 COPAL 電子公司所生產的壓力感測器做成另一種類型的補償方式。如圖 20-15 所示。圖 (a) 為未做內部補償，圖 (b) 已經做好內部補償電路，為了精確使用，並提高其性能，最好選用已內建溫度補償電路的壓力感測器。

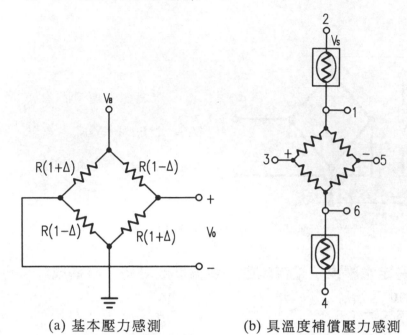

(a) 基本壓力感測　　　(b) 具溫度補償壓力感測

圖 20-14　基本壓力感測及溫度補償 (Sen Sym)

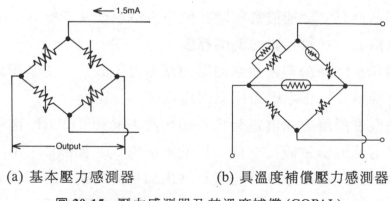

(a) 基本壓力感測器　　　(b) 具溫度補償壓力感測器

圖 20-15　壓力感測器及其溫度補償 (COPAL)

　　各廠家都會規定其產品係定電流驅動或定電壓驅動，請你依廠商資料手冊的規定使用，以發揮該元件最好的特性。若需要做外加溫度補償電路時，也請依廠商所提供的方式為之。

20-5　定電壓驅動及溫度補償

1.　定電壓驅動：

　　一般定電壓驅動的感測器，只要提供穩定的電壓就可以了，我們可以利用第四章 (V_{ref} 和 I_{ref} 穩定的重要性) 所提的方法，用參考電壓 IC 配合 OP Amp 提供穩定的工作電壓。如圖 20-16。

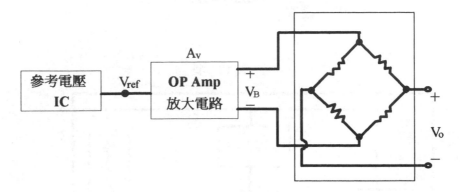

圖 20-16　定電壓驅動方法

　　由於積體電路製造技術的進步及為達適時的溫度補償，目前許多感測器都已經把感測元件，電源穩壓，溫度補償，放大電路及溫度偵測 (用以決定溫度補償量) 等單元全部做在同一個單元中，這類的感測器，常以換能器 (Transducer) 稱之。是故換能器一定都是以定電壓驅動，相當於直接加 V_{CC}

　　我們以壓力換能器 LX18……系列，說明換能器使用定電壓的情形。圖 16-17 LX18－－實物及方塊圖。

(a) LX-18－實物

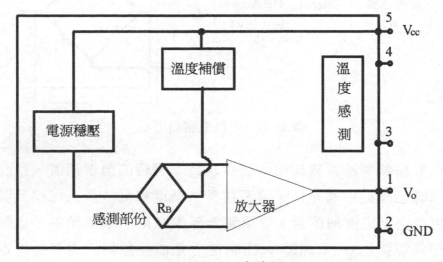

(b) LX-18－方塊圖

圖 20-17　LX18－相關資料

2.　溫度補償：

　　但若感測器內部不具溫度補償電路時，就必須用外部溫度補償，以克服溫度所造成的不良影響。例如 Sen Sym 公司 SX…系列產品為一種高輸入阻抗 ($R_B = 4.65K\Omega$，25℃時) 的壓力感測元件。它沒有內部溫度補償電路,當以定電壓驅動時,就必須做溫度補償。

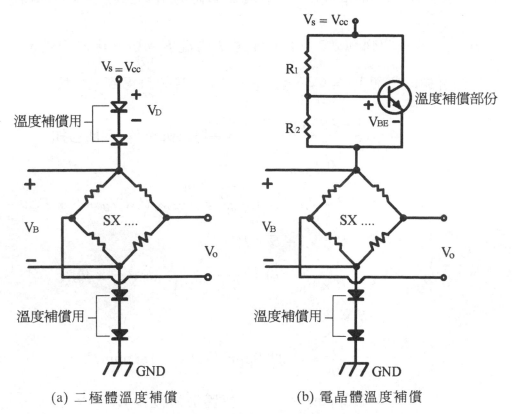

(a) 二極體溫度補償　　　　(b) 電晶體溫度補償

圖 20-18　定電壓驅動之溫度補償

圖 (a) 二極體溫度補償電路分析

(1)　$V_B = V_S - 4V_D$……(克希荷夫電壓定律)

(2)　$\dot{V}_B = \dfrac{\partial V_B}{\partial T}$, $\dot{V}_D = \dfrac{\partial V_D}{\partial T}$…(溫度對 V_B 及 V_D 的影響)

(3)　$\dfrac{\dot{V}_B}{V_B} = \dfrac{-4(\dfrac{\dot{V}_D}{V_D})}{(\dfrac{V_S}{V_D} - 4)}$…(溫度所造成的變化率)

(4) $\dfrac{\dot{V_D}}{V_D} \approx -2500\text{ppm/}°\text{C} \cdots$（矽質二極體的溫度係數…半導體特性）

(5) $\dfrac{\dot{S}}{S} \approx -2300\text{ppm/}°\text{C} \cdots$（靈敏度 S 的溫度係數…廠商提供）

若所加的電源 $V_S = 6\text{V}$，而 $V_D = 0.7\text{V}$ 時，可得到 $\dfrac{\dot{V_B}}{V_B}$ 為

$$\frac{\dot{V_B}}{V_B} = \frac{-4(-2500\text{ppm/}°\text{C})}{(\dfrac{6}{0.7} - 4)} = +2188\text{ppm/}°\text{C}\text{，且已知}$$

$$V_O = S \times P \times V_B, \ \dot{V_O} = \frac{\partial V_O}{\partial T} = \frac{\partial S}{\partial T} \times P \times V_B + S \times P \times \frac{\partial V_B}{\partial T}$$

$$\dot{V_O} = \dot{S} \times P \times V_B + S \times P \times \dot{V_B}$$

$$\frac{\dot{V_O}}{V_O} = \frac{1}{S \times P \times V_B}(\dot{V_D}) = \frac{1}{S \times P \times V_B}(\dot{S} \times P \times V_B$$
$$+ S \times P \times \dot{V_B})$$

$$\frac{\dot{V_O}}{V_O} = \frac{\dot{S}}{S} + \frac{\dot{V_B}}{V_B} = (-2300\text{ppm/}°\text{C}) + (2188\text{ppm/}°\text{C})$$

$$= -112\text{ppm/}°\text{C} \cdots\cdots \text{二極體補償後，} V_O \text{ 的變化率}$$

也就是說使用二極體做為溫度補償以後，V_O 隨溫度補償而改變的量，已下降到百萬分之 112 而已。若沒有以二極體做溫度補償時，即電橋輸入端直接到 V_S 和 GND，則 $\dfrac{\dot{V_B}}{V_B} = \dfrac{\dot{V_S}}{V_S} \approx 0$，因 V_S 已被要求必須相當穩定不受溫度影響。一般參考電壓 IC 所得到的穩定電壓，對溫度的影響在 100ppm/°C 以內，所以

$$\frac{\dot{V_O}}{V_O} = \frac{\dot{S}}{S} + \frac{\dot{V_B}}{V_B} = \frac{\dot{S}}{S} + \frac{\dot{V_S}}{V_S} = (-2300\text{ppm/}°\text{C}) + (100\text{ppm/}°\text{C})$$

$$= -2100\text{ppm/}°\text{C} \cdots\cdots \text{未做溫度補償時 } V_O \text{ 的變化率}$$

上述補償與否的變化率，很明顯地看到，補償與未補償之間的穩定性，幾乎相差 20 倍（－112ppm/℃和－2100ppm/℃）。

圖 20-18(b) 係以電晶體當做溫度補償電路。其分析如下：

因 $V_{BE} = (V_S - V_B)(\frac{R_2}{R_1 + R_2})$，所以

(1)　$V_B = V_S - \alpha V_{BE}$，$\alpha = \frac{R_1 + R_2}{R_2} = \left(1 + \frac{R_1}{R_2}\right)$

(2)　$\frac{\dot{V_B}}{V_B} = -\left(\frac{\dot{V_{BE}}}{V_{BE}}\right)\left[\frac{\alpha}{\left(\frac{V_S}{V_{BE}} - \alpha\right)}\right]$ ……（溫度所造成的變化率）

(3)　$\frac{\dot{V_{BE}}}{V_{BE}} \approx -2500\text{ppm/℃}$ ……（矽值電晶體 V_{BE} 的溫度係數）

(4)　$V_{BE} = 0.7\text{V}$

若 $V_S = 9\text{V}$，$R_1 = 4.02\text{K}$，$R_2 = 787\Omega$，則

$$\alpha = 1 + \frac{R_1}{R_2} = 6.1$$

$$V_B = V_S - \alpha V_{BE} = 9V - 6.1 \times 0.7$$

$$= 4.72V \cdots （在安全範圍以內）$$

$$\frac{\dot{V_B}}{V_B} = -(-2500\text{ppm/℃})\left[\frac{6.1}{\left(\frac{9}{0.7} - 6.1\right)}\right]$$

$$= 2256\text{ppm/℃}，又 \frac{\dot{V_O}}{V_O} = \frac{\dot{V_B}}{V_B} + \frac{\dot{S}}{S}$$

$$\frac{\dot{V_O}}{V_O} = (2256\text{ppm/℃}) + (-2300\text{ppm/℃}) = -44\text{ppm/℃}$$

原本不做補償時有－2100ppm/℃的溫度係數，目前乃用電晶體 V_{BE} 隨溫度上升而下降的特性，來補償電橋因溫度所產生的誤差，使

整個電路受溫度的影響減少。輸出電壓的溫度係數只剩下 $-$ 44ppm/℃。

練習：

1. 一般指的 Sensor 和 Transducer 其定義上主要區別何在？

2. 搜集荷重元件的資料 3 種。

3. 搜集氣液壓感測器 3 種。

4. 若 $V_S = 12V$ 時，圖 20-18(b) 的 R_1 和 R_2 你會選用多少？

5. 若 $V_S = 5V$，$R_1 = 3.32K$，$R_2 = 1.37K$ 時，圖 20-18(b) 之 $\dfrac{\dot{V}_B}{V_B} = ?$

20-6 定電流驅動

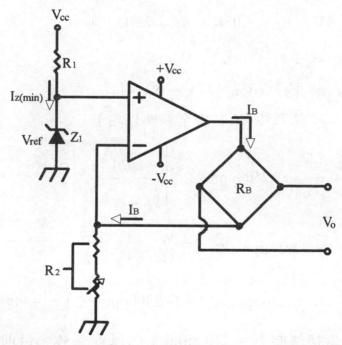

(a) OP Amp 組成定電流

圖 20-19 定電流驅動壓力感測器

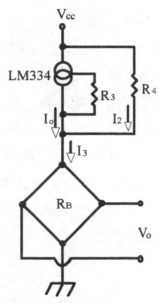

(b) 穩壓 IC 組成定電流

圖 20-19　（續）

常用的定電流源有負載浮接型和負載接地型兩種。但不管那一種電流源，最重要的是，所使用的零件，其溫度係數必須愈小愈好，以減少溫度對電路的影響。

各元件的功用：

(1)　R_1：限流電阻，且必須 $R_1 < \dfrac{V_{CC} - V_{ref}}{I_{Z(min)}}$，以保護 Z_1 參考電壓 IC [非一般齊納 (Zener) 二極體]。

(2)　R_2：電流校正電阻，其目的在使流過 R_B 的電流 I_B，不隨 R_B 的大小而改變，因 OP Amp 虛接地的關係，$I_B = \dfrac{V_{ref}}{R_2}$，則 R_2 固定後，I_B 也就是定電流了。

(3)　R_B：代表壓力感測器之電阻電橋。

(4)　R_3：使 I_O 爲定電流源。依 LM334 資料，得知 $I_O = \dfrac{67.6\text{mV}}{R_3}$，則只要 R_3 不變，則 I_O 爲固定電流。

(5)　R_4：溫度補償用電阻，用以補償 LM334 因溫度所造成的誤差，使得 I_B 能保持定值。其中 $R_4 \gg R_3$。

　　當你在設計這些定電流驅動電路時，應先知道該壓力感測器的輸入阻抗 R_B 是多少，及所要選用的 V_B 是多少，才能訂出合理的 I_B，因 $V_B = I_B \times R_B$。而當知道 V_B 以後，就決定了 V_O 的變化情形。因 $V_O = S \times P \times V_B + V_O S$，其中只有 V_B 會因你所加的 I_B 不同而不同。若壓力感測器的 R_B 較小，爲得到較大的 V_O，則必須以較大的 I_B 驅動之。則可用如下練習題的方法。

練習：

1. 依圖 20-20 回答下列問題。V_B：電橋輸入端的端電壓。

(1)　Q_1，Q_2 是何種組合？

(2)　若 $V_{ref1} = 2.5\text{V}$，$I_{Z(\min)} = 100\mu\text{A}$，則 R_1 應小於多少？

(3)　誰決定 I_{B1} 的大小？若 $R_S = 2K\Omega$ 時，$I_{B1} = ?$

(4)　請找到參考電壓 IC，其穩定電壓爲 2.500V 的 IC 3 種。

(5)　若 $R_{B1} = 500\Omega$，而希望 $V_B = 6\text{V}$，電路應如何處理。

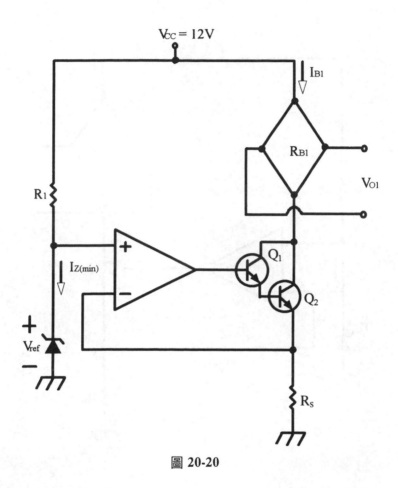

圖 **20-20**

2. 依圖 20-21 回答下列問題。

(1)　Q_3 是一個什麼零件？其主要特性為何？

(2)　若 $V_{ref2} = 6.9\text{V}$，$I_B = 10\text{mA}$ 時，$R_P = ?$

(3)　若 $R_{B2} = 600\Omega$，而希望 $V_B = 5\text{V}$，則電路應如何處理？

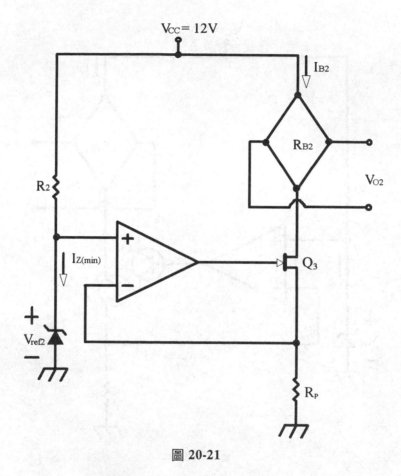

圖 20-21

20-7　壓力感測器的放大電路

　　壓力感測器乃以應變計組成電阻電橋的型式，我們將以實際壓力感測器的廠訂規格，說明必須放大的原因及放大電路應具備的特性。

　　SCC15A-ISO 的廠訂規格如下：

(1)　測試時的溫度：25℃。

(2)　驅動方式：定電流驅動，1mA。

⑶　輸入阻抗：$R_B = 5K\Omega$

⑷　測試範圍：0 Psi～ 15 Psi。

⑸　靈敏度：1.0mV/V・Psi～ 2.0 mV/V・Psi。

⑹　零壓輸出：$V_{OS} = -30\text{mV}～+20\text{mV}$。

由上述廠訂規格得知，當 $I_B = 1\text{mA}$ 時，$V_B = I_B \times R_B = 5\text{V}$，又

$$V_O = S \times P \times V_B + V_{OS}$$

$$V_{O(\text{max})1} = 2.0\text{mV/V}\cdot\text{Psi} \times 15\text{Psi} \times 5\text{V} + 20\text{mV} = 170\text{mV}$$

$$V_{O(\text{max})2} = 1.0\text{mV/V}\cdot\text{Psi} \times 15\text{Psi} \times 5\text{V} - 30\text{mV} = 45\text{mV}$$

從上述分析發現，壓力感測器的使用，必須注意到

⑴　同一型號的靈敏度不見得相同。目前 $S =1.0\text{mV/V}\cdot\text{Psi}～2.0\text{mV/V}\cdot$ Psi 其典型值為 1.5mV/v・Psi。

⑵　壓力 $P = 0$ 時，$V_O \neq 0$，而是 $V_O = V_{OS} = -30\text{mV}～+20\text{mV}$。

⑶　輸出電壓均不大。

上述分析當能理解壓力感測器輸出必須再經適當的放大，並且該放大電路要有如下的特性：

⑴　放大器要有極高的輸入阻抗，才不會造成負載效應，而影響輸出的正確性。一般放大器輸入阻抗 $R_i > 20R_B$ 以上。

⑵　為符合不同靈敏度的事實，放大器中必須預留靈敏度調整的功能。

⑶　壓力 $P = 0$ 時 $V_{OS} \neq 0(-30\text{mV}～+20\text{mV})$，必須於放大器中能做該項之歸零抵補調整。

⑷　放大器輸入針對電橋輸出兩端，必須具有差值放大的功能，以抵消共模雜訊的干擾。

⑸　具有穩定的放大率。

　　為滿足上述對放大器的要求，必須使用具有差值放大功能的放大器。首先我們以一般差值放大器說明之。

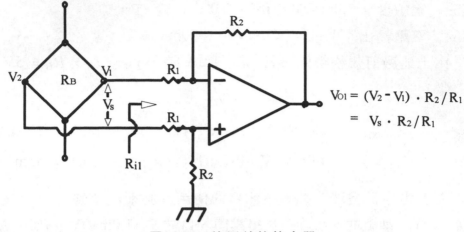

$$V_{O1} = (V_2 - V_1) \cdot R_2/R_1$$
$$= V_s \cdot R_2/R_1$$

圖 20-22　使用差值放大器

　　圖 20-22 是一個基本差值放大器，因其輸入阻抗 $R_{i1} = 2R_1$，對希望高阻抗的壓力感測器而言，似嫌輸入阻抗太小。所以一般壓力感測器很少使用這種放大器。

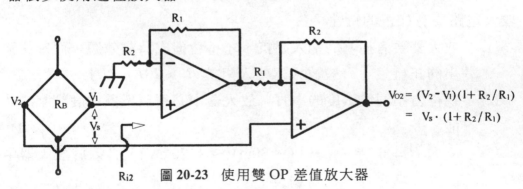

$$V_{O2} = (V_2 - V_1)(1 + R_2/R_1)$$
$$= V_s \cdot (1 + R_2/R_1)$$

圖 20-23　使用雙 OP 差值放大器

　　圖 20-23 雙 OP 差值放大器，因兩個 OP Amp 對電阻電橋而言，都是同相放大器，都由 "＋" 端輸入，使得其輸入阻抗 R_{i2} 非常大。且其輸出乃差值信號 $(v_2 - v_1)$ 被放大。故已被廣泛地使用於壓力感測電

路。

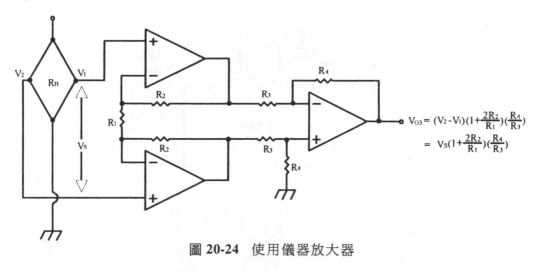

$$V_{O3} = (V_2 - V_1)(1 + \frac{2R_2}{R_1})(\frac{R_4}{R_3})$$

$$= V_S(1 + \frac{2R_2}{R_1})(\frac{R_4}{R_3})$$

圖 20-24　使用儀器放大器

　　圖 20-24 是一個標準型儀器放大器，經常被使用於電阻電橋做為差值信號放大。且目前已經有許多 IC 化的儀器放大器供你選用。如 AD524，AD620……。

　　但不管使用那一種放大器，所使用的 OP Amp 必須選用溫度漂移較小的 OP Amp。又因電阻電橋壓力感測器使用外，其它感測元件，只要是電阻變化者，都有可能使用電阻電橋，把電阻的變化量轉換成電壓的變化量。所以目前已有許多專為電阻電橋轉換而開發的專屬 IC，如 AD22055，1B31，1B32……。其中 AD22055 為單電源操作的差動放大器，可適用於一般電阻電橋。

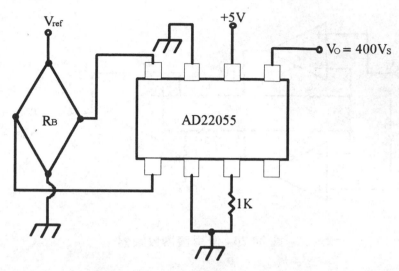

圖 20-25 AD22055 當電橋放大器

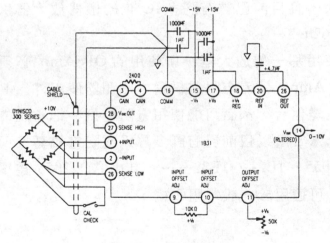

(a) IB31 應用之一

圖 20-26 變化電阻專屬 IC

資料來源：Analog Devices 公司資料手冊 II

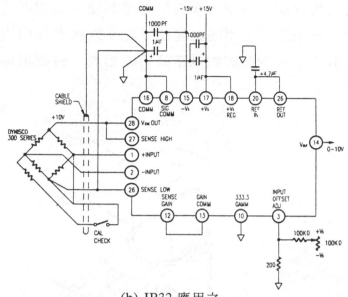

(b) IB32 應用之一

圖 20-26 （續）

資料來源：Analog Devices 公司資料手冊 II

　　提出專屬 IC 參考線路的目的，乃在於告訴你，當需要精確的量測時，不一定要自己慢慢設計，而是可以找到相配合的專屬 IC，就能很快地完成你的作品，並達到所需的規格。

　　至於如何設計相關放大器，而達到把壓力所產生的電阻變化轉換電壓輸出，並做靈敏度及歸零等調整，將於下一章有關壓力感測器應用線路分析中加以說明。

20-8　應變計應用……重量感測

　　電子稱用以量測重量的大小，它是使用適當的機械結構把重量轉換成相對的作用力，使金屬箔膜應變計電阻電橋產生阻值的變化。於受壓線性範圍內所加的作用力（重量），將使應變計阻值的變化與重量

成正比。這種用於測量重量大小的壓力感測器，我們稱之為荷重元件
(Load Cell)。各廠家所應用的原理都相同，以應變計組成電阻電橋為
感測單元，但各家所設計的機械結構不盡相同。僅提供如下的結構圖
供你參考。

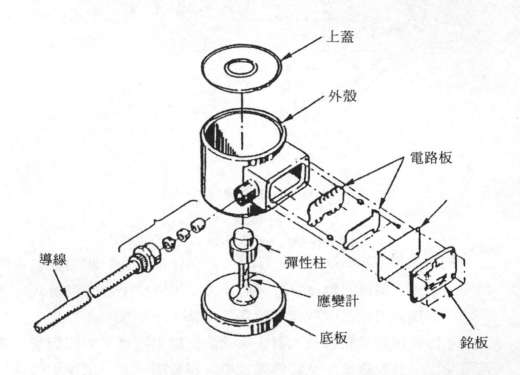

上蓋

外殼

電路板

導線

彈性柱

應變計

底板

銘板

圖 20-27　荷重元件結構圖

　　依不同的機械結構，使得荷重元件所量測之重量由公克、公斤到
公噸，都有適當的產品可供選用。荷重元件之轉換電路，放大電路均
如前面各節說明的方法，荷重元件的規格資料與前述壓力的規格資料
相似。只是荷重元件是以公斤或磅為其作用的單位。圖 20-28 為各種
荷重元件的實物圖。

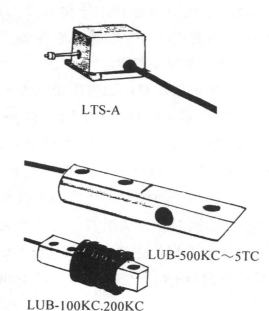

LTS-A

LUB-500KC～5TC

LUB-100KC.200KC

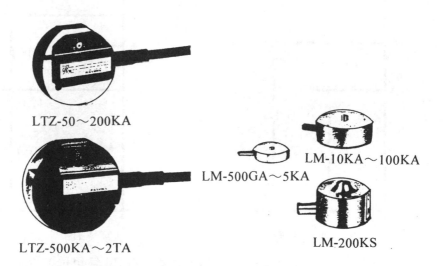

LTZ-50～200KA

LM-10KA～100KA

LM-500GA～5KA

LTZ-500KA～2TA

LM-200KS

圖 20-28　各種荷重元件實物

20-9　應變計應用……氣液壓感測

　　測量氣液壓的感測器也是利用應變計受力而改變其電阻值的原理，以半導體技術所完成的半導體壓力感測器。各種氣液壓的單位於表 20-1 中均詳細列出其相互關係。

　　氣液體之壓力被定義爲單位面積所受的力，在公制單位中以牛頓/ 米平方 (Nt/m^2) 來表示，簡稱爲 Pa(巴斯格)，英制單位中以磅/ 平方英吋 (lb/in^2) 來表示，簡稱爲 Psi (Pound per Square inch)，尚有其它單位如 atm，mm-Hg，mbar……。但不論它是使用那一種單位，於氣液壓的量測中，壓力的大小是一種相對值的關係，故分爲三種壓力⑴絕對壓力⑵常規壓力⑶差值壓力。爲區分量測壓力的種類及其感測器的不同，各種壓力單位之後分別加上 a，g，d 以代表絕對壓力 (absolute)，常規壓力 (gage)，差值壓力 (differential)。

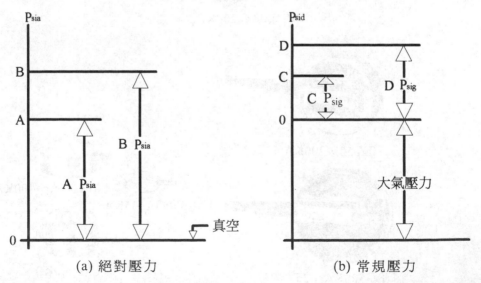

(a) 絕對壓力　　　　　　　　(b) 常規壓力

圖 20-29　各種壓力定義 (以 Psi 爲單位)

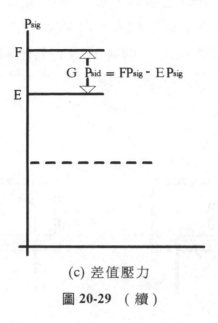

(c) 差值壓力

圖 20-29 （續）

(1)　絕對壓力 (absolute pressure)

以真空情況下的壓力爲零值之壓力量測單位。大都使用於密閉系統中之壓力量測。

(2)　常規壓力 (gage pressure)

把量測時的大氣壓力訂爲零值的量測系統所使用的單位。即測量該壓力比大氣壓力大多少或小多少的意思。其使用場合如人體血壓，水壓（水深），胎壓……，是最常使用的壓力量測系統。而比大氣壓力還小之壓力量測，常被視爲真空度之量測，可被稱之爲真空壓 (vacuum pressure)。

(3)　差值壓力 (differential pressure)

兩個壓力系統中，訂其中之一的壓力爲零值，用以量測兩者壓力相差少的壓力量測系統。

　　從圖 20-29 可以清楚地看到，氣液壓的量測，就好像電壓的量測一樣，若選定的參考點 (以誰代表 0V) 在那裡而定。所以用以量測絕對壓力，常規壓力及差值壓力的感測器，其結構也不相同。圖 20-30 分別表示各種壓力感測器的示意簡圖。

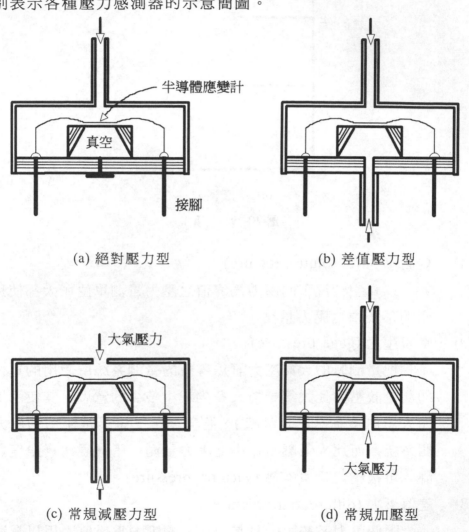

(a) 絕對壓力型　　　　　　　　(b) 差值壓力型

(c) 常規減壓力型　　　　　　　(d) 常規加壓型

圖 20-30 各種壓力量測示意圖

　　不論荷重元件的金屬箔膜應變計或氣液壓感測器的半導體薄膜應變計，都是以受力而改變其本身電阻的原理為依據。只是構造上和材質使用上有所不同而已。所以它們的轉換電路的型態都將相同，所使用的放大器也趨一致。

圖 20-31　各種氣液壓感測器實物

　　至於壓力感測器之使用及其規格說明和應用設計，將於第二十一章中逐一說明之。

練習：

1. 電阻變化量的偵測及轉換，除使用電橋的方法外，還有那方法可以把電阻的變化量轉換成電壓的變化量？

2. 請搜集適用於電阻電橋做信號處理 (轉換及放大) 的專屬 IC 3 種，並分析其使用方法。

3. 除了 20-1 所提的 6 種壓力感測應用實例外，請再提出 5 種壓力感測器的應用實例。

4. 當做電橋信號放大的放大器應具備那些特性？

第 21 章

壓力感測器
應用線路分析

　　不管金屬箔膜應變計之使用於荷重元件或半導體薄膜應變計之使用於氣壓感測。都被做成電阻電橋的型態，本章之應用線路分析，不再區分其種類，僅以實際原廠提供之線路，並由其廠訂規格為依據，逐一說明及分析。

21-1　使用壓力感測器應有的認識

　　荷重元件及氣體壓力感測器都以應變計的原理完成重量或壓力的量測，除重量與壓力的單位不同位外，其所列的規格項目差異不大，所用的電路已知大致相同，所以本章將以氣壓感測器的應用線路為主，做為線路分析的對象。以 COPAL 公司之 P-3000S 系列產品中的102G 為例，其規格如下：

表 **21-1**　P-3000S-102G、D、A 規格

類別\規格 型號	常規壓力 102G	差值壓力 102D	絕對壓力 102A	使用單位
額定壓力範圍	0 ～ 1	0 ～ ± 1	0 ～ 1	Kqf / cm^2
最大壓力	2	2	2	Kqf / cm^2
適用流體	非腐蝕性氣體			
線性‧磁滯誤差	± 025	± 0.3	± 0.5	%FSmax
溫度誤差	± 0.02 / 0.04 / 0.1	± 0.02 / 0.04 / 0.1	± 0.04 / 0.1	%FS/°C
驅動方式	1.5	1.5	1.5	mA DC
額定輸出	100 ± 30	100 ± 30	120 ± 60	mV
零位電壓 (25°C)	± 3	± 3	± 5	mV max
電橋阻抗	4700 ± 30%			Ω
補償溫度範圍	0 ～ + 50			°C

　　P-300S 系列的壓力感測器，有 G(常規壓力)，D(差值壓力)，

A(絕對壓力) 三種產品，我們以 P-3000S-102G 爲例，說明各參數的意義，茲逐一說明如下：

⑴　額定壓力範圍：$0 \sim 1$ Kgf/cm^2

代表可以精確量測的壓力的範圍在 $0 \sim 1$ Kgf/cm^2，相當於 $0 \sim$ 98.07KPa。

⑵　最大壓力：2 Kgf/cm^2

爲了確保較佳的直線性和較穩定的溫度補償效果，一般廠商都把規格做較嚴謹的訂定。也就是把額定壓力 $(0 \sim 1$ Kgf/cm$^2)$ 規定得較小。而最大壓力指的是在額定壓力範圍之外，還不致於破壞的壓力值。只是在額定壓力外做量測，其誤差量將大增，量測值將不準確。

一般最大壓力約爲額定壓力的 $2 \sim 3$ 倍，但若瞬間壓力太大時，可能使壓力感測器造成永久性的破壞，最好不要有大於 10 倍額定壓力的衝擊或震動發生，否則你的壓力感測器，將永遠無法起死回生。

⑶　線性‧磁滯誤差

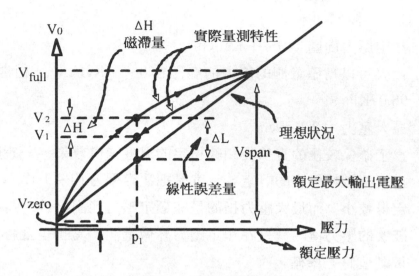

圖 21-1　壓力量測特性

線性‧磁滯誤差指的是線性誤差和磁滯誤差兩種，線性誤差指的是實際輸出與理想狀況的最大誤差量。其誤差百分比表示為：

$$線性誤差百分比 = \frac{\Delta L}{V_{span}} \times 100\%$$

而磁滯誤差乃因壓力感測於增壓與減壓的過程中，對同一壓力 P_1 卻有不同的輸出 V_2 和 V_1。該項輸出電壓的差值 $\Delta H = V_2 - V_1$，為磁滯量，以百分比表示為

$$磁滯誤差百分比 = \frac{\Delta H}{V_{span}} \times 100\%$$

目前 $\pm 0.25\%$ FS_{max} 表示該壓力感測器 (P-3000S-102G) 之線性誤差與磁滯誤差百分比，最多只有 $\pm 0.25\%$，即 ΔL 的最大值或 ΔH 的最大值只有 V_{span} 的 $\pm 0.25\%$，而其中 V_{span} 是指當壓

力＝0 到壓力＝額定壓力的最大值 (1 Kgf/cm^2) 時輸出的增量。即

$$V_{\text{span}} = V_{\text{full}} - V_{\text{zero}}$$

則該感測器的壓力靈敏度，可表示爲每單位壓力所得到的輸出電壓。

$$壓力靈敏度\, S = \frac{V_{\text{span}}}{額定壓力}$$

⑷　適用流體：非腐蝕性氣體

於目前所用的 P-3000S-102G 適用於非腐蝕性氣體。而 P-5000S 系列的產品，如 P-5000S-102G 則能適用於液體和氣體。

⑸　溫度誤差：±0.02/0.04/0.1 %FS/℃ max

表示 P-3000S-102G 有三種等級的產品分類，受溫度影響時，其輸出電壓每℃最大改變量爲滿刻度 (FS= V_{span}) 的百分之 ±0.02，±0.04 或 ±0.1。選用溫度誤差較小者當然較佳，只是價格較高，溫度誤差，即一般所談，或其它廠家所列的輸出電壓溫度係數。

⑹　驅動方式：1.5mA

代表 P-3000S 系列的產品是以定電流的方式驅動。其電流可以加到 1.5mA 而已。且最好以 1.5mA 驅動之，則其它廠訂電流規格，才視爲正確及有效之數據。

⑺　額定輸出：100±30mV

表示於 1.5mA 定電流驅動的情況下，當量測之壓力爲額定壓力的最大值 (1 Kfg/cm^2) 時，P-3000S-102G 的輸出電壓爲 100mV±30mV。即 70mV～130mV。

⑻　零位電壓：±3mV

表示在沒有加壓的情況下，壓力 $P=0$，但因電橋的不平衡，使得輸出電壓 $V_O \neq 0$，此時的輸出電壓即 V_{zero}，有的廠商訂為不平衡電壓或偏移電壓。

⑼　電橋阻抗：4,700Ω±30%

表示電阻電橋於輸入端所測得的阻抗，典型為 4700Ω±30%，而有的廠商更列出輸出端的阻抗供你參考使用。

⑽　補償溫度範圍：0～＋50℃

表示 P-3000S-102G，具有內部溫度補償電路[圖 20-15(b)]，有效的補償位於 0℃～50℃之間，其它溫度範圍，其補償效果不佳。

　　從上述各項規格的說明及認識中，我們整理出如下各點的注意事項：

⑴　P-3000S 系列壓力感測器是用直流 1.5mA 之定電流驅動。

⑵　待測壓力的範圍，最好在額定壓力範圍之內，若超範圍使用時，也不要超過最大壓力的規定，否則準確度會很差，甚致造成永久性的破壞。

⑶　在精密度與經費的考慮下，應選用適當的線性‧磁滯誤差，以符合你系統的要求。

⑷　量測的環境，儘量保持固定溫度，以免影響準確度。

⑸　同一型號的壓力感測器，其參數差距頗大，必須小心處理。

　①　輸出電壓：100mV±30mV＝70mV～130mV。

　②　零位電壓：±3mV＝－3mV～＋3mV。

　③　電橋阻抗：4700±30%＝3290Ω～6110Ω

所以在設計壓力感測器的時候，必須

① 以增益調整克服輸出電壓的不同。

② 以抵補調整克服零位電壓的不同。

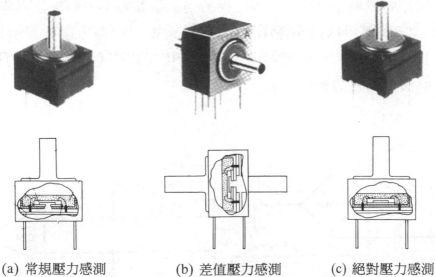

(a) 常規壓力感測　　　(b) 差值壓力感測　　　(c) 絕對壓力感測

圖 **21-2**　P-3000S-102G、D、A

21-2 壓力量測電路分析之㊀⋯⋯
±500mmHg 壓力計

我們希望做一個能測量比目前大氣壓力大或比大氣壓力小的壓力計，首先必須選用常規壓力感測器。若選用 P-3000S-401G 為圖 21-3 的壓力感測單元，其規格如下。

P-3000S-401G 重要規格數據：

⑴　額定壓力範圍：0～300mmHg

⑵　最大壓力：1 Kgf/cm^2 = 735.6mmHg

⑶　驅動方式：定電流驅動，DC 1.5mA

⑷　額定輸出：70±50mV = 20mV～120mV

⑸　零位電壓：±5mV

⑹　電橋阻抗：4700Ω±40%

　　我們將依順序分析：1.各元件的功能 2.量測壓力範圍之考慮 3.OP Amp 電源電壓的決定 4.輸出電壓與放大率，最後才談整個線路的分析，及其調校步驟。希望經由逐步分析中，能學會一般設計的技巧，及線路設計時應考慮的項目。

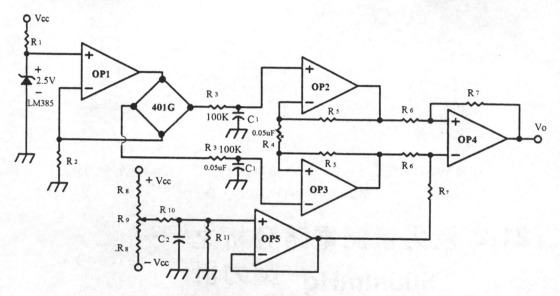

圖 21-3　±500mmHg 常規 壓力量測線路

1.　各元件的功能：

⑴　R_1 及 LM385-2.5：
限流與降壓電阻，用以確保 LM385-2.5 參考電壓 IC 能穩定地工作。並使其端電壓為 2.500V。

⑵　OP1，401G 及 R_2
由 LM385-2.5 提供 2.500V 之穩定電壓給 OP1，則流經 401G 的電流由 R_2 決定。因而形成定電流驅動，以符合 401G 的規格。

其定電流為 $\dfrac{2.500V}{R_2}$。

(3)　R_3，C_1：

是一個低通濾波電路，用以消除各種高頻的干擾，同時提高了 OP2 和 OP3 的直流輸入阻抗。有關該低通濾波器的頻率特性。（參閱拙著 OP Amp 應用＋實驗模擬，第十章，全華 2470），其截止頻率 f_c 為

$$f_c = \frac{1}{2\pi R_3 C_1} = \frac{1}{2 \times 3.14 \times 100K \times 0.05\mu T} = 31.8Hz$$

(4)　OP2，OP3，OP4，$R_4 \sim R_7$：

該部份由三個 OP Amp 及 $R_4 \sim R_7$ 構成標準的儀器放大器，R_4 負責增益調整。如此便有極高的輸入阻抗，其放大率為：

$$A_V = \left(1 + \frac{2R_5}{R_4}\right)\left(\frac{R_7}{R_6}\right)$$

(5)　R_8，R_9，R_{10}，R_{11}：

構成分壓電路，可調整 R_9 使 R_{11} 上產生一小電壓，提供給 OP5 做為抵消 V_{zero} 的來源。而 R_9 為歸零調整。

(6)　OP5：

電壓隨耦器放大率為 1 倍，但它具有極高的輸入阻抗，避免 $R_8 \sim R_{11}$ 抵補調整電路影響 OP2～ OP4 儀器放大的特性。即 OP5 在此乃提供阻抗隔離的效果，同時達到提供抵補電壓給儀器放大器，以抵消因電橋不平衡所造成的 V_{zero}。

2.　量測壓力範圍的考慮

P-3000S-401G 的額定壓力範圍為 0～ 300mmHg，最大壓力為 1 Kfg/cm² = 735.6mmHg。所以我們設計該壓力量測的範圍在 −500mmHg～ ＋ 500mmHg，以充分發揮其功用。但你必須注意在 − 300mmHg～ ＋

300mmHg 範圍內的壓力量測準確度是可靠的。而 $-$ 500mmHg$\sim-$ 300mmHg 及 $+$ 300mmHg$\sim+$ 500mmHg 雖可量測，但其誤差可能大一些。請以負責任的態度標示出來，以告知你的客戶。

3. OP Amp 電源電壓的決定

若我們也選用 1.5mA 之定電流去驅動 P-3000S-401G 時，因其電橋的阻抗為 4700Ω±40%，則阻抗範圍為 2820Ω～ 6580Ω，則電橋兩端的端電壓 V_B = 2820Ω × 1.5mA = 4.23V 到 6580Ω × 1.5mA = 9.870V。

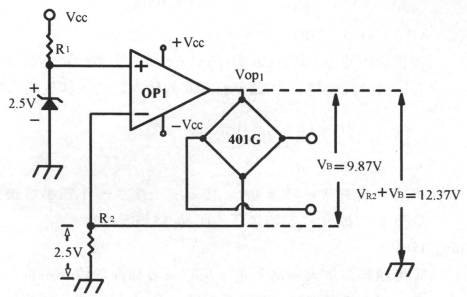

圖 21-4　±V_{CC} 的決定

圖 12-4 得知 OP1 的輸出電壓 $V_{OP1} = V_{R2} + V_B$ 可能高到 12.37V 若在考慮 OP Amp 飽和電壓 $E_{sat} \approx (V_{CC} - 2V)$ 及溫度的影響，勢必要比 12.37V 大 2V 以上，所以我們才選用 ±V_{CC} = ±15V。

4. 輸出電壓與放大率

大部份感測器應用中，最後均以輸出電壓的大小，代表物理量的大小。而一般輸出電壓大小的設定乃依據所使用的指示電路而定。

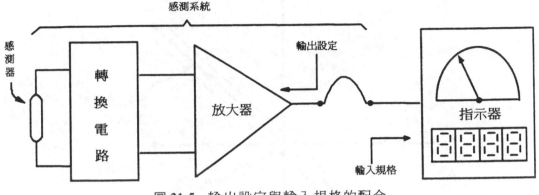

圖 21-5　輸出設定與輸入規格的配合

若所使用指示器輸入規格為0～5V，則你的感測系統的輸出必須是：量測物理量的最小值，使輸出設定在0V，量測物理量的最大值，使輸出設定在5V。如此才能讓指示器做最有效的指示。從最小指示到最大。

若目前圖 21-3 壓力量測系統是以 － 5V 代表 － 500mmHg，＋ 5V 代表 ＋ 500mmHg，則我們就可以讓輸出設定為 ±5V。而得到如圖 21-6 所示的特性。

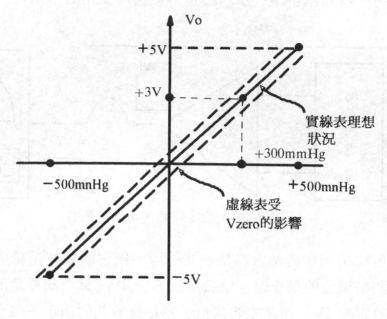

圖 21-6　輸出特性

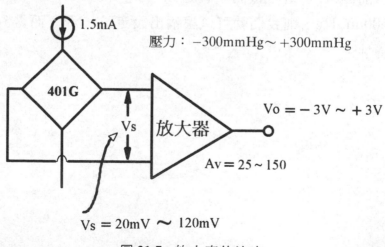

圖 21-7　放大率的決定

　　雖然我們訂壓力範圍在 － 500mmHg～ ＋ 500mmHg，但爲設計值的準確，依然要以原廠所保證的數據爲設計時的依據。因 P-3000S-401G 的額定輸出爲 70± 50mV，表示壓力在 300mmHg 時，V_S 的可能範圍在 20mV～ 120mV。

　　但經放大器放大以後的輸出電壓，如圖 21-6 所示，希望在 － 300mmHg 時，$V_O = -3V$，＋ 300mmHg 時 $V_O = +3V$。則 OP2～ OP4 所組成之儀器放大器的放大率，A_V 應該爲

$$A_V = \frac{3V}{120mV} = 25倍 \sim \frac{3V}{20mV} = 150倍$$

如何達到這個要求，待於放大電路分析時，再統一說明，以避免太多重複說明。

5.　電路分析

　　⑴　定電流電路分析：

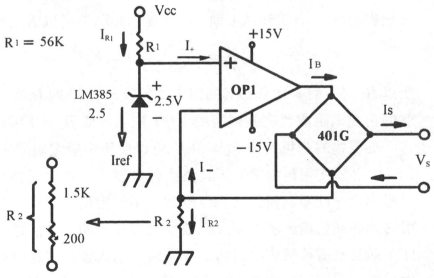

圖 **21-8**　定電流電路分析

選定流經 LM385-2.5 的電流，為其本身最小工作電流 $[I_{Z(\min)}]$ 的 10 倍，使 LM385-2.5 能穩定地工作。則

$$I_{ref} = 10 \times I_{Z(\min)} = 10 \times 20\mu A = 200\mu A$$

並選用漂移及抵補都很小的 OP Amp 當 OP1。（不限廠牌，請參閱第二章的附錄）。目前我們以 LM358 為 OP1。則 $I_{(+)}$，$I_{(-)}$ 均小小於 $200\mu A$ 可以說 $I_+ = I_- = 0\mu A$。則流經 R_1 的電流等於 I_{ref}，所以

$$R_1 = \frac{V_{CC} - 2.5V}{I_+ + I_{ref}} \approx \frac{V_{CC} - 2.5V}{I_{ref}} = \frac{12.5V}{200\mu A} = 62.5K\Omega$$

改用一般 56KΩ±5% 的電阻亦無妨，將更方便購得。而放大器已經決定使用儀器放大器，其輸入阻抗極高，則 $I_S \approx 0$，所以 $I_B = I_{R2}$。而 OP1 乃以電阻電橋 401G 為其負回授，具有放大器的功用，故有虛接地的現象存在，所以 $V_{(+)} = V_{(-)} = 2.500$V，已經訂好 $I_B = 1.5$mA，則 I_{R2} 亦為 1.5mA，所以 R_2 為

$$R_2 = \frac{V_{(-)}}{I_{R2}} = \frac{V_{(+)}}{I_B} = \frac{2.5V}{1.5mA} = 1.67K\Omega$$

所以 R_2 用一個 1.5KΩ±1% 的固定電阻及一個 200Ω 精密可調 10 圈的可變電阻取代之。則能由 200Ω 校正，使 $R_2 = 1.67K\Omega$。

從上述的分析得知 $R_1 = 56K$ 可以使用一般電阻器，$R_2 = 1.67K$ 必須使用精密電阻，且溫度係數要小，當然價格就較貴。提出這一問題其目的乃在提醒你，不一定所有感測電路中所用的元件都要精密型；溫度係數小的元件。如此才能達到東西好，並且要價格便宜的目的，才不致於陷入設計工程師的固執中，造成叫好不叫座的困境。

(2)　放大電路分析：

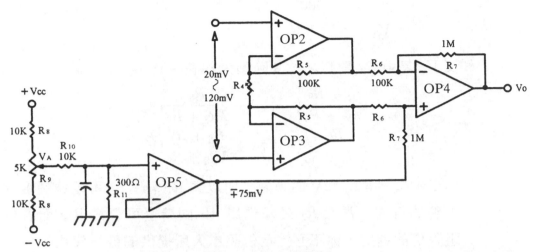

圖 **21-9**　放大器分析

已知必須設定放大器的放大率爲 25 倍～150 倍，則

$$\Big(1 + \frac{2R_5}{R_4}\Big)\Big(\frac{R_7}{R_6}\Big) = 25倍～100\ 倍，則$$

$$\frac{2R_5}{R_4} = 1.5倍～14\ 倍，所以\ R_4\ 的範圍爲$$

$$\frac{200K}{14} = 14.28K \le R_4 \le \frac{200K}{1.5} = 133K$$

則可選用一個 10 圈 $150K\Omega$ 的可調精密電阻取代 R_4。P-3000S-401G 的 $V_{\text{zero}} = \pm5mV$，經 OP2 和 OP3 放大以後，最大可能達到 $\pm5mV \times 15$ 倍 $= \pm75mV$。所以由 OP5 所提供的抵補電壓，若能達 $\mp75mV$ 時，就能抵消因電橋不平衡所造成的誤差。

而 $\mp75mV$ 是由 V_A 所提供

$$\frac{R_{11}}{R_{10} + R_{11}} \times V_A = \frac{300\Omega}{10K + 300\Omega} \times V_A = \mp75mV，$$

$$V_A = \frac{10K + 300\Omega}{300\Omega} \times (\mp 75mV)$$

$$V_A = \mp 2.575V$$

又 V_A 是由 R_9 調整之，其範圍大約在 $-3V \le V_A \le 3V$

$$\frac{R_8 + R_9}{2R_8 + R_9}(-V_{CC}) + \frac{R_8}{2R_8 + R_9}(V_{CC}) \le V_A \le$$

$$\frac{R_8}{2R_8 + R_9}(-V_{CC}) + \frac{R_8 + R_9}{2R_8 + R_9}(V_{CC})$$

已足夠調到 $\mp 2.575V$ 的範圍，所以調 $R_9(5K\Omega)$，可以達到零位調整的目的。當然 R_9 最好也用 10 圈精密可調電阻。而各電阻阻值的選用，你不必完全依照本人所提供的數據使用，只要其原理與依據正確，你大可自行設定相關參數，甚至不採用這種電路。

(3) 電路調校步驟

① 先確定 LM385-2.5 的端電壓是否穩定。為 2.500V±0.8%

② 調 200Ω 可變電阻，使 $I_B = 1.5mA$。

③ 在不加壓力的情況下，$P = 0$，調整 5KΩ 可變電阻，使 $V_O = 0$，此乃歸零校正。($P = 0$，指的是提待測氣體移開，則氣體進入口也位於大氣壓力之下，因 401G 乃常規壓力量測，以大氣壓力為零值)。

④ 加壓使 P 維持在 300mmHg 的情況下，調 R_4 增益控制，使 $V_O = 3.00V$ 則輸出靈敏度 S 為

$$S = \frac{V_O}{P} = \frac{3000mV}{300mmHg} = 10mV/mmHg$$

⑤ 重複③，④兩步驟，直到你所要求的準確度為止。

※儀器放大器的所有電阻，請均採用精密電阻。

21-3　壓力量測電路分析之㈡

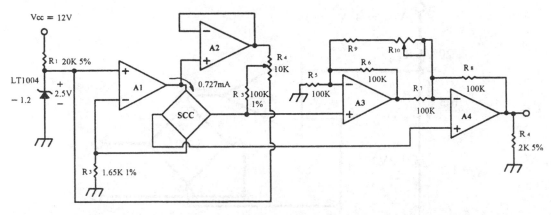

圖 21-10　差值壓力量測

　　圖 21-10 是一個以 Sen Sym 公司出品的 SCC15D 做爲差值壓力的量測線路，其原廠規格訂有：

(1)　額定壓力：0～15 Psid

(2)　零位電壓：－30mV～＋20mV

(3)　驅動方式：DC 1.5mA (max)

(4)　溫度誤差：0.25% FSO

(5)　輸入阻抗：4K～6.5K

(6)　輸出阻抗：4K～6.5K

　　其它規格請直接參閱該產品之資料手冊。其中溫度誤差 0.25%FSO，表示溫度變化會對輸出電壓造成影響。在 0℃～50℃ 所量測的輸出與 25℃ 時的輸出。會有最大百分之 0.25 的誤差。提出這項說明的目的在於提醒你，每一廠家所定義的規格，各有不同方式的依據，當替換不同廠家的產品使用時，必須重新了解其所訂規格的涵義。各元件功能與電路分析如下：

1. R_1，**LT1004-1.2**，A_1，**SCC**，R_3

　　該五個元件構成定電流驅動電路

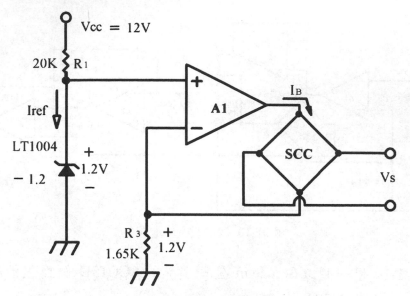

圖 21-11　定電流電路分析

$$I_{ref} = \frac{V_{CC} - 1.2V}{R_1} = \frac{10.8V}{20K} = 590\mu A$$

　　$I_{ref} = 590\mu A$ 已大大於 LT1004-1.2 參考電壓 IC 的最小工作電流 $I_{Z(min)} = 20\mu A$。所以它能提供一個穩定的 1.2V 直流參考電壓，而 I_B 的值為

$$I_B = \frac{V_{(-)}}{R_3} = \frac{V_{(+)}}{R_3} = \frac{1.2V}{1.65K} = 0.727\text{mA}$$

則符合 SCC 的規定，採定電流驅動，目前定電流為 0.727mA。

2. A_2，R_3，R_4

　　該三個元件主要是提供抵補調整，當 $P_d = 0$ 時，使 $V_O = 0V$，$P_d = 0$，代表差值壓力感測兩個氣體進入口的壓力相等。

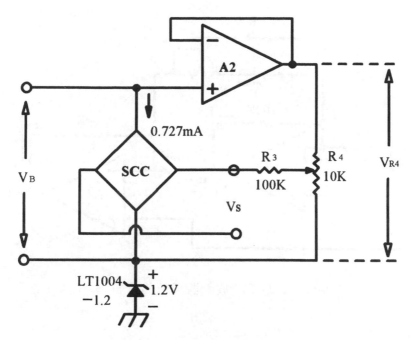

圖 21-12　零位調整部份的分析

　　當 $P_d = 0$ 時，若 $V_S \neq 0$ 則能由 R_4 的調整，使得 $V_S = 0$ 而達歸零校正的目的。依此方法提供歸零調整有一個好處，R_4 兩端的電壓，因 A_2 的存在，而等於 V_B。即 $V_{R4} = V_B$。若溫度改變而造成 SCC 內阻改變，將使得 V_B 也改變，相對地 V_{R4} 也隨之改變，一直保持 $V_{R4} = V_B$，而達到動態抵補效果，使得溫度對零位偏移的影響減小。

　　R_3 請使用 $100K\Omega$ 以上，以免因 R_4 的零位抵補調整，而改變了 SCC 電橋的特性。

3.　A_3，A_4 及 $R_5 \sim R_{11}$

　　這兩個 OP Amp 及相關電阻構成了一個高輸入阻抗之雙 OP 差值放大器，茲分析其線路如下。

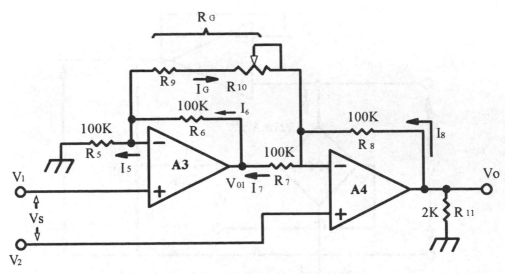

圖 21-13 放大器部份的分析

圖 21-13 的分析：

$$I_5 = \frac{V_1}{R_5}, \; I_6 = I_5 + I_G, \; V_{01} = I_6 R_6 + V_1, \; V_S = V_1 - V_2$$

$$I_G = \frac{V_1 - V_2}{R_G}, \; I_7 = \frac{V_2 - V_{01}}{R_7}, \; I_8 = I_7 - I_G, \; V_O = I_8 R_8 + V_2$$

$$R_5 = R_6 = R_7 = R_8$$

解上述各公式後，得知

$$V_O = 2\left(1 + \frac{R_8}{R_G}\right)(V_2 - V_1) = 2\left(1 + \frac{R_8}{R_G}\right)V_S$$

又因 V_1 及 V_2 都分別由 A_3 和 A_4 的 "＋" 端輸入，使得該放大器具有極高的輸入阻抗，且由 V_O 的公式看出，A_3 和 A_4 所組成的放大器乃針對 $(V_1 - V_2)$ 的差值電壓做放大，故適合電阻電橋使用。各電阻均要求使用精密電阻。

若以 SSC15D 為例，它所提供的參數，是在電流為 1.0mA 的測試條件下所建立的數據。額定壓力 0～ 15 Psid 時，其額定輸出為 40～95mV(請參閱其原廠資料)。但目前本電路的驅動電流為 0.727mA，所以其額定輸出將變成

$$40mV \times \frac{0.727mA}{1mA} = 29mv, \ \ 95mV \times \frac{0.727mA}{1mA} = 69mV$$

當壓力為 15 Psid 時希望 $V_O = 5V$，則放大器的放大率可能為：

$$\frac{5V}{69mV} = 72倍 \le A_V \frac{5V}{19mV} = 172倍，則$$

$$72 \le 2(1 + \frac{R_8}{R_G}) \le 172，則$$

$$\frac{R_8}{85} = \frac{100K}{85} = 1.18K \le R_G \le \frac{R_8}{35} = \frac{100K}{35} = 2.86K$$

所以我們選用固定電阻 $R_9 = 1K$，$R_{10} = 2K$ 為可調 10 圈精密型的可變電阻取代 R_G 。就能經由 R_{10} 的調整而得到正確輸出。

SCC 系列產品最大驅動電流為 1.5mA，而廠商是在電流為 1.0mA 時做測試，並依此提供相關數據。而我們為確保不會產生自體發熱的現象，而用 0.727mA 的電流，故不能直接使用在 1mA 條件下所給的數據。於感測電路應用設計時，必須稍加留意，以免誤用了還不自知。所以最好的設計乃依據原廠規定使用 1mA 的定流。

僅以此電路供各不同感測器使用，只要改變 R_9 和 R_{10}，就能使用 SCC05D， SCC30D……。所以列出相對之 R_9，R_{10}，供你參考也方便你使用。如表 21-2。

表 21-2　共用線路替換表

型號＼參數	放大率	R_9	R_{10}
SCC05D	106 ～ 275	500Ω	2K
SCC15D	72 ～ 172	1K	2K
SCC30D	46 ～ 115	1.5K	5K
SCC100D	30 ～ 81	2.26K	5K
SCC300D	57 ～ 137	1K	5K

4.　調校步驟

(1)　因 SCC15D 為差值壓力偵測，故令兩個氣體進入口的壓力相等，把兩進入口都置於大氣壓力之下，則差壓為 $P_1 - P_2 = 0$，此時調 R_3 做歸零抵補調整，使 $V_{out} = 0V$ ，若無法達到 $0V$，至少也要調到 $0.05V$ 以下或更低。

(2)　讓 $P_1 - P_2 = 15\text{Psid}$（最大額定壓力的情況），調 R_{10} 之增益控制，使輸出為 $5.00V$。則整個電路的輸出靈敏度 S 為

$$靈敏度 S = \frac{5.00V}{15\text{Psid}} = 333.33mV/\text{Psid}$$

(3)　重複(1)，(2)步驟，直到所要求的準確度為止。

練習：

1. 依圖 21-14 線路，回答下列問題：

(1)　對 SCX01 而言，是定電壓或定電流驅動？

(2)　A_1 為 LM10CN，其功用為何？（請查閱 LM10 之相關資料）

(3)　$V_{\text{REF}} = ?$　$V_E = ?$

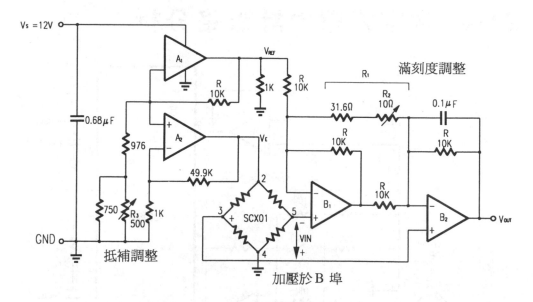

線路提示：
A：LM10CN (NS 和 L.T 公司)
B：TL1013CN (L.T 公司)
R：金屬波膜 1% 10KΩ 之電阻列。

圖 21-14　壓力量測線路分析之三

⑷　SCX01 的電橋阻抗為多少？(請查閱 SCX01 相關資料)

⑸　那一個元件負責歸零調整？

⑹　那一個元件負責增益控制？

⑺　B_1 和 B_2 組何種電路？且 V_{OUT}/V_{IN} 的範圍是多少？

2. 目前代理 Sen Sym 壓力感測器的公司是那幾家？請查明。

3. 代理 COPAL 壓力感測器的是那幾家公司？請查明。

※(並向他們索取相關資料，以利自己的學習)。

21-4　數字式壓力計線路分析

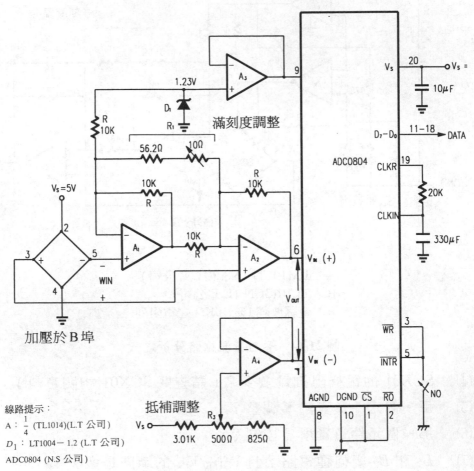

圖 21-15　數位式壓力計線路圖

　　這是一個以 SCX01D 爲壓力感測器，用以測量 0～1 Psid 的壓力計，並經 ADC0804 把相對的壓力大小以數位值輸出。首先我們先了解 SCX01D 的一些基本特性，然後再逐一分析各元件的功用及其計算值。

1. SCX01D 的特性：

⑴ 它是一個具有精確溫度補償的壓力感測器。

⑵ 它已經做過零位修正及平衡校正，所以它的零位電壓 V_{zero} 典型值爲 0V。

⑶ 輸出靈敏度爲 18mV/Psid，因額定壓力爲 0～1 Psid，所以額定輸出的最大值爲 18mV。

⑷ 它是一個定電壓驅動的壓力感測器。

⑸ SCX01 數據是在測試電壓爲 12V 所建立。

2. 各元件功能說明：

⑴ A_1，A_2：爲高輸入阻抗之雙 OP Amp 差值放大器。

⑵ A_3：電壓隨耦器，由 D_1(LT1004-1.2) 提供穩定的直流電壓，經 A_3 供給 ADC0804 做爲參考電壓。

⑶ A_4：由 R_3 調整適當的直流電壓，經 A_4 電壓隨耦器，提供給 ADC0804 的 $V_{IN(-)}$，做爲零位抵補調整。

⑷ R_1 中的 10Ω 是用來做放大器增益控制。

⑸ $R_3(500Ω)$：是用以做零位抵補調整。

3. 電路分析：

依圖 21-13 的方法析圖 21-16 時，得到

$$V_{OG} = 2\Big(1 + \frac{R}{R_1}\Big)(V_2 - V_1) + 1.23V，訂 (V_2 - V_1) = V_d$$

V_{OG} 中 1.23V 的固定直流電壓，將於加到 ADC0804 時，與 $V_{IN(-)}$ 做差值運算，即 $V_{IN(-)}$ 也被調成 1.23V。則

$$V_{OUT} = V_{IN(+)} - V_{IN(-)} = 2\Big(1 + \frac{R_2}{R_1}\Big)V_d$$

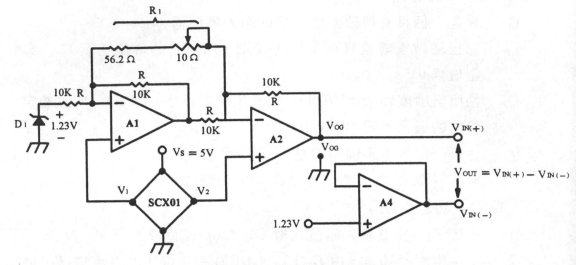

圖 21-16　放大電路分析

　　而 ADC0804 就是把 $(V_{IN(+)} - V_{IN(-)})$ 的類比電壓轉換成數位值。又因 ADC0804 第 9 腳 $(\frac{1}{2}V_{RET})$ 加的是由 A_3 所提供的 1.23V，代表 ADC0804 的全刻度電壓 $V_{Full} = \frac{1}{2}V_{REF} \times 2 = V_{REF} = 2.46V$，則 ADC0804 的步階大小 (Step Size)（最低位元的改變量）。

$$\text{Step Size} = \frac{V_{Full}}{2^N} = \frac{2.46V}{256} = 9.6mV$$

　　當 ADC0804 的數位輸出為 $11111111(= FF_{16})$ 時，表示 V_{OUT} 的最大值，ADC0804 的量化誤差為 $\frac{1}{2}$LSB $= \frac{1}{2}$Step Size，所以 V_{OUT} 的最大值為 $V_{Full} - \frac{1}{2}(StepSize) = 2.45V$，也就是說當差值壓力為 1 Psid 時，$V_{OUT}$ 為 2.45V。

　　已知 SCX01D 當 $P = 1$ Psid 時，其電橋額定輸出為 17.82mV～18.18mV。但請注意，該額定輸出是在 $V_S = 12V$ 的條件下測得，而現

在我們所用的 V_S 爲 5V。因 $V_d = S \times P \times V_B$，目前公式中的 $V_B = 5$V 而不是 12V，所以

$$\frac{5}{12} \times 17.82\text{mV} = 7.425\text{mV} \leq V_d \leq \frac{5}{12} \times 18.18 = 7.575mV$$

則放大率 A_V 應該爲

$$\frac{2.45V}{7.575mV} = 323倍 \leq A_V \leq \frac{2.45V}{7,425mV} = 330倍，則$$

$$323 \leq 2\left(1 + \frac{R_2}{R_1}\right) \leq 330, \quad 160 \leq \frac{R}{R_1} \leq 164, \quad R = 10K$$

$$\frac{10K}{164} = 60.92\Omega \leq R_1 \leq \frac{10K}{160} = 62.5\Omega$$

所以 R_1 用一個 56.2Ω 固定電阻和一個 10Ω 的可變電阻取代，目前 ADC0804 是接成自由模式，只要電源 ON 以後，在開關上壓一下，提供啟始信號給 ADC0804，就能把 V_{OUT} 電壓值轉換成數位值。便能由數指示器（七線的顯示器或 LCD 顯示器），指示其量測壓力的大小了。有關 ADC0804 的相關資料與應用，請參閱拙著（全華 2470)。

4. 調校步驟：

⑴　這是一個使用單電源 5V 的系統，使用上相當方便。

⑵　在不加壓的情況下 (PORT A 和 PORT B 壓力相等)，調 $R_3(500\Omega)$ 使數位輸出的值爲 00_{16}，至少要調到只有最低位元 (LSB) 會變化，其它各位元都保持 0。

⑶　於 PORT B 加壓，使 PORT B 的壓力大於 PORT A 1 Psid，並調整 R_1 的 10Ω 可變電阻，使數位輸出的值爲 FF_{16}，至少要調到只有最低位元 (LBS) 會變化而已，其它各位元都保持 1。

⑷　重複⑵，⑶的步驟，達到你的要求爲止。

　　　※注意※

※ ADC0804 的數位輸出是二進制而不是 BCD 碼。

※ ADC0804 有類比接地和數位接地，必須分開處理，以免產生無法預估的干擾。（參閱全華 2470，第十四章）。

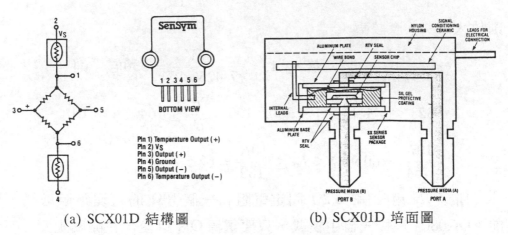

(a) SCX01D 結構圖　　　　　　　　(b) SCX01D 培面圖

圖 21-17　SCX01D 圖面資料

（資料來源：Sen Sym 公司、擎罡實業提供）

練習：

1. 對 ADC0804 而言，其振盪頻率由誰決定？頻率為多少？

2. $\overline{WR}$，$\overline{INTR}$，$\overline{RD}$ 各腳所負責的工作是什麼？

3. 若 $\dfrac{V_{REF}}{2}$ 加 1.28V 時，ADC0804 的 Step Size 是多少？

4. 依圖 12-18 所示請回答下列各問題。

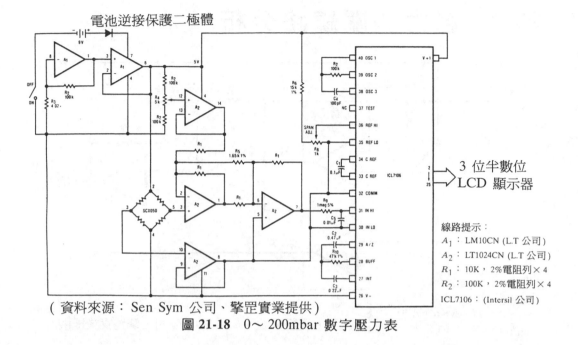

（資料來源：Sen Sym 公司、擎罡實業提供）

圖 21-18　0～200mbar 數字壓力表

　　圖 21-18 中的 ICL7106 是一種內含 A/DC 轉換器和數位顯示驅動器的 IC，它的輸出可以接到 $3\frac{1}{2}$ 數字顯示之 LCD 板，有關 ICL7106 的各腳功用及使用方法，請參閱原廠資料，我們在乎的是壓力轉換及放大器部份。

⑴　圖中兩個 A_1 各有何功用？

⑵　這電路是乾電池 9V 操作，為什麼 A_2 及 ICL7106 使用 5V？

⑶　A_2 的主要功用為何，共有四個 A_2，請分類說明之。

⑷　SCX05D 的驅動為定電流或定電壓，其驅動之電流或電壓為多少呢？

⑸　負責信號放大的部份，其放大率為多少。（放大 SCX05D 第 3、5 腳的信號。

⑹　誰負責做歸零校正？

21-5 壓力開關線路分析

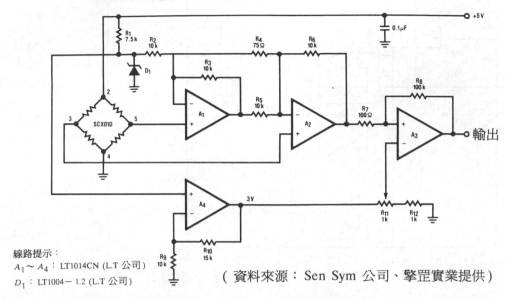

（資料來源：Sen Sym 公司、擎罡實業提供）

圖 21-19 0.5 Psid 壓力開關

　　所謂壓力開關乃指壓力達到某一定值後，使輸出動作或停止的壓力感測電路。圖 21-19 是 0.5 Psid 的壓力開關，當壓力達到 0.5 Psid 以上時，輸出 OUTPUT＝H (4.3V)，壓力小於 0.5 Psid 時，輸出 OUTPUT＝L(0.4V) 以下。即壓力大於 0.5 Psid，V_{03} = 4.3V 以上，壓力小於 0.5 Psid，V_{03} = 0.4V 以下，我們就能以 V_{03} = 4.3V 及 V_{03} = 0.4V 去控制壓力閥或馬達，而達到壓力偵測及控制應用的目的。

1. 各元件的功用：

(1) SCX01D：差值壓力感測器額定壓力為 0～1 Psid。

(2) A_1，A_2 及 R_2～R_6：為高輸入阻抗之雙 OP Amp 差值放大器。

(3) D_1：參考電壓 IC，提供 1.2V 的穩定直流電壓給放大器及給 A_4

做爲定值 (3V) 的來源，並加到 A_1，A_2 差值放大電路。

(4)　A_3，R_7，R_8：是一個磁滯比較器，用以判斷壓力是否超過 0.5 Psid，使其輸出 $V_{03} = 4.3V$ 或 $V_{03} = 0.4V$。

(5)　A_4：同相放大器，放大 D_1 所提供的參考電壓 (1.2V)，使其輸出能達 3V，做爲壓力設定使用。

(6)　R_{11}，R_{12}：分壓電阻，用以調整所要設定的壓力。

(7)　R_1：降壓限流電阻，讓 D_1 有適當的電流，以使 D_1 穩定地工作，而得到 1.2V 之參考電壓。

2.　電路分析：

SCX01D 的輸出分別加到 A_1 和 A_2 的 "+" 端，其放大率如圖 21-13 所示：

$$V_{02} = 2(1 + \frac{10K}{R_4})V_d + V_{D1}, \quad V_d = V_3 - V_5$$

V_3，V_5 分別代表 SCX01D 第 3，第 5 腳的電壓。

SCX01D 是在 12V 的情況下做測試，但目前所用的驅動電壓卻是 + 5V，與測試規格有所不同，故必須修正其輸出靈敏度 S

$$靈敏度\, S = \frac{5V}{12V} \times 18\text{mV/Psid} = 7.5mV/\text{Psid}$$

現在壓力開關要設定在 0.5 Psid，則 V_d 的大小爲

$$V_d = V_3 - V_5 = 0.5\,\text{Psid} \times 7.5mV/\text{Psid} = 3.75mV，所以\, V_{02}\, 爲$$
$$V_{02} = 2(1 + \frac{10K\Omega}{75\Omega}) \times 3.75mV + 1.2V \cdots\cdots 代表壓力爲 0.5\,\text{Psid}$$
$$= 2.2075V \cdots\cdots 0.5\,\text{Psid}\, 時\, V_{02}\, 的輸出電壓$$

當壓力爲 1 Psid 的最大額定壓力時，V_{02} 的最大電壓 $V_{02(\text{max})}$ 爲

$$V_{02(\text{max})} = 2(1 + \frac{10K}{75}) \times 7.5\text{mV} + 1.2V$$

= 3.2V⋯1.0 Psid時，V_{02}的輸出電壓。

$$A_{V2} = \frac{V_{02}}{V_d} = 2(1 + \frac{10K}{75}) = 268.6倍$$

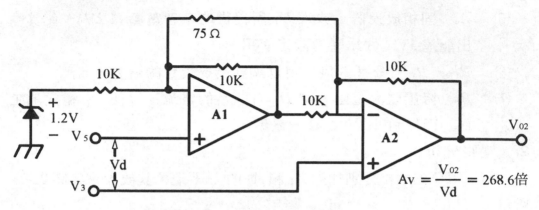

圖 **21-20**　放大電路分析

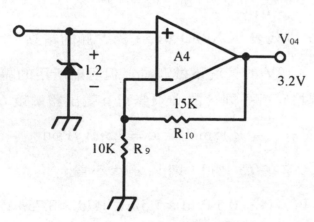

(a) A_4 爲非反相放大

圖 **21-21**　A_3，A_4 的分析

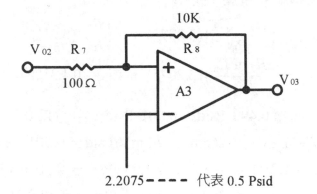

2.2075‑‑‑‑ 代表 0.5 Psid

(b) A_4 爲磁滯比較器

圖 21-21 （續）

圖 21-21(a) 得知 A_4 爲非反相放大，V_{04} 等於

$$V_{04} = \left(1 + \frac{R_{10}}{R_9}\right) \times 1.2V = \left(1 + \frac{15K}{9K}\right) \times 1.2V = 3.2V$$

$V_{04} = 3.2V$ 已達到 $V_{02(\max)}$，表示可以調整 R_{11}，把 OP3 的 $V_{(-)}$ 調到 2.2705V，用以代表 0.5 Psid。圖 21-21(b) 的 A_3 組成一個磁滯比較器，因 R_8 是由輸出拉回輸入的 "＋" 端，故不是放大器。茲分析其原理，計算如下：

$$V_{(+)} = \frac{R_8}{R_7 + R_8}V_{02} + \frac{R_7}{R_7 + R_8}V_{03}\cdots\cdots 重疊定理計算$$

若 $V_{(+)} > V_{(-)}$，則 $V_{03} = H$，其電壓 $V_{03} \approx 4.3V$ 以上

若 $V_{(+)} < V_{(-)}$，則 $V_{03} = L$，其電壓 $V_{03} \approx 0.4V$ 以下，典型值爲 0.2V

目前 $V_{(-)} = 2.2075V\cdots\cdots$ 代表 0.5 Psid 的壓力，所以

$$V_{02} = \left(\frac{R_7 + R_8}{R_8}\right)(2.2075V) - \frac{R_7}{R_8}V_{03}$$

磁滯比較的高低臨界電壓 V_{TH} 及 V_{TL} 分別爲：

$$V_{TH} = \left(\frac{R_7 + R_8}{R_8}\right)(2.2075V) - \left(\frac{R_7}{R_8}\right)(0.2V) = 2.2095V$$

$$V_{TL} = \left(\frac{R_7 + R_8}{R_8}\right)(2.2075V) - \left(\frac{R_7}{R_8}\right)(4.3V) = 2.2054V$$

則其動作的範圍爲 0.499 Psid～ 0.501 Psid，中心爲 0.50 Psid。

(2.2095V − 1.2V) ÷ 268.6 ÷ 7.5mV/Psid = 0.501 Psid

(2.2075V − 1.2V) ÷ 268.6 ÷ 7.5mV/Psid = 0.50 Psid

(2.2054V − 1.2V) ÷ 268.6 ÷ 7.5mV/Psid = 0.499 Psid

則 V_{02} 和 V_{03} 的轉換特性曲線如圖 21-22。

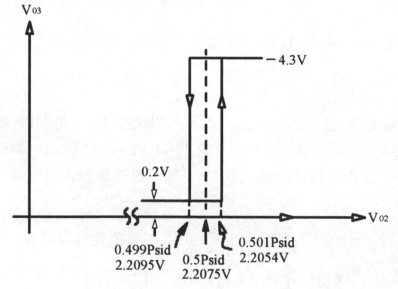

圖 21-22 A_3 磁滯比較器之轉換特性曲線

因磁滯比較爲大的 (V_{02}) 比大的 (V_{TH}) 還大，小的 (V_{02}) 比小的 (V_{TL}) 還小，會使輸出改變。也就是說當壓力大於 0.501 Psid 時 V_{03} =

H，而壓力小於 0.499 Psid 時，$V_{03} = L$，則其動作之誤差為

$$誤差範圍：\frac{0.499 - 0.5}{0.5} \times 100\% = -0.2\% \sim \frac{0.501 - 0.5}{0.5} \times 100\%$$

$$= +0.2\%$$

只有 0.2% 的誤差算是很不錯的壓力開關。所以我們可以調整可變電阻 R_{11}，設定適當的電壓，以代表某一特定的壓力，達到壓力開關的目的。例如：

若想控制 0.8 Psid 的狀況時，設定電壓應該多少？

$$0.8\text{Psid時的}V_{02}(0.8) = 2\left(1 + \frac{10K}{75}\right) \times (0.8\text{Psid} \times 7.5\text{mV/Psid})$$

$$+1.2V = 2.812V$$

有關磁滯比較之更詳細分析，請參閱第二章或參閱 (全華 2470)。希望本章之線路分析能引領一些分析與設計的考慮及技巧給你。更希望你能去買一個壓力感測器，由原廠的規格著手，分析你所設定的範圍，並設計相配合的線路，及完成調校步驟的規劃。

練習：

1. 圖 21-19 0.5 Psid 壓力開關，請你規劃其調校步驟。

2. 若想做一個 200mmHg 的常規加壓型之壓力開關，且使用 12V 的電源，請你決定

    (1)　用那一種壓力感測器。

    (2)　是那一種驅動方式。

    (3)　完成線路設計。

    (4)　規劃調校步驟。

※ 試試看吧！從無中生有，是最大的成就，況且規格，條件，電路，都由你自己決定，真所謂 " 我喜歡有什麼不可以"。

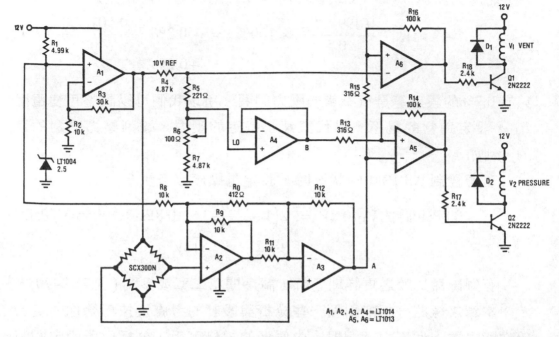

圖 21-23　雙點壓力開關

3. 圖 21-23 有兩個輸出控制點的壓力開關線路，請回答：

　(1)　A_1，A_2，A_3，A_4，A_5，A_6 各擔任何種角色？

　(2)　為什麼單電源操作當加參考電壓 (如 LT1004-2.5) ？而不用 0V。

　(3)　R_6 有何功用？若 $R_6 = 68\Omega$ 時，壓力為多少時 Q_1ON？若 Q_2ON 則代表壓力為多大？

　(4)　V_1，V_2 可以是電磁閥線圈，而 D_1，D_2 有何功用？

第 22 章

氣體感測器
應用線路分析

　　氣體的偵測和濕度的偵測，已經有許多方法被提出。（請參閱（全華， 587、 1575、 2074 有關瓦斯及濕度感測器）。而目前真正量化生產及被普徧使用的氣體感測器和濕度感測器，大都是阻抗變化的感測元件。本章先就氣體感測器之應用加以分析。二十三章再談濕度感測器之應用分析。

22-1　氣體感測器

　　舉凡瓦斯，一氧化碳，氫氣，氧氣，有機溶劑之揮發性氣性（如甲烷，乙醇，丙酮……）及可燃性氣體，都是氣體感測器偵測的對象。縱使用相同原理所製成的氣體感測器，對於不同的氣體也會有不同的反應。所以不同氣體的偵測，必須使用不同型號的感測器，最好不要買了一個氣體感測器就什麼都想測。

　　本單元將就最普遍使用的半導體氣體感測，就其原理、特性、及應用線路分析與設計加以說明。並以 FIGARO 公司的 TGS 系列氣體感測器為詳細解說的對象。其它方法的氣體量測與偵測（如：化學校訂法，熱線燃燒法，電熱傳導法……）我們將不做說明。

　　首先我們介紹 TGS 系列產品可應用在那些氣體的偵測，然後再談該產品的原理及其應用線路分析。 TGS 的型號及其可偵測氣體的分類，如表 22-1 所列。

表 22-1　TGS 系列氣體感測器

分　類	型　號	主要氣體種類	濃度 ppm
可燃性氣體	TGS109	丙烷、丁烷	500～1,000
	TGS813 TGS816	一般可燃性氣體	500～10,000
	TGS842	甲烷、丙烷、丁烷	500～10,000
	TGS815	甲烷	500～10,000
	TGS821	氫氣	50～1,000
有毒氣體	TGS203	一氧化碳	500～1,000
	TGS824	氨氣	30～300
	TGS825	硫化氫	5～100
有機溶劑	TGS822	酒精、甲苯、二甲苯	50～5,000
	TGS823		
氟氯化碳	TGS830	R-113, R-22	100～3,000
	TGS831	R-21, R-22	100～3,000
	TGS832	R-134a, R-12, R-22	10～3,000
臭味氣體	TGS550	硫化物	0.1～10
空氣品質	TGS100	香煙煙霧，汽車揮發	10 以下
	TGS800		
烹飪蒸氣	TGS880	從食物中所揮發或蒸	
	TGS881	發的氣體，煙霧或臭氣	
	TGS882	從食物所蒸發的酒精	

　　從表 22-1 看到 TGS 氣體感測器可針對各種不同的氣體使用。TGS 系列產品經常被使用於氣體有無之偵測，瓦斯洩漏偵測，酒精濃度偵測，自動換氣風扇，火災警報……。雖然同一個型號的 TGS 產品對其它的氣體會有反應，然於選用時，還是以主要氣體種類為主。

練習：

1. 氣體量測中的接觸燃燒法，指的是什麼？
2. 一般家用瓦斯或天然氣的主要成份是什麼？
3. 瓦斯會中毒，主要是它含有什麼氣體？
4. 想測駕駛人呼氣時的酒精濃度，你會選那一種 TGS？

5. 想偵測液化瓦斯或天然氣漏氣現象時，你會選那種 TGS？

22-2 TGS 氣體感測器

　　FIGARO 公司 TGS 氣體感測器，主要是由 SnO_2 的 n－型半導體和加熱器所組成，其上裝有細孔不銹鋼網，具快速傳熱及防止氣爆之功效。圖 22-1 為 (SnO_2) n－型半導體之組織結構。圖 22-2 為 SnO_2 之表面結構。

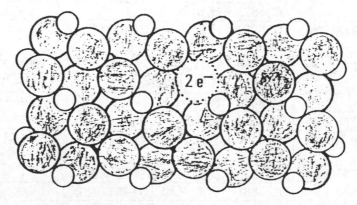

○ ： Sn

◉ ： O

圖 22-1 $SnO_2 - X$ 晶格模型

圖 22-2　SnO_2 之表面

　　圖 22-2 是在電子顯微影像下的照片，可以看到將很適合氣體分子的附著。當有待測氣體（如易燃性氣體）接近而附著於 SnO_2 的時候，將與氧氣作用，使得晶格中的氧被釋放，而產生電子 $(2e^-)$，將使 SnO_2 的導電率增加，也就是說：阻抗會變小。所以我們說 TGS 氣體感測器，屬於阻抗變化型的感測器元件。則第三章所談過的電阻變化轉換成電壓變化的方法，將適用 TGS 氣體感測器。

　　TGS 氣體感測器，依加熱方式可區分為：直接加熱與間接加熱兩大類。茲分析如下：

1.　直接加熱式：圖 22-3

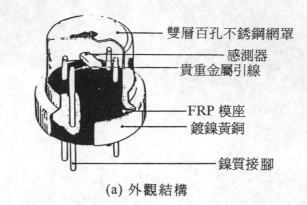

雙層百孔不銹鋼網罩
感測器
貴重金屬引線

FRP 模座
鍍鎳黃銅

鎳質接腳

(a) 外觀結構

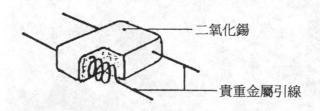

二氧化錫

貴重金屬引線

(b) SnO_2 感測部份

圖 22-3　直接加熱式 TGS

　　直接加熱式的兩個貴重金屬絲（如白金絲）被覆蓋於 SnO_2 之內，其一當加熱器，另一當做輸出電極。其基本轉換電路如圖 22-4，可採交流驅動，亦可直流驅動。其符號以兩組螺旋線代表加熱器和輸出電極。中間之長條代表 SnO_2。

　　從圖 22-4 看到兩端的白金絲，一端當加熱器，加熱電壓為 V_H。另一端當輸出電極，接 R_L 負載。而兩端中間的 SnO_2 就可看成是一個隨氣體濃度而改變的可變電阻，R_S。把 SnO_2 看成是電阻變化的感測

元件，所以可以用直流或交流驅動之，則 V_{RL} 為

$$V_{RL} = \frac{R_L}{R_S + R_L} \times V_C \cdots\cdots 式\ 22\text{-}1$$

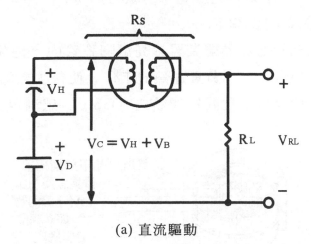

(a) 直流驅動

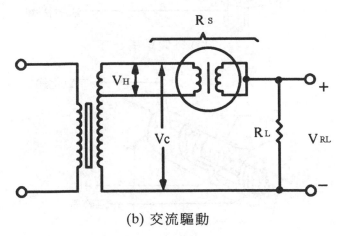

(b) 交流驅動

圖 22-4　直熱式 TGS 驅動方法

　　式 22-1 是圖 22-4 基本應用的通式。當氣體濃度改變的時候，R_S 隨之改變，則 V_{RL} 也跟著變化。最後就能以 V_{RL} 的大小，代表氣體濃度的高低。目前圖 22-4 的轉換電路，實際上就是第三章所說明的分壓

法。

　　圖 22-4 的加熱電壓 V_H 及線路電壓 V_C，必須依 TGS 各型號的規定使用。如圖 (b) 使用 TGS 之原廠參考線路，其 $V_H = 1V$，$V_C = 100V$。

2.　間接加熱式：圖 22-5

　　間接加熱式乃把加熱器裝置於高溫陶瓷管內。把 SnO_2 上的兩個電極各自獨立製作，且不負責加熱的工作。使得加熱器和電極部份各自分開使用，所以稱之爲間接加熱式 TGS，其感測單元 (SnO_2) 及外觀結構如圖 22-5。

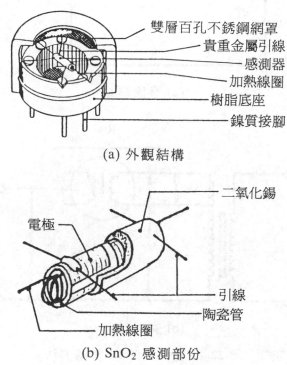

(a) 外觀結構

(b) SnO_2 感測部份

圖 22-5　間接加熱式 TGS

　　圖 22-6 爲間接加熱式 TGS 的等效電路與符號表示。

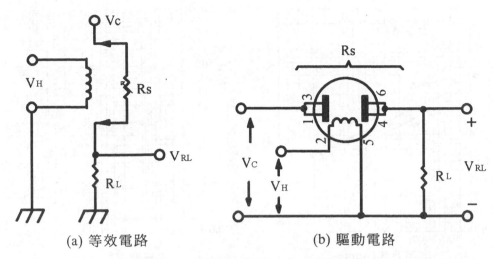

(a) 等效電路　　　　　　(b) 驅動電路

圖 22-6　間接加熱式 TGS 驅動線路

　　圖 22-6 就很清楚看到，加熱器歸加熱器，電極歸電極，彼此沒有關係，而其中的 SnO_2 則如可變電阻 R_S，則圖 (a) 就成了不折不扣的分壓法。

3. TGS 的靈敏度

　　我們提出 TGS109，TGS203 及 TGS822 三種感測器的特性曲線如圖 22-7～ 22-9。從各圖中發現，同一個感測器，可對不同的氣體反應。其中的一氧化碳 (Carbon monoxide) 是最明顯的例子，三個感測器都對一氧化碳有反應。但以 TGS203 對一氧化碳具有最高的靈敏度，於測試範圍內，其阻抗的變化，達到 20 倍之多，所以在表 22-1 中，TGS203 所列的主要氣體種類爲一氧化碳，其道理在此。

　　所以不論直接加熱式或間接加熱式，其阻抗隨氣體濃度而下降爲其共通特性。且同一型號之 TGS 都能對數種氣體產生反應，於使用時，氣體的選擇性，必須加以確定。

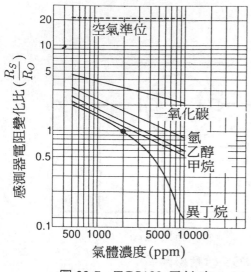

圖 22-7　TGS109 靈敏度

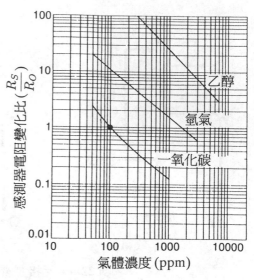

圖 22-8　TGS203 靈敏度

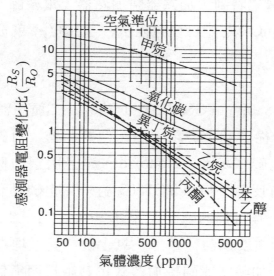

圖 22-9　TGS822 靈敏度

練習：

1. TGS 都加裝網目非常小的不銹鋼網，其目的何在？
2. 電阻變化轉換成電壓變化的方法有那些？（複習第三章）
3. TGS 直熱式和間熱式的主要差別在那裡？

22-3 TGS 辨認分類

　　對 TGS 而言，都有一定的加熱器，已知分爲直接與間接加熱兩種。但其接線配置情形可能不同。FIGARO 公司依編號分爲：(1－系列) 如 TGS109，TGS100，(2－系列) 如 TGS203，(5－系列) 如 TGS550，(8－系列) 如 TGS813，TGS822。各系列的配置及使用規格如圖 22-10 ～ 22-13。

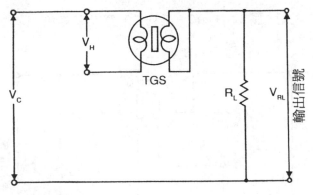

線路狀況：

線路電壓(V_C)：100V AC or DC
加熱電壓(V_H)：1.0V (TGS109) AC or DC

負載電阻(R_L)：4 kΩ

圖 22-10 (1－系列) 配置及其規格

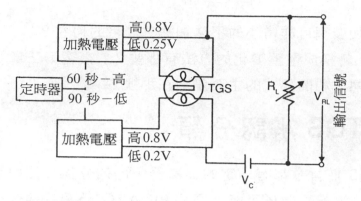

線路狀況：
線路電壓(V_C)：12 伏特最大・AC 或 DC
加熱電壓(V_H)：高 0.8 伏特 (60 秒) AC 或 DC
　　　　　　　低 0.25 伏特 (90 秒)
負載電阻(R_L)：可變值 $(P_S < 15$ 毫瓦 $)$

圖 22-11 (2-系列) 配置及其規格

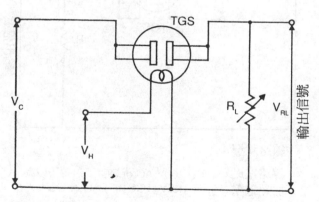

線路狀況：
線路電壓(V_C)：24 伏特最大・AC 或 DC
加熱電壓(V_H)：5 伏特 AC 或 DC
負載電阻(R_L)：可變值 $(P_S < 15$ 毫瓦 $)$

圖 22-12 (8-系列) 配置及其規格

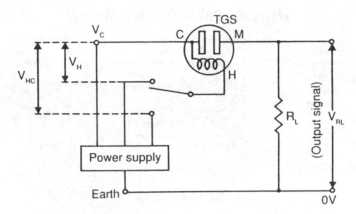

線路狀況：
線路電壓(V_C)：5 伏特最大・AC 或 DC
加熱電壓(V_H)：0.55 伏特 AC 或 DC
淨熱電壓(V_{HC})：0.68 伏特
淨熱時間(T_{HC})：10 秒～5 分鐘之間

圖 **22-13**　(5－系列) 配置及其規格

而各系列各型號的實物結構及外觀形狀，如圖 22-14(a)～ (f) 所示。

資料來源：FIGARO 公司之系列產品

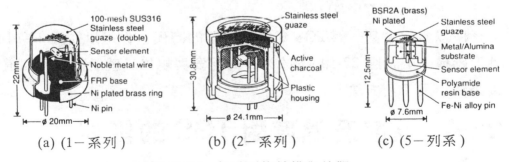

(a) (1－系列)　　　(b) (2－系列)　　　(c) (5－列系)

圖 **22-14**　各系列的結構與外觀

資料來源：FIGARO 公司之系列產品

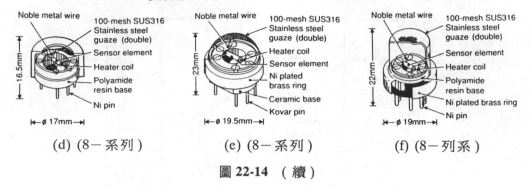

(d) (8－系列) (e) (8－系列) (f) (8－列系)

圖 22-14 （續）

各圖的產品種類，整理如下：

(1)　圖 (a)：TGS109，TGS109T，TGS100。

(2)　圖 (b)：TGS203。

(3)　圖 (c)：TGS550。

(4)　圖 (d)：TGS813，TGS842，TGS822，TGS800。

(5)　圖 (e)：TGS815，TGS816，TGS823，TGS824，TGS825，TGS8
　　　TGS831，TGS833T。

(6)　圖 (f)：TGS880。

所以當你拿到一個 TGS 氣體感測器的時候，你可以從圖 22-14 的外形結構，配合圖 22-10～圖 22-13 的配置與規格，就能很快的知道其接腳情形及使用方法。

22-4 溫度及濕度對 TGS 的影響

已知 TGS 乃 SnO_2 表面之氧分子與各種待測氣體作用，而使導電率改變，當測試環境的溫度或濕度改變時，將影響其測試結果。例如水蒸氣的附著，將視同待測氣體的一種，使得 TGS 中 SnO_2 的導電率增加，則其阻抗下降。而水蒸氣的多寡指的就是濕度的高低。

以 TGS109 為例，在一定濕度 10.2g H₂O/Kg 之下，溫度對其電阻的變化情形。如圖 22-15 所示。

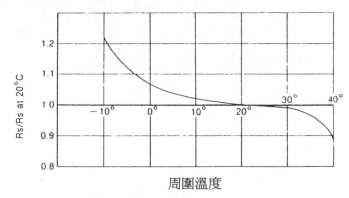

圖 22-15　溫度對 TGS 的影響

圖 22-15 乃以 20℃ 時的電阻為參考值，我們發現當溫度上升時，其電阻值減少，反之亦然。因 TGS 為 n－型半導體，所以一定有如 22-15 負溫度係數變化的特性。

圖 22-16 是在環境溫度保持 40℃ (20℃) 時，不同相對濕度對電阻的影響

而從圖 22-16 我們發現，當 40℃ 時的乾燥空氣 (相對濕度 0%) 為參考值。當濕度 (RH%) 愈大時，其電阻值愈小。此乃濕度愈高，代表水蒸氣愈多，則附著於 SnO_2 表面的量愈多，當然其導電率增加，相對的其電阻一定下降。

所以在使用 TGS 時，必須注意到溫度和濕度對其靈敏度的影響，使得許多氣體偵測的場合中。濕度的控制及溫度的補償顯得格外重要。

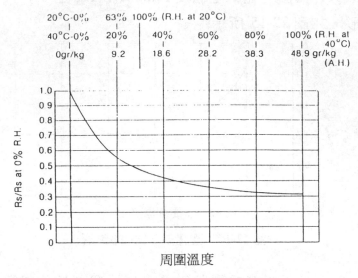

圖 **22-16** 濕度對 TGS 的影響

22-5 TGS 對時間的反應

當一個 TGS 偵測系統很久沒有使用,若想再重新使用時,必須等數拾秒鐘之後 (甚致有數分鐘的情形),TGS 才能達到初始的穩定狀態。如圖 22-17。在時間軸 (0 min),代表系統被啟動。該瞬間,加熱器未達均勻加熱,會有導電率迅速上升的現象。使得輸出電壓 (圖 22-4 的 $V_{4K\Omega}$) 快速上升。約等了 50～60 秒之後,才恢復為原有的特性。

圖 22-17 提醒我們,每當開啟 TGS 氣體感測系統時,在 1 分鐘 (或數分鐘) 以內的指示為不正確的反應,也就是說 TGS 的使用,有如一些電機系統,必須有一段暖機時間。

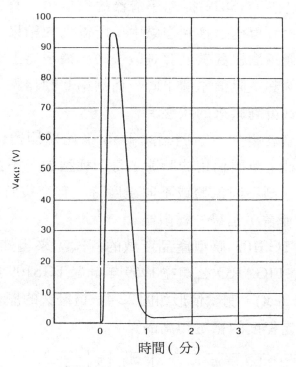

圖 22-17　TGS109 啓始反應

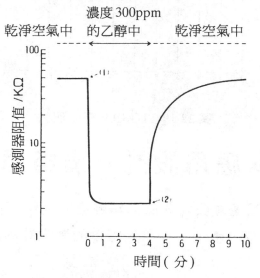

圖 22-18　TGS822 的反應時

　　圖 22-18 是把 TGS822 從乾淨清潔的空氣中，移入 300ppm 乙醇揮發氣體中，然後再迅速移到空氣中，所得到的結果，在第①動作點的時候，對氣體感測器靈敏度算是瞞快的，幾乎馬上感受到有乙醇揮發的氣體存在，其電阻值迅速下降。而到第②動作點以後，卻必須經過數分鐘才能恢復到原來的狀態。

　　從上述的資料得知，一開始拿 TGS 氣體感測器使用的時候，必須留意，啟始穩定所要佔用的時間，每一種型號，不盡相同。且於開機正常使用時，測不同氣體或不同濃度時，有恢復時間存在。總之 "時間" 對 TGS 而言，也是一種限制。

　　我們將以 TGS109 原型產品所做的測試，來告知你：TGS 的壽命。圖 22-19 是 FIGARO 公司在 1969 年針對 TGS109 原型產品所做的壽命測試 (Life Test)，測試情形如圖 22-4。這麼久的歷史，相信 TGS的產品，有其一定程度的穩定和高品質。

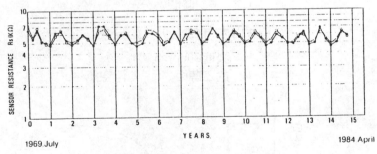

圖 22-19　TGS109 壽命測試

22-6 TGS 應用設計－酒精濃度測試

　　警察用來測試駕駛人呼氣時酒精濃度的酒精偵測器，就有用 TGS 氣體感測器而開發的產品。本單元將以開發設計的觀點，逐一完成所有設計的考慮。

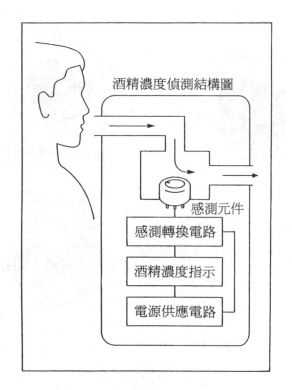

圖 22-20　酒精偵測系統方塊圖

1.　設計考慮一：氣體感測器的選用

　　表 22-1 大部份 TGS 對酒精均有反應，而其中以 TGS822 對酒精有較佳的反應。故我們將以 TGS822 來設計一個酒精濃度偵測器。從圖 22-9 看到，除了 Acetone(丙酮) 以外，Ethanol（乙醇）俗稱的普通酒精具有最好的靈敏度。

　　而 TGS822 的外觀（圖 22-21) 和圖 22-14(d) 一樣，為 (8－系列) 的產品，則其配置與規格，應如圖 22-12。以後看到 TGS 的產品，只要用圖 22-14 和圖 12-10～圖 12-13 一對照，你就能知道它的電路架構和使用方法了。為了方便說明，我們再把相關特性列於表 22-2 及表

22-3。

TGS822

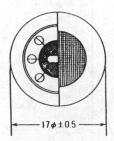

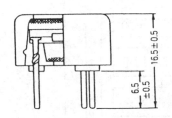

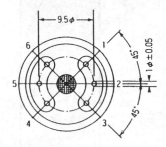

圖 22-21 TGS822 外觀尺寸

表 22-2 TGS822 電氣規格

參數	符號	數據	註
線路電壓	V_C	24V max	AC or DC
加熱電壓	V_H	5V±0.2V	AC or DC
功率損耗	P_S	14mW max	$P_S = V_C^2 R_S / (R_S + R_1)^2$
儲存溫度		$-30 \sim +70°C$	勿需冷凝
操作溫度		$-10 \sim +40°C$	

表 22-3 TGS822 特性數據

項目	狀況	數據
感測器電阻(R_S)	R_S在 300 ppm (酒精中)	1KΩ~10KΩ
電阻變化	$\dfrac{R_S \text{在 300 ppm (酒精中)}}{R_S \text{在 50 ppm (酒精中)}}$	0.4±0.1
加熱器電阻(R_H)	在室溫中	38Ω±3Ω
加熱功率損耗	$V_H = 5V$	660mW±55mW

2.　設計考慮之二：V_C 及 V_H 的決定

　　從表 22-2 得知，TGS822 最大線路電壓為 24V(max)，所以我們可以用汽車上 12V 的蓄電池做該系統的電源，以利方便攜帶，而加熱電壓 (2、5 兩腳) 為 5V±0.2V。我們乾脆把線路電壓 V_C 也用 5V，使電源部份更為單純化。而其加熱器的電阻為 38±3Ω，將使得加熱器所流過的電流為

$$I_{\text{Heater}} = \frac{5V}{38\Omega} \approx 131mA$$

則加熱器的功率損耗為 0.655 瓦特。所以在使用的時候，你會感覺到 TGS822 的外殼也有相當的溫度。

3.　設計考慮之三：R_L 的大小

　　表 22-3 得知，SnO_2 於 300ppm 酒精濃度時的阻抗為 1K～10K 之間，在圖 22-9 Y 軸所標示的 R_O 即為 1K～10K。並觀察到，在 50ppm 時，$\frac{R_S}{R_O} \approx 2$ 表示 50ppm，R_S 的阻抗約 2K～20K。在 500ppm 時，$\frac{R_S}{R_O} \approx 0.7$，則 $R_S \doteq 700\Omega \sim 7K$，又

$$P_S = \frac{R_S}{(R_S + R_L)^2} \times V_C^2 \leq 15mW$$

$$\frac{0.7K}{(0.7K + R_L)^2} \times 5^2 \leq 15mW，得知 R_L \geq 350\Omega$$

　　也就是說，在選用 R_L 的時候，必須考慮到 R_S 的功率損耗，以免因 R_L 太小，使得流經 R_S 的電流太大，造成 R_S 的功率損耗超出 15mW，而違反電氣規格 (表 22-2) 的要求。我們將選用 $R_L = 2.4K\Omega$，(當然選用其它的阻值亦可)，做為往後電路設計時的依據。

4.　設計考慮之四：轉換電路之建立

　　首先我們分析圖 22-22 各元件的功能，待說明酒精濃度與酒醉的

關係後，再來設計比較電路與指示電路。

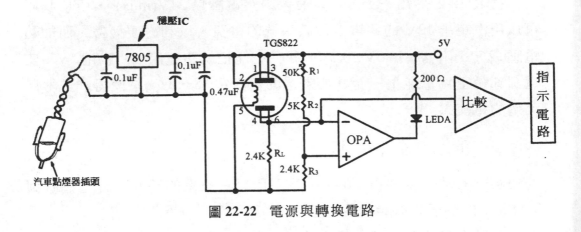

圖 22-22　電源與轉換電路

圖 22-22 各元件的功能：

(1)　點煙器插座
　　　該插座插入汽車點煙座，由汽車的蓄電池，提供 DC 12V 當電源。

(2)　7805：DC 12V 電源經 7805 穩壓 IC (1 Amp 中功率)，得到穩定的 DC 5V，供給 V_H 和 V_C 使用。

(3)　R_L：TGS822 的串聯電阻 (負載) 與感測單元 (SnO_2) 的 R_S 以分壓法完成電阻對電壓的轉換。

(4)　OPA：目前當做一個基本電壓比較器使用，其輸出驅動 LEDA，用以指示系統已經處於待測狀態 (READY)。因每一次開機有啟始穩定的延遲時間及下一次測試的恢復時間。如圖 8-17，圖 8-18 所示。所以我們特地做一個 (READY) 的指示器。

(5)　R_1，R_2，R_3：三個電阻構成分壓器，由調整 R_1 達到設定 OPA " + "端的電壓。以代表READY的狀態。

5.　設計考慮之五：酒精濃度與酒醉的關係

喝酒太多以後，酒精將儲於體內並溶入血液中，而使人的反應遲鈍。並且於呼氣的時候，揮發性的酒精也會隨呼氣而排出。所以我們可以用測量呼氣時酒精的濃度，代表醉酒的程度。

若以日本所訂的規格為例，體重約 60 公斤的人，酒精濃度高低與身體狀況，如表 22-4 所列。

表 22-4　酒精濃度與身體狀況

酒精濃度	人體狀況
0.1～0.2mg/l＝52～104ppm	氣氛愉快，精神爽，臉略紅
0.25～0.5mg/l＝130～260ppm	幾分酒意，動作開始遲緩
0.55～0.75mg/l＝286～390ppm	身體搖擺，手足舞蹈，語多無常
0.85mg/l 以上＝416ppm 以上	酩酊大醉，不醒人事，大吐

所以在 130～260ppm 時，已經要告發喝酒開車的罰單。到了 300ppm 以上，就要強制停駛，並關上一夜。

當接好圖 22-22 以後，於乾燥空氣中，測量 V_{RL} 的大小，就能倒算回去，而得到 R_S 的大小。（因每一個 TGS 的 R_S 變化大，且不盡相同）。此時 R_S 為

$$R_S = \frac{V_C \times R_L}{V_{RL}} - R_L，若測得 V_{RL} = 1.4\text{V}，則$$

$$R_S = \frac{5 \times 2.4K}{1.4} - 2.4K = 6.17K\Omega$$

則此時可調整 R_1(50K) 可變電阻，使得 OPA 的 "+" 端的電壓比 1.4V 大一點點，並使 LED 剛好由 ON 轉為 OFF。於開機的瞬間，因啟始穩定的反應，將使 V_{RL} 快速上升，此段時間 OPA 的 $V_{(-)} > V_{(+)}$，使得 LEDA ON，約 50 秒以後，才進入穩狀態，LEDA 又 OFF 之後，才可以進行偵測工作。

　　而當酒精濃度上升時，SnO_2 的導電率上升，使得 R_S 變小，則 R_L 上的壓降 V_{RL} 變大，導致於 OPA 的 $v_{(-)} > v_{(+)}$，OPA 的輸出為 "0"。同時 LEDA 亮起來，用以代表正在測試。所以我們說[TGS 是以 R_S 和 R_L 的分壓法，達到電阻對電壓的轉換。

6. 設計考慮之六：比較電路與指示電路

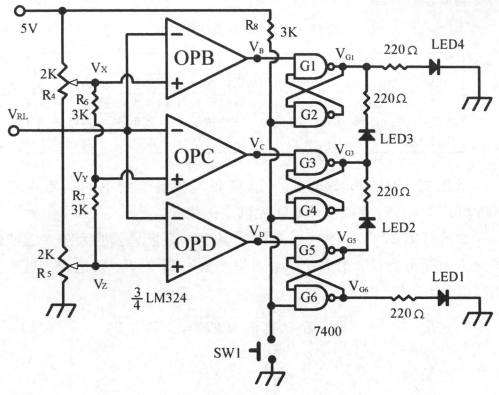

圖 22-23　比較及指不電路

圖 22-23 各元件的功能：

(1)　R_4，R_5，R_6，R_7：

　　組成分壓電路，分別得到 V_X，V_Y，V_Z 三個電壓，用以代表酒精濃度的狀態，其中 V_Y 對地電壓為：

$$V_Y = \left(\frac{R_7}{R_6 + R_7}\right) \times (V_X - V_Z) + V_Z = \frac{1}{2}(V_X - V_Z) + V_Z = \frac{1}{2}(V_X + V_Z)$$

則 V_Y 代表了高濃度 (V_X) 和低濃度 (V_Z) 的平均值。

(2)　OPB～OPD：

和 OPA 一樣，都當做基本電壓比較器，其輸出分別用以設定 G_1～G_6，所組成的三個 R－S 正反器。因 LM324 不是集極開路的輸出，所以不必接提升電阻。

(3)　R_8：只是一個提升電阻，把各 R－S 正反器重置輸入的電壓提升到 5V。其目的在讓 R－S 正反器的重置腳，不要有空接的現象，以避免受到雜訊的干擾。

(4)　G_1～G_6：分別由兩個 NAND 閘構成 3 組 R－S 正反器，用以鎖住測試時，最高濃度的狀態。

(5)　SW_1：重置開關。每一次要開始測試之前，按一下 SW_1，將使 G_2，G_4，G_6 都有一支輸入腳被拉為 0，則 G_2，G_4，G_6 的輸出為 1。又因為 R－S 正反器的作用，使得 G_1，G_3，G_5 的輸出都為 0。則只有 LED1 亮，代表目前是乾淨空氣。(最低濃度以下)

電路動作分析：

(1)　$V_Z > V_{RL}$(代表最低濃度以下)

$V_X > X_Y > X_Z > V_{RL}$，則 OPB～OPD 都是 $V_{(+)} > V_{(-)}$，則 $V_B = V_C = V_D = 1$ ，無法重置 R－S 正反器，所以狀態並不改變，依然是 $V_{G1} = V_{G3} = V_{G5} = 0$ ，而 $V_{G6} = 1$，故 (LED1 ON)，(LED2，LED3，LED4 均 OFF)。

(2)　$V_Y > V_{RL} > V_Z$(濃度在最低濃度與平均濃度之間)

OPB： $V_X > V_Y > V_{RL}$，則 $V_{(+)} > V_{(-)}$，$V_B = 1$ 無法重置 G_1 和 G_2 的正反器，$V_{G1} = 0$，LED4 OFF。

OPC： $V_Y > V_{RL}$，則 $V_{(+)} > V_{(-)}$，$V_C = 1$ 無法重置 G_3 和 G_4 的正反器，$V_{G3} = 0$，LED3 OFF。

OPD： $V_{RL} > V_Z$，則 $V_{(+)} < V_{(-)}$，$V_D = 0$ 將重置 G_5 和 G_6 的正反器，$V_{G5} = 1$，$V_{G6} = 0$。又因 $V_{G5} = 1$，$V_{G3} = 0$，使得 LED2 ON，而 $V_{G6} = 0$，則 LED1 OFF 了。

(3) $V_X > V_{RL} > V_Y$ (濃度在最高濃度與平均濃度之間)

其結果只有 LED3 會亮……(煩請你自行分析看看)。

(4) $V_{RL} > V_X$ (濃度在最高濃度以上)

其結果一定只有 LED4 亮……(你說是嗎？)(錯不了)。

所以四個 LED (LED1～ LED4) 分別代表四種狀況，而每次只記住待測濃度的最大值，有如峰值偵測電路，卻以數位狀態保存資料。

7. 設計考慮之七：完整線路與調校

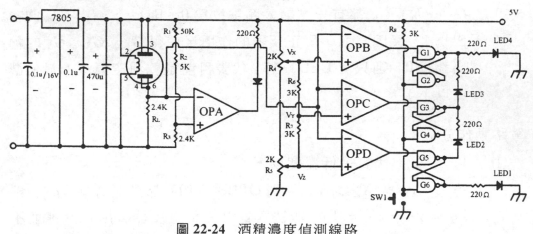

圖 22-24 酒精濃度偵測線路

OPA～ OPD： LM324 或使用 LM339(但改 339 時，必須於每一個 OP 的輸出接一個外加電阻 (約 2K～ 10K) 到 V_{CC}

7805：使用 1 Amp 的中功率穩壓 IC，最好加一小塊散熱片。

$G_1 \sim G_6$：7400 或其它 NAND 閘的 R－S 正反器或閂鎖器 (Latch)

調校步驟：

(1)　於乾淨的空氣中，當插上電源數分鐘以後，調 $R_1(50K\Omega)$ 使 LEDA 亮著，然後慢慢旋轉 R_1(最好用 10 圈型精密可調電阻)，直到 LEDA 滅掉的那一瞬間，R_1 就不要再動它了。表示位於待測狀態。

(2)　若設定的下限值為 150ppm，上限值為 300ppm 為最高與最低的兩個分界點，則平均濃度就是 $\frac{1}{2}(150 + 300) = 225$ppm。

(3)　使感測器於酒精濃度為 150ppm 的氣體中。並測 V_{RL} 的輸出電壓。若所測得的 $V_{RL} = V_{RL(150)}$。此時再調 R_5，使 V_Z 的電壓等於 $V_{RL(150)}$。以代表 150ppm 的設定。

(4)　使感測器於酒精濃度為 300ppm 的氣體中。並測 V_{RL} 的輸出電壓。若所測得的 $V_{RL} = V_{RL(300)}$。此時再調 R_4，使 V_X 的電壓等於 $V_{RL(300)}$。以代表 300ppm 的設定。因 $R_6 = R_7$，則 $V_Y = \frac{1}{2}(V_X + V_Z)$

練習：

1. 查查看，LM324，TL074，TL084，LM339 這顆 IC，都有四個 OP Amp 或四個電壓比較器，供你使用。(一般非高精度場合經常使用)。

2. 若想把指示的種類，由目前的四種 (150ppm 以下，150ppm～225ppm，225ppm～300ppm，300ppm 以上) 改成 10 種指示狀態，你會怎麼設計？

提示：使用 LM3914 10 點 LED 顯示驅動器。

3. 若把輸出狀態以指針示的電表來指示，表頭規格爲，滿刻度電流 $I_{FS} = 100\mu A$ ，內阻 $R_m = 2$K。則 V_{RL} 之後的電路應該怎樣？

22-7　瓦斯漏氣警報器線路分析

瓦斯主要的成分是 Methane(甲烷)，爲一種可燃性氣體。理應無色、無味、無臭。但瓦斯中另有一氧化碳 (CO) 的成分，故會造成中毒現象。所以所有天然瓦斯或液化瓦斯於使用前，均被添加含有臭味的硫化物氣體，以便人們聞到臭味，而知道瓦斯漏氣。並且瓦斯完全燃燒時，其火焰應該近乎藍色。

圖 22-25 是用 TGS813 當做瓦斯感測器，並以溫度補償電路，克服溫度變動所造成的誤差，加上警報器，而組成家用瓦斯漏氣警報器，首先重頭分析各部份零件之功用。

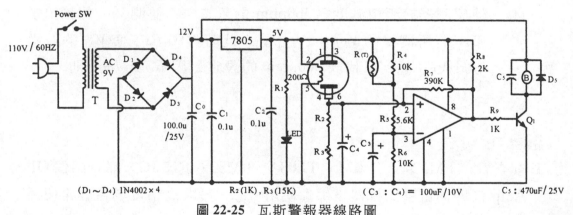

圖 22-25　瓦斯警報器線路圖

1.　電源電路分析：

※ T，$D_1 \sim D_4$，C_0，C_1，7805，C_2，R_1，LED：

該部份爲電源供應器，T 變壓器負責把 AC 110V/60Hz 變成 AC 9V/60Hz，經 $D_1 \sim D_4$ 的橋氏整流器做全波整流，然後由 C_O 電解質

電容 $(1,000 \mu F / 25V)$ 做濾波處理，使漣波減少，得到約 12V 的直流電壓。$(9 \times \sqrt{2} \approx 12V)$，7805 是穩壓 IC(只有 3 支腳)，其輸入腳加 7～30V 時，於輸出都保持 5V，C_1 和 $C_2(0.1 \mu F)$ 為抑制高頻干擾之高頻濾波電容。而 LED 是當做電源指示燈，R_1 為降壓與限流電阻，使流經 LED 的電流不要大於 10mA。

2.　轉換、溫度補償及比較電路分析：

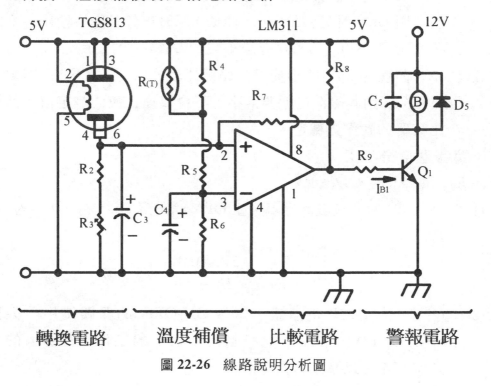

圖 22-26　線路說明分析圖

(1)　TGS813：為 (8 - 系列) 產品，其外觀如圖 22-4(d)，其配置與規格如圖 22-12 ，目前我們使用的加熱電壓 V_H 及線路電壓 V_C 均為 5V。

(2)　R_2，R_3：該兩電阻串聯當做 TGS813 的負載電阻 $R_L = R_2 + R_3$。其中 R_3 用以設定輸靈敏度。

(3) C_3：爲平滑電容，以確保 V_{RL} 的穩定及減少雜波干擾。

(4) $R_4//R(T)$，R_5，R_6 組成分壓電路，由 R_6 所得到的參考電壓與 V_{RL} 比較，判斷瓦斯是否漏氣。其中 $R_4//R(T)$ 構成溫度補償效果。

(5) C_4：與 C_3 具有相同的功能，用以確保 R_6 的壓降不受干擾。

(6) LM311：是一個集極開的電壓比較器，所以必須於輸出外加一個電阻 (R_8) 到 V_{CC}(5V)，才能使 LM311 有正確的輸出。(請參閱全華 2470，第三章有詳細說明 LM311 的使用方法)。

(7) R_7：將使得 LM311 形成具有磁滯比較的功能，且因 R_7 非常大 (390K)，則其磁滯電壓非常小，不會改變比較的設定值，卻使比較器的動作更穩定。

3. **警報溫度分析：**

R_9，Q_1，B，D_5，C_5

(1) R_9：Q_1 的基極限流電阻，當 OPA 輸出爲 High 時，Q_1 的 I_{B1} 爲

$$I_{B1} = \frac{5V - V_{BE}}{R_8 + R_9} = \frac{5V - 0.8V}{2K + 1K} \approx 1.4mA$$

(2) Q_1：一般 NPN 電晶體，當做 ON-OFF 的開關使用。只要 $V_{CEO} > 12V$，$I_{C(max)}$ 比蜂鳴器 (B) 的工作電流還大的電晶體，都可以拿來當做 Q_1。

(3) B：直流 12V 的蜂鳴器，只要提供 12V 給它當電源，就會大叫的警報發聲器。但請查明或測出其工作電流多少，以免因電流太大而燒掉 Q_1。

(4) D_5：爲保護二極體。因大都直流式蜂鳴器是以線圈通電產生電磁振動發聲，必避免因線圈所產生的反電動勢而把 Q_1 擊穿。

(5)　C_5：有如蓄電池，避免蜂鳴器 ON 的瞬間造成電源部份的電流
產生巨大的變化，而產生突波干擾。

4.　動作分析與溫度補償說明：

當有瓦斯洩漏出來，而被 TGS813 偵測到的時候，TGS813 兩電
極間的阻抗 R_S 下降，則 V_{RL} 上升，使得 $V_{(+)} > V_{(-)}$，將導致 OPA 的
輸出為 High，使得 Q_1 ON ，蜂鳴器警報聲大叫。

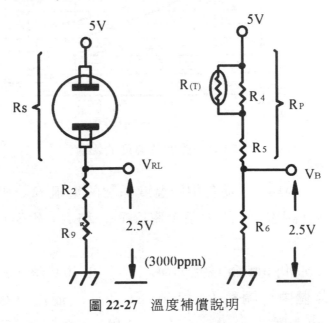

圖 **22-27**　溫度補償說明

我們已經知道 TGS 氣體感測器，將受到環中溫度及濕度的影響，
而輸出靈敏度漂移不定。如圖 22-28 為 TGS813 受溫度及濕度影響的
情形。當溫度愈高時，其阻抗 R_S 愈小。這種隨溫度變化所造成的影
響，將因不同季節不同的溫度，而產生同一濃度卻有不同的輸出電壓
，而使得警報器發生誤報的情形。

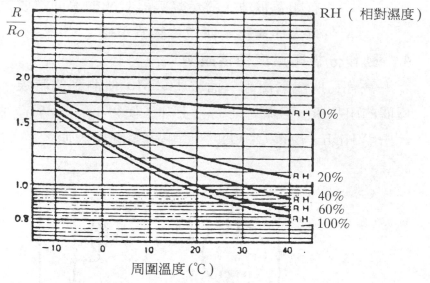

（ 電阻變化比 ）

圖 **22-28**　溫度及濕度的影響

　　若能找到一個與 R_S 具有相同溫度係數的電阻 R_P，則就能於不同溫度時，能自動調整 V_B 的大小，使得 V_{RL} 和 R_B 對溫度的變化，都具有相同的反應。

　　本線路以 3000ppm 為設定的警報點，在 20℃時，於瓦斯濃度為 3000ppm 的氣體中，調整 R_3 使 $V_{RL} = 2.5V$，而由原廠提供的數據 $R_L = 2.4K$ 時，溫度在 $-10℃$，$V_{RL} = 1.9V$ ，溫度在 35℃時，$V_{RL} = 2.6V$，若能調整 $R_P = (R_4//R(T)) + R_5$ 使得 V_B 隨溫度變化的情形與 V_{RL} 變化的情形一樣時，就是達到溫度補償的效果。

　　其中$[(R_4//R(T)) + R_5]$ 和 R_6 分壓的補償特性與設計方法，請參閱第七章，有關 TSR 非線性補償。

練習：

1. 若圖 22-25 中蜂鳴器的工作電流為 120mA。

⑴　請問你會用那一個編號的電晶體取代 Q_1，並請查明該編號電晶體的 V_{CEO} 和 $I_{C(\max)}$

⑵　若 Q_1 的 $\beta = 100$ 時，則 R_1 的最大值為多少？

2. 熱敏電阻中的 PTC 和 NTC 各有何特性？並舉其應用實例且加以說明。（複習第七章）

3. 為什麼我們說圖 22-25 的 R_3，可以調整感測靈敏度？

4. 依圖 22-29 回答下列問題。

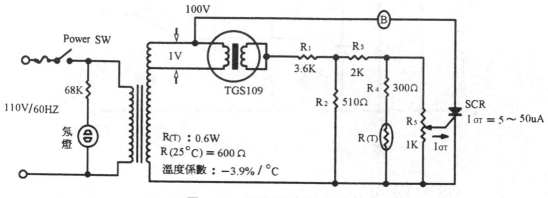

圖 22-29　瓦斯漏氣警報線路

⑴　氖燈的動作原理是怎樣呢？

⑵　SCR 是個什麼功用的元件，其動作原理如何？

⑶　熱敏電阻 $R(T)$ 在電路中的主要功用？

⑷　R_5 主要目的何在？

5. 依圖 22-30 回答下列問題。

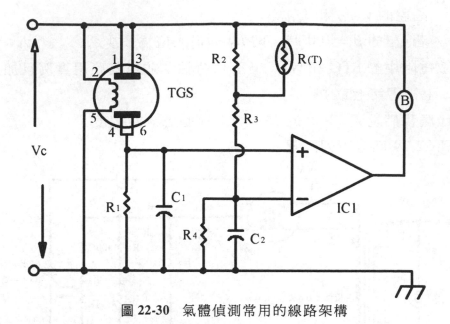

圖 22-30 氣體偵測常用的線路架構

(1) TGS 的 V_H 和 V_C 的範圍是多少？（注意它是那一系列）

(2) IC1 的功用是什麼？

(3) B 的工作電壓理應多少伏特？

(4) C_1 和 C_2 的功用何在？

(5) 在濃度相同的情況下，若使 R_1 變大，對靈敏度有何影響？

第23章

濕度感測器及
應用線路分析

在空氣中，若水份所蒸發的氣體（水蒸氣）增加的時候，會導致空氣太潮濕，而使人感覺不舒服，而空氣潮濕的程度，就是以濕度的大小來判斷。目前有各種濕度的量測方法被發表，且各方法所用的量測單位也不盡相同。而最常用的單位為"相對濕度"(Relative Humidity)。然而在物理界（實驗室之濕度控制）及工業界（食品加工業），為精確地控制濕度，大都是以絕對濕度(Absolute Humidity)及混合比(Mixing ratio)表示濕度的大小。

1.　濕度的定義：

(1)　相對濕度 $U\%$

$$U = \frac{e}{e_s} \times 100\%$$

e：實際水蒸氣壓 (P_a)

e_s：飽和水蒸氣壓 (P_a)

(2)　絕對濕度： $D(g/m^3)$

$$D = \frac{804}{1 + 0.00366T} \times \frac{e}{P_O}$$

P_O：大氣壓力 (P_a)

T：溫度 $(\degree C)$

(3)　混合比： r

$$r = 0.622 \times \frac{e}{P_O - e}$$

若以文字來描述濕度的定義，可以說成：因水分的蒸發而造成壓力的改變，比較飽和水蒸氣的壓力或乾空氣時的大氣壓力。而定義出兩種"量"的關係，分別代表相對濕度和絕對濕度，做為濕度的表示依據。而不是計算空氣中的水分子有多少？

目前各廠家所做的濕度感測器，乃以水分子與該濕度感測的附著情形，而改變該感測器的頻率或阻抗或電容。然後依原濕度的定義，以量測的方法對應出與濕度的關係。一般已商品化的濕度感測器,並非直接量測壓力的關係。

2. 濕度感測器

濕度感測器有近 20 種的方法被提出,然真正實用且已量化生產的濕度感測器,有壓電晶體振盪型濕度感測器,隨濕度大小而改變其振盪頻率。其二為高分子薄膜型濕度感測器,隨濕度大小而改變其電阻值或電容值。而陶瓷濕度感測器,會隨濕度的大小而改變其阻抗。

我們將僅就其中的一兩種,略示其結構,而將著重於知道其特性規格後的應用設計與分析。並以相對濕度和絕對濕度所適用的感測器加以做實用設計。

23-1　絕對濕度感測器應用分析

首先我們談絕對濕度感測器,是因為它是物理界和工業界常使用的濕度單位 (g/m^3) ,並且能由替換公式得知相對濕度的大小。

$$U(\%) = \frac{e}{e_s} \times 100\% = \frac{D}{D_S} \times 100\%$$

D:所量測到的絕對濕度

D_S:飽和絕對濕度

配合表 23-1 濕度常數表,就能由絕對濕度的量測值,而換算出相對濕度的大小。

表 23-1 濕度常數表

Temperature		θs	Ds	rs ＊	Temperature		θs	Ds	rs ＊
°C	°F	Pa	g/m³	g/kg	°C	°F	Pa	g/m³	g/kg
0	32.0	610.66	4.846	3.771	51	123.8	12971.00	86.733	91.314
1	33.8	656.52	5.190	4.056	52	125.6	13623.00	90.813	96.617
2	35.6	705.40	5.557	4.361	53	127.4	14304.00	95.060	102.241
3	37.4	757.47	5.945	4.685	54	129.2	15013.00	99.467	108.190
4	39.2	812.91	6.357	5.031	55	131.0	15753.00	104.052	114.504
5	41.0	871.91	6.794	5.399	56	132.8	16523.00	108.807	121.192
6	42.8	934.67	7.257	5.791	57	134.6	17325.00	113.734	128.288
7	44.6	1001.40	7.747	6.209	58	136.4	18160.00	118.865	135.821
8	46.4	1072.30	8.267	6.653	59	138.2	19030.00	124.184	143.832
9	48.2	1147.50	8.815	7.125	60	140.0	19934.00	129.693	152.338
10	50.0	1227.40	9.395	7.627	61	141.8	20875.00	135.409	161.395
11	51.8	1312.10	10.008	8.160	62	143.6	21853.00	141.330	171.036
12	53.6	1402.00	10.657	8.727	63	145.4	22870.00	147.467	181.316
13	55.4	1497.20	11.340	9.329	64	147.2	23927.00	153.825	192.287
14	57.2	1598.00	12.062	9.967	65	149.0	25025.00	160.409	204.005
15	59.0	1704.60	12.823	10.644	66	150.8	26165.00	167.222	216.533
16	60.8	1817.80	13.626	11.363	67	152.6	27350.00	174.281	229.966
17	62.6	1937.30	14.472	12.124	68	154.4	28579.00	181.579	244.359
18	64.4	2063.60	15.362	12.931	69	156.2	29855.00	189.132	259.827
19	66.2	2197.10	16.300	13.786	70	158.0	31179.00	196.944	276.471
20	68.0	2338.10	17.287	14.692	71	159.8	32552.00	205.019	294.408
21	69.8	2486.90	18.325	15.650	72	161.6	33976.00	213.368	313.784
22	71.6	2644.00	19.416	16.665	73	163.4	35452.00	221.994	334.752
23	73.4	2809.60	20.563	17.739	74	165.2	36981.00	230.902	357.488
24	75.2	2984.30	21.768	18.876	75	167.0	38566.00	240.107	382.225
25	77.0	3168.10	23.031	20.076	76	168.8	40208.00	249.613	409.205
26	78.8	3362.20	24.360	21.348	77	170.6	41909.00	259.430	438.727
27	80.6	3566.30	25.753	22.691	78	172.4	43669.00	269.555	471.107
28	82.4	3781.20	27.214	24.111	79	174.2	45491.00	280.004	506.777
29	84.2	4007.20	28.746	25.612	80	176.0	47377.00	290.787	546.239
30	86.0	4244.90	30.350	27.197	81	177.8	49328.00	301.907	590.073
31	87.8	4494.70	32.031	28.872	82	179.6	51346.00	313.374	639.013
32	89.6	4757.20	33.790	30.641	83	181.4	53432.00	325.190	693.937
33	91.4	5033.00	35.632	32.511	84	183.2	55589.00	337.370	755.999
34	93.2	5322.40	37.559	34.484	85	185.0	57819.00	349.924	826.631
35	95.0	5626.20	39.574	36.568	86	186.8	60123.00	362.855	907.638
36	96.8	5945.00	41.681	38.769	87	188.6	62503.00	376.172	1001.413
37	98.6	6279.30	43.882	41.092	88	190.4	64962.00	389.889	1111.194
38	100.4	6629.50	46.181	43.545	89	192.2	67500.00	404.003	1241.242
39	102.2	6996.70	48.583	46.136	90	194.0	70121.00	418.355	1397.746
40	104.0	7381.20	51.089	48.871	91	195.8	72826.00	433.487	1589.451
41	105.8	7783.90	53.705	51.759	92	197.6	75618.00	448.874	1829.634
42	107.6	8205.40	56.434	54.808	93	199.4	78498.00	464.697	2138.948
43	109.4	8646.40	59.279	58.029	94	201.2	81469.00	480.972	2552.061
44	111.2	9107.60	62.244	61.430	95	203.0	84533.00	497.706	3131.225
45	113.0	9589.90	65.334	65.023	96	204.8	87692.00	514.906	4000.911
46	114.8	10094.00	68.553	68.819	97	206.6	90948.00	532.582	5451.446
47	116.6	10621.00	71.907	72.833	98	208.4	94304.00	550.747	8354.520
48	118.4	11171.00	75.305	77.072	99	210.2	97762.00	569.409	17066.507
49	120.2	11746.00	79.023	81.552	100	212.0	101325.00	588.580	
50	122.0	12345.00	82.803	86.296					

※ rs：飽和混合比

　　從絕對濕度的定義中知道，它是於大氣壓力 P_O 之下所做的量測，其單位為每立方米空氣中所含水蒸氣的重量 (g/m^3)，並隨當時的溫度而改變。目前由日本芝蒲公司所開發的絕對濕度感測器，是以熱傳導的原理所完成。它利用兩個玻璃覆蓋的熱敏電阻，分別置入左邊乾燥空氣裡當溫度補償元件及置入右邊有開口的氣室中，當做濕度感測元件。如圖 23-1(a) 所示。

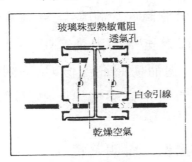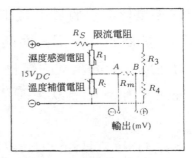

(a) 結構圖　　　　　　　(b) 轉換電路

圖 23-1　絕對濕度感測器結構與轉換電路

　　它的動作原理為乾燥空氣和潮濕空氣對熱敏電阻有不同的熱傳導率，而造成熱敏電阻會有不同的阻抗，如圖 23-2。

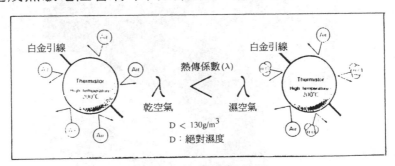

圖 23-2　熱傳導的差異

　　由不同阻抗換算成不同的絕對濕度，而成為一種阻抗變化型的感測元件。既然是阻抗變化，就可以使用第三章所談過的各種阻抗變化對電壓變化的轉換方法。而絕對濕度感測中，阻抗的變化非常小（有如第 20 章所談的應變計），所以大部份濕度感測器都使用分壓法或電阻電橋法做為阻抗對電壓的轉換電路。如圖 23-1(b)。

　　於未做濕度量測時，在乾燥的空氣中 $(0g/m^3)$，以 15V DC 做為驅動電壓，並設定 R_3 限流電阻，使其電流為 40mA。則熱敏電阻將達 200°C 的溫度，並達到溫度補償的效果，使得電橋平衡，則輸出為0V。若把該濕度感測器置於氣體中量測時，密閉乾燥空氣室中的熱敏電阻，並沒有和水蒸氣接觸。而開口氣室中的熱敏電阻，將和水氣直接接觸，而造成其表面溫度的變化。進而使感測部份 R_1 的阻值變化，則電橋將失去平衡，$V_O \neq 0$，而是有一定電壓輸出，用以代表其濕度的大小。

　　我們僅以 HS-5，HS-6，HS-7 為例，說明其特性：

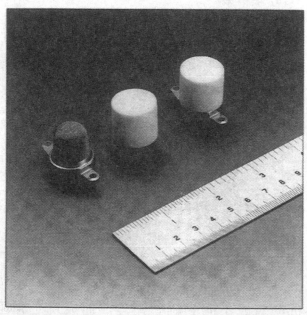

圖 23-3　HS-5，HS-6，HS-7 實物照片

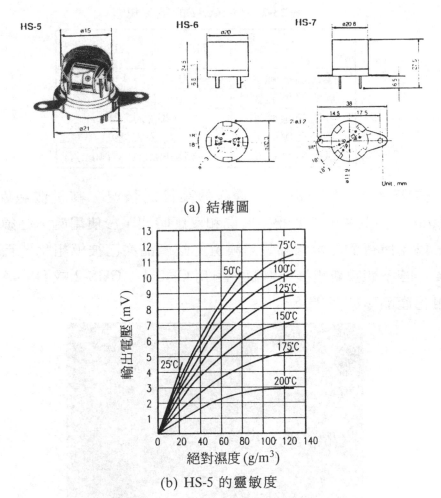

(a) 結構圖

(b) HS-5 的靈敏度

圖 **23-4**　HS-5 結構及其靈敏度

　　從圖 23-4，可以看到，絕對濕度在 $0 \sim 50 g/m^3$ 的時候，具有相當的線性。各溫度所得到的結果，乃提醒我們，不能忽視溫度的影響。表 23-2 為 HS-5~ HS-6 的電氣規格。

表 **23-2** HS-5/-6/-7 的電氣規格

項　目 ＼ 型　號	HS-5	HS-6/7
操作溫度範圍	0～200℃	0～80℃
量測濕度範圍	0～130 g/m³	
啓始穩定時間	120 秒以內	
量測反應時間	最多 25 秒	
驅動電壓規定	DC 15V±0.02V，(40mA)	

　　表 23-2 說明了 HS-5 可操作於高溫的情況，其量測範圍在 0～
130g/m³。而其中的啓始穩定時間和反應時間，於使用時，必須稍加留
意，以免所得到的數據都是錯誤值。該產品亦已被模組化，且經原廠
調校。若不想重新組裝及測試，可用 CHS-1，CHS-2 或 HS-4A……等
模組化產品，如圖 23-5。

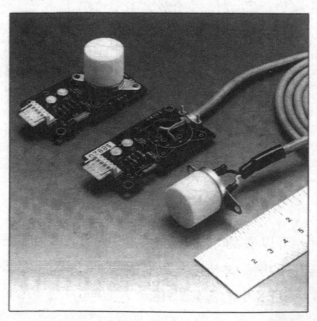

(a) CHS-1，CHS-2

圖 **23-5** 模組化絕對濕度感測器

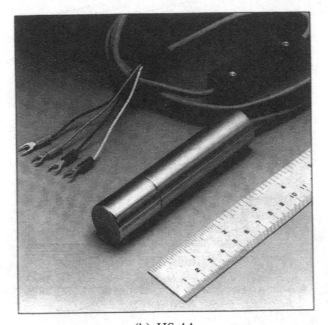

(b) HS-4A

圖 **23-5** （續）

23-2　相對濕度感測器

相對濕度感測器用以偵測當時空氣中水蒸氣壓和飽和水蒸氣壓的比例關係。常用的相對濕度感測器是以高聚合物電解質配合多孔性陶瓷爲感測材料，並以多孔性 RuO_2 爲電極，其結構如圖 23-6。

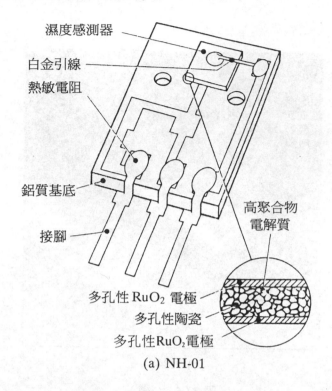

濕度感測器

白金引線

熱敏電阻

鋁質基底

接腳

高聚合物
電解質

多孔性 RuO$_2$ 電極

多孔性陶瓷

多孔性RuO$_2$電極

(a) NH-01

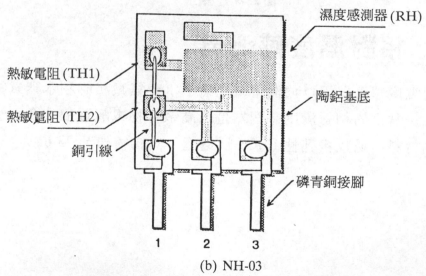

濕度感測器 (RH)

熱敏電阻(TH1)

熱敏電阻(TH2)

銅引線

陶鋁基底

磷青銅接腳

1　　2　　3

(b) NH-03

圖 23-6　多孔性陶瓷相對感測器結構。

　　當有潮濕空氣接觸到感測元件表面時，因多孔性材質，而使得電極 (RuO_2) 間的阻抗產生變化。我們就以該阻抗的大小代表濕度的高低。所以多孔性陶瓷感測器，為阻抗變化型的感測元件。

　　而在不同的溫度下，飽和水蒸氣壓並不相同 (表 23-1)，使得濕度感測器會受溫度影響。目前 FIGARO 公司 NH 系列的相對濕度感測器，已經直接於其結構中加入薄片式熱敏電阻，做為溫度補償之用。使其具有較佳的線性和較小的溫度係數 (對溫度的改變不敏感之意)。圖 23-7(a) 為 NH-3 的實物照片，圖 (b) 為 NH-3 之等效電路。表 23-3 為 NH-3 各項特性規格。

(a) NH-3 實物

圖 23-7　NH-3 實物與等效電路

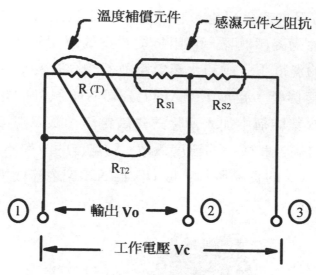

(b) NH-3 等效電路

圖 **23-7** （續）

表 **23-3** NH-3 特性規格

驅動電壓範圍	最大 2V AC
功率損耗大小	1mW（輸出 $V_O = 1V$
操作電壓範圍	0～60℃
操作頻率範圍	50Hz～1KHz
量測濕度範圍	20%～90%RH
輸出靈敏度	0.015 V/%RH（AC 1V，25℃，40～70%RH）
量測反應時間	3～4 (min)
啟始穩定時間	100～150 ms

表 23-2 提供許多使用相對濕度感測器應注意的事項。

⑴ 相對濕度感測器絕大多數均使用交流電壓驅動，其頻率約從數拾 Hz 到數百 KHz，依產品而異。目前 NH-3 為 50Hz～1KHz。

⑵ 濕度感測器是一種脆弱的元件，其驅動電壓一般都不大，請小心使用，或於電路上加限壓截波處理。

(3)　濕度感測器於量測時，爲求得正確阻抗的變化，必須有一段約數拾秒到數百秒的反應時間。 NH-3 爲180～ 240 秒。所以在確定濕度讀數的時候，請留意量測時間是否足夠。

(4)　對 NH-3 而言，能夠直接以靈敏度標示其特性。代表它有不錯的線性關係。請參關圖 23-8。

從圖 23-7(b)NH-3 等效電路得到

$$V_O = \frac{R_T}{R_T + R_{S2}} \times V_C, \ \ R_T = (R_{S1} + R_{T1})//R_{T2}$$

其中 $R_T = (R_{S1} + R_{T1})//R_{T2}$，具備了非線性修整和溫度補償的效果。最後我們就能以 V_O 的大小，代表相對濕度的高低。圖 23-8～圖 23-11。爲 NH-3 的各項特性曲線。

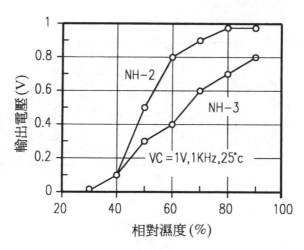

圖 **23-8**　靈敏度特性

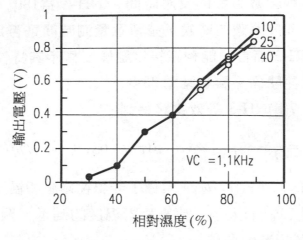

圖 23-9　溫度的影響

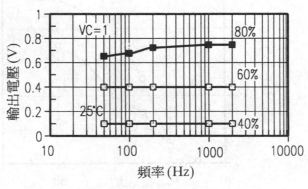

圖 23-10　頻率的影響

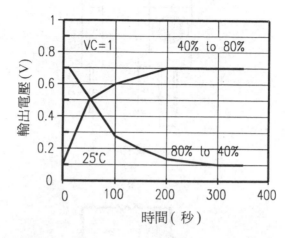

圖 **23-11**　反應時間

圖 23-8：　NH-3 濕度與輸出電壓 V_O 的關係，線性度不錯。

圖 23-9：　NH-3 具有不錯的溫度補償效果，受溫度的影響不大。

圖 23-10：　頻率在 50Hz～1KHz 時各濕度所得的結果大致相同。表示操作頻率對其特性影響不大。

圖 23-11：　40%RH 到 80%RH 來回交互測量，均約 200 秒，即其反應時間約 3～4 分鐘。

除了反應時間稍稍多了一般產品 1 分鐘外，NH-3 可說是一個不錯，且蠻好用的濕度感測器。將以 H2O4C 濕度感測器的原廠特性資料供你比對，你就能自行判斷其差異何在？

1. H2O4C

它也是一種隨濕度而改變其本身阻抗的相對濕度感測器，其實物圖和等效電路如圖 23-12。

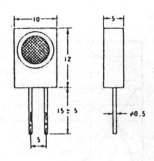

(a) 實物尺寸

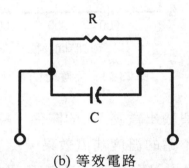

(b) 等效電路

圖 23-12 H2O4C 實物與等效電路

即 H2O4C 只提供了一個陶瓷濕度感測部份，它沒有做非線性修整和溫度補償。其特性曲線如圖 23-13～圖 23-16。

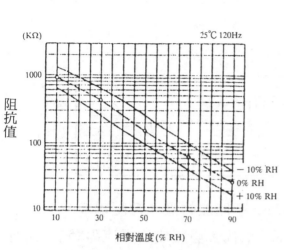

圖 **23-13**　靈敏度特性　　　　　　圖 **23-14**　溫度的影響

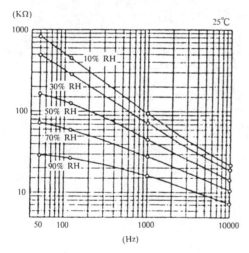
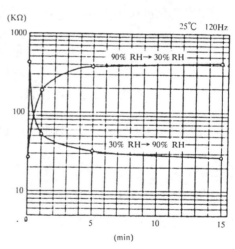

圖 **23-15**　頻率的影響　　　　　　圖 **23-16**　反應時間

　　圖 23-13～圖 23-16，請注意其 X 軸和 Y 軸的刻度，X 軸是等距刻度，Y 軸是對數刻度。例如圖 23-13 靈敏度特性中，實際上濕度和阻抗的變化並非線性關係，不要被圖 23-13 所蒙蔽，以為濕度增加時，

阻抗呈線性下降。（實際上為指數下降）。其它各圖亦然。表 23-3 為 H2O4C 各項特性規格。

表 23-4 H2O4C 各項特性規格

操作溫度範圍	0～60℃
量測濕度範圍	10%～90%RH
功率損耗大小	1mW 以下（建議使用 0.5mW)
操作頻率範圍	50Hz～1KHz
量測反應時間	5 (min) (30%～90%RH，25℃，120Hz)

表 23-4 並沒有告訴我們 H2O4C 所能加的操作電壓為多少，只告訴我們它的操作頻率為 50Hz～1KHz(代表必須使用交流驅動)。此時我們必須從其阻抗特性（靈敏度特性曲線，圖 23-13) 中查出最小阻抗為在 90%RH，其阻抗值為 17.5KΩ～41KΩ，則

$$功率損耗 = \frac{V_C^2}{R} = \frac{V_C^2}{17.5K} \le 1mW$$

$$V_C \le \sqrt{17.5K \times 1mW} = \sqrt{17.5V} \approx 4.2V$$

也就是說加到 H2O4C 兩端的操作電壓必須小於 4.2V AC。

練習：

1. 請列出 H2O4C 於 10%，20%～90%各點的阻抗。

2. 以相對濕度為 50%RH 時，H2O4C 的操作頻率從 50Hz, 100Hzu……1KHz 各點的阻抗。

2. HC200

HC200 是另一種相對濕度感測器，當濕度改變時，該元件本身的電容會隨濕度大小而改變。所以 HC200 系列是一種電容變化的感測元件。其重要特性規格如表 23-5。

表 **23-5**　HC200 特性規格

濕度範圍	10%～95%RH	操作溫度	− 40℃ ～ 110℃
溫度效應	< 1%RH/℃	驅動電壓	$5V_{P-P}$ AC
典型容量	200±40PF	操作頻率	50K～ 200KHz
靈敏度	0.6PF/%RH	反應時間	15 Sec.

　　電容隨物理量大小改變的轉換電路，大都不使用電容值的量測，而是採用振盪頻率改變法。也就是把感測元件當成一個 RC 振盪電路中的電容 (C)，當 C 隨物理量（濕度）而改變的時候，振盪頻率也跟著改變，我們就能以頻率的大小，代表物理量的大小了。若再把頻率經 F/V C(頻率對電壓的轉換器，參閱全華圖書編號 02470 第十一章) 轉換成電壓，最後還是可以用電壓大小，代表濕度的高低。 HC200 電容變化型相對濕度感測器的轉換方法整理如下圖 23-17。

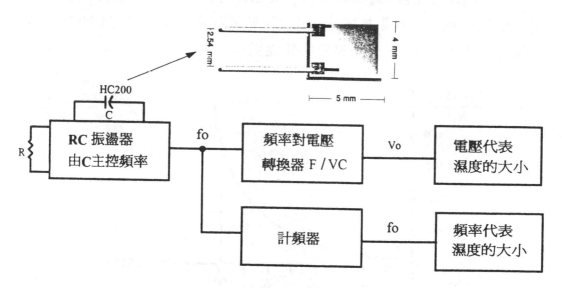

圖 **23-17**　電容變化型感測器之轉換方法

23-3　結露型濕度感測器

　　結露型濕度感測器，主要是用來警告空氣中的水蒸氣已進入飽和狀態。在已進入飽和狀態的水蒸氣，若遇有較低的溫度，將於低溫界面（物體）上，凝結成水滴，稱之爲結露現象。所以結露感測器與一般濕度感測器的功用與特性並不相同。我們希望濕度量測時，濕度變化與輸出（阻抗變化或電壓或電容的變化）能有線性關係。而結露型感測器，最好是濕度在 80%RH 以下時，對濕度沒有反應，而 85%～90%RH 時，能有快速的變化，以便及時警告。所以我們應該把結露型濕度感測器改稱做：飽和濕度臨界值感測器。你認爲恰當嗎？

　　結露型濕度感測器幾乎全部都是電阻變化的特性，好像我們在第七章 TSR 中所談的 CTR：（臨界型感溫電阻，有電阻迅速變大的正臨界型和電阻迅速下降的負臨界型）。而結露感測器中也分別有正臨界型和負臨界型兩種。其阻抗變化如圖 23-18 及圖 23-19，分別爲 HOS-103 正臨界型與 HOS-003 負臨界型的特性曲線

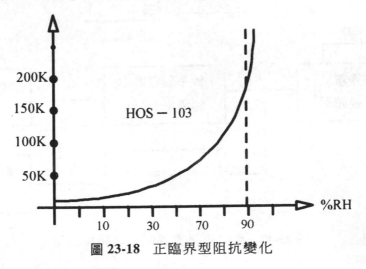

圖 23-18　正臨界型阻抗變化

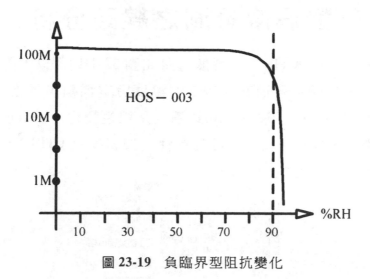

圖 23-19 負臨界型阻抗變化

表 23-6 列出 HOS-103 和 HOS-003 的主要特性規格供你參考。

表 23-6 結露型濕度感測器特性規格

項　目　　　　型　號	HOS-103（正臨界型）	HOS-003(負臨界型）
操作電壓範圍	$0.8V_{(max)}$，DC，AC	$3V_{(max)}$，DC，AC
75%RH 感測器阻抗	10KΩ 以下	100MΩ 以上
98%RH 感測器阻抗	200KΩ 以上	1MΩ 以下
量測反應時間	60 Sec.	120 Sec.
操作測度範圍	0～60℃	0～60℃

練習：

1. 家中那些地方會使用到濕度感測器？說明使用之目的。

2. 那些產業會用到濕度感測器？說明其使用情形。

3. 就你所知道的產品中，那些產品用到了濕度感測器？

23-4 絕對濕度量測之線路分析

絕對濕度感測器 HS-5 的轉換電路如圖 32-1(b)，以電阻電橋法做為阻抗對電壓的轉換，而其靈敏度（濕度對電橋輸出電壓）如圖 23-4(b)，絕對濕度在 $0 \sim 50 g/m^3$，可以看成是線性變化。並且已有模組化的產品，經原廠校正，而有更好的特性。如圖 23-5 CHS-1，CHS-2。其接線圖及靈敏度特性如圖 23-20。

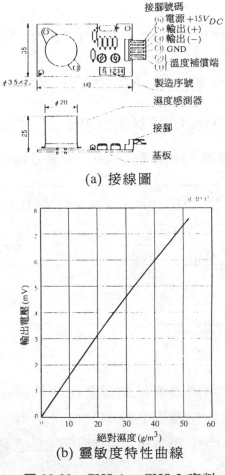

(a) 接線圖

(b) 靈敏度特性曲線

圖 23-20 CHS-1，CHS-2 資料

表 **23-7**　模組化 CHS-1，CHS-2 特性規格

項　目　型　號	CHS-1　　CHS-2
操作溫度範圍	15℃ ～ 55℃ (59℉ ～ 131℉)
量測濕度範圍	0 g/m^3～ + 52 g/m^3
輸出電壓大小	4.87mV±0.2mV：[40℃，30 g/m^3(58.7%RH)]
量測之準確性	±1g/m^3 (±3%RH)：[30℃]
量測反應時間	25 Sec.
啓始穩定時間	120 Sec.
電源電壓大小	15V±0.05V DC (40mA)

　　從圖 23-20(a) 的接線圖看到①，②為溫度補償腳，它是原廠預留了一個熱敏電阻供你使用，除了可提供溫度補償之用，亦能用以偵測當時的溫度。有關該熱敏電阻的特性，請參閱原廠資料。圖 23-21 是絕對濕度電壓線路之一，茲分析於下：

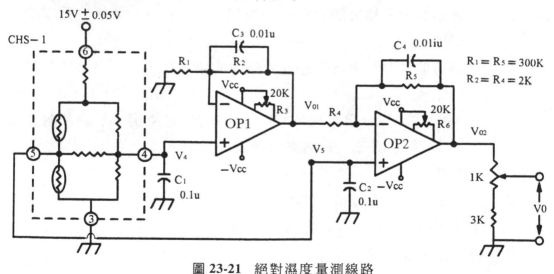

圖 **23-21**　絕對濕度量測線路

1.　線路分析

OP1 與 OP2 組成高輸入阻抗的差值放大器，其放大率分析如下：

$$V_{01} = \left(1 + \frac{R_2}{R_1}\right)V_4$$

$$V_{02} = \left(1 + \frac{R_5}{R_4}\right)V_5 - \frac{R_5}{R_4}V_{01} = \left(1 + \frac{R_5}{R_4}\right)V_5 - \left(1 + \frac{R_2}{R_1}\right)\left(\frac{R_5}{R_4}\right)V_4$$

若 $R_1 = R_5$，$R_2 = R_4$，則 $V_O = \left(1 + \frac{R_5}{R_4}\right)(V_5 - V_4)$

從 V_{02} 的公式看到，當調好 $R_1 = R_5$，$R_2 = R_4$ 時，OP1 和 OP2 所放大的信號為 CHS-1 電阻電橋的輸出電壓 $(V_5 - V_4)$，若令 $R_1 = R_5 = 300K$，$R_2 = R_4 = 2K$，則其放大率為 151 倍。從圖 23-20(b) 得知，當濕度為 52 g/m^3 時，$(V_5 - V_4) = 7.5mV$，則 $V_{02} = 7.5mV \times 151 = 1132.8mV$

C_3，C_4：使 OP1 和 OP2 具有低通濾波的效果，以減少高頻干擾。若選用有頻率補償腳的 OP Amp 時，則 C_3，C_4 改接在頻率補償腳。

C_1，C_2：為濾波電容，可濾除感測線路中的感應雜訊，及消除熱雜訊的干擾。

R_3，R_6：為抵補調整電阻，請依 OP Amp 的規定使用。（或參閱全華 2470 第四章，有關直流抵補的方法。

2.　調校步驟

(1)　拆下④，⑤兩腳接線，然後把 OP1 和 OP2 的 "+" 端接地，首先調 R_3 使 $V_{01} = 0V$，再調 R_6 使 $V_{02} = 0V$。（待測歸零校正）

(2)　接回④，⑤兩腳，並置 CHS-1 於乾燥空氣中 $(0\ g/m^3)$，若 $V_{02} \neq 0V$，則再調 R_6，使 $V_{02} = 0V$。

(3)　置 CHS-1 於絕對濕度為 50 g/m^3 的氣體中，調 R_7，使 $V_O =$

1000mV，則得到靈敏度爲每 1 g/m³ 有 20mV 的輸出電壓。

練習：

1. 找到 3 種編號的 OP Amp，含有內建抵補電路。

2. 找到 3 種編號的 OP Amp，含有頻率補償腳，而該頻率補償腳所接的電容與頻寬有何關係？

3. 參考氣壓感測應用線路，把絕對濕度量測線路，改用儀器放大器設計。

23-5　相對濕度量測線路分析

　　本單元將以 NH-3 爲感濕元件，設計一常用的濕度計。首先我們引用圖 23-8～圖 23-11 有關 NH-3 的各項特性：發現它受溫度及工作頻率的影響並不大，且其輸出電壓在 30%～ 90%RH 時，具有相當的線性關係。再次提醒你，使用濕度感測器必須留意的事項：

　　(1)　必須使用交流電壓驅動，避免用到直流電壓。

　　(2)　功率損耗必須在額定規格以內。

　　(3)　避免滴到水或泡入水中。

　　因必須使用交流信號驅動，且電壓不能太大，使得相對濕度量測線路中必須有振盪器及波幅限制的要求。然後把阻抗變化轉換成電壓輸出。而此時因交流驅動，使得輸出電壓也是交流信號，爲方便指示電路使用，而多加了一級信號處理，將交流信號轉成直流電壓，則方便指示電路使用。所以必須以交流驅動之阻抗變化型的相對濕度量測電路有如圖 23-22 的方塊圖。

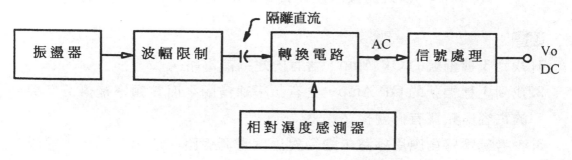

圖 **23-22** 阻抗變化型相對感測器轉換方法

　　而目前所用的 NH-3 已具有非線性修整及溫度補償的效果。並由 $R_T = (R_{T1} + R_{S1}) // R_{T2}$ 與 R_{S2} 組成分壓法的結構[圖 23-7(b)]。所以只要依規定提供小於 2V AC 的交流信號加到 NH-3 ，就完成電阻變化轉換成電壓變化的工作。其量測線路如圖 23-23。這個線路看起來好像有點複雜。但做成電路板時卻是很小，你可以選用一個 IC 有四個 OP Amp 的產品。至於要用那一種編號的 IC，請參閱第二章後，由你自己決定。

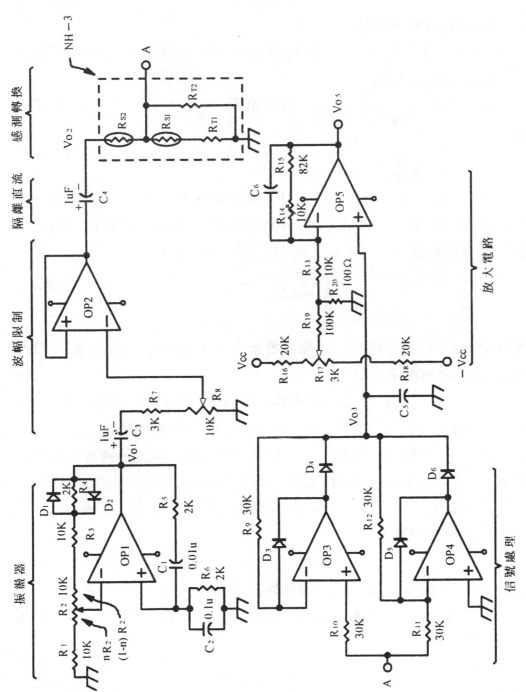

圖 23-23　相對濕度量測線路

1. 振盪器分析 (OP1)

$(R_5, C_1), (R_6, C_2)$：組成回授網路，用以決定振盪頻率的大小。其振盪頻率 f_o 為

$$f_o = \frac{1}{2\pi\sqrt{R_5 R_6 C_1 C_2}}，若選用 R_5 = R_6 = R，C_1 = C_2 = C，$$

則

$$f_o = \frac{1}{2\pi RC}$$

(R_1, R_2, R_3)：用以決定 OP1 能不能振盪，因目前 OP1 的電路是韋恩電橋振盪器（參閱全華 2470 第九章）。必須有 3 倍以上的放大率，才會振盪並產生正弦波。OP1 的放大率為 A_{V1}

$$A_{V1} = (1 + \frac{(1-n)R_2 + R_3 + R_4}{R_1 + nR_2}) \geq 3，其中 0 \leq n \leq 1(表示$$

$$R_2 為可變)$$

所以可以利用 R_2 的調整，以控制增益大小，使 $A_{V1} \geq 3$。就能使 OP1 以 f_o 的頻率輸出正弦波。

(R_4, D_1, D_2)：這部份是振盪器的自動限幅裝置。避免 OP1 的輸出造成飽和，而使正弦波失真。當 V_{01} 正電壓太大的時候，D_2 ON，相當於 R_4 被短路了。使得 A_{V1} 在此時下降。則 V_{01} 就不會有太高的正電壓。而當 V_{01} 的負電壓太大時，D_1 ON，將使 R_4 再度被短路……。總之，(R_4, D_1, D_2) 是讓 OP1 的輸出電壓保持在一定的大小。

2. 波幅限制 (OP2)

C_3, C_4：耦合電容，用以隔離直流，使 NH-3 由純交流電壓來驅動。

R_7, R_8：分壓電電阻，用來調整驅動電壓的大小，調 R_8 使得 V_{02} 為 $2V_{P-P}$ 的交流正弦波，便符合 NH-3 必須小於 2V AC 的規定。

OP2： 是一個緩衝器，它有極高的輸入阻抗，不會對 OP1 振盪電路產生負載效應，以確保 OP1 振盪頻率 f_o 的穩定。

3.　感測元件： NH-3

　　NH-3 已經構成分壓法的電路， A 點的電壓就可以代表相對濕度的大小。只是此時交流信號，不太方便指示電路使用，所以才加了一級信號處理。

4.　信號處理 (OP3，OP4)

　　OP3 和 OP4 組成一個全波整流電路 (絕對值放大器)(全華圖書編號 02470，第六章)。茲分析正、負半波的情形如下：

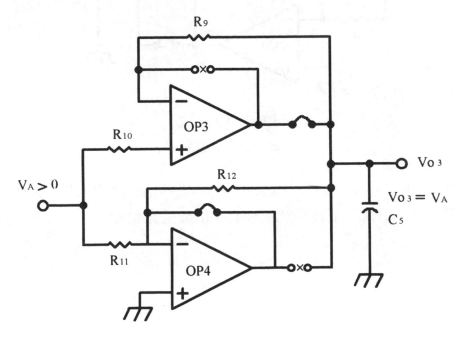

(a) $V_A > 0$ 的情況

圖 23-24　信號處理電路分析

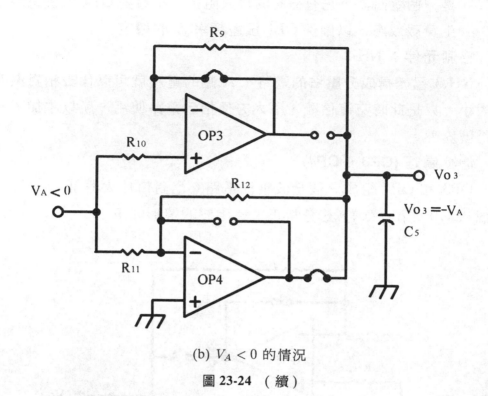

(b) $V_A < 0$ 的情況

圖 23-24 （續）

　　$(V_A > 0,\ V_{03} = V_A)$，$(V_A < 0,\ V_{03} = -V_A)$，代表 OP3 和 OP4 處理電路，把 V_A 做了全波整流。使得 V_{03} 都是正電壓。

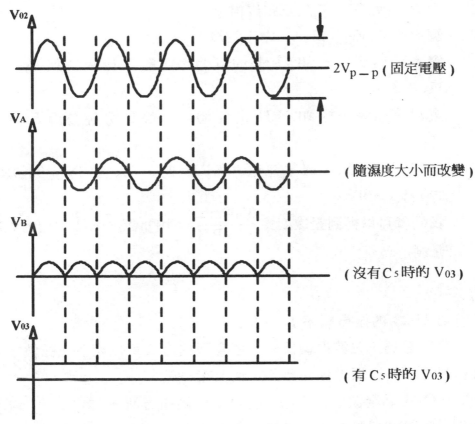

圖 23-25　各點波形分析

5.　放大電路 (OP5)

　　OP5 只是一個非反相放大器，其放大率爲 $A_{V5} = (1 + \dfrac{R_{14} + R_{15}}{R_{13}})$，可由 R_{14} 調整 A_{V5} 的大小。

　　（$R_{16} \sim R_{20}$）：分壓電路，做爲下限值抵補調整。

6.　調校步驟

　　因 NH-3 在 30% ~ 90% RH 有最佳的準確度，所以我們將以 30% RH

為量測之下限值，以 90%RH 為量測之上限值。

(1)　調 R_2，使 OP1 產生正弦波信號。

(2)　調 R_8，使 $V_{02} = 2V_{P-P}$ 之正弦波。

(3)　置濕度感測器於 30%RH 的氣體中，等 3 分鐘後調 R_{17}，使 $V_{05} = 3V$。

(4)　置濕度感測器於 90%RH 的氣體中，等 3 分鐘後調 R_{14}，使 $V_{05} = 9V$。

(5)　重複(3)，(4)兩步驟，直到 30%RH 時， $V_{05} = 3V$， 90%RH 時， $V_{05} = 9V$。

我們就可以得到靈敏度為 $\dfrac{3000\mathrm{mV}}{30\%\mathrm{RH}} = 100\mathrm{mV/\%RH}$ 的相對濕度量測系統。

練習：

1. 目前圖 23-23 的振盪頻率 f_o 為多少？

2. 除了韋恩電橋正弦波振盪器外，還有那些方式可以產生正弦波，請把它們的線路及振盪條件及公式整理在一起。

3. OP3，OP4 為全波整流電路，請再提出兩種方法。

4. 設計一個濕度調節系統，以控制 AC 110V，5A 之除濕機。

(1)　75%RH 以上時，啟動除濕機。

(2)　55%RH 以下時，關閉除濕機。

23-6　結露型濕度感測器線路分析

已知結露型濕度感測器主要用於警告水蒸氣接近飽和，並且快達結露狀態。所以一般結露型感測器，都被用來當定點濕度的警示，所以一般分壓法就足夠當做結露型感測器的轉換電路。

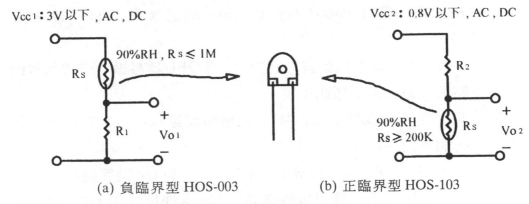

(a) 負臨界型 HOS-003　　　　(b) 正臨界型 HOS-103

圖 23-26　結露型濕度感測轉換電路

1. 負臨界結露型濕度偵測線路分析

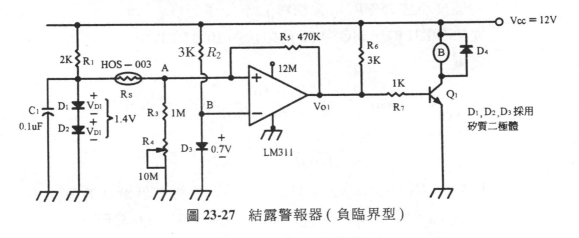

圖 23-27　結露警報器（負臨界型）

各元件功能說明：

(1)　R_1，R_2：限流降壓，使流過 (D_1，D_2) 或 (D_3) 的電流能夠固定，則 (D_1，D_2) 或 D_3 的壓降就能保持穩定。

(2)　D_1，D_2：當做穩壓二極體使用。（一般矽質二極體都可以用）$V_{D1} + V_{D2} = 1.4v$，符合 HOS-003 驅動電壓必須小於 3V 的要求。

(3) R_3，R_4：為 HOS-003 的負載電阻，與之構成分壓法的轉換電路。

(4) OP1：當做電壓比較器，其中 R_5 使 OP1 具有微少磁滯比較的特性，用以減少雜訊干擾。

(5) R_6：因目前 OP1 為 LM311，為集極開路輸出，所以必須外接一個電阻 R_6 到 V_{CC}。

(6) R_7：Q_1 的 R_B 用以限制 I_B 的大小，以免 Q_1 過度飽和。

(7) Q_1，B，D_4：輸出警報電路，Q_1 當開關，受 OP1 控制，B 為 12V DC 的警報蜂鳴器。D_3 用以保護 Q_1。

動作分析：

(1) 當濕度小於 75%RH (未結露) 時：

在 75%RH 時，HOS-003 的阻抗約 100MΩ 以上，此時 A 點的電壓

$$V_{A(max)} = \frac{R_3 + R_4}{R_S + (R_3 + R_4)} \times (V_{D1} + V_{D2})$$

$$= \frac{11M}{100M + 11M} \times 1.4V = 0.136V$$

B 點為 D_3 的壓降 $V_B = V_{D3} = 0.7V$，使得在低濕度的時候，$V_B > V_A$，則 OP1 的 $V_{(-)} > V_{(+)}$，$V_{01} = 0V$，Q_1 OFF。

(2) 當濕度大於 85%RH (近飽和狀態) 時：

濕度增加，則 HOS-003 的阻抗下降，若 85%RH 時，HOS-003 的阻抗 $R_S = 6M\Omega$，V_A 的電壓範圍為：

$$V_{A(min)} = \frac{1M}{6M + 1M} \times 1.4V = 0.2V$$

$$V_{A(max)} = \frac{11M}{6M + 11M} \times 1.4V = 0.905V$$

即調整 R_4 的阻值，可以代表濕度的大小，若 R_4 調爲 $R_4 = 5M$，

$$V_A = \frac{(R_3 + R_4)}{R_S + (R_3 + R_4)} \times 1.4V = \frac{6M}{6M + 6M} \times 1.4V = 0.7V$$

當濕度再增加的時候，HOS-003 的阻抗將快速下降，使得 $R_S < 6M$，則 V_A 快速上升，導致 $V_A > 0.7V$，代表 $V_A > V_B$，OP1 的 $V_{(+)} > V_{(-)}$，使 $V_{01} = V_{CC}$ ，將使 Q_1 ON，而發出警報。

2.　正臨界結露型濕度偵測線路分析

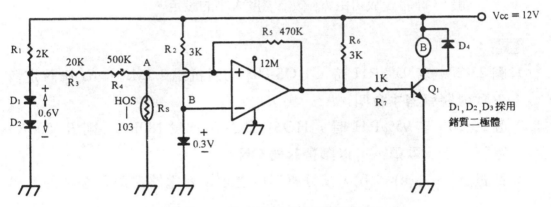

圖 23-28　結露警報器（正臨界型）

因正結露型規定驅動電壓小於 0.8V，所以我們把二極體改成鍺質，兩個串聯才 0.6V ，可以安全地使用。

動作分析：

⑴　當濕度小於 75%RH 時：

HOS-103 的阻抗 R_S 小於 10KΩ，則 A 點最大電壓 $V_{A(max)}$

$$V_{A(max)} = \frac{R_S}{R_S + (R_3 + R_4)} \times 0.6V$$

$$= \frac{10K}{10K + (20K + 0)} \times 0.6V = 0.2V$$

使得 OP1 的 $V_{(+)} > V_{(-)}$，Q_1 OFF。

(2)　當濕度上升到 85%RH 時：

濕度增加，HOS-103 的阻抗變大，若 85%RH 時，$R_S = 160K\Omega$，且若 R_4 已被調在 $R_4 = 100K\Omega$，則

$$V_A = \frac{160K}{160K + (20K + 100K)} \times 0.6V = 0.34V$$

使得 $V_A > V_B$，即 OP1 的 $V_{(+)} > V_{(-)}$，$V_{01} = V_{CC}$，Q_1 ON，而發出警報。故可由 R_4 做為濕度大小的設定。

練習：

1. 圖 23-27，若 95%RH 時，HOS-003 的阻抗為 2.5MΩ，R_4 應該定多少歐姆警報器才會叫。

2. 圖 23-28，若 95%RH 時，HOS-103 的阻抗為 180KΩ，則 $R_4(500K)$ 應該調多少歐姆，可以讓警報器 ON。

3. 針對圖 23-29(a)，(b)，請分析濕度變化，對電路造成什麼樣的輸出？

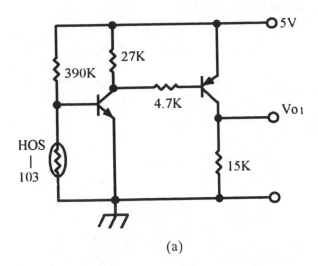

(a)

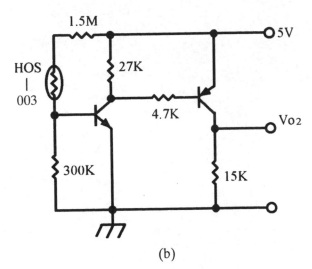

(b)

圖 23-29　簡易結露警報器

國家圖書館出版品預行編目資料

感測器應用與線路分析 / 盧明智,.盧鵬任編著.. --
　三版.　-- 臺北縣土城市：全華圖書, 2008.05
　　面　；　公分

　ISBN 978-957-21-6290-3(平裝)

　1.CST: 感測器
440.121　　　　　　　　　　　　　　97005049

感測器應用與線路分析

作者 / 盧明智

發行人 / 陳本源

執行編輯 / 張峻銘

出版者 / 全華圖書股份有限公司

郵政帳號 / 0100836-1 號

印刷者 / 宏懋打字印刷股份有限公司

圖書編號 / 0295902

三版十二刷 / 2023 年 3 月

定價 / 新台幣 620 元

ISBN / 978-957-21-6290-3(平裝)

全華圖書 / www.chwa.com.tw

全華網路書店 Open Tech / www.opentech.com.tw

若您對本書有任何問題，歡迎來信指導 book@chwa.com.tw

臺北總公司(北區營業處)
地址：23671 新北市土城區忠義路 21 號
電話：(02) 2262-5666
傳真：(02) 6637-3695、6637-3696

南區營業處
地址：80769 高雄市三民區應安街 12 號
電話：(07) 381-1377
傳真：(07) 862-5562

中區營業處
地址：40256 臺中市南區樹義一巷 26 號
電話：(04) 2261-8485
傳真：(04) 3600-9806(高中職)
　　　(04) 3601-8600(大專)

（請由此線剪下）

歡迎加入 全華會員

● 會員獨享

會員享購書折扣、紅利積點、生日禮金、不定期優惠活動……等。

● 如何加入會員

掃 QRcode 或填妥讀者回函卡直接傳真 (02) 2262-0900 或寄回，將由專人協助
登入會員資料，待收到 E-MAIL 通知後即可成為會員。

如何購買 全華書籍

1. 網路購書

全華網路書店「http://www.opentech.com.tw」，加入會員購書更便利，並享
有紅利積點回饋等各式優惠。

2. 實體門市

歡迎至全華門市（新北市土城區忠義路 21 號）或各大書局選購。

3. 來電訂購

(1) 訂購專線：(02) 2262-5666 轉 321-324
(2) 傳真專線：(02) 6637-3696
(3) 郵局劃撥（帳號：0100836-1　戶名：全華圖書股份有限公司）
※ 購書未滿 990 元者，酌收運費 80 元。

OpenTech.com.tw 全華網路書店

全華網路書店 www.opentech.com.tw
E-mail: service@chwa.com.tw

※ 本會員制如有變更則以最新修訂制度為準，造成不便請見諒。

掃 QRcode 線上填寫 ▶▶▶

讀者回函卡

姓名：＿＿＿＿＿＿

生日：西元＿＿＿年＿＿月＿＿日　　性別：□男 □女

電話：（　）＿＿＿＿＿＿＿＿　　手機：＿＿＿＿＿＿＿＿

e-mail：（必填）＿＿＿＿＿＿＿＿

註：數字零，請用 Φ 表示，數字 1 與英文 L 請另註明並書寫端正，謝謝。

通訊處：□□□□□

學歷：□高中・職 □專科 □大學 □碩士 □博士

職業：□工程師 □教師 □學生 □軍・公 □其他

學校／公司：＿＿＿＿＿＿　　科系／部門：＿＿＿＿＿＿

· 需求書類：

□A. 電子 □B. 電機 □C. 資訊 □D. 機械 □E. 汽車 □F. 工管 □G. 土木 □H. 化工

□I. 設計 □J. 商管 □K. 日文 □L. 美容 □M. 休閒 □N. 餐飲 □O. 其他

· 本次購買圖書為：＿＿＿＿＿＿　書號：＿＿＿＿＿＿

· 您對本書的評價：

封面設計：□非常滿意 □滿意 □尚可 □需改善，請說明＿＿＿＿

內容表達：□非常滿意 □滿意 □尚可 □需改善，請說明＿＿＿＿

版面編排：□非常滿意 □滿意 □尚可 □需改善，請說明＿＿＿＿

印刷品質：□非常滿意 □滿意 □尚可 □需改善，請說明＿＿＿＿

書籍定價：□非常滿意 □滿意 □尚可 □需改善，請說明＿＿＿＿

整體評價：請說明＿＿＿＿＿＿＿＿

· 您在何處購買本書？

□書局 □網路書店 □書展 □團購 □其他

· 您購買本書的原因？（可複選）

□個人需要 □公司採購 □親友推薦 □老師指定用書 □其他

· 您希望全華以何種方式提供出版訊息及特惠活動？

□電子報 □DM □廣告（媒體名稱＿＿＿＿＿＿）

· 您是否上過全華網路書店？（www.opentech.com.tw）

□是 □否 您的建議＿＿＿＿＿＿

· 您希望全華出版哪方面書籍？＿＿＿＿＿＿

· 您希望全華加強哪些服務？＿＿＿＿＿＿

感謝您提供寶貴意見，全華將秉持服務的熱忱，出版更多好書，以饗讀者。

填寫日期：　　／　　／

2020.09 修訂

親愛的讀者：

感謝您對全華圖書的支持與愛護，雖然我們很慎重的處理每一本書，但恐仍有疏漏之處，若您發現本書有任何錯誤，請填於勘誤表內寄回，我們將於再版時修正，您的批評與指教是我們進步的原動力，謝謝！

全華圖書　敬上

勘　誤　表

書　號		書　名		作　者
頁　數	行　數	錯誤或不當之詞句		建議修改之詞句

我有話要說：（其它之批評與建議，如封面、編排、內容、印刷品質等⋯⋯）